"十二五"普通高等教育本科国家级规划教材
住房城乡建设部土建类学科专业"十三五"规划教材
高等学校城乡规划学科专业指导委员会规划推荐教材

城市设计

（第二版）

王建国　主编

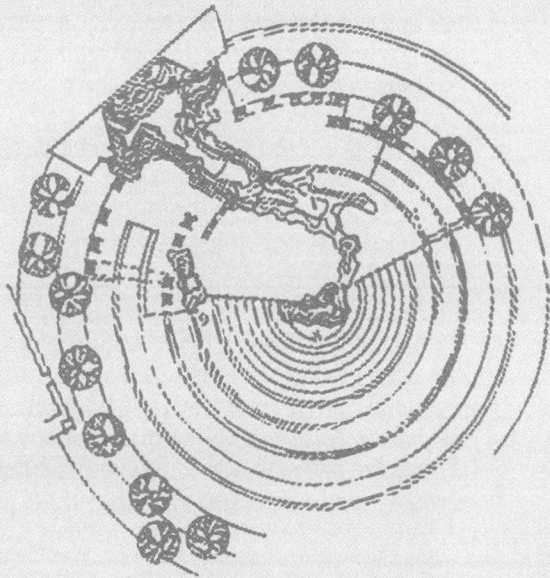

U0647285

中国建筑工业出版社

审图号：GS（2021）4034号

图书在版编目（CIP）数据

城市设计／王建国主编．—2版．—北京：中国
建筑工业出版社，2015.4（2023.3重印）
"十二五"普通高等教育本科国家级规划教材　住房
城乡建设部土建类学科专业"十三五"规划教材　高等学
校城乡规划学科专业指导委员会规划推荐教材
ISBN 978-7-112-17965-7

Ⅰ．①城…　Ⅱ．①王…　Ⅲ．①城市规划－建筑设计－
高等学校－教材　Ⅳ．① TU984

中国版本图书馆CIP数据核字（2015）第056852号

本书全面讲述了城市设计概论、城市设计的历史发展、城市设计的基础理论、城市设计的编制、城市空间要素和景观构成、城市典型空间类型的设计、城市设计的分析方法、城市设计的实施组织、城市设计课程教学分析作业案例精选等内容。本书适用于高等学校城乡规划专业教材，也可作为城市管理、城市地理、风景园林等相关专业的教学参考书。

为更好地支持本课程的教学，我们向使用本书的教师免费提供教学课件，有需要者请与出版社联系，邮箱：jgcabpbeijing@163.com。

责任编辑：杨　虹
责任校对：姜小莲

"十二五"普通高等教育本科国家级规划教材
住房城乡建设部土建类学科专业"十三五"规划教材
高等学校城乡规划学科专业指导委员会规划推荐教材

城市设计
（第二版）
王建国　主编

*

中国建筑工业出版社出版、发行（北京海淀三里河路9号）

各地新华书店、建筑书店经销
北京雅盈中佳图文设计公司制版
北京盛通印刷股份有限公司印刷

*

开本：787毫米×1092毫米　1/16　印张：24　字数：600千字
2021年10月第二版　2023年3月第二次印刷
定价：59.00元（赠教师课件）
ISBN 978-7-112-17965-7
（27227）

第二版前言

本《城市设计》教材系第一本根据全国高等学校城市规划专业城市设计课程教学要求编写的统编教材。作为高校城市规划专业指导委员会规划推荐教材，"十二五"普通高等教育本科国家级规划教材《城市设计》（2009 年版）出版以来，成为国内高校城市设计教学中最受欢迎的教材。

2009 年版《城市设计》已使用了 9 年，先后印刷 27 次，总印数超过100000 册，已有 18 个省市的建筑规划类院校采用了该教材，受到国内高校城市规划专业师生的普遍欢迎。2012 年，被评为国家"十二五"规划教材。2016 年，被评为住房城乡建设部土建类学科专业"十三五"规划教材。为了更好地适应我国快速城市化进程对于城市设计类人才培养的迫切需求，出版社多次建议对教材进行修订，尽快出版第二版。从 2014 年年初开始，编委会着手组织修编改写工作，经过多次研讨会商，认为在保留第一版教材原有特色的基础上，教材可在以下几方面进行充实、完善和修改。

1. 根据国内外新的发展形势与城市设计实践，将一些新的城市设计思想、理论与内容补充到教材中，适当运用新近有影响的城市设计案例，体现时代特色。

2. 根据几届规划专指委年会各校城市设计任课教师的意见反馈，希望教材能够更加突出重点，最好能够增加教学案例或教案，直接可运用到教学中；日后还可考虑增加电子示范内容。

3. 国家将城市规划专业改为城乡规划专业，因而新版教材中应适当反映村镇部分的城市设计内容。

4. 教材的参考文献应适当更新，突出与时俱进的特色。

为此，编委会老师分别就教材内容整体以及各自负责的章节做了较大的增补、完善和改写。具体内容如下：

1. 整体性的修改：

参考国外教材编写的成功经验，在各章内容前增加了导读部分，在导读中概要说明本章内容、教和学的要点及对学习的基本要求。

教材中选用的案例和参考文献做了进一步的更新。

2. 章节性的修改：

第 1 章"城市设计概论"和第 2 章"城市设计的历史发展"结合近几年国内外城市设计发展趋势做了进一步的文字修订，总的原则是凝练内容、突出重点、图片做了一定的删减与更新。

第 3 章"城市设计的基础理论"对相关代表性人物及其理论归属做了更加合理的编排调整，新增了嘎涅的"工业城市"和玛塔的"线性城市"两节内容，去掉了主要归属城市规划领域的霍华德的"田园城市"理论，其他内容也做了进一步的优化。

第4章"城市设计的编制"部分新增了"城市设计的原则"一节，在城市设计的类型中依据以建筑师、规划师为主体的城市设计规划实践目标的不同，从设计与管理导向途径，对城市设计类型进行调整与充实，新增了"大纲型城市设计"和"作为城市规划工作内容的城市设计"两小节内容。

第5章"城市空间要素和景观构成"和第6章"城市典型空间类型的设计"，主要针对案例做了调整优化和图片局部更新，替换新增了多个空间案例，文字做了进一步的精练。

第7章"城市设计的分析方法"新增了"空间句法分析技术"和"环境模拟分析技术"的内容；第8章"城市设计的实施组织"主要新增了社区规划师和《首都计划》的内容；第9章"城市设计课程教学分析作业案例精选"则新增了"城市设计教学过程"等重要内容。

本次修编由王建国、刘博敏、阳建强、吴晓、孙世界、高源和蔡凯臻等完成。修编过程和兄弟院校使用教材情况的信息得到中国建筑工业出版社杨虹编辑的关心和支持，特此致谢。

第一版前言

　　《城市设计》是我国第一本根据全国高等学校城市规划专业城市设计课程教学要求编写的教材。城市设计主要涉及中观和微观层面上的城镇形体环境建设，其主要目标是改进人们的生存空间的环境质量和生活质量。相对城市规划而言，城市设计比较偏重城市的物质空间形体艺术和人的知觉心理，在城市规划的各个层级中都包含城市设计的内容。

　　本教材编写主要立足于以下四点原则：立足城市规划专业本科生整体培养目标而设定城市设计内容；注意城市规划专业与建筑学专业中城市设计内容教授的差异性和相关性；突出基本原理讲授，合理安排理论、方法和案例分析的内容；除介绍分析城市设计的一般工作方法、编制过程和技术标准外，附录有翔实的示范作业介绍，力求简明实用。

　　通过本课程的学习，编者希望学生掌握城市设计的基本原理和初步的设计技能，熟悉城市规划与城市设计的关系，概要了解国内外城市设计的发展趋势，并具备初步的独立从事城市设计编制和研究任务的能力。

　　城市设计是一门正在不断完善和发展中的学科，世界各国目前许多院校的相关专业已经陆续开设城市设计课程，但并没有统一的授课教材，而是采用相关的教学参考书和阅读材料。考虑到目前中国高校教学课程中城市设计教学参考书的普遍性缺乏，以及各校城市设计专业水平积累的差异，本书编写仍然希望能够尽可能将相对系统和完备的城市设计知识加以介绍，以期为城市设计教学提供基础性的参考。各校讲授城市设计课程可以根据实际情况增加、补充、修订或简化部分教材内容，以利形成自身特色。

　　教材部分内容或与城市规划原理等教材内容局部重合，我们的编写原则是一般内容描述尽可能不重复，重点内容则突出城市设计自身分析角度和表述的特色。除参考文献外，书中选用了部分兄弟院系的城市设计优秀作业，谨向这些作业的指导教师和同学表示感谢。

　　本教材适用于高等学校城市规划专业，也可作为城市管理、风景园林、城市地理等相关专业的教学参考书。

　　本教材编写工作前后历时两年多，书稿结构、内容安排、全书统稿等经反复讨论确定。初稿形成后又有幸请到邹德慈院士审稿，最后根据审稿意见改定付梓。

　　本书由东南大学王建国主编，刘博敏、阳建强副主编，吴晓、孙世界、高源、蔡凯臻参编，全书由邹德慈院士审稿。

目　录

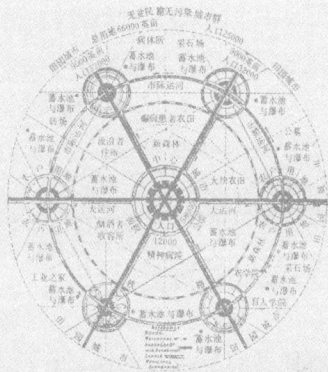

【导读】城市空间和建筑环境的品质和特色一直是公众关注的热点，如何形成这些品质和特色则与人类实际塑造建成环境的方式有关，与之所对应的学科门类就是城市设计。出于教材所需要的知识体系的完整性，本章首先论述并引介了城市设计的基本概念、定义、目标、对象、评价标准等。其次，本章初步建构了一个城市设计与政治、文化、法规和自然生态要素互动的知识架构，这与城市规划专业的某些属性比较相似。从专业训练和实践的角度看，在了解城市设计的历史发展梗概的基础上，把握城市设计与城市规划和建筑设计的关系则属于更加基本的学习要求。

第1章　城市设计概论

1.1 城市设计的概念、定义、研究内容

与城市规划和建筑学类似，城市设计兼具工程科学和人文社会学科的特征，且研究描述的对象复杂而尺度宏大。城市设计的概念虽然尚未有公认一致的看法，但一般而言，大家心目中的城市设计还是有一些共同关注的属性和要点，如城市设计要和社会与人的活动相关，多以三维物质空间形态为研究对象，其技术特征是整合城市空间环境建设和优化各种相关的要素系统，好的城市设计应有助于城市场所性和特色的塑造等。

就已经发表和讨论的观点来看，大致归纳，可以分为理论性概念和工程实践性概念两种。[①]

1.1.1 理论性概念

《不列颠百科全书》指出："城市设计是指为达到人类的社会、经济、审美或者技术等目标而在形体方面所作的构思……它涉及城市环境可能采取的形体。就其对象而言，城市设计包括三个层次的内容：一是工程项目的设计，是指在某一特定地段上的形体创造，有确定的委托业主，有具体的设计任务及预定的完成日期，城市设计对这种形体相关的主要方面完全可以做到有效地控制。例如公建住房、商业服务中心和公园等。二是系统设计，即考虑一系列在功能上有联系的项目的形体……但它们并不构成一个完整的环境，如公路网、照明系统、标准化的路标系统等。三是城市或区域设计，这包括了多重业主，设计任务有时并不明确，如区域土地利用政策、新城建设、旧区更新改造保护等设计"。[②] 这一定义几乎包括了所有可能的形体环境设计，是一种典型的"百科全书"式的、集大成式的理解，其主要意义在于界定了城市设计的可能工作范围。

小组 10（Team 10）则认为，城市社会中存在人际关系的不同层次，与此相关的城市设计涉及环境的可识别性、场所感和社会意义。他们提出的"门阶哲学"强调了城市设计中以人为主体的微观层次。他们鲜明地指出，"城市规划的艺术和授型者的作用必须重新定义——与功能主义的艺术分析方法相联系，建筑与城市规划曾被认为是两个彼此分离的学科"，但我们今天不再说建筑师或城市规划者，"而是说建筑师——城市设计者"，这里的定义强调了"文脉"的概念，大大拓宽了城市设计发展的理论视野。[③]

美国学者凯文·林奇（K. Lynch）于 1981 年推出一部城市设计理论巨著——《一种好的城市形态理论》。林奇教授从城市的社会文化结构、人的活动和空间形体环境结合的角度，提出城市设计的重点在于如何从空间安排上保证城市各

---

① 王建国在《现代城市设计理论和方法》一书中曾将城市设计的概念分为"理论形态"和"应用形态"两类，本教材参考了这一分类。

② 宋俊岭，陈占祥，译.不列颠百科全书"城市设计"[M]// 国外城市科学文选.贵阳：贵州人民出版社，1984：79.

③ 程里尧.TEAM 10 的城市设计思想 [J].世界建筑，1983（3）：78-82.

种活动的交织，进而从城市空间结构上实现人类形形色色的价值观之共存。他所推介的城市规范理论（Normative Theory），则是一种从理论形态上概括城市设计概念的尝试。①

美国学者拉波波特（A.Rapoport）则从文化人类学和信息论的视角，认为城市设计是作为空间、时间、含义和交往的组织。②城市形态塑造应该依据心理的、行为的、社会文化的及其他类似的准则，应强调有形的、经验的城市设计，而不是二维的理性规划。

英国学者吉伯德认为："城市是由街道、交通和公共工程等设施以及劳动、居住、游憩和集会等活动系统所组成。把这些内容按功能和美学原则组织在一起，就是城市设计的本质。"

斯滕伯格（E.Sternberg）在"一种城市设计的整合性理论"一文中认为，"城市设计是在建成环境中关于人们对于私人或是公共领域中环境体验的一门学科"。③

《中国大百科全书》则认为，"城市设计的任务是为人们各种活动创造出具有一定空间形式的物质环境，内容包括各种建筑、市政设施、园林绿化等方面，必须综合体现社会、经济、城市功能、审美等各方面的要求，因此也称为综合环境设计"。④

一般来说，专家学者比较重视城市设计的学术性和综合性，强调特定的视角和研究方法，有时还尝试建立理论模型，力求从本质上揭示城市设计概念的内涵和外延。同时，这些研究较多地反映研究者个人的价值理想，不依附于来自社会流行的某种看法和观念。由于各家之说涉及认识论和方法论意义，所以对城市设计学科和专业领域发展常常具有重要的学术影响。

1.1.2 工程实践性概念

城市设计实务领域的专业人员则更多地从实际案例研究来理解和认识城市设计的概念。他们往往更加关注内容的现实性，目标的针对性和实施的可操作性。一般来说，工程实践性概念的城市设计解释更易于为广大公众和城市建设决策部门所理解和认同。

例如：前纽约总城市设计师、宾州大学教授巴奈特（J.Barnett）先生曾指出："城市设计是一种现实生活的问题"，他认为，我们不可能像柯布西耶设想的那样将城市全部推翻而后重建，城市形体必须通过一个"连续决策过程"来塑造，所以应该将城市设计作为"公共政策"。巴奈特认为，这才是现代城市设计的真正含义，它逾越了广场、道路的围合感，轴线、景观和序列这些"18

---

① Kevin Lynch. A Theory of Good City Form[M]. Cambridge：MIT Press，1981.
② Amos Rapoport. Human Aspects of Urban Form[M]. New York：Pergaman Press，1977.
③ E. Sternberg. An Integrative Theory of Urban Design[J]. APA Journal，2000，66（3）：265–278.
④ 中国大百科全书总编辑委员会本卷编辑委员会，中国大百科全书编辑部. 中国大百科全书·建筑、园林、城市规划卷[M]. 北京：中国大百科全书出版社，1988：72.

世纪的城市老问题"。确实，现代主义忽略了这些问题，但是"今天的城市设计问题起用传统观念已经无济于事"。他有一句名言，"设计城市，而不是设计建筑"（Designing Cities without Designing Buildings）。[1]

前美国科罗拉多大学建筑城规学院院长希尔瓦尼（H. Shirvani）先生则指出，城市设计不仅与所谓的城市美容设计相联系，而且是城市规划的主要任务之一。"现行的城市设计领域发展可以视为一种用新途径在广泛的城市政策文脉中，灌输传统的形体或土地使用规划的尝试。"[2]

曾主持费城和旧金山城市设计工作的埃德蒙·培根，在研究考察历史上著名城市的案例后认为，美好的城市应是市民共有的城市，城市的形象是经由市民无数的决定所形成，而不是偶然的。城市设计的目的就是满足市民感官可以感知的"城市体验"。为此，他强调很多美学上的观察，特别是建筑物与天空的关系、建筑物与地面的关系和建筑物之间的关系。并提出评价（Appreciation）、表达（Presentation）和实现（Realization）三个城市设计的基本环节。[3]

齐康先生认为，"城市设计是一种思维方式，是一种意义通过图形付诸实施的手段。""城市设计包含着这样几个意义：一是离不开'城市'（Urban），凡是城市建造过程中的各项形体关系都有一个环境，不过层次不同，但均属于城市，在组成城市不同层次的环境之中，不同层次的系统中都有各自的要素组成，都有自己的特定关系形成的结构关系。二是城市设计离不开设计（Design）。设计不是单项的设计而是综合的设计，亦即将各个元素加在一起综合分析比较取其优势，是有主从、有重点、整体地进行设计。城市设计涉及的范围比一般建筑单项设计更加广泛而综合，要整体得多。城市设计不是某一元素设计的优劣，而是经过分析比较之后优化的设计。"[4]

邹德慈先生则认为，中国城市设计应该明确以下要点：第一，以城市空间为对象，通过城市设计创造高质量的、三维的物质形体环境；第二，城市设计要重视研究使用者（人民大众）的需要和愿望，研究人们的行为规律和爱好，为人民提供舒适、方便、安全、清洁、悦目的城市空间；第三，城市设计要促进城市的经济发展，为各种经济活动提供空间和场所，有利于增强城市的活动和竞争力；第四，要创造与自然环境完美结合的人工环境，设计要不破坏自然环境，充分利用自然条件，保护好自然生态；第五，要保护城市的历史遗存，使城市的历史文脉得以继承、延续和发展；第六，要与城市的总体规划框架和各种专项规划相衔接。[5]

国内也有学者从中国的实际情况出发，提出城市设计是城市规划建设中的一项重要工作。在实践中，可把城市设计原理与城市规划结合，在城市规划

① J. Barnett. Urban Design as Public Policy[M]. Architectural Record Book，1974.
② Hamid Shirvani. The Urban Design Process[M]. New York：Van Nostrand Reinhold Company，1981.
③ J. Bacon. Design of Cities[M]. Thomas and Hudson，1974. 另可参见黄富厢先生中译本。
④ 齐康. 城市形成和城市设计 [J]. 城市规划汇刊，1987（4）.
⑤ 邹德慈. 城市设计概论：理念·思考·方法·实践 [M]. 北京：中国建筑工业出版社，2003.

的各个阶段都加入城市设计的内容，以使城市规划工作更具完整性和综合性，同时还能满足基本的以人为价值取向的城市社会生活和审美需求。

工程实践性城市设计，更注重城市建设中的具体问题及其解决途径。因而对于他们来说，是否把概念和内涵搞得清清楚楚，并使之具有明晰的逻辑结构无关紧要，他们注重的是理论联系实际。换句话说，他们视城市设计为一种解题的"工具"或"技术"。不过它与理论形态的城市设计观点也有一致之处，其中最根本的是，两者都认为城市设计与人的认知体验和城镇建筑环境有关，可以说，它们是从不同的层次和角度来看城市设计的。

综合以上研究成果，王建国在其所撰写的第二版《中国大百科全书》的城市设计词条中，将城市设计的概念总结为，"城市设计是以城镇发展和建设中空间组织和优化为目的，运用跨学科的途径，对包括人、自然和社会因素在内的城市形体环境对象所进行的研究和设计"。

1.2　城市设计的目标

一般意义上的目标，乃指人类活动的动机意志、目的或对象，也指人们活动计划所争取的将来状况。

既然城市设计要考虑"包括人、自然和社会因素在内的城市形体环境对象"，那它就必然要考虑并综合社会的价值理想和利益要求。

绝大多数的优秀城市设计，是由科学合理的设计目标和准则设立及其对实现过程的有效推进而促成的。这样的目标包括：功能、灵活性和适应性、社区性、遗产保护、环境保护、美学和交通可达性等。

朱自煊先生曾经将城市设计的目标任务总结为[①]：

（1）城市设计是要为人们创造一个舒适宜人、方便高效、卫生优美的物质空间环境和社会环境。

（2）城市设计是要为城市社区建设一种有机的秩序，包括空间秩序和社会秩序。

（3）城市设计是一项综合规划设计工作，要求综合各个专业的需要，做到合理安排、协调发展。

（4）城市设计是对城市空间环境的合理设计，既要立足于现实，又要有理想和丰富的想象力。

（5）城市设计目标是城市空间环境上的统一、完美；综合效益上的最佳、最优；社会生活上的有机、协调。

在很多情况下，城市设计实际的有效参与者和决策人并不是设计者。对于大多数非专业人员，如城市设计的委托人、投资业主、行政领导、利益用户等，他们的关注目标和价值取向一般并不等同于城市设计者的认识，而是

---

① 朱自煊. 中外城市设计理论与实践 [J]. 国外城市规划，1990（3）：2-7.

更多地从自身的政治背景、知识结构、预期利益等来考虑城市建设和设计中的各种问题。例如，从委托人、城市领导者和用户的观点看，城市设计所关注的三度空间形态只是一种手段，而不是终极目标。经济利益相关者会要求从中获得包含一定利润空间的投入产出、建设不误工期和与预算控制吻合，领导则常要求人们看到他的工作实绩和获得有利的政治反应，而一般老百姓则要求作为普通市民个体使用的便利、方便可达、环境舒适等。于是，专业与非专业人员之间，非专业人员相互之间的城市设计要求和目标有时就会产生争执和冲突。

城市设计与城市空间的环境品质密切相关。环境品质的好坏反映了一个城市的社会和经济状况，也反映了一个城市的建设管理水平是否科学合理，因此，城市设计策略和技术层面的编制涉及多方面因素。城市设计师对环境建设虽然有一定影响，但是对具体的建设决策往往只能提出技术层面的建议，如提供尽可能多、好的方案并倾力推介。城市设计者必须面对多样和复杂的环境，工程竞标中的种种问题，政府的行政权力、决策方面的政治因素和城市建设经济预算的影响。他们必须具有良好的协调和驾驭全局的能力，能够关注其他人的观点并进行取舍，城市设计者还必须时刻准备面对公众的质疑和审查。

城市设计者固然应该尽量满足上述高度综合、有时甚至存在某种矛盾的设计目标，但实际上却很难。从世界城市设计实践经验看，重要的是应在社会各种建设要求之间建立一个有层次的、具有广泛代表性的目标框架，并在这个基础上进行创造性的城市设计活动。

但是，一个优秀的城市设计仍然必须建立在独立的专业原则之下，公允地说，一个好的、合理的方案应该有助于培育优秀城市文化，具有广泛的公众支持基础，逐步推进人类理想的实现。

纵观世界城市建设发展历史，成功的街道、空间、村落、市镇和城市往往具有某些共同的特征，如宜人的空间尺度、视觉愉悦、使用方便、富有历史文化内涵就属于人所公认的环境优点。为了编制和提出优秀城市设计，就必须分析和提炼这些要素并明确设计目标。这些要素有助于提醒我们为了创造一个成功的场所，应当努力寻求什么东西。在各个目标之间存在着相当程度的交叠，而且目标之间也是互为补充和强化的。

1.3 城市设计的评价标准

塑造好的城市空间和形体环境，有时并不仅仅依靠人们提出一个物质性的解决方案或提出一种严格而经验性的设计评价标准，但是设计评价标准的建立仍然是城市发展和建设必要的目标基准，以及不同国家、不同地区、不同城市之间的城市设计案例比较和分析评价的尺度。

城市设计优劣的评价主要有定性和定量两方面。

1.3.1　定性标准

特色（可识别性）、格局清晰、尺度宜人、美学原则、生态原则、社区原则、活动方便、丰富多样、可达性、环境特色、场所内涵、结合自然要素等则显然可归属对一个好的城市设计的定性评价标准。《不列颠百科全书》提及的"减缓环境压力、谋求身心舒畅；创造合理活动条件；特性鲜明；环境要多样化；规划和布局明确易懂；含义清晰；具有启发和教育意义；保持感官乐趣；妥善处理各种制约因素"[①]无疑也属于定性评价标准。

1.3.2　定量标准

城市设计满足特定项目范围内的建筑容积率、覆盖率、日照、通风等微气候的要求，以及考虑一些由空间度量关系而引起的视觉艺术和功能组织单元的要求，属于城市设计评价的定量标准。前者包括一般城市规划管理部门在下达设计任务时的用地规划设计要点，如容积率、覆盖率、建筑后退、人防、日照、通风、隔噪要求等。后者如纪念性建筑和空间观赏的视角设计控制；建筑高度和街道、广场空间宽度的高宽比；相对于特殊的地标和背景建筑（或者是重要的视景）高度，以及空间单元原型尺度等。

1.4　城市设计与城市规划、建筑设计及其他要素的相关性

1.4.1　城市设计与城市规划

1）城市规划的含义

《不列颠百科全书》指出，现代城市规划的目的"在于满足城市的社会和经济发展的要求，其意义远超过城市外观的形式和环境中的建筑物、街道、公园、公共设施等布局问题，它是政府部门的职责之一，也是一项专门科学"。[②]

1985 年版的《简明不列颠百科全书》为城市规划作出了类似的定义：为了实现社会和经济方面的合理目标，对城市的建筑物、街道、公园、公用设施以及城市物质环境的其他部分所作出的安排。城市规划是为塑造或者改善城市环境而进行的一项政府职能、一种社会运动，或者是一门专门技术，或者是三者的结合。[③]

《城市规划概论》指出："城市规划既是一门学科，从实践角度看又主要是政府行为和社会实践活动，这种政府行为和社会实践活动体现为依法编制、审批和实施城市规划。"[④]

---

① 《简明不列颠百科全书》编审委员会.简明不列颠百科全书（2）[M].北京：中国大百科全书出版社，1985：273.

② 宋俊岭、陈占祥，译.不列颠百科全书"城市设计"[M]// 国外城市科学文选.贵阳：贵州人民出版社，1984：112.

③ 《简明不列颠百科全书》编审委员会.简明不列颠百科全书（2）[M].北京：中国大百科全书出版社，1985：271.

④ 陈友华，赵民.城市规划概论 [M].上海：上海科学技术文献出版社，2000：116.

按照这样的定义，城市规划就与城市设计有显见的重合之处，即将城市物质空间及其内容的安排作为主要的工作对象。目前，在世界一些发达国家，城市大规模的扩张和新区规划建设项目基本停止，城市形态演化处在一个缓慢渐进的状态，曾任巴黎市长的希拉克曾经说，"现在（1970年），城市规划和建筑师的主要任务在于维持现有的人口和工作岗位，维持首都的巨大吸引力和历史特点"。[①] 在这种背景下，城市规划与城市设计基本上内容差不多，都是社会、经济和空间（物质形态）发展并重，并赋予城市设计在形态设计、环境品质和景观艺术等方面的属性的预期。如德国柏林波茨坦广场、斯图加特和法兰克福等城市车站地区的城市设计案例，这些方案基本上都是建筑师完成的。但是在中国，以及亚洲其他一些国家如日本等，中央政府通过规划来控制城市发展的色彩比较重，城市规划与城市设计二者侧重还是很不一样。城市规划在中国实际上是政府掌控城市发展的一种工具，科学运用这个工具，并按照政府意志和公众利益来分配和管理资源，实现其心目中的城市预期发展是编制城市规划的主要驱动力。

2）城市规划的现代发展

工业革命以前的城市规划和城市设计多以物质空间规划和布置为主，在传统学科分类上附属于建筑学，历史文件记载和中外许多城市建设的实存案例都印证了这一点。

伴随着欧洲工业革命发展，城市化进程急速加快，社会结构和体制产生巨变，近代市政管理体制随之建立并逐渐完善。但是，这时的城市出现了空前的人口集聚和数量增长，产生了人们居住、工作以及生活条件和环境品质急剧恶化等一系列城市问题。如在19世纪的欧洲，恶劣的人居环境和卫生健康状况曾经一度成为首要的城市问题，1830年，霍乱在欧洲流行并造成各大城市瘟疫的蔓延，城市居民的生存环境濒临崩溃。为此，随着医学领域的发展和人类对健康条件认识的深入，英国率先于1848年制定了《健康法》，之后法国、意大利等国也相继制定了《健康法》，成为19世纪后期各国城市管理的法律依据。这样，城市规划的基础就发生了改变，这一改变又促进了城市规划思想和方法及程序的变革。20世纪20年代，城市居住的阳光日照标准的制定，以及后来其成为居住区规划的强制性规定就是典型一例。

20世纪早期的城市设计规划理论与城市建设关注外显的物质空间形态密切相关。1933年发表的《雅典宪章》在对现代工业城市存在的问题与弊病进行分析与反思的基础上，提出了塑造健康优美的城市环境的思想。《雅典宪章》运用理性分析的方法，倡导以交通干道为城市格局网络，高效组织工作、居住和娱乐等方面的功能联系，并从健康和生理的角度提出一系列评价建筑的准则，如住宅必须满足照明、空气、阳光和通风的要求等。现代主义倡导者认为城市发展的经济、社会以及文化问题可以通过良好的物质环境设计得以解决，

① 巴黎市长谈巴黎 [J]. 史章，译. 世界建筑，1981（3）：61.

于是，"以总体的可见形体的环境来影响社会、经济和文化活动，构成了这一时期城市设计的主导观念。"①

20世纪代表性的规划理论包括"田园城市""工业城市"及"带形城市""现代城市""邻里单位""中心地理论"等。经过这些探索，人们不仅对城市建设和生存发展的内在机制的认识前进了一大步，而且越来越清楚地认识到，城市规划必须通过跨学科的分工合作，包括经济学、社会学、历史学、地理学、政治学、人口学等方面的研究，才能科学地论证并取得良好的实际效果。在研究客体上，则必须把城市看成"不仅是市区本身，而且还是城市近郊和远郊在进化过程中人口的集聚"（P.Hall）。这种关注城市社会问题和区域规划的思想对现代城市规划的发展产生了重大影响。同时，城市规划的研究领域有了进一步扩大，其所要解决的问题日益趋向人口、交通、环境污染、社会动乱、经济发展等复合性社会问题。同时社会学、生态学、地理学、交通工程等均逐渐形成自身独立的城市规划课题（图1-4-1～图1-4-5）。

在实际的操作中，第二次世界大战后的城市规划开始更多地与国家和各级政府决策机构结合，并取决于它们的意志和社会发展目标，成为国家对城市发展"引导式的控制管理"（McLoughlin，1968）的一个手段和工具。规划的重点已经从物质环境建设转向了公共政策和社会经济等根本性问题。学科也因此逐渐趋向社会科学，成为一项名副其实的社会工程。规划过程和程序也有了很大改变，日益受控制论的影响趋向系统规划。

1970年代以后的城市规划学科的重点渐渐从偏重工程技术（1940～1950年代）到偏重经济发展规划（1960年代），演化到经济发展、工程技术与社会发展同时并举。即：城市规划是综合了经济、技术、社会、环境四者的规划，追

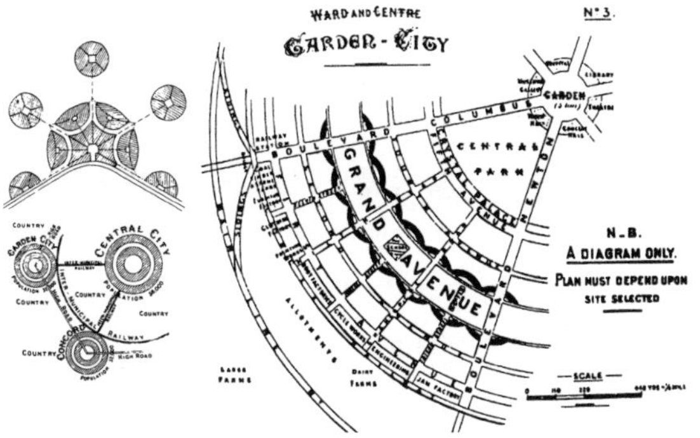

图1-4-1 田园城市（一）
资料来源：Sophia & S. Behling. Sol Power. Prestel. 1996，151.

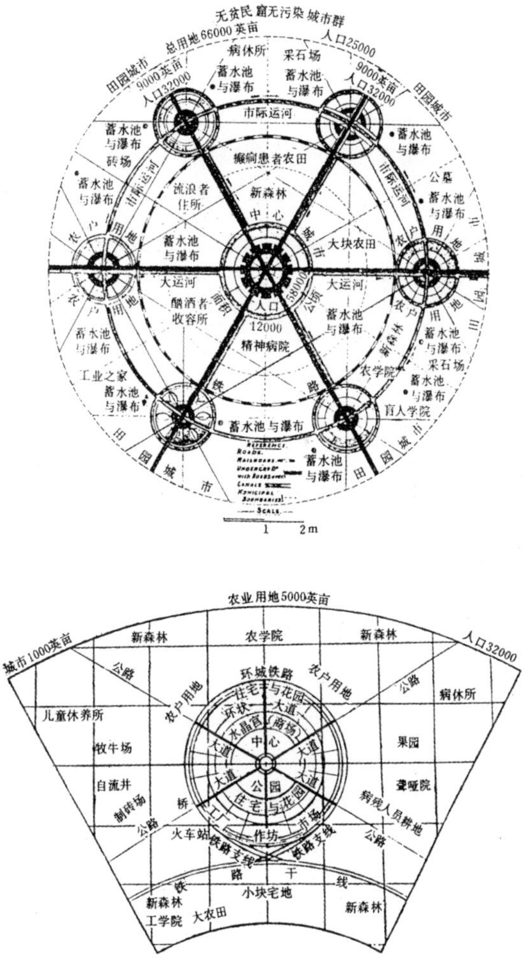

图1-4-2 田园城市（二）
资料来源：Sophia & S. Behling. Sol Power. Prestel. 1996，151.

---

① 王建国.城市设计[M].2版.南京：东南大学出版社，2004：27.

求的是经济效益、社会效益、环境效益三者的平衡发展。也即，今天的城市规划应由经济规划、社会规划、政策确定、物质规划四方面组成，效率、公平和环境是其依循的基本准则，其内容所及远远超出城市设计的目标、对象和范围。亦即，城市规划不仅是一种工程技术，也是一种社会运动，同时也是一种政府行为。

3）城市设计与城市规划的概念分野

1970 年代以来，西方城市发展进入了一个相对稳定的时期，大多数城市已经不再像中国今天这样需要大规模尺度的开发建设，同时又有了长期规划作为发展管理的依据，因此规划工作总的是向内涵深化方向发展。"城市规划工作的重点向两个方向转移：一是以区划为代表的法规文本体系的制定和执行，以使城市规划更具操作性和进入社会运行体系之中；二是城市设计，以使城市规划内容更为具体和形象化。在此背景下，城市设计才有可能得到全面发展。"[①]

城市设计的发展与建筑师群体的贡献紧密相关，他们最先较多关注物质形体环境对城市的影响，后期更多关注人和社会的问题，1970 年代以来则又加入了对生态问题的关注。

相比城市规划，城市设计的工作内容和关注对象有一定的重合。如 20 世纪早期，世界各地的建筑师纷纷开始寻求"工业社会里的适宜生活方式"，探寻建筑形态的优化，以使每位居民都能够获得最大限度的阳光、空气和健康的生活空间，并形成了一系列从健康和生理角度出发的建筑评价准则。格罗皮乌斯在布鲁塞尔国际现代建筑协会（CIAM）会议上探讨了建筑物的高度、间距、朝向与日照之间的关系，首次用科学的方法比较了在满足相同日照、相同规模地块下高层塔式建筑、行列式建筑和周边式建筑的布局方式，打破了居住组群传统的甬道式沿街布置方式，提出了满足健康要求前提下可以大量建设的一种新的居住区布局形式。这样的探索兼有城市规划和城市设计的内容（图 1-4-6）。

但城市设计也存在自身的独特性。首先，城市设计所关注的是人与城市形体环境的关系和城市生活空间的营造，内容比较具体而细致，具有较多的文化和审美的

图 1-4-3　韦林花园城总平面
资料来源：本奈沃洛．西方现代建筑史 [M]．邹德侬，巴竹师，高军，译．天津：天津科学出版社，1996：327.

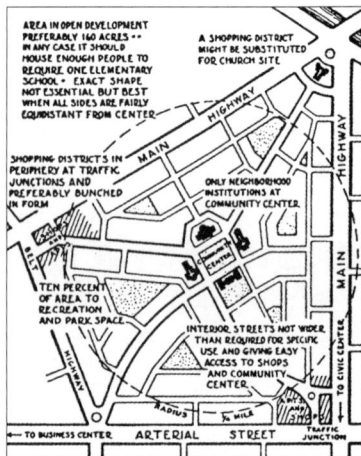

图 1-4-4　佩里提出的居住区邻里单位模式
资料来源：Barnett, Jonathan. 都市设计概论 [M]. 谢庆达，译．台北：创兴出版社，1993：129.

图 1-4-5　邻里单位图解
资料来源：Donald Watson, Alan Plattus, Robert Shibley. Time-Saver Standard for Urban Design. McGraw-Hill Professional, 2001.2.4-6.

图 1-4-6　纽约中央公园全景
资料来源：Robert Gameron's. Above New York, Gameron and Co 1996.37.

---

① 孙施文．城市规划哲学 [D]．上海：同济大学，1994.

含义，以及使用舒适和心理满足的要求。环境效益是城市设计追求的主要目标。

1956 年，小组 10（Team 10）依据现象学的分类，建立以住宅、街道、地区、城市四大层次来取代《雅典宪章》的功能分区，提出应该重新认识城市的形体环境，主张城市整体环境的统一，并提出人际结合、城市的流动性和空中街道等观点，就更多地归属于城市设计的内容范畴。

1977 年，在秘鲁首都利马通过的《马丘比丘宪章》是一份广泛涉及城市设计问题的纲领性文件。宪章直率地批评了现代主义那种机械式的城市分区的做法，认为这是"牺牲了城市的有机构成"，否认了"人类的活动要求流动的、连续的空间这一事实"，指出"不应当把城市当作一系列的组成部分拼在一起考虑，而必须努力去创造一个综合的、多功能的环境"。

由于在对象界定中，城市设计和城市规划所处理的内容接近或者衔接得非常紧密而无法明确划分开来，所以，我国学者普遍认为，从总体规划、分区规划、详细规划直到专项规划中都包含城市设计的内容，城市设计始终是城市规划的组成部分，它起到了连接城市规划和建筑学的桥梁作用，是城市规划与建筑设计之间的中间环节。

也有学者认为，城市规划与城市设计最好协同编制并同时完成，这样就能互相检验、校正和互补。如果分别开展，其间的交叉部分内容就难以统一，出现设计对规划或规划对设计改动较大的现象。从近年实施情况看，一些城市已经关注到这一问题，但也有城市设计先行编制，然后在设计成果基础上编制控制性详细规划，将城市设计三维空间形态的成果落实到城市用地指标的规划控制中去。如果仍然是原先城市设计人员来编制后续规划，他们则应具有较高的规划专业素质。

通常情况下，城市规划和城市设计在实施运作中的互动衔接是通过与我国法定规划程序的不同阶段贯彻落实的。但是，现行的规划法规，如《城市规划编制办法》虽然指出了"在编制城市规划的各个阶段，都应运用城市设计的方法，综合考虑自然环境，人文因素和居民生产、生活的需要，对城市空间环境做出统一规划，提高城市的环境质量、生活质量和城市景观的艺术水平。"但对城市设计的具体编制方法、程序、内容、深度、时效等仍然没有论及。虽然在实践中，中国少数城市将城市设计成果开始纳入人大的立法范畴，但是《城乡规划法》并没有对此授权。这样，城市设计成果就缺少必要的指导建设的引导作用。此外，有些城市虽然已经编制了一些城市设计，由于国家没有明确的审批制度，缺乏城市设计编制办法和有关规定，规划部门也无法审批，从而成为一种"图上画画，墙上挂挂"的摆设，实际可操作性较差。

4）城市设计与详细规划

我国城市规划工作大致分为总体规划和详细规划两个阶段，现在又增加了近期建设规划和战略规划等编制程序相对灵活但更具针对性的内容。总体规划解决全局性的城市性质、规模、规划、布局等问题；详细规划解决物质建设问题。总体规划阶段虽然也有城市设计的内容，但彼此的区别还是比较明显。

相对而言，详细规划和城市设计的关系更加密切，在实际城市建设和发展管理中探讨二者的关系具有普遍性意义，需要稍加分析展开。

（1）详细规划和城市设计是在总体规划指导下对局部地段的物质要素进行设计，但城市设计偏重空间形态，而详细规划则比较偏重管理和操作，关注定位和定线。从评价标准方面看，详细规划较多地涉及各类技术经济指标，与上位法定规划的匹配和指标合理性是其评价的基本标准；详细规划是作为城市建设管理的依据而制定的，较少考虑与人活动相关的环境和场所意义问题。而城市设计却更多地与具体的城市生活环境和人对实际空间体验的评价，如艺术性、可识别性、舒适性、心理满意程度等难以用定量形式表达的标准相关。

（2）从重点上讲，详细规划更偏重于用地性质、建筑道路等两边的平面安排，而城市设计更侧重于建筑群体的空间格局、开放空间和环境的设计、建筑小品的空间布置和设计等。

（3）从内容上讲，详细规划更多地涉及工程技术问题（如"六线"控制、道路、市政工程、公建配套等），体现的是规划实施的步骤和建设项目的安排，考虑的是局部与整体的关系、建筑与市政设施工程的配套、投资与建设量的配合，而城市设计更多地涉及感性（尤其是视觉）认识及其在人们行为、心理上的影响，表现为在法规控制下的具体空间环境设计。

（4）从工作深度上讲，详细规划常以表现二维内容为主，成果偏重于法律性的条款、政策，方案和图纸则居于次要地位。而城市设计多图文并茂，图纸、文本、导则均在其中起重要作用，且具有一定的实施操作弹性和设计创意，并附有充分的具有三维直观效果的表现图纸。

总之，城市设计对于一个健康、文明、舒适、优美，同时又富有个性特色的城市环境塑造具有城市规划不可替代的重要作用。城市设计应是城市规划的有效深化、延伸和补充，近年我国城市设计的案例研究和实施项目越来越多，城市设计已经成为政府和社会各界广泛关注和重视的专业领域。

1.4.2 城市设计与建筑设计

通常，城市设计具有显见的引导和部分驾驭建筑设计的作用，这已经成为当今建筑师熟知的事实。亦即，城市设计与建筑设计有着多重的内容和方法的交叉融合。

1）城市设计与建筑设计在空间形态上的连续性

从物质层面看，城市设计和建筑设计都关注城市环境中的物质实体、空间以及两者的关系。因此，城市设计与建筑设计的工作内容和范围在城市建设活动中是一个连续的整体。事实上，建筑立面是建筑的外壳和表皮，但又是城市空间的"内壁"。建筑空间与城市空间互相交融，隔而不断，内、外只是相对的。因此，城市设计与建筑设计均在城市空间环境中有恰当的工作内容和对象。

传统的建筑功能概念常常局限于建筑的自身功能和环境要求，并将其视为一种服务自我的封闭系统，但却忽视了其所支持的人类活动及其社会意义，忽视了建筑单元在城市整体的空间结构和形象塑造中的联系。不同功能类型建筑的生硬填充并不能够促成良好城市环境的获得，而建筑与城市生活的分离也会导致城市公共空间的诸多问题。

城市设计以多重委托人和公众作为服务对象，更多地反映社会公正和环境共享的准则，超出了一般建筑功能、造价、美观等内容。其主要工作对象和领域是公共开放空间，它研究建筑物的相互关系及其对城市空间环境所产生的影响。同时，城市设计的工作还应立足于对环境整体的综合分析和评价。

建筑设计基本上取决于设计者本人和项目业主的目标价值取向。他们的审美素养、价值取向、设计技巧及对建筑的认识在设计中起着至关重要的作用。这样，建筑师就会与许多其他专业人员和决策人一起对环境的形成起作用，但实际上他们往往对城市整体环境缺乏足够的考虑。如同《不列颠百科全书》所指出的那样，"工程师设计道路、桥梁及其他大工程；地产商修建起大批住宅区；经济计划师规划了资源分配；律师和行政官员规定税收制度和市级章程规范，或者批准拨款标准；建筑师和营造商修建个别建筑物；工艺设计师设计店铺门面、商标、灯具和街道小品……也会对环境起普遍的影响。即使在社会主义国家里，建设和管理城市环境的责任也是很分散的"。[①]

在全球城市建设发展步入市场经济主导模式的今天，房地产开发的投入产出效益、业主的盈利取向，往往会使建筑单体建设一定程度上脱离城市外部环境的约束而自行其是，如不恰当地增加容积率和建筑覆盖率，减少必要的配套设施等，从而成为公众诟病的对象。巴奈特在总结纽约城市建设教训时曾经指出："由于 1916 ~ 1961 年《分区法》(Zoning)的实施，使纽约变成了只有塔楼和开放空间存在的城市"，而形体要素的相互关系"非常紊乱"，"无论单体建筑如何精心设计，但城市本身没有得到任何设计"(图 1-4-7)。

图 1-4-7 纽约曼哈顿鸟瞰
资料来源：作者摄.

无疑，一些重要建筑物，特别是重要的公共建筑会对城市环境产生重大影响，但是这种影响也可以是消极的，只有当其与城市形体环境达到良好的匹配契合时，该建筑物才能充分发挥其自身积极的社会效益，有效地传播文化和美学价值。因此，城市设计与建筑设计在城市建设活动中是一种"整体设计"(Holistic Design 或者 Integrated Design) 关系，它们共同对城市良好的空间环境创造作出贡献。这就意味着城市空间与建筑空间的设计过程是不可分的。建筑设计、城市设计和城市规划应该成为城市发展的一项完整的工作，

---

① 宋俊岭，陈占祥，译. 不列颠百科全书"城市设计" [M]// 国外城市科学文选. 贵阳：贵州人民出版社，1984：82.

图 1-4-8 安藤设计的美国福特渥斯与康设计的金贝尔美术馆相得益彰（左）
资料来源：GA Document 74，A.D.A Edita Tokyo，36.

图 1-4-9 北京饭店新老结合相得益彰（右）
资料来源：作者摄.

并在建设过程中予以反映把握。即是说，环境的形态应是整体统一和局部变化的有机结合，房屋是局部，环境才是整体（图 1-4-8、图 1-4-9）。

2）城市设计与建筑设计在社会、文化、心理上的联系

从主体方面看，使用品评建筑和城市空间环境在人的知觉体验上也具有一种整体连续性关系。城市设计与建筑设计的相关不仅在形体层面上有意义，而且在心理学和社会学层面上同样有意义。

按照格式塔（Gestalt）心理学观点，人对城市形体环境的体验认知，具有一种整体的"完形"效应，是一种经由对若干个别空间场所的、各种知觉元素体验的叠加结果，这已为当代许多建筑研究者所证实，如林奇的城市意象理论、卡伦的序列视景理论等。同时，人们的空间使用方式仍然视城市设计与建筑设计为一体，它要求设计者在满足相对单一的室内使用要求的同时，也要整体地考虑多价、随机的户外空间活动的需求，乃至社区文化的内涵。我们虽然可以用适当的手段去围合、分割建筑空间，但却无法割断人的知觉心理流。而这种知觉心理不仅部分取决于作为生物体的人，而且还取决于作为文化载体的人。

城市设计和建筑设计的基本目标就是为人们生活和生产活动提供良好的场所和物质环境，并帮助定义这些活动的性质和内涵。因此，设计城市或建筑也就是在设计生活，也就必然要反映作为整体的社区特点及社区性。在进入21 世纪的今天，社区性和场所意义已经随着世界性的对城市特色的关注而成为城市设计领域发展中的一个关键科学问题。

3）城市设计导则与建筑设计的自主性

在实施过程中，城市设计并非要取代（事实上也不可能）建筑设计在城市环境建设中的创造性作用，由于两者规模、尺度和层次的不同，所以它们是一种"松弛的限定，限定的松弛"的相互关系（王建国，1991）。

城市设计通过导则为建筑提供了空间形体的三维轮廓、大致的政策框架和一种由外向内的约束和引导的条件。导则的作用不在于保证一定产生最好的建筑设计，而在于避免一般水准以下的建筑的产生，也即是保证城市环境有一个基本的形体空间质量。

这种约束和被约束的关系在古代城市建设中并不十分重要，因为古代建筑受当时的材料和技术限制，一般不会对整体城市的形态、交通、基础设施和区域结构产生很大影响，也很难宏观失控。但今天的建筑设计问题往往是多维复合的，只有从城市的层面去认识才有可能理清关系，也就是城市设计的问题。

但是，这种外部限定约束只是设计的导引，并非僵死的，只是用定量表述的规范和教条，而是具有相当的灵活性和弹性，也就是一种"松弛的限定"和有限理性。因此，建筑师并不会因接受城市设计导则而不能发挥自己的想象力和创造力。建筑师仍然可以担负起应有的社会责任和城市文化引导的角色。

例如，加拿大首都委员会为开发设计议会山建筑群，制定了一系列城市设计的政策框架和技术性准则，以及建筑师应承担的责任等内容，但具有相当的弹性，在此前提下，建筑师仍可作出多种形体设计的建筑方案。

此类案例在欧洲更多，如法国巴黎、荷兰阿姆斯特丹和鹿特丹虽然都是公认的历史名城，但在城市中却能处处感受、体会到现代城市和艺术浸染的气息（图1-4-10～图1-4-12）。

图1-4-10　从巴黎拉维莱特公园看城市
资料来源：作者摄.

图1-4-11　荷兰阿姆斯特丹水街
资料来源：作者摄.

总之，城市社会与物质环境规划设计的关系是从大区域到城市，再到片区，然后才到建筑物和开放空间，直到局部的环境设施和街道小品。从环境尺度方面看，城市规划师所受教育的重点是分析处理宏观层面的空间和资源分配，成果偏重于政策制定、数据分析和用地分配以及相应的图纸表达；建筑师则更多地关注建筑物的功能满足、美学形态和最终尺度，偏重设计和施工；而"城市设计"恰可视为是一种贯穿各专业领域的"环境观"和共享的"价值观"，进而发挥"承上启下"的桥梁作用。

图1-4-12　荷兰鹿特丹剧院广场全景
资料来源：West 8. Skira Architecture Library, 2000, 74.

1.4.3 城市设计与其他要素的相关性

城市建设是一项综合性极强的社会系统工程，因而城市设计必然受到与城市社会背景相关的各种要素，如社会、经济、政治、法律和文化等要素的影响。同时作为一种对物质空间形态的设计，城市设计与自然生态要素显然也密切相关。

1）政治要素与城市设计

绝大多数城市规划设计及其相关的建设活动都曾受到过不同程度的政治因素的影响。

城市建设决策及其实施是一项综合的、复杂的、同时牵动许多社会集团利益和要求的工作，城市设计也不例外。在有公众参与和各相关决策集团共同作用的设计决策过程中，设计者为了处理好人际关系和利益分配问题，往往不得不借助于更高层次的仲裁机构——这通常是当地的政府，并以此来对参与决策的各方委托人加以控制。于是，城市规划建设难免带上政治色彩，设计者本人也被推上了政治舞台，无论他愿意与否，城市建设许多决策终究要在政治舞台上作出，乃至被接纳成为公共政策。因此，从某种程度上说，城市建设决策过程本身就是一个"政治过程"。在当今中国城市建设中，发生了许多重大城市发展及其相关的建设活动，如北京奥运工程建设、上海世博会工程建设、广州新城市空间轴线相关地段的建设、南京河西新城区建设等。这类活动当然需要编制城市设计作为建设的引导和管理控制条件，但城市设计本身经常是作为实现政府意志的技术载体而出现的。在这样的过程中，虽然设计者能起到一定的作用，但事实上政治要素常常具有决定性作用。

英国学者莫里斯（Morris）在其名著《城市形态史》中认为，所谓规划的政治（Politics of planning）对城镇形态曾有过决定性的影响。已故著名意大利建筑师罗西（A.Rossi）则认为城市依其形象而存在，而这一形象的构筑与出自某种政治制度的理想相关。

中国古代最初城市的形成与发展就和政治统治与便于设防的建设目的紧密联系。傅筑夫认为，中国城市兴起的具体地点虽然不同，但是它的作用却是相同的，即都是为了防御和保护的目的而兴建起来的。已故著名学者张光直教授的研究则发现，中国夏、商、周三代确定城市建设用地时运用了"占卜作邑"的方法，而这种"作邑"不仅是"建筑行为"，而且是"政治行为"。这说明，中国古代城市（邑）的建造并非完全出自聚落自然成长或是经济上的考虑，而是受到了华夏文明最初的政治形态、宗教信仰和统治制度的直接制约和影响。其后的"择中立宫"及"体国经野，都鄙有方"的规划思想，亦反映了中国古代城市布局理念（图1-4-13）。

图1-4-13 中国《周礼·考工记》城市模式
资料来源：李允鉌. 华夏意匠 [M]. 中国香港：广角镜出版社，1986.

在世界城市发展的各个历史时代中，政治因素曾经留下深深的印记。历史上城市建设在处理内部空间布局和功能分区时，政治要素的干预和影响十分明显。贫与富，卑与尊，庶民与君臣之间的人伦秩序在城市布局上一目了然。正如城市史家拉瓦蒂所察见，政治控制一般由一个政教合一的上层社会来行使，这些人通常居住在城市中心庙宇、神殿和市政厅附近，由中心向外，居住越远者，社会地位也越低下。到近代，虽然逐渐实行民主政治，但政治要素仍然不时影响到城市规划设计，如美国一大批新兴城市即以当时官方规定的"格网体系"为建设蓝本。

分析古今中外的一些"理想城市"设想和模式，也常常与一定的政治抱负有关，权力常常制约着智力。可以说，历史上世界各大文明体系中的主导规划设计思想，均与其特定的政治文化、统治方式及其所规范的城市建设秩序有着密切的关系。

就今天而言，全世界仍然存在极少数严格按照政治要求而整体建设起来的城市，这些城市在漫长的历史岁月中所始终维持并体现出来的建设意图的连续性和统一性，每每使人叹为观止。如美国首都华盛顿1791年确定的规划设计主题就是"纯粹政治目的的产物"。从最初的规划到其后几个世纪的规划设计和建设开发，并未违背朗方的设计初衷。中国明清北京城建设所体现的布局结构、人际等级秩序，同样体现了政治因素与工程技术的完美结合，是在强

图 1-4-14 华盛顿中心区鸟瞰
资料来源：Cameron. Above Washington. Cameron and Company. 1996，81.

图 1-4-15 华盛顿中轴线航片
资料来源：高超提供.

有力的政治动因和皇权直接干预下渐次完成的（图1-4-14～图1-4-16）。

随着当代社会民主化进程和开放性的加强，政治要素对城市建设的决定性作用有所衰微，除少数城市出自突发的政治动因和社会要求而整体建设的范例（如巴西利亚、堪培拉、昌迪加尔等），一般均采取更为灵活松弛而又具备协商程序的政治干预方式（图1-4-17、图1-4-18）。于是，城市建设的"权智结合"有了新的形式和内涵。

但是，纯粹政治化的建设决策过程也有很大缺点。政治因素注重的是人与人的隶属关系，而不注重人际的情感交流，其干预方式基本上是强制性的。同时，政治因素忽视不同经济利益的要求，是无偿性的，而事实上，当今市场

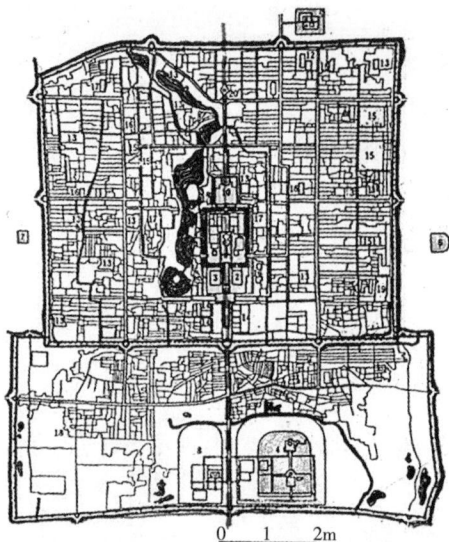

图 1-4-16　明清北京城（左）

资料来源：董鉴泓. 中国城市建设史 [M]. 北京：中国建筑工业出版社，1989：104.

图 1-4-18　堪培拉城市轴线（右）

资料来源：Kostof, Spiro. The City Shaped：Urban Patterns and Meanings Through History. London：Thames and Hudson Ltd，1991.

图 1-4-17　巴西利亚鸟瞰

资料来源：Brozilia's Superquadra. Harverd Design School, Prestel, 2005, 108.

经济条件下的城市建设行为和目标价值取向却很大程度上与经济利益有关。如果过分夸大城市设计建设中的政治决策权会削弱城市环境的动态适应性，无形之中也就容易轻视公众参与和多元决策的有效作用，从而与当代日趋开放的社会结构相矛盾。

从实际效果看，政治干预比较看重外表的城市面貌及各种可见设施和生活条件的改善，但对城市社区潜在的文化价值、约定俗成的行为习惯和社区成员的自主意识则常考虑不足。由于政治介入常由少数人制定标准而要求多数人执行，故它更多地体现了理性组织和秩序的观念。因而政治化的建设决策过程是一种"决定论过程"。政治干预如不恰当地掌握分寸，变成违背科学的城市建设"政绩工程"，也会给城市的持续发展带来危害，而且这常常具有不可逆性。

概括地说，政治因素与城市规划建设具有如下几方面的关联。

第一，政治作为一种有效的建设参与因素，通常贯穿了城市建设的全过程。

第二，政治理想常常是城市建设的主导动力，也常常是城市设计需优先保证的要求。对于设计者而言，只能理解、磋商，协同作用，而无法摆脱。

第三，政治干预方式的合适与否，对城市规划建设的成败至关重要。历史和现实都表明，"权智结合"是双向的，政治干预的效果和结局并不一定是积极的，这就需要所有建设决策参与者具有较高的素质，也对城市建设体制和法规制定提出了新的要求。

2）文化要素与城市设计

相比城市规划注重二维土地资源分配以及浓重的政府职能属性，城市设计和建筑设计更多地反映着一个国家、一个民族和一个地区的历史文化的积淀和演进发展。城市设计涉及较大尺度的城市空间环境，所以与其相关的文化要素要复杂于建筑设计。"城乡聚落是时代的一面镜子，比起个体建筑来，镜面更大，也更系统地反映着一个国家、民族、地区的历史文化。"[①] 广义的文化也包括政治的内容。

文化要素在城市发展的历史上曾经产生过深刻的影响，各个时代的城市建设活动实质上也是建筑文化的创造过程。所谓"城市是文化的橱窗"，"城市是石头写成的史书"，都蕴涵着文化要素与城市设计的关系。在有些时候，文化要素还会成为城市设计和建设的决定性因素。根据凯文·林奇（K.Lynch）的研究，作为整体的、迄今仍具有重要影响的人类城市原型理想，大致上有三大分支：宇宙城市原型、机器城市原型和有机城市原型。其中，机器城市原型与城市功能维度有关，有机城市原型与城市空间结构和生态维度相关，而宇宙城市原型主要与城市设计的文化维度密切相关。

历史学和考古学的研究表明，古代的埃及、波斯、玛雅、中国和印度文明，都曾将自己看作是世界的中心。林奇认为，"最初的城市是作为礼仪中心——神圣的宗教仪式的场所而兴起的，它可以解释自然的危害力量并为人类利益而控制它们"。于是，人类欲使宇宙秩序稳固时，城市的宗教礼仪和物质形态就成为主要工具——心理的，而非物质的武器。

历史上的中国建城模式曾经影响了东南亚、日本及朝鲜许多城市的人为设计，而这主要是一种文化的传播和影响。这种神奇而令人叹为观止的城市形态，在北京得到了最充分和完善的表现。日本的京都、奈良和朝鲜的汉城（今首尔），则是中国模式最完整的复制品。

印度古代的城市设计理论也十分关注人、礼仪和城市形态之间的联系，并通过一套完整而又规范的"曼陀罗"式的建城指南来实施。该指南对土地分配、邪恶力量的控制等提出了空间组织和围合原则，其形态由一闭合的环线组

---

① 吴良镛. 广义建筑学 [M]. 北京：清华大学出版社，1989：67.

织成方形，中央的正方形最重要，重重围合加强了城市作为圣地的功能；其运动路线从外向内，或以一种顺时针方向围绕这一神秘的围合，一旦形态结构实现，该城市就是神圣的，宜于永久居住的。这种思想一直影响到印度今天的城市设计。

文艺复兴的"理想城市"（Ideal City）模式则是一种有序的，西方理性文化思维方式的产物。巴洛克城市模式中的关联轴线系统，亦为权力和秩序的表述，并在巴黎改建和华盛顿中心区规划设计中全面实现（图1-4-19）。

图1-4-19 巴黎鸟瞰
资料来源：作者摄.

历史上的城市设计所体现的文化模式和概念一般具有一定的时空稳定性，其深层价值取向是秩序、稳定及社会成员的行为与城市物质形态之间一种密切而又持久的适应。

世界文化丰富多彩，多元和多姿，而这种文化的丰富性恰恰是城市特色的重要体现。城市特色除自然和生物气候条件的影响外，世界不同文化圈和地域性的文化差异也是城市特色形成的决定性因素。即使在城市感知的层面上，人们也很容易辨别出伊斯兰城市、欧洲城市和中、日、韩城市形态和城市生活组织方式的不同特色。如到过古城南京的人，一定会对南京的明代城墙、十里秦淮、夫子庙、林荫路、浩瀚长江、钟山风景区以及日新月异的中心区现代都市景观等城市空间环境留下深刻印象，同时也会对南京城市的街道活动和市井生活产生自己的看法。而这种印象和人们认识国内其他古都如开封、西安、杭州、北京乃至国外一些历史名城显然是同中有异。而这种独特的城市格局和环境特色正是千百年来历史文化积淀和城市设计的直接结果。

3）法律（规）要素与城市设计

任何一个有组织的社会的城市规划和城市设计活动都是在某种形式的建设法规和条令下进行的，也都伴随有相应的改善、调整原有立法的活动。从历史上看，政策和法律要素是人类聚居地规模逐渐扩张后进行集中建设必不可少的一个方面。

相比政治要素，政策和法规与具体城市建设的关系要更密切一些，而其作用同样也非常重要。正如吴良镛先生所指出，"在国家、城市、农村各个范围内，对重大的基本建设，必须要有完整的、明确的、形成体系的政策作指导，否则，分散和盲目的建设就会造成浪费，甚至互相矛盾地发展，在全局上造成不良后果。当建设数量不大时，这些问题尚不明显，而在当前百业俱兴，建设齐头并进的情况下，其危害就十分突出"。[①]

---

① 吴良镛. 广义建筑学 [M]. 北京：清华大学出版社，1989：90.

许多历史名城的建设成就都与该城设立的法规有密切关联,《城市形态史》一书曾经写到,"理论上的规划专业知识,如果缺乏社会决定,则作用甚微,如果没有合适的立法形式在政治上引导,则城市规划只能停留在图纸上"。[①]荷兰的阿姆斯特丹、意大利的锡耶纳等著名古城的魅力均与历史上有关建设法规有关。其中,阿姆斯特丹在 15 世纪时已发展为区域贸易中心,并在 1367、1380 和 1450 年分别进行了三次扩建,在原先的 100 英亩基础上增加了 350 英亩城市用地。1451 ~ 1452 年,阿姆斯特丹蒙受火焚之灾,1521 年开始立法规定新建建筑必须采用相对耐火的砖瓦结构,1533 年就城市公共卫生制定相关法规,到 1565 年又进一步完善城市建设立法。总的来说,历史上的阿姆斯特丹一直有城市立法的传统,并以契约形式,严格控制了土地用途和设计审批,容积率,市政费用分摊,甚至对建筑材料和外墙用砖都有规定,因此在当时没有总规划设计师的情况下,城市建设依靠法规仍开展得十分协调有序,也保证了 1607 年拥有三条运河的城市总图的顺利贯彻实施。直到今天,阿姆斯特丹仍然享有"水城"的赞誉,吸引着全世界的观光客前往游览[②](图 1-4-20)。

19 世纪到 20 世纪,城市建设立法重要性已为更多人所关注。如英国就先后制定了《住房与城市规划法案》《新城法》和《城乡规划法案》等,美国亦随后制定了《区划法》《开发权转移法》《反拆毁法》等一系列城市规划设计和建设的法规,日本亦早在 1920 年就制定了《城市规划法》及后来的《国土利用规范法》《城市再开发法》《土地区划整治法》等。

美国纽约市曼哈顿的城市设计和建设也是法规作用下的直接产物。1916年,纽约实行了美国第一个《区划法》,拟定了沿街建筑高度控制法规,以保证街道有必需的阳光、采光和通风标准。《区划法》规定,建筑当达到规定的高度后,上部就必须从建筑红线后退(Setback),但这些高层建筑只能是阶梯式后退,如果每一幢建筑都如此,就会造成城市面貌呆板,特别是从中央公园看城市,所见到的只是一片巨大而密实的建筑"高墙"。同时,《区划法》对某些地段内的建筑物规模也有严格的规定,使中心区成为使用强度最高的地区。这种制度实施虽取得一些成果,但仍不令人满意。基于城市设计的要求,1961 年对原有的《区划法》进行了重大修改和改进,并引进了控制建筑开发强度的"容积率"(FAR),与可以同时控制建筑体量与密度的"分区奖励法"(Zoning incentives)概念。其中后者规定,开发者如果在某些特定的高密

图 1-4-20 阿姆斯特丹水城
资料来源:作者摄.

---

① 转引自:吴良镛. 关于城乡建设若干问题的思考 [J]. 建筑师, 1983 (14): 43.

② A. E. J. Morris. History of Urban Form, Before the Industrial Revolution[M]. London:Longman, 1994:222.

图1-4-21 结婚蛋糕式的高层建筑顶部是分区
资料来源：Robert Cameron's. Above New York，Cameron and Co. 1996.11.

图1-4-22 纽约曼哈顿航片
资料来源：作者摄.

度商业区和住宅区用地范围内，将所建房屋后退，提供一个合于法规要求的
公共广场，则可获得增加20%的建筑面积的奖励和补偿，如果沿街道建骑楼，
则面积奖励稍少。这一具有替换可能的法规受到设计者和项目业主的欢迎。虽
然1961年的立法仍然存在问题，后来又继续改进，但城市设计导则对建筑设
计可以起到有效的控制和引导的作用（图1-4-21、图1-4-22）。

历史表明，城市设计的理论、实践与立法是相互促进的，现实的生活环
境问题促进了设计理论的探索和实践，而在引起社会公众注意之时，设计立法
又成为必需。反之，立法进展又影响实践，促进了理论的进一步完善。

目前在我国，城市设计者一般可在以下几个方面与法律维度结合。

城市设计成果经专家审议、政府审批和公示等程序，为城市行政决策机
构（如人大、市政府）制定城市建设政策和规范条例，编制法定规划提供理论
和实践上的技术支持。

按照城市发展的要求，提出基于空间形态优化、功能整合和文化内涵的
独立城市设计编制任务，在其设计过程及导则编制中应充分理解上位规划并满
足相关国家法规条例要求。

在向下管理层面上，城市设计有时又具有司法的职能，它为单体建筑设
计提供各项详细的技术性导则，并通过政府管理部门（规划局、建设局等）或
指定的专门执行机构（如中国常见的某某项目建设指挥部等）作为代理人，对
报批建筑方案进行审核。

近年来，我国城市建设政策研究和制定已经取得了瞩目进展，如《城乡
规划法》的颁布实施，《城市规划编制办法》蓝皮书的制定等，都是前所未有
的成果。应当看到，我国目前城市建设法规还没有形成完整的体系，特别是城
市设计在我国现行城市规划体制内的地位，虽然有所提及，但其与各个阶段城
市规划的关系目前仍然没有达成一致的共识。根据国外城市建设的历史经验，

虽然拟定一个城市的发展总图需要进行大量艰苦的工作，但真正建立系统的法规付诸实施就更为困难。随着我国城市设计工作的深入发展，这将是不可回避的重要问题。

4）城市设计与自然生态要素 ①

城市地域自然生态学条件及其要素（如气候、地形地貌、水体、植被等），从来就对城镇规划和人类聚居环境建设具有重要影响。只不过在人类社会发展的不同阶段，自然生态要素和环境条件的影响强度、作用方式和作用结果有所不同。

从城镇选址方面看，在史前人类聚居地形成的最初过程中，几乎无一例外地依循了自然生态规律和特定的自然环境条件。人类最早的聚居点之所以出现在黄河、尼罗河、幼发拉底河、底格里斯河和印度河等亚热带和温带河谷地区，是因为这些地区具有优良的自然生态条件，如气候和土壤适合动植物生长繁殖、雨水充沛、建筑取材方便、交通便利等。作为例证，古埃及城镇就是沿着河道发展起来的，而且按照人们喜欢的风向、所在位置、地形条件和海湾走向修建他们的城镇。今天世界很多著名城市也坐落在水陆边缘，如英国伦敦位于泰晤士河河口；荷兰鹿特丹地处莱茵河河口；意大利罗马位于台伯河河口；美国纽约位于哈德逊河河口；俄罗斯圣彼得堡地处涅瓦河河口。再如中国上海位于长江入海口，杭州位于钱塘江入海口，至于位于大江大河边的城市更是数不胜数。这说明无论是远古的人类聚居点，还是后来发展起来的城市，其选址都一直与所在地特定的自然生态条件有着唇齿相依的密切关系。

自然生态学条件对于城市整体空间形态和布局的特色塑造具有极其重要的影响和作用。在这一方面，分析和研究历史上城镇规划设计对自然的态度和处理方式，对于今天仍然有着重要而宝贵的启示。古代的城市设计对于自然环境和基地可资利用的条件及制约的理解往往比今天更为敏锐而深刻，对其建设与基地生态学条件的匹配和适合亦更为重视。因为那时人们是不可能随心所欲地利用和改造自然的，自然环境条件在建设过程中常常被认为是神圣不可违反的。

特定地域的生物气候要素（如降雨量、阳光日照、温湿度、盛行风向等）是一种相对不变的因素，常常对城市建设产生决定性的作用，而它与城市整体空间结构、布局、人的生活方式乃至建筑材料的供给均有着极其密切的关系。城市设计应当认真分析研究这种相互关系，遵循建设所在地的气候特点和变化规律，因势利导，趋利避害，并由此去塑造城市整体空间特色。可以说，特定地域的气候要素是该地域范围内城镇规划和建筑环境设计最主要的决定因素之一。

例如，处理热带和亚热带的城市布局和结构形态，根据人居环境舒适性要求，就应该尽量开敞通透一些，注意夏季主导风向和绿化布置；创造尽可能多的庇荫室外空间（如林荫路、公园路、骑楼、凉廊等），以便人们可以长时间在户外活动；保护和合理利用滨海、滨河和滨湖的自然开敞空间等。而在北

---

① 王建国.生态要素与城市整体空间特色的形成和塑造 [J]. 建筑师，1998（82）：20—23.

方寒带地区及我国边远高原地区，冬季的防寒保暖和防风沙问题就成为城市建设要考虑的主要矛盾。实践中城市规划设计一般采用相对集中紧凑的城市布局形态和结构，以利于加强冬季的热岛效应，减少城市居民的工作和生活出行距离；同时，尽量避免冬季不利风道的形成，降低基础设施的运行费用。

如果我们在城市规划设计中恰当地处理了自然生物气候的影响和作用，就能赋予我们的城市空间结构和布局形态一种独特的表现形式，进而塑造出一种富有艺术魅力的城镇环境特色。

地形和地貌也同样是规划设计师在城市建设中所尊重和经常利用的自然要素。从高山、丘陵、岗埠、盆地到平原、江河湖泊，世界各地自然特征丰富多样，争奇斗妍。在古往今来的国内外许多案例中，人们都十分重视这些自然要素，并在建设中紧密融合具体的山形水势，使自然形态和人工建设的城镇空间和谐地组合在一起。

例如，江苏南京城"襟江抱湖，虎踞龙蟠"，东有紫金山、北依长江、玄武湖，西有莫愁湖，南达雨花台；宁镇丘陵山脉绵延起伏，环抱市区；以秦淮河为主干的内河河网纵横交错，加之由紫金山、小九华山、北极阁、鼓楼高地、五台山、清凉山构成的城市自然绿楔和多年来人工精心营建的林荫大道，使南京成为一座形胜极佳、特色鲜明的著名历史文化名城。1929年12月《首都计划》曾对南京的山川地理形势做了如下描述："南京地势高下不齐，有高山，有平原，亦有低洼之地。此其大略也。"《首都计划》颁布后，南京兴起了持续十余年的营造高潮，现代南京的城市格局、功能分区、道路系统、一批公共建筑都是由这一规划格局奠定的。哈佛大学教授柯伟林在《中国工程科技发展：建国主义政府（1928–1937年）》中指出："南京是中国第一个按照国际标准、采用综合分区规划的城市……"，而结合山水格局和地形地貌是南京近代城市建设的重要特色（图1-4-23）。

江苏常熟市则又是一个建设中巧妙结合和利用自然地形地貌的典型案例。常熟古城环绕虞山东麓，城市依山而建。城内河网纵横，河街相邻，包含七条支流在内的唐代琴川运河贯穿古城南北，故有"七溪流水皆通海，十里青山半入城"的美称。根据研究，这种城市空间形态和结构特色的存在包含着很深的科学道理。常熟古城原址位于滨江的南沙（今福山），唐武德七年"始迁虞山脚下"。迁址后的常熟城位于虞山东麓缓坡层，海拔高程平均比四周高2m，地势高爽，易于防洪排涝，且具有踞高扼守的军事防卫作用，同时现址又是县境内河网交汇的枢纽地带。这正好印证了我国古代"凡立国都，非大山之下，必广川之上，高勿近旱

图1-4-23　山、水、城、林交融的历史名城——南京
资料来源：作者摄.

而水用足，下勿近水而沟防省"的城
市建设原则。其后又经过多年的精心
营造和建设，特别是南宋城东崇教兴
福寺塔的建设和明代"腾山而城"的
城墙扩建，使常熟城逐渐形成一种独
特的、不对称均衡的城市整体空间艺
术特色（图1-4-24）。

不只是在中国，世界各地许多著
名城市的发展建设也大都与所在的自
然环境密切结合，使得这些城市既满

足了功能使用要求，又拥有自然和人工系统交相辉映的城市景观，各具特色。
这些特色如前所述，或来自城市位置的自然特征，或来自人工营造，而更多地
来自这两者的结合。如巴西里约热内卢、美国旧金山、意大利那不勒斯、威尼
斯和锡耶纳的城市特色都是与其所在位置有关，经历多年精心规划设计和建设
的结果。诚如麦克哈格（I.McHarg）所指出的："城市的基本特点来自场地的性
质，只有当它的内在性质被认识到或加强时，才能成为一个杰出的城市"；"建
筑物、空间和场所与其场地相一致时，就能增加当地的特色"。[1]

然而，工业革命以来的社会演化和科学技术的进步，在大大增强人们改
造世界、创造新的生活方式的同时，城市建设中开始在人与自然关系的认识方
面产生偏差，特别是过于注重城市在经济运营方面的功能，而对人与自然环境
互动共生的城市建设准则掉以轻心。应该承认，人类科学技术迅猛发展的今天，
全球已经没有不受人类活动影响的纯自然环境，我们看到的都是社会化了的自
然界、人化了的自然界。然而，城市作为全球人居环境中的一部分，人工系统
的影响更大，属于最敏感的生态环境之一；城市化地域范围兴建的大量建筑物
和构筑物、交通设施、水利工程设施……尽管大都具有积极的建设动机，但也
无意之中破坏了自然界的自我调节机制和动态平衡，对城市所处的生态环境产
生一系列不利影响。

虽然人类今天改造自然的能力已经很强大，然而却难以改造包括人类自身
在内的万物生灵对环境的生物适应能力。如人对环境污染的忍耐就是有极限的。
因此，城市设计者要自觉做到对城市自然生态条件和要素的关注和科学的把握。

1.5　现代城市设计的发展趋势 [2]

中外城镇的古代城市设计，无论其形成途径是否相同，都隐含着按某种
设计理想作为价值取向的视觉特征和物质印痕，而在城市环境的塑造和形成中，

---

[1] I・L・麦克哈格.设计结合自然 [M].芮经纬，译.北京：中国建筑工业出版社，1992：249-264.
[2] 部分分析内容参见：王建国，新版《中国大百科全书・建筑、园林、城市规划卷》城市设计词
条，2003 年。

城市设计起到了关键而具体的指导作用。

19 世纪的法国巴黎的改建和美国芝加哥的"城市美化运动"，反映了第一代城市设计中注重物质环境和形态美学的理念。20 世纪初，现代主义城市设计开始结合社会经济和科技发展的内容，开始考虑城市的综合问题，尊重人的精神要求，注重生活环境品质及城市资源的共享性。1950 年代，城市设计更多地考虑并致力于场所性、地域性和人性化的问题，1960 年代后，生态准则开始对城市设计发展产生持续性的影响；自 1992 年联合国环境和发展大会签署《里约宣言》后，可持续发展思想和生态环境伦理准则逐渐成为人类的共识，现代城市设计的指导思想也有了进一步的拓展，其中最重要的是对城市环境问题和生态学条件的认识反思和觉醒。这样，现代城市设计在对象范围、工作内容、设计方法乃至指导思想上就有了新的发展。它不再局限于传统的空间美学和视觉艺术，设计者考虑的不再仅仅是城市空间的艺术处理和美学效果，而是以"人—社会—环境"为核心的城市设计的复合评价标准为准绳，强调包括生态、历史和文化等在内的多维复合空间环境的塑造，提高城市的"适居性"和人的生活环境质量，从而最终达到改善城市整体空间环境与景观之目的，促进城市环境建设的发展。

现代城市设计近二十年的学科发展主要体现在经典理论与方法的完善深化、基于可持续发展思想的学科拓展、结合城市公共空间环境建设的实践创新和数字技术应用等方面：

在设计理论和方法研究方面，道萨迪亚斯（Doxiadis）提出的人类聚居学、沙里宁的"有机疏散"主张、拉波波特（Rapoport）对城市形态人文属性的研究、英国伦敦大学希列尔（Hillier）的空间句法、意大利建筑师罗西（Rossi）和卢森堡建筑师克莱尔兄弟（R.& L.Krier）的空间形态类型学研究、莫里斯的城市发展史研究、美国加利福尼亚大学伯克利分校的科斯塔夫（Kostof）的城市形态研究处于国际领先地位；丹麦的扬·盖尔（Jan Gehl）在城市公共空间研究方面见长；已故林奇先生的城市意象理论和空间调查方法、雅各布斯女士的城市活力分析、亚历山大关于城市空间成长性的研究及中国近年正在发展完善的城镇建筑学和人居环境理论等均在不同方面拓展了城市设计理论和方法。在实践方面，培根（E.Bacon）发展并实践的"设计结构"理念、麦克哈格（I.McHarg）的"设计结合自然"思想、美国以纽约、费城和旧金山为代表的城市设计审议程序和实施体制研究较为领先，并影响了日本和我国的香港、台湾地区。

在具体的发展方向和科学问题方面，主要包括：

（1）研究城市设计与建筑设计和城市规划的关系，讨论城市设计作为一门独立学科的概念、理论和方法体系。

（2）基于全球环境变迁而考虑的绿色城市设计（Green Urban Design）研究。绿色城市设计贯彻整体优先和生态优先的准则，通过把握和运用以往城市建设忽视的自然生态规律，探求城镇建筑环境建设应遵循的城市设计生态策略，并提出新的城镇建筑环境评价标准和城镇建筑美学概念。

（3）城镇公共空间环境设计的方法，关注对城市特色、城市建筑一体化、城市活力等的研究，城市历史文化的继承和拓展、城市设计运作管理机制以及结合具体工程项目的设计优化。

（4）数字信息技术的应用和城市设计技术操作过程科学性的改善。研究重点是城市空间形态信息的集取和分析技术、历史和未来城市设计场景的虚拟再现和城市设计管理数据库等。

（5）基于新型人—环境—资源关系的"理想城市"模式的追求和探索。

历史地看，世界各国均不同程度上开展了城市设计实践。很多国家通过多样性的城市设计和建筑实践，成功地塑造出自身的形象艺术特色，有效地改善了城市环境，社区性、公众性和多样性得到进一步加强，城市公共空间的品质和内涵有了明显提升。第二次世界大战后许多城市的旧城更新改造、社区营造、新城建设和城市公共空间的成功建设，都与城市设计直接相关。

城市设计是一门正在不断完善和发展中的学科。20世纪世界物质文明持续发展，城市化进程加速，但城市环境建设却毁誉参半。在具有全球普遍性的经济至上、人文失范、环境恶化的背景下，城市设计及相关领域学者提出的理论学说丰富了人们对城市发展理想的认识，并直接支持了城市设计实践活动的开展。

近年来，可持续发展所提倡的整体优先和生态优先理念，以及地理信息系统、遥感、"虚拟现实"等数字技术的应用等也显著拓展了城市设计的学科视野和专业范围，并将对实践产生重大影响。

城市设计实践一方面可以借鉴和学习历史上的优秀案例及其成功经验，但更重要的是应深刻理解和认识现代城市生活、社会发展和环境变迁中所产生的各种问题，针对特定的地域条件和历史文化背景，运用城市设计的理论知识，通过一定的技术和方法手段来创造良好的城市空间环境并解决实际的环境质量问题。事实上，一个城市如果能够创造出美学效果良好、令公众满意的生活环境，提升城市设计的品质，就能获得更好的经济效率和发展前景。

1.6 中国城市设计的发展

1980年代以来，我国建筑专业领域开始逐步从单一建筑概念走向对包括建筑在内的城市环境的考虑，而建筑与城市设计的结合正是其中的重要内涵。

大约在1980年代初，我国学术界开始引入现代城市设计的概念和思想。就在这一时期，西特（C.Sitte）、吉伯德、雅各布斯（J.Jacobs）、舒尔茨（N.Schulz）、培根（E.Bacon）、林奇（K.Lynch）、巴奈特（J.Barnett）、希尔瓦尼（H.Shirvani）等的城市设计主张逐渐介绍到我国，建设部开始对城市设计有了官方的认同和重视，国内学者也陆续发表了自己的城市设计研究成果。

1980年代末，"广义建筑学"及"城镇建筑学"概念的提出和其后的认识与实践发展，在一个侧面昭示着城市设计在中国的发展走向。"广义建筑学，就其学科内涵来说，是通过城市设计的核心作用，从观念上和理论基础上把建筑、地景、城市规划学科的精髓合为一体"。① 这就是说，传统建筑学科领域的拓展首先应在城市设计层面上得到突破和体现，进而"以城市设计为基点，发挥建筑艺术创造"。② 事实上，今天的建筑创作早已离不开城市的背景和前提，建筑师眼里的设计对象并非是单体的建筑，而是"城市空间环境的连续统一体 (Continuum)"③，"是建筑物与天空的关系、建筑物与地面的关系和建筑物之间的关系"（培根，1978）。城市设计方面知识的欠缺，会使建筑师缩小行业的范围，限制他们充分发挥特长。

城市规划也不能简单代替和驾驭城市设计的内容。我国几十年的城市建设实践一再表明，城市的发展和建设规划层面的地块划分和用地性质确定是远远不够的，它并不能给我们的城市直接带来一个高品质和适宜的城市人居环境。正如齐康先生在《城市建筑》一书中所指出的，"通常的城市总体规划与详细规划对具体实施的设计是不够完整的"。④

如果我们关注一下近年的一些重大国际建筑设计竞赛活动，不难看出许多建筑师都会自觉地运用城市设计的知识，并将其作为竞赛投标制胜的法宝，相当多的建筑总平面推敲和关系都是在城市总图层次上确定的。实际上，建筑学专业的毕业生即使不专门从事城市设计的工作，也应掌握一定的城市设计的知识和技能，如场地的分析和规划设计能力，建筑中对特定历史文化背景的表现，城市空间的理解能力及建筑群体组合艺术等。

周干峙先生在《人居环境科学导论》一书的序言中，在总结中国人居环境科学思想的形成与发展时认为，拓展深化建筑和城市规划学科的设想在以下三方面已经成为现实，其中之一就是"和建筑、市政等专业合体的城市设计已不只是一种学术观点，而且还渗透到各个规划阶段，为各大城市深化了规划工作，也提高了许多工程项目的设计水平。"⑤

随着我国改革开放后城市发展进程的加速，广大建筑师开始认识到传统建筑学专业视野的局限，进而逐步突破以往以狭隘的单幢建筑物为主的建筑而扩大为环境的思考。许多建筑师在自己的实践中开始了以建筑设计为基点，"自下而上"的城市设计工作；城市规划领域则从我国规划编制和管理的实际需要出发，探讨了城市设计与分阶段的城市规划的关系，并认为城市规划的各个阶段和层次都应包含城市设计的内容。

国内较为普遍的城市设计实践研究开始于 1990 年代中期，当时出现的广场热、步行街热、公园绿地热等反映了这一发展阶段对城市公共空间和场所设

① 吴良镛.建筑学的未来 [M].北京：清华大学出版社，1999：8.
② 吴良镛.广义建筑学 [M].北京：清华大学出版社，1999：166.
③ 王建国.城市设计 [M].南京：东南大学出版社，1999：39.
④ 齐康.城市建筑 [M].南京：东南大学出版社，2001：4.
⑤ 吴良镛.人居环境科学导论 [M].北京：中国建筑工业出版社，2001：9-10.

计的重视。通过这一过程，人们普遍认识到，城市设计在人居环境建设、彰显城市建设业绩、增加城市综合竞争力方面具有独特的价值。近年来，中国城市建设和城市设计实践还出现了国际参与的背景。

我国建筑教育中的城市设计课程讲授始于 1980 年代，当时一些高校相继开展了对城市设计的研究并取得成果；建设部委派专门人员赴美进修学习城市设计，城市设计方向的课程内容和设置亦以此为起点有所发展。现今许多学校的本科建筑教育和城市规划专业教育增加了城市设计的课程以及研究生的选修课，中国城市规划学会则专门成立了城市设计学术委员会。

但是，目前我国城市设计的发展各地还很不平衡，认识程度和专业理解也有差距，同时还与现行规划和建设管理体制存在较大的矛盾。近年许多城市相继开展了不同规模层次的城市设计工作，但工作中出现的一些不良倾向值得关注和反思。如远远超出正常尺度和实施可能的城市设计、纯粹追求单一景观效果而不顾实际生态效益的城市设计、为房地产商经济利益包装炒作而编制的城市设计等。客观上这些"城市设计"既未能真正表达社会的需求、公众的意志和审美意趣，也没有很好地与城市规划相协调一致。在社会经济持续发展的背景下，目前我国许多城市的建设和发展速度仍然与这种"规划的指引"不相协调，其中城市设计未能行使承上启下的作用无疑也是其中重要原因之一。特别是当前城市环境品质要求越来越高，一些重要地段的建设，现行的城市规划已不能满足要求，必须通过城市设计来保证和提高它的设计质量。

总体看，中国现代城市设计的研究和实践起步较晚。随着我国社会经济的持续高速增长和人民生活水平的提高，人们开始对城市空间环境提出了质量和内涵方面的更高要求。城市设计在中国城市建设实践和管理中日益得到重视并逐渐成为一项重要内容。建筑师逐渐认识到传统建筑学专业视野的局限，进而将设计工作扩大为环境的思考；城市规划领域则从我国现行规划编制和管理的实际需要探讨了城市设计的作用。城市设计在实践中显著深化了城市规划工作，并提高了许多建筑工程项目的设计水平。各大城市相继开展的包括总体城市设计、重点片区和地段的城市设计等在内的城市环境整治和优化工作，反映了中国这一历史发展阶段对城市公共空间和环境品质的空前重视。中国学者所开展的现代城市设计理论和实践研究，特别是 1999 年国际建协大会通过的《北京宪章》，以及具有中国特色的旧城"有机更新"论、"山水城市"论、绿色城市设计概念以及一批成功实施案例等已经引起了国际学术界的关注。

思考题

1. 城市设计的基本含义是什么？
2. 何谓一个好的城市设计？其基本评价标准又是什么？
3. 城市设计在我国城市建设中的地位如何？

4. 你对城市设计在城市建设中的作用和地位是如何认识的？

5. 城市设计与哪些要素有关？

6. 试表述城市设计的发展趋势。

主要参考书目

[1]　西特．城市建设艺术 [M]．仲德崑，译．南京：东南大学出版社，1990．

[2]　布宁．城市建设艺术史——20 世纪资本主义国家的城市建设 [M]．黄海华，译．北京：中国建筑工业出版社，1992．

[3]　吉伯德．市镇设计 [M]．程里尧，译．北京：中国建筑工业出版社，1983．

[4]　霍尔．城市和区域规划 [M]．邹德慈，金经元，译．北京：中国建筑工业出版社，1985．

[5]　沙里宁．城市：它的发展、衰败与未来 [M]．顾启源，译．北京：中国建筑工业出版社，1986．

[6]　吴良镛．广义建筑学 [M]．北京：清华大学出版社，1991．

[7]　齐康．城市环境规划设计与方法 [M]．北京：中国建筑工业出版社，1997．

[8]　王建国．现代城市设计理论和方法 [M]．南京：东南大学出版社，1991．

[9]　王建国．城市设计 [M]．南京：东南大学出版社，1999．

【导读】历史是对曾经经历的记录与描述。无论这种记述是否达到百分之百的客观，都能够在一定程度上反映出当时的人物与事件，对后世的发展与研究产生影响。从古希腊、古罗马到中世纪，再至文艺复兴的城市设计历程，展示着西方经典城市设计的文明；中国古代的城市设计则始终体现着官方礼制与师法自然思想的交融与并存；基于这些历史的成就，现代城市设计在特定的城市背景与问题中逐步产生。在城市设计的历史发展长河中，我们应了解不同阶段与不同地域的城市设计特点，挖掘造就其特点形成的内在原因，掌握现代城市设计产生的缘起与发展。

第2章　城市设计的历史发展

2.1 城市设计的缘起

城市设计几乎与城市文明的历史同样悠久，它是随着人类最早聚居点的建设而产生的。

一万多年前，人类进入了以农业革命为标志的新石器时代，这时的原始人学会了播种和有组织地采集，农业逐步与畜牧业分离，人类产生了历史上的第一次社会大分工。由于农业需要在某个地方定居才利于实现耕种与收获，以村落为主要形式的群居生活场所开始出现。这些村落往往以石块或土坯材料的小屋集中起来形成环形，四周以土构、木栅围绕防止野兽侵袭，某些房屋内部还出现了进一步的分隔墙体。较之巢居、穴居、树枝棚等旧石器时代的原始人栖息地，这种村落住所的营造有了明显的进步，并在一定程度上结合了基地的自然和生物气候条件（图2-1-1）。

第一次社会大分工以后，人类劳动工具的改进与技术水平的提高促进了生产力的飞速发展，手工业逐渐从农业中分离，第二次社会大分工产生，并随之出现了直接以交换为目的的商品生产，货币开始流通，一个不从事生产而只从事产品交换的阶级——商人出现了，第三次社会大分工由此形成。手工业与商业从农业中的分化，使得部分商人与手工业者摆脱了对土地的依赖，自然向有利于加工和交易的地点聚集，形成固定的商品交换居民点——城市。

世界上第一批城市主要诞生于尼罗河、底格里斯河、幼发拉底河、印度河、黄河等冲积平原区域（图2-1-2）。古埃及著名的卡洪城建于公元前约1900年，平面呈长方形，中间以厚墙划分为东西两部。西部为奴隶居住区，充斥大量棚屋；东部则由宽阔的大道复分为南北两区——北区为王公贵族住区，南区则为手工业者、商人及小官吏的住区。建于公元前约1600年的河南偃师商城，是迄今发掘最早的中国城市遗址之一。整座城市面积约2km²，以中部高地上的宫城为中心，前后设有作为府

图2-1-1 墨西哥大峡谷村落遗址
资料来源：洪亮平. 城市设计历程 [M]. 北京：中国建筑工业出版社，2002：1.

图2-1-2 世界城市起源图
资料来源：洪亮平. 城市设计历程 [M]. 北京：中国建筑工业出版社，2002：4.

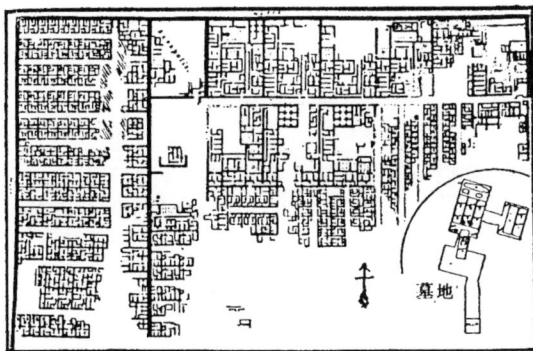

图 2-1-3 古埃及卡洪城平面图
资料来源：沈玉麟. 外国城市建设史 [M]. 北京：中国建筑工业出版社，2000：5.

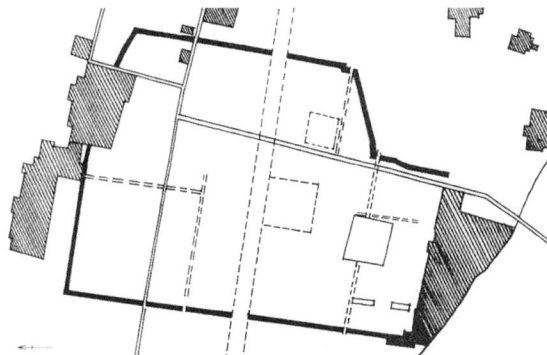

图 2-1-4 中国河南偃师商城平面
资料来源：洪亮平. 城市设计历程 [M]. 北京：中国建筑工业出版社，2002：5.

库和营房的小城，普通居住区与手工作坊分布周围（图 2-1-3、图 2-1-4）。

这些世界早期各地城市的形成和营造，大都依从自然环境条件的共同法则，沿着河道发展城镇以满足灌溉生活之需，并将重要的公共建筑、王宫府邸修筑于自然高地或人工高台上以抵御水患。另一方面，为保护统治阶级的私有财产与加强军事防御，早期村落四周的土筑、木栅进一步发展为坚固的城墙，以"空中花园"著称的新巴比伦城（New Babylon）甚至修筑了里外两道城墙。此外，一定的平面功能分区也在这时的城市中出现，如卡洪城分为两区，阿马纳城（Tel-El-Amarna）分为三区等。"各大文明城邑修建同源"的说法为大多数学者所认可（图 2-1-5 ～图 2-1-9）。

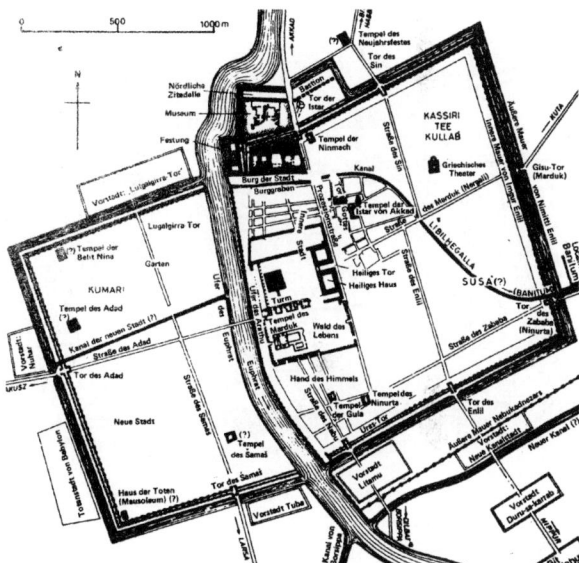

图 2-1-5 古新巴比伦城平面图
资料来源：沈玉麟. 外国城市建设史 [M]. 北京：中国建筑工业出版社，2000：12.

这一时期，由于缺乏科学知识，原始宗教曾一度成为当时的主导文化形式，如西方曾以"作邑"，一种由僧侣抓沙撒地并以落沙所呈图案决定未来城市平面规划的方法，操作城市建设。而在中国古代社会，尤其是商代，"占卜"成为市民（主要是帝王及上层官僚）活动的主要决策方式。甲骨卜辞中曾有记载"王封建邑，帝若"，即是说某次建都活动在进行占卜后得到上天的许可。在今天看来，这些占卜作邑之法是迷信神鬼的神学思想，但它反映出当时人们对宇宙、自然的朴素理解和崇拜，并将其转化为相关城市设计主导因素的事实。

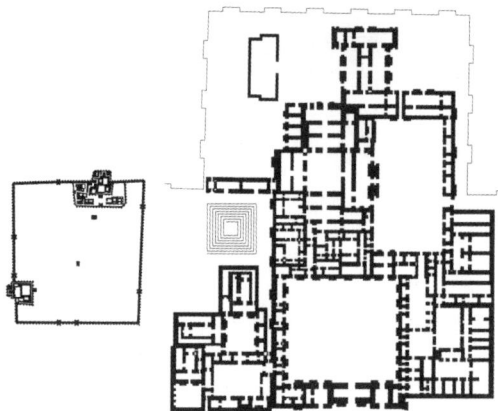

图 2-1-6　古亚述赫沙巴德城及王宫平面图

资料来源：Chrustionher Tadgell. 埃及、西亚、爱琴海 [M]. 刘复苓，译. 台北：台北木马文化事业有限公司，2001：131.

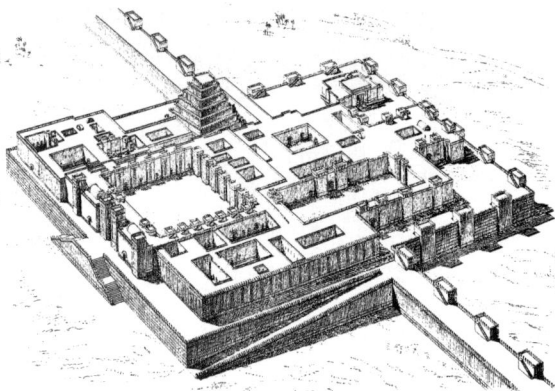

图 2-1-7　古亚述赫沙巴德城王宫轴测图

资料来源：Chrustionher Tadgell. 埃及、西亚、爱琴海 [M]. 刘复苓，译. 台北：台北木马文化事业有限公司，2001：132.

图 2-1-8　古印度莫亨达罗东市平面图

资料来源：王建国. 城市设计 [M]. 2 版. 南京：东南大学出版社，2004：6.

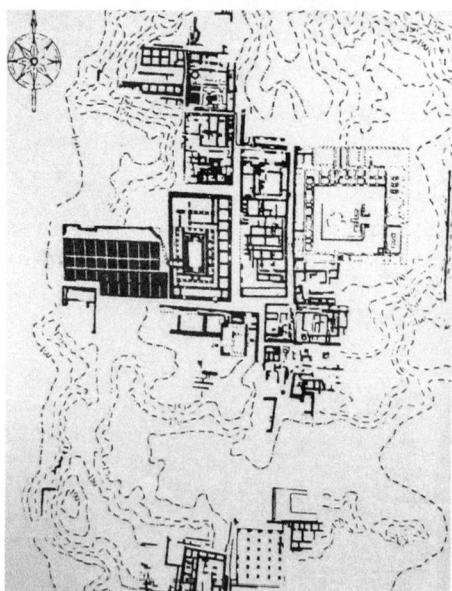

图 2-1-9　古印度莫亨达罗东高地遗址

资料来源：王建国. 城市设计 [M]. 2 版. 南京：东南大学出版社，2004：6.

2.2 古希腊、古罗马的城市设计

古希腊、古罗马的城市建设是西方古代城市文明的重要见证与遗产。

约公元前 800 年，古希腊人建立城邦，实施民主政治。希腊信奉多神教，强调人神同性，这种浓厚的人本主义特性对希腊包括城市建设在内的各方面发展影响极大。在希腊人眼中，城市应该与市民生活合而为一，生活的每个部分都应毫无例外地包容其中。因此，与同时期东方国家城墙高筑、整齐划一的庞大都城相比，希腊人并不在意自己小规模的城邦与低矮的屋舍，而是将智慧与热情投入到生活乐趣的挖掘中去，并借由一种集体的自尊心理引发对公民城邦精神的向往。雅典（Athens）及雅典卫城（Acropolis）就是在这种思想引导下发展起来的传世之作（图 2-2-1）。

雅典是希腊城邦之首，地理位置背山面海，城市布局不规则，并在很长一段时间内没有修建城墙与健全的防御体系。城市中心为卫城，居民点和城市由此向外逐步发展开去。为强调公民的平等性，城内贫富住宅混杂，仅在用地大小与住宅质量上稍有差别。与大量狭小简朴的私人住宅形成鲜明对比的是，雅典城市中充斥着许多十分宜人的公共空间。这得益于希腊地区温和的气候条件与公民休闲优雅的生活态度。在强烈创作欲与表演欲的驱使下，一批通过柱廊围合的半公共场所与完全开敞的广场空间逐步形成，人们可以在这里进行充分的审美享受与精神交流。

卫城西北侧的广场（前身为市场）是群众集聚的重要场所之一，融司法、行政、商业、娱乐、宗教、社会交往等功能于一身，周围建筑排列无定制，庙宇、雕塑、作坊、摊棚等因地制宜地布局其中。全盛时期，雅典还曾进行大规模的城市公共建筑兴建，如剧场、俱乐部、画廊、旅店、船埠、体育场等，类型十分丰富，以营造更趋积极完善的公共生活氛围（图 2-2-2）。

为崇拜神、讴歌人性，希波战争以后，雅典人重新建造了宗教圣地与城市公共活动的中心——卫城。卫城位于城内一个高于平地 70 ~ 80m 的山顶台地上，山势险

图 2-2-1　希腊城发源地鸟瞰
资料来源：张愚摄.

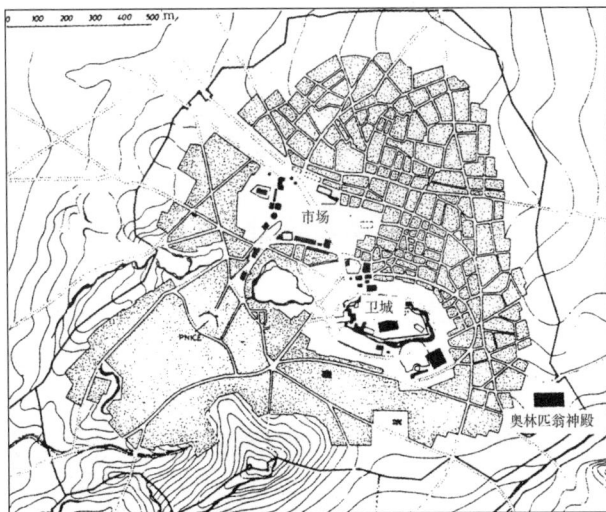

图 2-2-2　雅典城平面图
资料来源：沈玉麟.外国城市建设史 [M].北京：中国建筑工业出版社，2000：25.

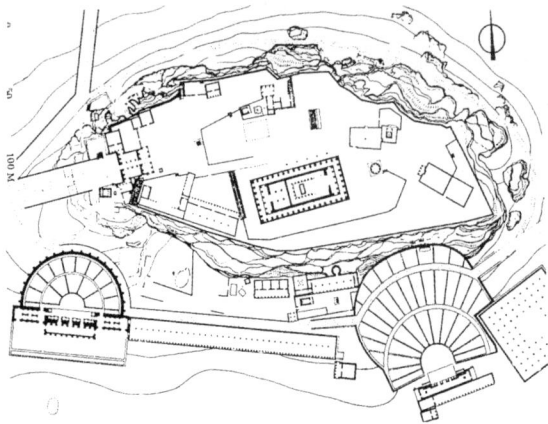

图 2-2-3 雅典卫城平面图
资料来源：Chrustionher Tadgell. 古希腊 [M]. 苑受薇，译. 台北：台北木马文化事业有限公司，2001：108.

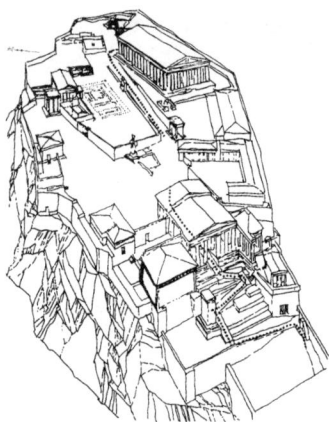

图 2-2-4 雅典卫城轴测图
资料来源：洪亮平. 城市设计历程 [M]. 北京：中国建筑工业出版社，2002：17.

图 2-2-5 雅典卫城远景
资料来源：张愚摄.

图 2-2-6 雅典卫城山门
资料来源：Chrustionher Tadgell. 古希腊 [M]. 苑受薇，译. 台北：台北木马文化事业有限公司，2001：122.

要。为强调人的尺度与感受，设计没有刻意追求平面视觉的工整与对称，而是在充分考虑礼仪活动中不同位置视觉景观的前提下，顺应地形安排建筑，既考虑到市民置身其中时的美，又考虑到从卫城四周仰望它时的效果（图 2-2-3 ～图 2-2-6）。

就在希腊城市以自由发展的精神演绎激情四射的城市生活的同时，哲学家们开始思索以理性与秩序建立城市，柏拉图（Plato）与亚里士多德（Aristotle）是其中的代表。他们强调居民的阶层与地位划分，坚持通过职业分工重组城市秩序。这种有关社会秩序的理想在公元前 5 世纪希波丹姆（Hippodamus）所作的米利都城（Miletus）重建规划及后期的普南城（Priene）建设中得到体现。这种十字正交的格网系统一方面使得城市街道系统得以独立存在，另一方面也通过宽度一致的街道、尺度相同的街坊与规则的广场构筑起一种强烈的视觉有序的城市景观（图 2-2-7、图 2-2-8）。

虽然这种格网布局早在古埃及卡洪城及一些印度古城中使用过，但希波丹姆第一次从理论上论述了这种设计模式并大规模付诸实践，因而被公认是西方城市规划设计理论的起点，其标志着以往城市设计中运用的土地占卜巫术及神秘主义思想已经为一种新的理性标准所取代。

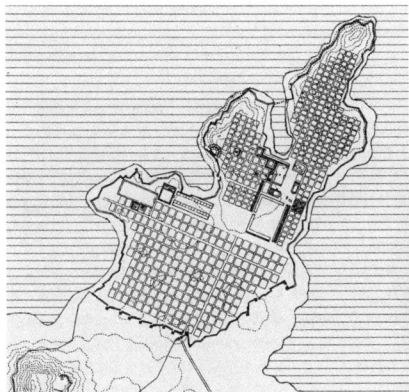

图 2-2-7　古希腊米利都城平面图
资料来源：（美）Spiro Kostof. 城市的形成 [M]. 单皓，译．北京：中国建筑工业出版社，2005：106.

图 2-2-8　古希腊普南城鸟瞰复原图
资料来源：（美）Spiro Kostof. 城市的形成 [M]. 单皓，译．北京：中国建筑工业出版社，2005：125.

　　不过，也有学者指出，这种符合古典数学与美学的格网系统，虽然确立了一种新的城市秩序，满足了富裕阶层对典雅生活的追求，但毕竟是在没有顾及自然地形存在的前提下强加于城市之上的，其操作适应了大规模殖民城市建设快速简化的需要，但结果影响了城市活力，并导致城市景观从灵活走向呆板。

　　公元前后，古罗马逐步代替希腊成为欧洲地区的霸主。古罗马城市设计思想的基础主要源自伊特鲁利亚文化与古希腊文化，并在实践过程中广泛吸收了亚、非等众多城市的做法。

　　古罗马城市设计主要有以下三方面特征：

　　其一，享乐主义特征。古罗马帝国时代，国家版图已扩大到欧亚非三洲，所辖城市数以千计。随着物质财富的日益聚集，古希腊社会中有关道德修养的追求逐步为享乐主义思想所取代，整个社会沉醉在巨大的物质享受氛围之中。城市里寓意精神寄托的神庙建筑的地位日益下降，公共浴室、斗兽场、宫殿、府邸等宣扬现世享受的建筑大量出现（图 2-2-9）。

　　其二，实用主义特征。古罗马人不像古希腊人那样，对于自然环境与人文意识有着抽象、纯真的精神追求，他们更加重视强大而现实的人工实践。为了实现这一目的，其城市设计倾向于实用主义与拿来主义，综合一切可能有利于其利益实现的手法、技术与思想。

　　如古代东方城堡的模式，往往就

图 2-2-9　古罗马城市遗迹
资料来源：作者摄．

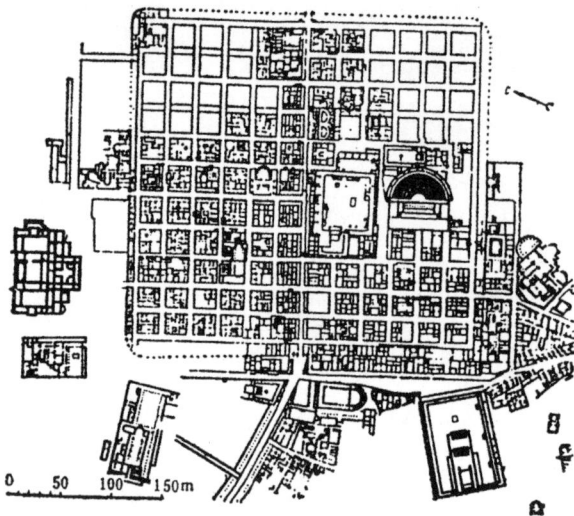

图 2-2-10　罗马帝国提姆加德城平面图
资料来源：沈玉麟. 外国城市建设史 [M]. 北京：中国建筑工业出版社，2000：45.

图 2-2-11　罗马帝国提姆加德城鸟瞰
资料来源：（英）John B.Ward-Perkins. 罗马建筑 [M]. 北京：中国建筑工业出版社，1999：112.

是罗马人城市设计所采用的结构范本：四方形平面，正南北走向，中心"十"字交叉的路口正对四面的街道和城门。当然，罗马人在此基础上又加入了自己的思想准则和社会标准，如主要城门及街道要对准帝王生日那天的日出方位，或避开敌人可能来犯的方向等。

　　古罗马的营寨建设，如北非城市提姆加德（Timgad），基本继承了希波丹姆的格网系统：垂直干道"丁"字相交，交点旁为中心广场，全城道路均为方格式，街坊形成相同的方块，主干道起讫处设凯旋门，彼此之间以柱廊相连，形成雄伟的街景（图 2-2-10、图 2-2-11）。

　　此外，罗马人的筑城技术，部分学自战争中的亚洲地区，更多的则来自因地制宜的创造发明。他们充分利用当地盛产的火山灰，混合石灰小砖块制成天然混凝土，发明了用于建造大跨的券拱技术，城市供水系统因此得以改善。水道在不同高度的空间之间大规模跨越，很好地满足了城市各处的水量需求，保存至今的西班牙塞哥维亚（Segovia）水道即是古罗马帝国时期水道建设技术远及西欧的最好例证（图 2-2-12）。

　　其三，炫耀主义特征。国势的强盛、领土的扩张以及财富的积聚，使得古罗马人越来越热衷于炫耀其强大的国家实力。因而古罗马的城市与建筑设计没有沿用古希腊人本主义的原则，而是通过大模数的选择迫使空间体系与人分离，并因此产生一种具有征服性的崇高感与震撼力。如古罗马大批的斗兽场、浴室、宫殿等世俗建筑，在券拱技术的支持下常常呈现出远远超出其使

图 2-2-12　西班牙塞哥维亚水道
资料来源：傅朝卿. 西洋建筑发展史话 [M]. 北京：中国建筑工业出版社，2005：108.

用功能的惊人尺度与规模（图2-2-13）。

为夸耀帝王威力、歌颂帝王功德，城市广场成为古罗马城市设计着力打造的核心，早先纯粹的市民活动开始让位于"歌颂罗马"的纪念性活动。古罗马的广场形式由希腊时期的自由转为严整，各种浮夸的人像、方尖碑矗立于广场中心，周围建筑不再强调自我突出，而从属于广场。整个空间通过轴线的延伸、转折以及连续拱门、柱廊建立起建筑之间的内在秩序，营造出一连串起伏变化的空间景观，并折射出王权至上的理性与强烈的等级秩序感（图2-2-14、图2-2-15）。

鉴于古罗马城市设计与建设的高度发展，著名建筑师马可·维特鲁威（Marcus Vitruvius Pollio）撰写了《建筑十书》，对自古希腊以来的城市、建筑实践进行总结，并在继承古希腊哲学思想的基础上，提出了城市建设的理论纲领与理想的城市模式：如城市选址应占用高地、临近水源、具备丰富的农产资源与便捷的公路；建筑的兴建必须考虑城市的因素，如道路、地形、风向、阳光等；理想的城市应采用环形放射道路的八角形平面等。

图2-2-13 古罗马斗兽场鸟瞰
资料来源：林茨.城市景观艺术——广场·街市[M].南昌：江西美术出版社，2000：11.

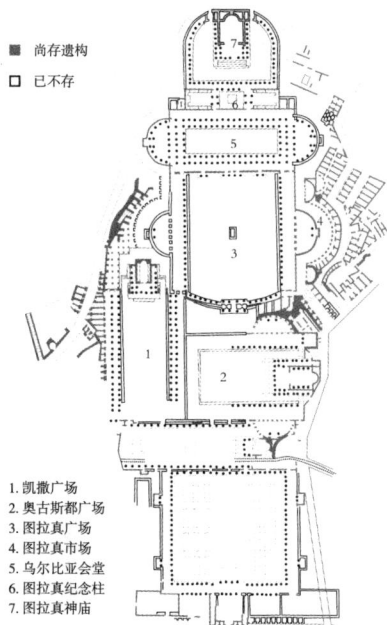

■ 尚存遗构
□ 已不存

1.凯撒广场
2.奥古斯都广场
3.图拉真广场
4.图拉真市场
5.乌尔比亚会堂
6.图拉真纪念柱
7.图拉真神庙

图2-2-14 罗马帝国中心广场群平面（左）
资料来源：傅朝卿.西洋建筑发展史话[M].北京：中国建筑工业出版社，2005：115.

图2-2-15 罗马帝国广场图拉真纪功柱（右）
资料来源：傅朝卿.西洋建筑发展史话[M].北京：中国建筑工业出版社，2005：117.

这套思想，成为西方工业化以前有关城市建设的基本原则，并对其后文艺复兴时期的西方城市设计有着重要的影响（图2-2-16）。

整体而论，古罗马的城市建设是在继承希腊、亚洲、非洲等地区已有成就的基础上，结合民族自身特点发展起来的，并在建设活动与规模、空间层次形体组合、工程技术等方面达到一个新的高峰。对此，美国著名学者刘易斯·芒福德（Lewis Mumford）在《城市发展史》中称，罗马人"从希腊城镇中学到了基于实践基础的美学形式；而且对米利都规划形式中的各项重要内容——形式上封闭的广场，广场四周连续的建筑，宽敞的通衢大街，两侧成排的建筑物，还有剧场——罗马人都依照自己的方式进行了特有的转换，比原来的形式更华丽、更雄伟"。

但是，与物质条件简陋但却拥有充实城市文明的古希腊相比，古罗马并没有创造出健康的城市生活与文化。"罗马人的梦想一直是将城市造就成一个巨大、舒适的享乐容器，却在根本上忽视了城市的文化与精神功能，忽视了城市环境所应具有的锻炼人、塑造人的特征需求①"。正因为此，欧洲有句明言，"光荣归于希腊，伟大归于罗马"。

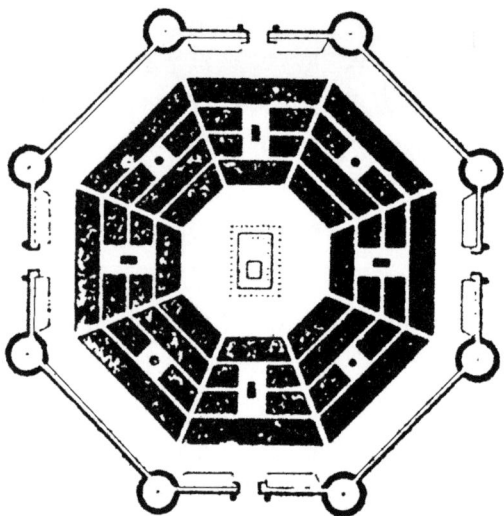

图2-2-16　维特鲁威理想城平面
资料来源：沈玉麟. 外国城市建设史 [M]. 北京：中国建筑工业出版社，2000：46.

2.3　中古时代伊斯兰国家的城市设计

公元7世纪左右，随着伊斯兰教的诞生与传播，阿拉伯半岛上崛起一个地跨欧亚非三大洲的阿拉伯帝国，世界著名的伊斯兰文化由此逐步发展起来。

由于长期以来沙漠、草原地区的游牧生活，伊斯兰信徒——穆斯林对于由建筑构成的城市定居方式似乎并不在意，有记载称伊斯兰教创始人穆罕默德曾公开表示，"建筑是消耗一个信徒财富的真正最无益的东西"。尽管如此，出于军事防御的需要，满足统治阶级追求享乐安逸的目的，亦或是为国家骆驼商队的出行提供便利，积极发展贸易等种种原因，穆斯林还是在继承中、近东地区古代城市概念的基础上，结合自身的伊斯兰文化，建造出大大小小的一批城镇。

在缺少城市传统的伊斯兰国家，宗教对于城市设计起着重要的作用。《古兰经》中描绘的绿荫环绕、水丰草茂的天堂境界，成为穆斯林抵御干燥缺水、草木罕见等自然恶劣环境的精神寄托。故而拜占庭帝国的首都伊斯坦布尔(Istanbul)，又有一个很理想的美称"幸福之城"，表达出人们对天国的幻想和追求（图2-3-1）。

---

① 张京祥. 西方城市规划史纲 [M]. 南京：东南大学出版社，2005：22.

现实生活中，作为信仰礼拜的重要地点，清真寺常常与皇宫、官邸联系在一起，成为伊斯兰城市社会生活的中心，周围设有图书馆、浴室、学校、医院、经文学院等公共建筑与大规模的信徒区。一般情况下，城市道路系统并不复杂，自然弯曲变向的盘街居多，到某些户门前戛然而止的死胡同随处可见（图2-3-2、图2-3-3）。

受沙漠地区干热气候的影响，伊斯兰城市相对封闭、密集分布的居民住宅，多由庭院围合而成，并以密密的格子遮挡起对外的窗户与阳台。城市建筑，尤其是清真寺、陵墓、经院等公共建筑，主体空间多呈方形，上部设鼓座架设巨大的穹顶，外墙角部布置高塔（这些高塔在部分地区后发展为独立的光塔）。雍容的穹顶，峭拔的塔身，象征冲天飞腾的生命力量，构筑起伊斯兰城市最典型的城市景观（图2-3-4）。

巴格达（Bagdad）与伊斯法罕（Isfahan）分别是早期与中世纪时期伊斯兰城市中的代表作品。巴格达位于底格里斯河的重要商道上，修建于762～766年，阿拉伯帝国最繁荣强盛的时期。根据占星师的建议，该城采用象征太阳的圆形平面，外围设有两道城墙及护城河，直径2.3km，占地约500hm^2。全城设4座城门，分列东南西北四个方位的中间位置：呼罗珊门朝东北，库法门朝西南与圣地麦加，沙弥门朝拜占庭与西北，巴士拉门朝印度与东南。由政府衙署及部分住宅围绕的内城里，城门轴线相交位置矗立着哈里发皇宫与清真寺，象征穆斯林君主的万能统治。据记载，当时的巴格达商业繁荣，来自埃及、印度、中国、拜占庭的商人常常在此聚集，舟车辐辏，繁华一时（图2-3-5）。

伊斯法罕城重建于公元903年，1587～1629年建设达到高潮。城内建筑物极多，街道桥梁系统发达，布局规则。在各项建设中，阿巴斯（Abbas）大帝在此建都修建的城市皇家广场值得一提。该广场的西侧是阿里·卡普宫，东侧有谢赫·卢特福拉清真寺，广场南部为皇家清真寺，是阿巴斯执政时城市内最美丽壮观的建筑

图2-3-1　伊斯坦布尔城市风景画
资料来源：（美）Spiro Kostof. 城市的形成 [M]. 单皓，译. 北京：中国建筑工业出版社，2005：298.

图2-3-2　北非凯鲁万城鸟瞰
资料来源：（美）约翰·D·霍格著. 伊斯兰建筑 [M]. 杨昌鸣，等译. 北京：中国建筑工业出版社，1999：30.

图2-3-3　开罗萨拉哈丁要塞鸟瞰
资料来源：（美）约翰·D·霍格著. 伊斯兰建筑 [M]. 杨昌鸣，等译. 北京：中国建筑工业出版社，1999：74.

图 2-3-4 萨马拉阿里欧哈迪圣祠
资料来源：Chrustionher Tadgell. 伊斯兰帝国 [M]. 江柏炜，张志源，译. 台北：台北木马文化事业有限公司，2001：37.

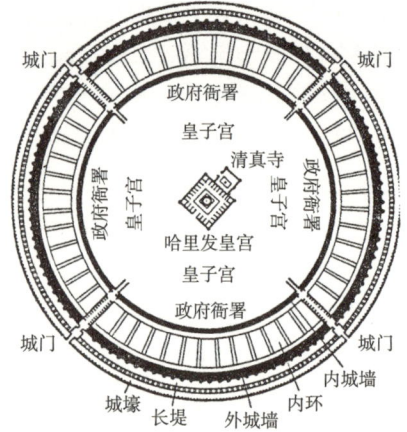

图 2-3-5 巴格达平面图
资料来源：沈玉麟. 外国城市建设史 [M]. 北京：中国建筑工业出版社，2000：65.

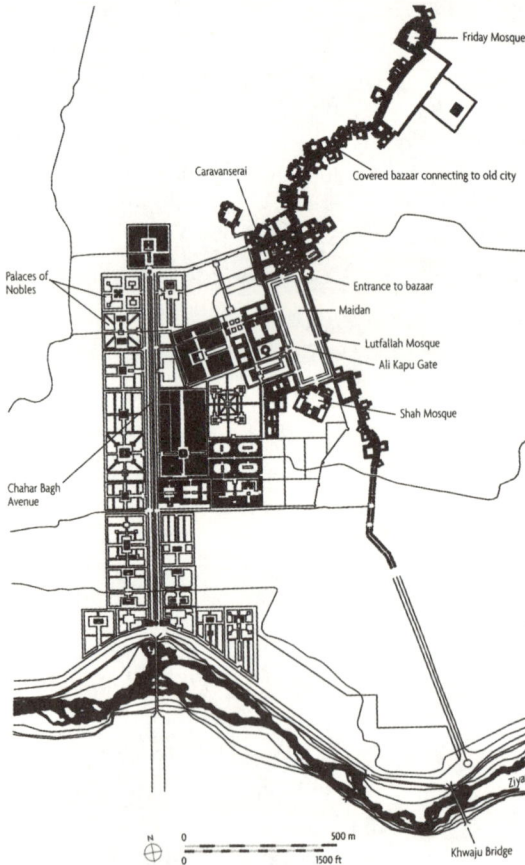

图 2-3-6 伊斯法罕城市平面
资料来源：沈玉麟. 外国城市建设史 [M]. 北京：中国建筑工业出版社，2000：66.

图 2-3-7 伊斯法罕城市景观
资料来源：Moffett, Fazio, Wodehouse. A World History of Architecture[M]. Laurence King Publishing, 2003：173.

图 2-3-8 伊斯法罕巴扎市场
资料来源：Moffett, Fazio, Wodehouse. A World History of Architecture[M]. London：Laurence King Publishing, 2003：185.

物。广场北部是长达 4km 的"巴扎（Bazzar）"，即伊朗传统的商业贸易场所，由商业街道、商场和驿站等组成。商业街道曲曲折折，划分为连绵不断的正方形空间，上部带有开敞穹顶，沿外墙有较大的凹龛，供摆设商摊之用。由这样的街道与商场组成的贸易场所，应该说是伊斯兰城市特有的空间与景观（图 2-3-6 ～ 图 2-3-8）。

　　阿拉伯帝国的分崩离析与王朝后裔的迁移离散，促使伊斯兰文化向非洲、欧洲传播，摩洛哥、西班牙、埃及等国家至今还保留有一批伊斯兰城市，科尔多瓦（Cordova）和格兰纳达（Granada）即是西班牙境内的两座，并分别以科尔多瓦大清真寺和阿尔罕布拉宫（Alhambra）所著称。

　　公元 9 ～ 10 世纪，科尔多瓦逐渐发展成为西方最大的伊斯兰城市与经济文化中心，人口达 50 万。城市四周筑有坚实厚重的城墙，带有街灯照明的砖砌街道绵延数千米，并设架空输水道引清水入城。著名的科尔多瓦大清真寺是伊斯兰世界最大的清真寺之一，几经扩建，大殿内部列柱林立，面积宏大，充斥着神秘肃煞的宗教气氛（图 2-3-9、图 2-3-10）。

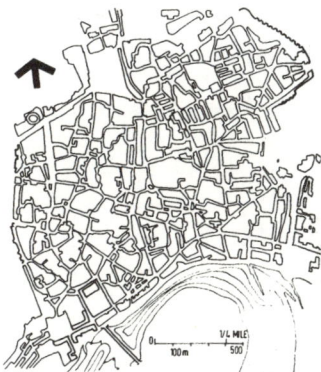

图 2-3-9　科尔多瓦城市平面
资料来源：王建国．城市设计 [M]．2 版．南京：东南大学出版社，2004：14.

图 2-3-10　科尔多瓦大清真寺寺内景观
资料来源：傅朝卿．西洋建筑发展史话 [M]．北京：中国建筑工业出版社，2005：263.

　　格兰纳达是伊斯兰国家在西班牙的最后一个据点，人口一度也曾达到 40 万。位于城内险要地形处的阿尔罕布拉宫，是伊斯兰世界保存较好的一座著名宫殿。其连续独立的单元、屏墙拱券分隔的流动空间、纤细光洁的大理石柱、彩色透空的玻璃花格、涓涓溪流的细长喷嘴与巍巍颤动的水面倒影，成为演绎《古兰经》中"清泉亭下流"的天国绝唱。凡来此游览者几乎无人不为其所动，由建造者书写的铭文久久在心中缠绕："有人看见融化的银水流淌在珠宝之间，各自都有魅力，洁白无瑕。潺潺的溪水唤起眼中凝固的幻影，我们不禁疑惑哪一个才是在真正的流淌[①]。"（图 2-3-11，图 2-3-12）

---

① 约翰·D·霍格．伊斯兰建筑 [M]．杨昌鸣，等译．北京：中国建筑工业出版社，1999：64.

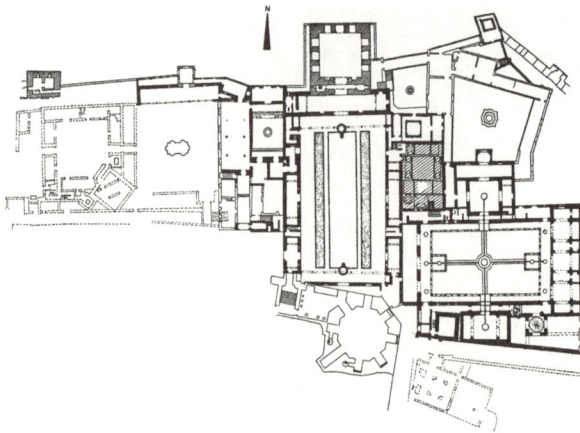

图 2-3-11 阿尔罕布拉宫平面
资料来源：(美) 约翰·D·霍格著.伊斯兰建筑 [M].杨昌鸣等译.北京：中国建筑工业出版社，1999：59.

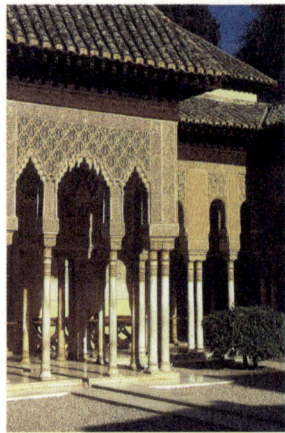

图 2-3-12 阿尔罕布拉宫狮子院景观
资料来源：傅朝卿.西洋建筑发展史话 [M].北京：中国建筑工业出版社，2005：262.

2.4 中世纪欧洲的城市设计

罗马帝国后期，欧洲社会普遍缺乏劳动热情，物质生产匮乏，财富挥霍无度，奴隶起义迭起，终于在公元 476 年为北方的日耳曼人摧毁，欧洲社会从此进入了长达千余年的中世纪。

中世纪城市主要可分为三种类型。第一种是要塞型。即罗马帝国遗留下来的军事要塞居民点，其后发展成为新的社区和适于居住的城镇。第二种是城堡型。主要从封建主的城堡周围发展起来，周围设有教堂或修道院，教堂附近的广场成为城市生活的中心。第三种是商业交通型。这类城市主要兴起于公元 10 世纪前后。经过约 5 个世纪的经济凋零，西欧社会出现了普遍的生产力恢复与经济繁荣，手工业与商业活动活跃起来，于是在一些处于交通要道位置的节点，包括早期的要塞与城堡，出现了人口的聚集与城市的复苏，并借着以商人、手工业者、银行家为主体的市民阶层通过各种斗争取得"城市自治"的契机，获得长足的发展，如巴黎、威尼斯、佛罗伦萨、热那亚、比萨等一批享誉古今的欧洲城市都是在这一时期逐步兴起的。

法兰西著名古城巴黎是在罗马营寨的基础上发展起来的。最初的罗马城堡建立在塞纳河渡口的一个小岛上，即城岛。后来在河以南扩展了城市，中世纪它几次扩大了自己的城墙。中世纪的巴黎，街道狭窄而曲折。市民房屋大多为木结构，沿街建造，十分拥挤。1180 年开始修建卢佛尔堡垒，1183 年修建中央商场。位于城岛南部的巴黎圣母院的主要工程就是在这一时期建造的（图 2-4-1）。

图 2-4-1 巴黎城岛发展示意
资料来源：王建国.城市设计 [M].2 版.南京：东南大学出版社，2004：30.

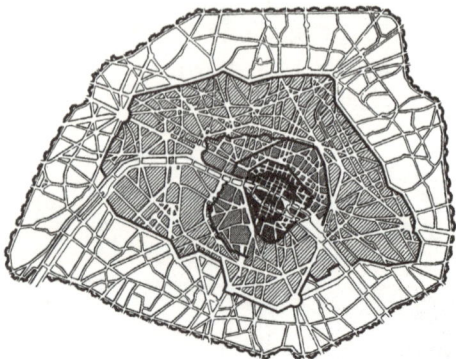

佛罗伦萨是当时意大利纺织业和银行业比较发达的经济中心。城市平面为长方形，路网较规则。公元 1172 年在原城墙外扩展了城市，修筑了新的城墙，城市面积达 97hm²。公元 1284 年又向外扩建了一圈城墙，城市面积达 480hm²。到 14 世纪佛罗伦萨已有 9 万人口，市区早已越过阿诺河向四面放射，成为自由布局。

富庶强大的城邦威尼斯，是中世纪最美丽的水上城市，也是当时沟通东西方贸易的主要港口。威尼斯全城水网纵横，格兰德大河蜿蜒流过，形成以舟代车的水上交通。城市沿河布满了码头、仓库、客栈以及富商府邸。城市建筑群造型活泼、色彩艳丽，敞廊阳台，波光水色，夹峙其中，构成了世界上最美的水上街景（图 2-4-2～图 2-4-4）。

整体而言，中世纪欧洲城市的规模较之古希腊与古罗马相对较小，这与当时的社会情况有关。日耳曼人的入侵摧毁了统一的罗马帝国，代之以众多割据的王国领地，由于各封建主、城市共和国之间的战争连年不断，中世纪城市一般选址于水源丰富、粮食充足、地形易守难攻的地区，并在四周修筑城墙加以防护。虽然经济的发展促使城市面积有所扩展，但城墙的束缚客观上限制了城市的规模。当然，这种封建地方割据也在一定程度上促成了中世纪城市的各自特点。以城市色调为例，就有红色的锡耶纳、黑白色的热那亚、灰色的巴黎、色彩多变的佛罗伦萨和金色的威尼斯等。

中世纪的城市设计非常强调与自然地形的有机契合，它们充分利用河湖水面与茂密山林，使人工环境与自然风光之间相互依存、相得益彰。如许多建于山岗上的山城，其建设强调房屋的高度集中，使城市成为风景长卷中的一个篇章。而毗邻河谷、水网地区的城市，又多通过开放空间与建筑的设置排列，加强对山林水系的依从关系，促进彼此间的渗透（图 2-4-5）。

由于基督教会所拥有的至高无上的政治与精神地位，中世纪欧洲城市的整体结构、空间组织甚至社会活动，几乎都是围绕大大小小的教堂展开的。通常，具有一定名声与规模的教堂占据着城市最中

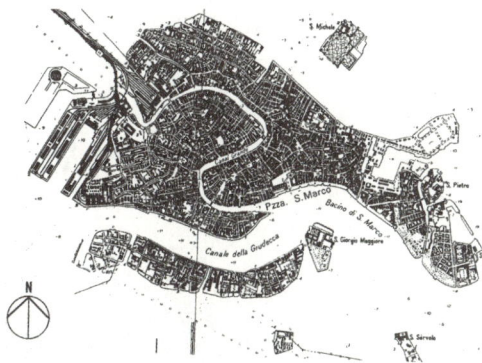

图 2-4-2 意大利威尼斯城平面图
资料来源：南欧の广场 [J]. Process, 1980（16）: 85.

图 2-4-3 意大利威尼斯城鸟瞰
资料来源：Venezia. Casa Editrice Bonechi[M]. Centro Stampa Editoriale Bonechi, 1996: 29.

图 2-4-4 意大利威尼斯城街道水景
资料来源：Venezia. Casa Editrice Bonechi[M]. Centro Stampa Editoriale Bonechi, 1996: 53.

心的位置，城市道路即以此为中心向周边辐射开去，形成曲折多变、密如蛛网的环形放射路网，既符合城市逐步向外拓展延伸的要求，同时也有利于在狭窄变化甚至尽端式的巷道中迷惑与消灭来敌。教堂建筑是城市中为数不多的纪念性建筑之一，庞大的体量与超出一切的高度构成城市绝对的制高点，所以马克思称："这些庞然大物以宛若天成的体量物质地影响着人的精神。精神在物质的重压下感到压抑，而压抑之感正是崇拜的起点。"

常常与教堂联系在一起的是中世纪的城市广场，它们是承载市民精神活动与世俗生活的中心，各种宗教仪式与聚会、狂欢、赛马、戏剧等群众性娱乐活动在这里上演。中世纪城市一般不刻意追求对称规则，教堂、市政厅、雕塑等纪念物位置多避开广场几何中心，以利交通顺畅并提供观赏主体建筑、纪念物的多种角度；广场四周通过建筑形成围合，建筑底层设有柱廊，创造良好的人体尺度与连续、丰富的空间界面；广场场地铺面细腻而有变化。著名的实例有威尼斯圣马可广场（Piazza and Piazzetta San Marco）、锡耶纳坎波广场（Piazza Campo）、佛罗伦萨西格诺里广场（Piazza Della Signoria）等（图2-4-6）。

以锡耶纳坎波广场为例。锡耶纳是意大利著名的山城，坎波广场位于其地理位置的核心。广场上有一座显著的、处于中心位置的市政厅和高耸的钟楼。广场的建筑景观由这幢高塔控制，高塔对面是加亚喷泉。锡耶纳的主要城市街道均在坎波广场上汇合，经过窄小的街道进入开阔的广场，使广场具有戏剧性的美学效果。广场上重要建筑物的细部处理均考虑从广场内不同位置观赏时的视觉艺术效果。直到今天，它仍是该市一个巨大的生活起居室。自1656年以来，每年7月2日和8月16日，坎波广场都会举行传统的赛马活动（Palio Festival），吸引着全世界的旅游者前往观光欣赏（图2-4-7～图2-4-9）。

围绕在教堂与广场周围的是大量的居住建筑。虽然教堂等纪念性建筑与一般居民住宅在尺度、体量、装饰等方面差异显著，但是乡土建筑建造所依

图2-4-5 瑞士伯尔尼古城鸟瞰
资料来源：作者摄.

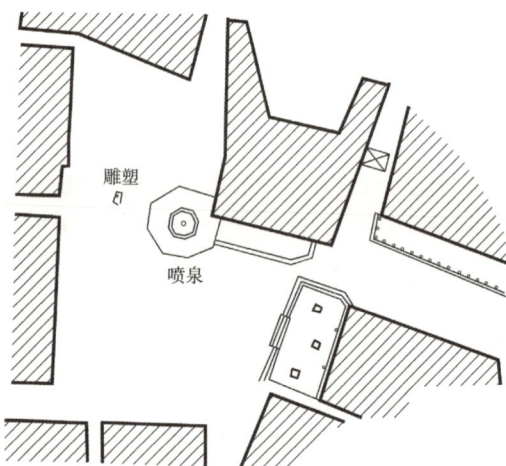
图2-4-6 佛罗伦萨西格诺里广场平面示意
资料来源：作者绘.

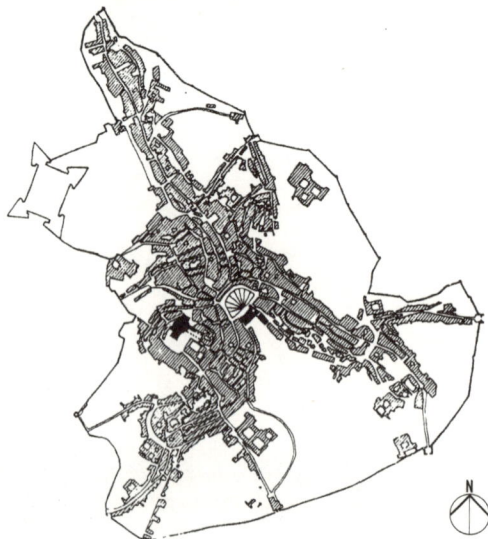
图2-4-7 意大利锡耶纳山城平面图
资料来源：南欧の广场 [J]. Process，1980（16）：46.

赖的经验型技能传承机制与营造工艺，建筑材料的缓慢演变，使得大部分欧洲中世纪城市在历经多年发展以后仍呈现出视觉上的连续性，时间推演中的断层难以寻觅。

一般居民的住所常常是家庭与手工作坊结合，住宅底层通常作为店铺和作坊，房屋上层逐层挑出，形成丰富多变的山墙。住宅实体与周围环境无关的情况非常少见，通常是在高度、立面、形式等方面与左邻右舍自然地发生关系。宅前的街道蜿蜒曲折，消除了狭长单调的街景，创造出丰富多变的城市景观。所以弗雷德里克·吉伯德在《市镇设计》中称，"对中世纪城市的了解不需要理性的或抽象的设计理论，仅用草图就可以描绘它们。这些城市是非常接近人的……当步行穿过一个城镇时，人们在连续景观的一瞥中，可能被一个教堂的塔楼吸引住，或者这塔楼在城市景观中不断地出现。不论用哪种方法，由于城市小和具有人的尺度的连续性，永远不会使人感到单调乏味"（图 2-4-10、图 2-4-11）。

对于中世纪城市自然、整体、亲切的艺术成就，普遍的观点认为其是一种非意识设计的结果。城市共和国有限的经济实力与不时的军事骚扰，导致城市设计与建设没有过多超自然的神奇色彩和象征概念，同时宗教思想的禁锢与文化教育的垄断也造成包括规划设计人员在内的专业人才的极度匮乏。所以学者们指出中世纪的城市设计往往没有既定的设计意图，而是从社会生活出发，相机而动，根据实际需要进行"渐进主义"（Incremantalism）式的建设与修正，呈现为自然发展的产物。

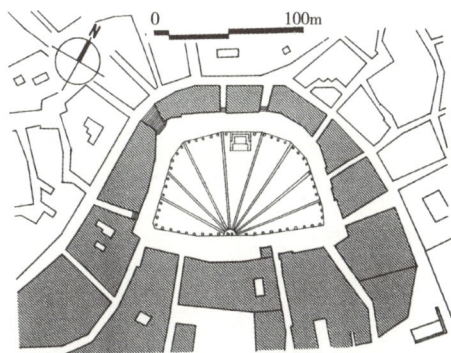

图 2-4-8　意大利锡耶纳坎波广场平面图
资料来源：南欧の广场 [J]. Process，1980（16）：46.

图 2-4-9　意大利锡耶纳山城及坎波广场平面鸟瞰
资料来源：王建国. 城市设计 [M]. 2 版. 南京：东南大学出版社，2004：20.

图 2-4-10　布拉格诺多瓦街街景
资料来源：（美）Spiro Kostof. 城市的形成 [M]. 单皓，译. 北京：中国建筑工业出版社，2005：67.

图 2-4-11　海德堡古镇街景
资料来源：明信片.

也有学者持有不同的观点，其认为与其说中世纪城市设计的本质是一种无意识的自然主义，不如说是一种隐藏在自然主义背后的、更高明、更有意识的思想体现，而这种思想的根源主要源自当时基督教对生活的影响。公元5世纪以后，基督教成为欧洲社会生活主要的精神源泉，它引导教民正视现实，抚慰孤寡，提倡友情与温暖，在人间建立起自制、诚实、精神约束等一系列平静有序的道德标准。因此，中世纪城市和谐统一的美，其实质是对当时基督教社会生活高度秩序化的一种人为反映。

无论学者们的观点如何，中世纪城市宁静、安详、亲切、宜人的特质客观存在并具有极高的美学价值，"如画的城镇"（Picturesque Town）由此得名。中世纪的意识形态是黑暗的，但其城市设计在西方城市建设史上有着重要的地位，为后世学者所瞩目。

2.5 文艺复兴时期的城市设计

14～16世纪，以意大利为代表的欧洲新兴资产阶级为维护其统治地位，借着"复兴古典主义"的口号，在文学、艺术、宗教、科学、哲学等意识形态领域开展了一场批判经院哲学、反对封建文化的文艺复兴运动（Renaissance）。

"人文主义"是文艺复兴思想体系的核心，它讴歌人的尊严、价值与灵魂，鼓励人们欣赏并享受生活中的权利、自由与幸福。在这种与中世纪禁欲、清苦的宗教思想迥然而异的新思潮引领下，社会生活发生了变化，城市面貌也随之呈现出意气风发的新气象。教会、宫殿等中世纪欧洲城市空间中的主体元素地位开始下降，代表着新兴资产阶级成长的府邸、大厦、行会等新建筑越来越占据城市的中心位置，同时各种满足世俗生活、学习的场所也日渐增多。如著名的威尼斯圣马可广场，在经过几百年的持续建设过程后，教堂四周先后出现了总督府、市场、图书馆等世俗建筑；而在佛罗伦萨，市中心主要由市政厅与广场组成，教堂则被彻底地抛在了一边。

对人的崇拜也引发了中世纪社会对于自然的热爱以及对"美"与"秩序"的追求。受古希腊古典唯美哲学的影响，理论家们普遍认为，美是客观存在而有规律可循的。在建筑领域，这种美的规律就是"数"的规律。所以，意大利著名设计师阿尔伯蒂（L.B.Alberti）说："美在于事物之间可用数学描述的比例关系，审美就是一种发现比例的过程"。一时间，大批的古希腊、古罗马建筑遗迹被详细地加以测绘研究、推算比例，作为崇拜效仿的典范。

城市建设领域也不例外，设计师们认为数与美的规律可以决定城市存在的理想形态，而这种形态又可以通过人的意图加以控制。于是中世纪崇尚的自然主义思想逐步退去，正方形、圆形、八角形等更多蕴涵着科学性、规范性的理想城（Ideal City）探索逐步发展起来。阿尔伯蒂是文艺复兴时期以理性原则研究城市建设的先驱，他主张城市设计应该符合实际需要与理性原则，通过对地形、土壤、气候等综合因素的考虑决定城市的选址和选型，并且结合军事设防需要来考虑街道系统的安排。

在阿尔伯蒂思想影响下，欧洲出现了一系列将城市与要塞结合于一体的理想城市设计，其典型模式为：城市呈规则的多边形，道路从城市中心向外辐射，城墙尖端设置成棱堡以利防御，城市内部划分为商业、手工业等分区，中心点设置教堂、宫殿及城堡。后期，由于放射型道路形成的锐角难以布置房屋，于是又出现了以格栅型街道为特征的矩形理想城市。虽然文艺复兴时期真正建成的理想城市并不多，但其理性、规整、便利、美观的设计思想对于后世许多城堡的建设乃至整个欧洲的城市建设思潮都产生了重要的影响（图2-5-1、图2-5-2）。

图2-5-1 威尼斯帕马诺瓦城鸟瞰
资料来源：（美）Spiro Kostof. 城市的形成 [M]. 单皓，译. 北京：中国建筑工业出版社，2005：19.

文艺复兴时期，资本主义的成长与发展对于城市交通、卫生、市政等许多方面提出了新的需求。但是当时的欧洲社会、政治、经济发展状况并不足以摧毁封建社会的生产方式，为城市大发展创造充分的条件，所以除个别案例以外，大部分的城市设计似乎放弃了完成大规模综合建设的理想试图，转而致力于城市局部地段的兴建与改建工作，广场、府邸、别墅成为设计师们演练较多的题材。

建设过程中，设计师们没有一味抄袭古希腊、古罗马时期的经典做法，而是在深入研究其设计思想的基础上，结合新的环境条

图2-5-2 芬兰Hamina城市鸟瞰
资料来源：（美）Spiro Kostof. 城市的形成 [M]. 单皓，译. 北京：中国建筑工业出版社，2005：191.

件加以变化，形成一系列以视觉美学为原则、对后世空间设计具有相当实用价值的处理技巧。

如帕拉第奥（A.Palladio）研究发现古罗马建筑群之所以壮丽的原因主要在于尽可能让主体建筑从背景中突显出来，所以其设计的建筑物常常采用令人吃惊的庞大柱式，让人在很远的地方就产生强烈的视觉冲击。而米开朗琪罗（Michelangelo）在设计罗马卡比多广场时，首先以统一的围合界面为广场中央的骑马雕像提供了一个理想的观赏背景，进而将入口处的大台阶逐渐向上扩大，使其产生缩短的错觉，同时还通过东西两侧建筑互不平行、前窄后宽的梯形围合制造景深，使中心雕像更加突显（图2-5-3、图2-5-4）。

在时间角度，城市局部地段的建设常常无法毕其功于一役，一件作品的完成往往需要几代人的努力。对此，文艺复兴时期的设计师们似乎早有默契，自觉地尊崇整体美学的艺术法则，强调作品是集体协调的结果。所以，在他们

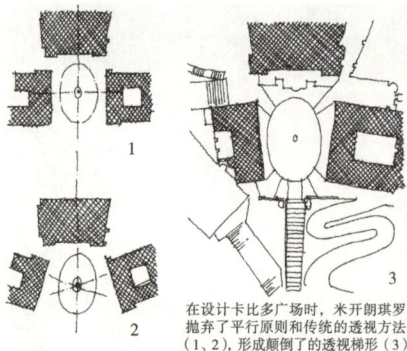

图 2-5-3　罗马卡比多广场平面分析
资料来源：梁雪，肖连望．城市空间设计 [M]．天津：天津大学出版社，2000：42．

在设计卡比多广场时，米开朗琪罗抛弃了平行原则和传统的透视方法（1、2），形成颠倒了的透视梯形（3）

图 2-5-4　罗马卡比多广场景观
资料来源：（美）Spiro Kostof．城市的形成 [M]．单皓，译．北京：中国建筑工业出版社，2005：229．

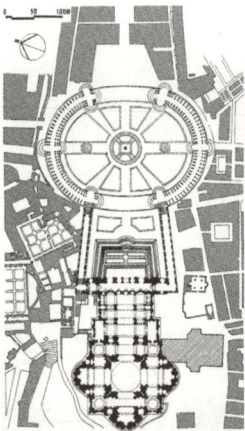

图 2-5-5　罗马圣彼得教堂及广场平面
资料来源：王建国．城市设计 [M]．2 版．南京：东南大学出版社，2004：34．

图 2-5-6　罗马圣彼得教堂及广场鸟瞰
资料来源：傅朝卿．西洋建筑发展史话 [M]．北京：中国建筑工业出版社，2005：367．

受命完成其中某个阶段的设计时，格外珍视前人的思想与作品，前仆后继地续写着作品的辉煌。从历经百年建设时间的佛罗伦萨安农齐阿广场、罗马圣彼得教堂，到始建于 10 世纪、最终完成于 16 世纪的圣马可广场，都毫无例外地证实了这一点（图 2-5-5、图 2-5-6）。

以安农齐阿广场（Piazza Annunziata）为例，1427 年设计师伯鲁涅列斯基（F.Brunelleschi）为广场西侧的育婴堂设计了宏大庄重的拱廊，1454 年米开朗琪罗设计广场北侧教堂前拱廊时采用了与育婴堂相互协调的形式与符号，1516 年设计师桑加洛受命完成广场东侧的建筑设计，一番深思熟虑之后，设计师放弃了标新立异的想法，虔诚地追随了 89 年前伯鲁涅列斯基的设计构想，并最终促成了安农齐阿广场和谐统一的环境风貌。

而在圣马可广场，虽然四周的建筑分别建造于不同的年代，但是相同的发券母题、连续的水平划分与建筑底层檐口，为广场构筑起一个平静安详的

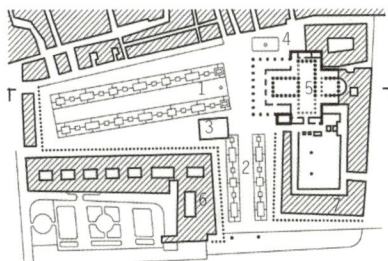

1.大广场（圣马可广场）　　2.小广场（临海）
3.方塔中楼（96.8m）　　4.小广场（教堂北侧）
5.圣马可教堂　　6.圣马可图书馆
7.公爵府

图 2-5-7　圣马可广场平面
资料来源：作者绘.

图 2-5-8　意大利圣马可广场鸟瞰
资料来源：南欧の广场[J]. Process，1980（16）：69.

背景。在背景的前方，庄严高耸的钟塔、热情华美的教堂成为广场的统率，并与横向的背景线条形成鲜明而协调的对照。所以有学者称，文艺复兴并非对传统文化进行否定与破坏的暴力革命，而是对已有文明的谦虚继承与扬弃（图 2-5-7、图 2-5-8）。

毋庸讳言，就规模而论，这些以广场、市政厅、建筑群为代表的城市局部地段建设可能仅仅隶属于建筑设计的范畴，但其结果所体现出的对于视觉艺术、整体美学等城市设计技艺与法则的追随与探索，至今仍保持在世界城市设计的最高造诣之中。

一般认为，文艺复兴早期的城市建设在总体上是有分寸与恰到好处的。然而 16 世纪中叶开始，随着贵族在城市的复辟以及天主教反改革运动的兴起，文艺复兴的人文主义思想遭到严重打击，设计领域出现两种新的艺术倾向。

其中一种是通过不安定的形体、出人意料的起伏转折等矫揉造作的手法，产生特殊视觉效果的手法主义，并在 17 世纪被天主教会利用形成巴洛克（Baroque）风格。在巴洛克式的城市设计中，中世纪城市的宁静氛围与宜人尺度渐渐消逝，代之以整齐强烈的城市轴线系统，以强调空间运动感与序列景观，道路节点处矗立高耸的建构物作为视觉联系与引导，从而将不同时期、风格的建筑联系起来构成整体环境。

教皇西斯塔五世时期的罗马改建第一次清晰地将巴洛克城市设计思想呈现在人们眼前，笔直的道路与开阔的广场为整个城市建立起强烈的视觉系统，其中三条放射型大道在椭圆形的波波罗广场（Piazza del Popolo）相交，方尖碑构成的街道对景营造出城市戏剧的高潮（图 2-5-9、图 2-5-10）。

另一种倾向是不顾地点、环境等因素盲目崇拜古代、套用柱式的教条主义，17 世纪为君主专制政体利用并发展成为以法国学院派为代表的古典主义（Classicism）风格。唯理主义是古典主义风格的主要特征，强调以几何与数学为基础的理性判断代替直观感性的审美经验。所以，在欧洲古典主义园林中，自然风光为种种剪裁艺术取代，抽象的对称协调与纯粹的几何结构表现出强烈的人工规整之美，"以艺术的手段使自然羞愧"的思想暴露无遗。

图 2-5-9 罗马波波罗广场鸟瞰
资料来源：南欧の广场 [J]. Process, 1980（16）：102.

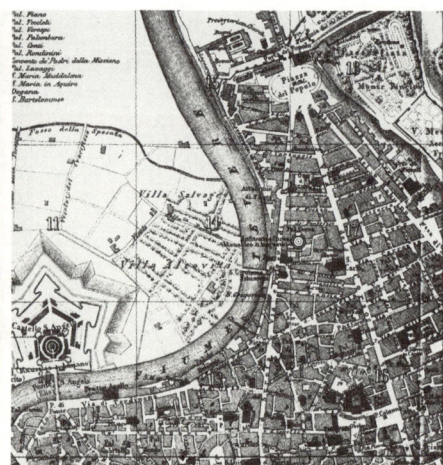

图 2-5-10 罗马 1883 年城市平面图——波波罗广场段
资料来源：（美）Spiro Kostof. 城市的形成 [M]. 单皓，译. 北京：中国建筑工业出版社，2005：237.

后期，设计师们发现古典园林中规整结构体系的美学潜力，并将其迅速移植到城市空间体系，法国凡尔赛宫（Palais de Versailles）即是其代表之作："巨大的宫殿前向城市延伸出三条主要呈放射状的大道，它们之间呈各约 20°～50°交角并一起构成约 50°角，这个景框的把握能够使得景物很好地包含在人的一个单一视野中；在三条大道中，只有一条通往巴黎，但感观上却使凡尔赛宫犹如整个巴黎甚至是法国的集中点；通过凡尔赛宫前长达 3km 的中轴线、对称的平面、巨大的水渠、列树装饰等造成无限深远的透视，建立起一个从郊外宫殿到整座城市的充满秩序、宏伟之感而又错综复杂的空间体系"[①]（图 2-5-11、图 2-5-12）。

虽然巴洛克风格与古典主义风格在理念上各有差异，但在城市设计领域这两种风格是相互渗透影响、难以剥离区分的，因为它们的本质都在于

图 2-5-11 法国凡尔赛宫平面
资料来源：邹德慈. 城市设计概论 [M]. 北京：中国建筑工业出版社，2003：26.

图 2-5-12 法国凡尔赛宫鸟瞰
资料来源：（美）Spiro Kostof. 城市的形成 [M]. 单皓，译. 北京：中国建筑工业出版社，2005：237.

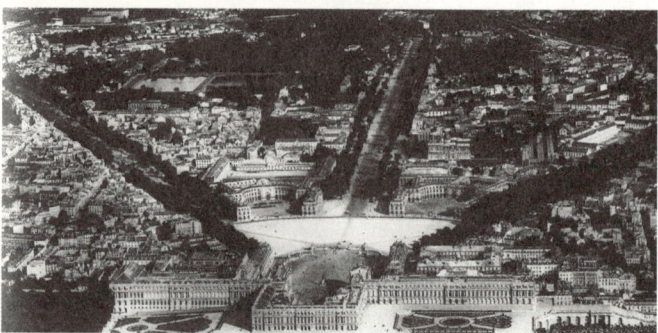

[①] 张京祥. 西方城市规划史纲 [M]. 南京：东南大学出版社，2005：73.

通过壮丽、宏伟而有秩序的空间景观去反映统治阶级中央集权的端庄豪华与不可动摇。这种混合式的城市设计风格典型地表现为：强烈的城市轴线、几何发散的平面布局与大尺度的规整绿化；宽阔笔直的大道串接遍布城市的若干重要节点，节点中央设置象征帝王荣誉与统治的公共建筑与构筑物；大道两侧的建筑，无论是府衙、医院还是商场、宿舍，皆毫无例外地采用统一的立面标准与退缩尺寸。当驾着轮式马车飞驶在城市轴线与大道上，两侧整齐划一、高度无差的建筑擦身而过，地标式的庞大纪念物扑面而来，一种全新的城市体验油然而生（图 2-5-13 ~ 图 2-5-16）。

图 2-5-13　法国巴黎中轴线平面
资料来源：王建国 . 城市设计 [M]. 2 版 . 南京：东南大学出版社，2004：159.

图 2-5-14　法国巴黎鸟瞰
资料来源：王建国 . 城市设计 [M]. 2 版 . 南京：东南大学出版社，2004：159.

尽管自诞生以来，"巴洛克 + 古典主义"的城市设计思想与实践一直遭到后来的现代主义等思想的强烈批判，指责其"将城市的生活内容从属于城市的外表形式，造成与经济损失同样高昂的社会损失"，但其依然被誉为西方城市设计史中最重要的成就之一，影响广泛而深远。无论是从同期进行的 1790 年华盛顿规划、1853 年巴黎改建，还是后期完成的圣彼得堡、东京、芝加哥、新德里、柏林、堪培拉等国际化大都市规划中，都不难发现它的印记。直至三百年后的今天，它的灵魂依然在地球上空徘徊，缠绕着一代代专业设计师与不计其数的、具备权力与财力的城市长官们。

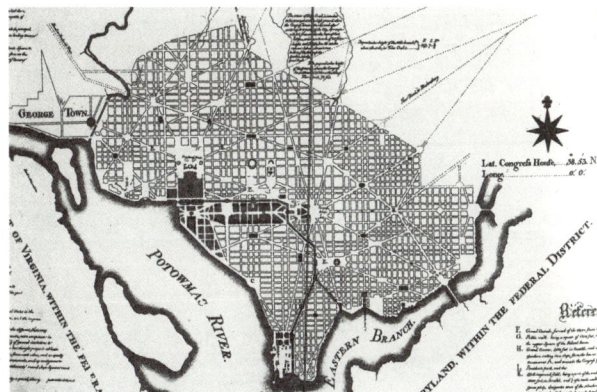

图 2-5-15　1791 年朗方华盛顿规划平面
资料来源：（美）Spiro Kostof. 城市的形成 [M]. 单皓，译 . 北京：中国建筑工业出版社，2005：210.

图 2-5-16　华盛顿中轴线航片
资料来源：Robert Cameron. Above Washingtion[M].Cameron and Company, 1996：46.

2.6 中国古代城市设计

作为东方文化的代表，中国城市建设和发展在历史上曾留下极其丰富而珍贵的遗产，取得过杰出的成就。

"礼制"是中国古代城市设计的主要思想渊源之一。

"礼"的出现源自中国古人对"天"的崇拜，人们尊崇天，进而也尊崇以"天子"自居的历代君王。自周朝开始，随着社会制度的发展，"礼"的概念逐步扩展为敬天祭祖、尊统于一、严格区分贵贱、尊卑的一系列为政治统治服务的等级制度与规范。公元前 11 世纪，以礼制思想为基础，同时结合《周易》中所表达的中国古代朴素的哲学思想，形成了我国早期相对完整的、有关城市建设形制、规模、道路等内容的"营国制度"。"匠人营国方九里，旁三门，国中九经九纬，经涂九轨，左祖右社，前朝后市，市朝一夫"。其中"三""九"之数暗合周易"用数吉象"之意；宫城居中，尊祖重农、清晰规整的道路划分则体现出主次有序、均衡稳定的导向（图 2-6-1）。

如战国时期的鲁国都城即已在一定程度上反映出对这种建城思想的遵循：东西长 3.7km，南北宽 2.7km，西北临洙水。东、西、北各有 3 个城门相对，南有 2 门。宫城位于城中偏东，前有轴线正对城门，并延伸至向南 1km 处的舞云台（图 2-6-2）。

秦汉以后，随着儒学的盛行，礼制思想作为中国封建社会的正宗观念延续了两千多年，并成为城市设计，尤其是以都、州、府、城为代表的官方城市设计因循的思想主线。只是由于历代礼制的强化，皇帝地位的提升，祭祀仪式的细化与佛寺道观的增多，城市设计在空间布局上不得不趋于复杂化。从古代第一个比较全面实施礼制城市建设的曹魏邺城到北魏洛阳、南朝建康与隋唐长安，各种城市空间的种类与数量日渐增长，对称、规整、轴线等手法技巧的运用日趋丰富与成熟。至明清时期，一个礼制设计的巅峰之作——北京城应运而生。

北京城是在唐朝幽州城的基础上，经过金元明清几朝的移位扩修，于 16

图 2-6-1 营国制度图解（左）

资料来源：洪亮平. 城市设计历程 [M]. 北京：中国建筑工业出版社，2002：20.

图 2-6-2 战国鲁都城平面图（右）

资料来源：庄林德，张京祥. 中国城市发展建设史 [M]. 南京：东南大学出版社，2002：22.

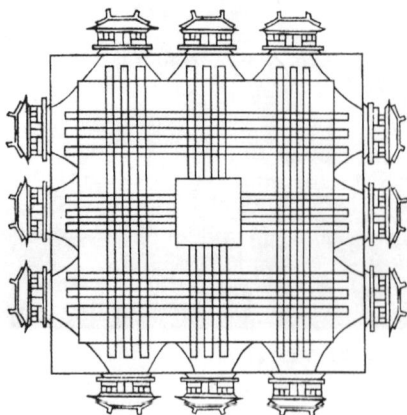

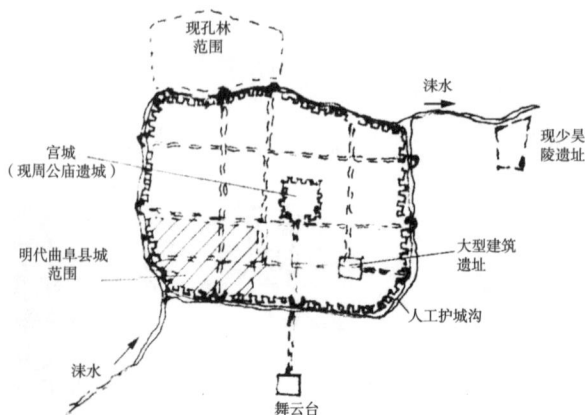

现孔林范围

洙水

宫城（现周公庙遗城）

现少昊陵遗址

明代曲阜县城范围

大型建筑遗址

人工护城沟

洙水

舞云台

世纪中叶完成现在的形态格局。其平面大体呈"凸"字形，北侧为内城，南侧为外城。道路系统按照功能分为大街、小街、胡同等不同宽度的等级，形成有机的网络系统。位于内城的皇城是整个北京城的核心，金碧辉煌的色彩与高大宏伟的体量与四周普通居民灰色平坦的住房形成强烈的反差，封建王权至尊无上的地位一览无遗（图2-6-3）。

城内有一条长约7.8km的南北中轴线。该轴线是皇城中轴与都城中轴的重合，以皇城为核心，南延北伸，贯通全城。北京独有的壮美秩序就是由这条中轴的建立而产生的：以外城南门永定门为起点，经过天坛和先农坛两个约略对称的建筑群与长长的街道，到达内城南门的正阳门；经过正阳门与大明门，穿越狭长逼仄的千步廊，来到横向展开的天安门广场与城楼；自皇城南门天安门开始，轴线及其两侧布置起一系列严格尊崇等级制度修建的建筑与宫门，并经围合形成若干起伏开阖的套叠空间，直至皇城主殿太和殿，穿越太和殿内的天子宝座至神武门，景山成为轴线北延的对景；出景山，轴线便通过地安门—鼓楼—钟楼等高大的建筑物形成一波波远程景点呼应，最终平稳地结束于城北城楼——安定门和德胜门之间。对此，我国著名建筑大师梁思成先生在《北京——都市计划的无比杰作》一文中这样慨叹，"有这样气魄的建筑总布局，以这样的规模来处理空间，世界上就没有第二个！"（图2-6-4、图2-6-5）

图2-6-3　北京紫禁城航片
资料来源：（美）Spiro Kostof. 城市的形成 [M]. 单皓，译. 北京：中国建筑工业出版社，2005：18.

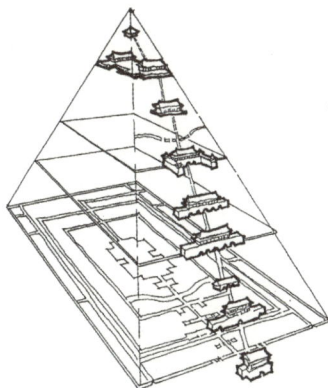

图2-6-4　北京紫禁城中轴线空间图解
资料来源：王建国. 城市设计 [M]. 南京：东南大学出版社，1999：25.

图2-6-5　北京紫禁城中轴线鸟瞰
资料来源：作者摄.

值得一提的是，无论在以礼制设计为代表的中国城市设计还是以巴洛克为特征的西方城市设计中，轴线都被用作营造秩序、突显帝王霸气的重要元素，但具体处理手法不尽相同：中国城市强调中轴对称，居中为尊，轴线感自外而内，通过院墙体系形成一系列向纵深发展的闭合空间，并借助空间的内外之分与围合建筑的等级差异实现空间关系与社会关系的对应；西方城市则偏好几何轴线与理性网络，轴线感自内而外，围绕地标发散几何轴线形成视线通廊，构筑景观大道，城市空间中轴线与视点之间的视觉逻辑更加彰显。

虽然礼制思想长期占据着中国传统文化的主导地位，但是非礼制的思想也一直存在，持有这种思想的代表人物当数春秋时代著名的思想家管子。

在其著述中，管子最早阐述了生产发展与城市发展的关系，提出开垦土地、发展农业生产与商业是城市发展的基础，以至明代开国皇帝朱元璋建都南京时采用了"高筑墙、广积粮、缓称王"的建国方针。另一方面，管子还提出了"因天才、就地利"的因地制宜思想。如《度地》中说："圣人之处国者，必于不倾之地，而择地形之肥饶者，乡山左右，经水若泽。内为落渠之泻，因大川而注焉"；《乘马》中说："凡立国都，非于大山之下，必于广川之上，高勿近旱，而水用足，下勿近水，而沟防省。因天才，就地利，故城郭不必中规矩，道路不必中准绳"等。

可以认为，管子的主张注重实际，不求形式规整，与礼制等级思想迥然而异。由管子亲自参与设计的齐国国都临淄城，堪称这种设计的代表：临淄城东邻淄河，西依系水，城墙不苟方正，依自然地形修筑，蜿蜒曲折，有拐角24处，利用河水为天然屏障。城内郭制度不求规则，小城置于大城一角，共用外部城墙，以利外城失守时统治者方便出逃（图2-6-6）。

此后，在管子思想影响下，中国许多政治力量管理相对薄弱的偏僻地区以及江苏、浙江、安徽、福建、四川、湖南、广东等地形条件特殊的城镇建设，也呈现出不严格对称、形状不拘一格、重视水道交通等因地制宜的自然特征。如济南古城，四个城门不相对称，南门也不对准中轴；又如陕西葭州，位于山岗之上，城墙沿山巅而筑，平面极不规则，城内除一条南北向贯穿全城的主要道路以外，其余皆为石板铺设的曲折小道（图2-6-7）。

尽管非礼制思想与礼制思想对于城市建设有着不同的理解与看法，但这并不妨碍实践过程中两种思想的交融与并存。中国古代许多因地制宜建设而成的城镇中不乏一些遵循礼制思想的官衙府邸，而许多大型官方礼制建设中也隐隐渗透出"师法自然"的设计倾向，即使是上文提及的礼制作品巅峰之作——明清北京也颇令人感受到"三山五园"的自然气息。

因此，许多学者将中国传统城市建设的实质归结为以"风水"

图2-6-6　东周山东临淄齐故都平面示意图

资料来源：董鉴泓.中国古代城市建设[M].北京：中国建筑工业出版社，1988：10.

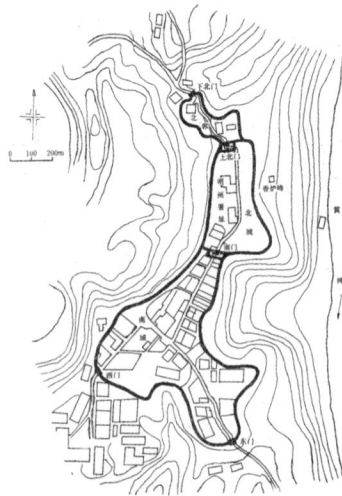

图2-6-7　明葭州城平面示意图

资料来源：《中国建筑史》编写组.中国建筑史[M].北京：中国建筑工业出版社，1993：64.

哲学为基础的、具有浓郁人文特色的山水文化。仁者乐山,智者乐水,山水环境在中国传统文化中一直被认为是理想的生存环境与最高的精神向往。当然,中国的山水文化具有明显的理性特征,一方面其包括对城市自然理性的理解,即要求城市建设能够与周围自然环境相协调;另一方面也包括对城市社会理性的思考,即要求建设过程中能够通过对山水环境的合理利用与营建,对封建礼制等级序列起到更好的维护与烘托作用。

以明南京城的建设为例:南京城地处山水交汇之地,地形复杂。三国时期,诸葛亮出使东吴在长江边观看地形,就曾将南京城的山水形胜与帝王的圣明运数联系起来,指出"钟阜龙蟠,石头虎踞,真帝王之宅也"。明初朱元璋定都南京,在选择宫城位置时,有意避开了居民稠密的城市中心而偏于东部,同时将旧城西北广大地区纳入城内,形成城东皇城区、城南居住商业区、城西北军事区的功能分区,城墙顺延三区周边曲折穿行,自然围合。

由于作为宫城基址的东城区地势平坦,中间横亘燕雀湖,排水条件不甚理想。经刘基等人卜地后,认为此处北靠富贵山,南临秦淮河,是背山面水的吉地,加之西邻市区,便于利用旧城设施,故而不惜以填平半个燕雀湖为代价取得一片完整的宫城基地。新宫城即以山水间的连线为中轴对称展开,东西宽约800m,南北宽约700m,太庙、社稷坛、官衙等建筑的设置悉尊祖制,巍然大气,俨然一幅山水城交相辉映的都城画卷(图2-6-8、图2-6-9)。

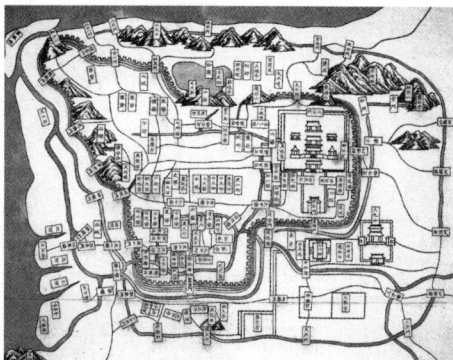

图2-6-8　南京城鸟瞰(一)
资料来源:杨之水,等.南京[M].北京:中国建筑工业出版社,1989:56.

如果说传统思想文化是成就中国古代城市设计与建设的内在动因,那么现实社会的经济发展则成为一支来自外部的力量因素。

社会经济的发展引发了中国古代城市中有关"市"的变革。作为公共交换的场所,市场伴随着城市的诞生而存在,所以"营国制度"赋予其一定的用地并置于宫城以北。从春秋战国到隋唐时期,为加强对城内居民的控制,历代均实行里坊制度,即将城内居住区划分为许多里坊,四面筑以高墙,两侧或四边开门,设吏看管,早启晚闭,听鼓集散。市场作为其中的一个或几个里坊,发展遭到很大的约束(图2-6-10)。

直至宋朝,随着盛唐以后社会经济的繁荣与工商贸易的发展,出现了成分复杂的市民阶层,市井文化日渐兴盛。在这样的情况之下,传统封闭的里坊终被打破,转变为由街道划分的街巷,商业活动可以沿街设置,形成营业时间、地点均不受限制的"行业街市"。如宋汴

图2-6-9　南京城鸟瞰(二)
资料来源:杨之水,等.南京[M].北京:中国建筑工业出版社,1989:56.

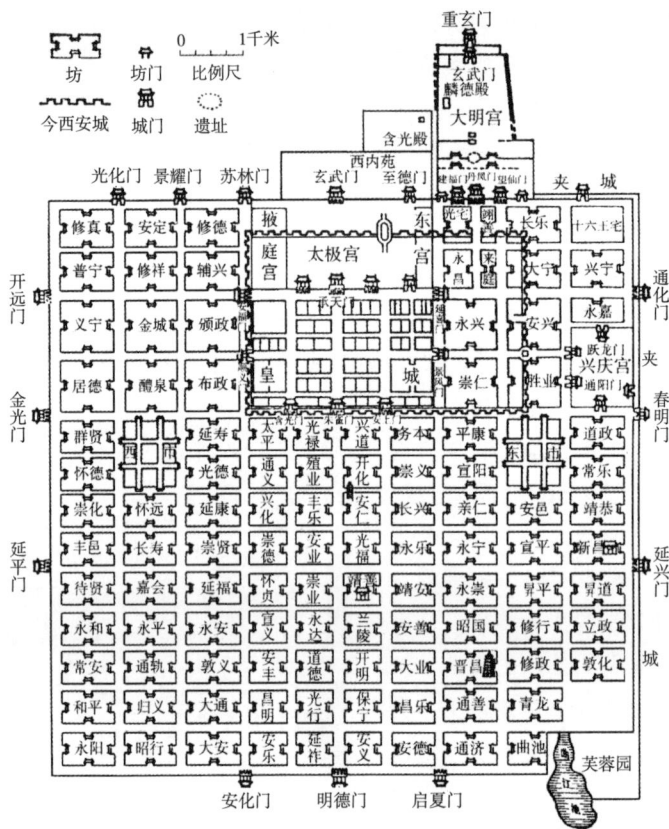

图 2-6-10 隋唐长安城平面示意图

资料来源: 庄林德, 张京祥. 中国城市发展建设史[M]. 南京: 东南大学出版社, 2002: 59.

梁城, 大街小巷, 店肆林立, 酒楼、饭店、瓦舍等公共休闲建筑随处可见; 苏州城则充分利用水乡特色, 形成街巷与水网相结合的交通体系, 营造出"前街后河"的独特空间。里坊制的解体在中国古代城市发展中具有重要意义, 其标志着城市内部空间结构从封闭向开放的转变, 因而也被部分学者誉为"中世纪中国的城市革命"(图 2-6-11、图 2-6-12)。

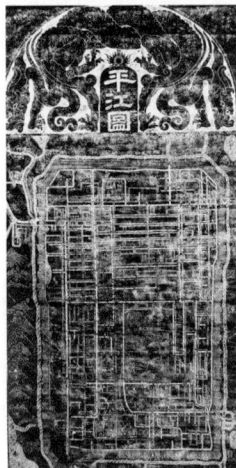

图 2-6-11 宋平江图(左)

资料来源: (美) Spiro Kostof. 城市的形成 [M]. 单皓, 译. 北京: 中国建筑工业出版社, 2005: 97.

图 2-6-12 清明上河图(局部)(右)

资料来源: http://www.xcsyxx.net/, 2007-12-26.

至明清时期，资本主义经济萌芽在中国出现，社会生产力有了进一步的发展，城镇开始有了一个很大的勃兴。江南的许多水乡城镇，如江苏常熟、江阴、同里、震泽、盛泽，浙江绍兴、柯桥、安昌等，在这一时期经历了一个由"市"到"镇"的自发生长过程。其他地区的城镇建设，如著名的"四大镇"——江西景德镇、广东佛山镇、湖北汉口镇、河南朱仙镇，也在受到来自社会经济等客观方面的"力"的作用下迅速发展起来。

2.7 现代城市设计的产生

18～19世纪，随着物理学、力学等科学知识取得重大进展，欧洲资本主义国家相继完成以纺织机、蒸汽机的应用为标志的工业革命，西方近现代城市空间环境和物质形态由此产生深刻的变化：城墙因新武器的产生逐渐丧失军事防御功能；工业随着蒸汽动力的发明日益在城市集中；机器化生产的劳动力需求引发大规模的人口迁徙；新型交通工具的发明运用改变了城市形体环境的时空尺度，城市社会具有了更大的开放程度。

然而，西方城市人口急剧膨胀与城镇蔓延生长的速度之快，远远超出了人们的预期与常规手段的驾驭能力。大片的工业区、交通运输区、仓库码头区、工人居住区在城市中杂乱无章地随意分布，有些用地为铁路线恣意分割，有些则沿航运线盲目蔓延，犬牙交错的"花边状态"成为城市生长的真实写照。同时，市民居住条件日益恶化，贫民窟现象增多，疾病、灾害、犯罪的发生率不断上升，加之严重的工业污染与交通拥堵，城市环境日趋恶化。

面对一系列的"城市病"，人们逐渐认识到，有规划的设计对于一个城镇的发展十分必要，只有通过整体的设计才能摆脱城镇发展现实中的困境。有关城市设计理想模式的探讨逐步展开，霍华德（E.Howard）的"田园城市"、赖特（F.L.Wright）的"广亩城市"、嘎耶（T.Garnier）的"工业城市"、玛塔（A.S.Mata）的"带形城市"、勒·柯布西耶（L.Corbusier）的"光明城市"等是其中的主要代表（表2-7-1、图2-7-1、图2-7-2）。

上述探索，糅合着文艺复兴晚期的"巴洛克"思想，对西方近现代城市建设产生了重要的影响。但是就价值观而言，上述主张基本是遵循"建设形体

图2-7-1 柯布西耶明日城市方案（左）
资料来源：沈玉麟.外国城市建设史[M].北京：中国建筑工业出版社，2000：131.

图2-7-2 柯布西耶伏瓦生规划（右）
资料来源：沈玉麟.外国城市建设史[M].北京：中国建筑工业出版社，2000：131.

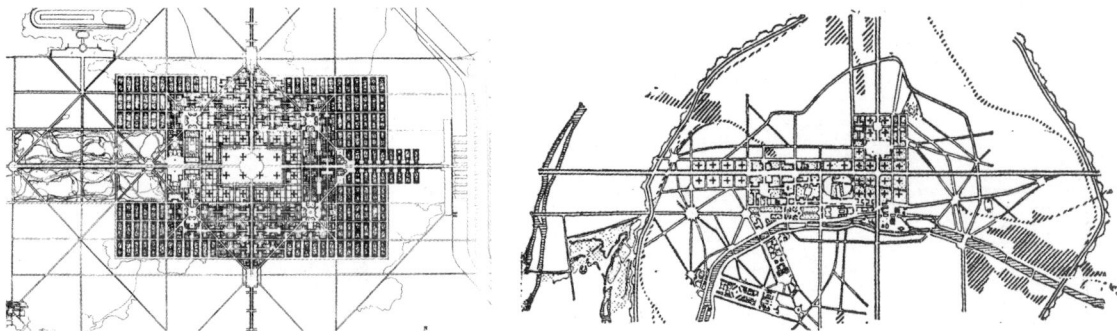

近代至第二次世界大战时期城市设计思想探索　　　　表 2-7-1

类别	名称与代表人	主要思想	影响
人本主义	田园城市 霍华德（E.Howard）	城市应兼有城乡两者的特点，规模适度、协调共生，既具有高效能与适度活跃的城市生活，又兼有环境清新、美丽如画的乡村特色	提出一套完整的城市体系，对其后的有机疏散、卫星城等理论有重要影响
理性主义	带形城市 玛塔（A.S.Mata）	在尊重结构对称与留有余地的前提下，城市空间要素依循一条高速度、高运量的交通轴线积聚并向两端无限延伸	对西方城市分散主义思想有一定影响
	工业城市 嘎耶（T.Garnier）	从大工业发展的需求出发进行城市布局，将城市各种用途用地进行明确划分，使其各得其所	一定程度上影响着柯布西耶的集中主义城市与《雅典宪章》中的城市功能分区思想
	阳光城 勒·柯布西耶 （L.Corbusier）	城市必须通过技术手段体现其集聚功能，在合理的城市内部密度分布与高效立体的交通体系支撑下，高层建筑是适应人口集中、避免用地紧张、提供充足阳光绿地的良好手段	为第二次世界大战以后西方国家及发展中国家广泛采用，强烈影响了许多城市的新建与重建
自然主义	广亩城市 赖特（F.L.Wright）	消灭大城市，代之以完全分散的、低密度的半农田式社团	导致西方国家的新城运动，成为欧美中产阶级郊区化运动的根源
	有机疏散 沙里宁（E.Saarinen）	将传统城市拥挤在一起的形态在合适的区域分解为若干集中单元，并将这些单元组织为有关联的点，彼此间以绿化隔离	对改善欧美大城市功能与空间结构起了重要作用
形态研究	空间艺术 西特（Sitte）	强调关注人的尺度、环境的尺度与人的活动以及它们的感受，从而建立丰富多彩的城市空间	让城市环境容纳人的个性，其主张对欧美设计界产生广泛影响

决定论"的。设计师们从城乡协调、回归自然、有序分区等不同的视角，力求寻找出一套与工业时代相匹配的城市总体物质环境设计的理论与方案，他们深信只要严格地实现这一方案就可以成功地驾驭城市发展，至于经济、社会、文化等一系列城市问题也随之迎刃而解。

　　但是多年以后，人们发现这种价值观只是一种美好的"英雄"情结，实践效果收效甚微。从 19 世纪奥斯曼的巴黎改建设计、朗方的华盛顿规划设计，到 20 世纪印度昌迪加尔、巴西巴西利亚和许多新城的设计建成，都标志着这种规划设计思想的整体实现。然而，缺少社会根基的城市躯壳与真实的居民生活是如此地格格不入：在美国华盛顿，宏伟的巴洛克风格迫使城市一半以上的面积用于建设街道、广场与道路，真正为市民提供服务的建设用地仅占城市总用地的十分之一；而在新建城市巴西利亚，飞机形的总平面形式只能在图纸平面与高空鸟瞰时为人所感受（图 2-7-3、图 2-7-4）。

　　人们逐渐意识到如果设计只是追求平面、形体上的超凡构图，而缺少对经济、文化、社会等环境因素的考虑，其做法只是把一种陌生的形体强加到有生命的社会之上，其实践是在政治和经济强有力的干预下完成的，其结果对于被迫接受的市民来说是悲哀而残忍的。

第二次世界大战以后，第三产业的大规模兴起导致欧美发达国家进行经济结构调整，许多城市因此遇到再次发展的良好契机。但是由于仍然依循形体决定论的建设思路，重视外显的建设规模和速度，忽视内在的环境品质和内涵，一阵席卷西方大刀阔斧式的"城市更新"(Urban Renewal) 运动以后，城市环境非但没有得到实质性的改善反而进一步衰退，大批历史文化遗产遭到破坏，中高薪阶层向郊区迁出的"郊区化"势头有增无减。美国著名学者雅各布斯著书《美国大城市的死与生》，书中"为什么多次试图挽救城市的尝试终以失败告终""应该如何使城市步入良性运转"等一系列问题引起社会的强烈反响。在这种情况下，城市设计这一"古已有之"的主题再次为人们重视与认识，各种方法理论应运而生，一套在目标、方法、内容等方面更趋完善的现代城市设计体系逐步发展起来。

图2-7-3　巴西巴西利亚轴线鸟瞰
资料来源：（美）Spiro Kostof. 城市的形成 [M]. 单皓，译. 北京：中国建筑工业出版社，2005：178.

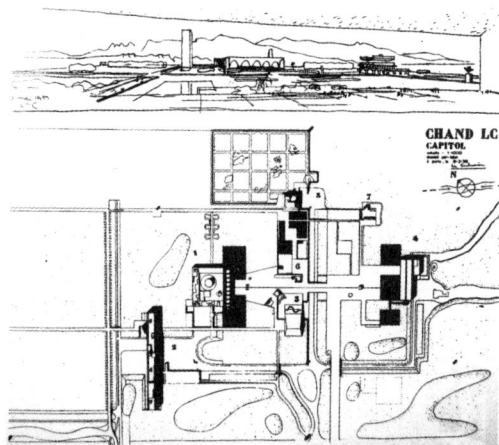

图2-7-4　印度昌迪加尔行政中心设计
资料来源：王建国. 城市设计 [M]. 2版. 南京：东南大学出版社，2004：31.

在目标上，现代城市设计将着眼点从静态的城市物质空间上升为空间的使用者，即社会生活中的人，主张真实客观地满足人的需要才是设计的基点与评价的根本。一批学者从不同的视角对人的生活进行了探索，英国学者亚历山大提出，生活是复合交错的，城市的简单化与同质化只能让生活趋于破碎与毁灭；日本学者芦原义信认为，城市中貌似胡乱布置背后存在的"隐藏的秩序"是城市空间适合生活的根本原因；美国学者拉波波特提出，适合的环境因素是生活必须的依赖力量，所谓亲情、风俗与场所精神具有新建街区无法取代的环境价值。

为了真实获取与满足使用者的需要，传统"自上而下"的精英设计模式在现代城市设计中得到改进。麻省理工学院林奇教授认为应该从使用者的思想和行为中了解设计，并尝试通过市民的集体意象建立起一套行之有效的城市形象调查方法；律师兼城市理论家达维多夫则更加激进地提出设计师应该投身到某个社会集团中去，将设计作为一种社会服务提供给包括弱势群体在内的所有社会团体。这一系列有关公众参与 (Public Participation)、市民服务思想与实践的兴起，标志着现代城市设计在方法领域迈出了从主观到客观，从理想到现实的关键一步。

随着指导思想与设计方法的演变，现代城市设计的工作内容也逐渐从专业人员简单的图板工作，发展为从调查、立项、分析、设计、评价、选择到融资、实施、管理、反馈的一系列动态过程。在这一系列过程中，有关社会学、政治学、经济学、心理学、行为学、管理学、生态学、地理学、景观学、计算机科学等众多学科都被囊括进来，与现代城市设计学科一起形成一个内容复杂的跨学科工作体系。所以美国纽约前总设计师乔纳森·巴奈特在《开放的都市设计程序》一书中这样写道，城市设计不再是"设计者笔下浪漫花哨的图表模型，而是一连串城市行政的过程，不仅有赖健全的城市设计体系及组织，同时城市设计者也应兼有行政的才能和卓越的领导能力以将城市设计观念付诸实施"（表2-7-2）。

现代城市设计探索　　　　　　　　　　　　　　表2-7-2

时间	代表人物	主题	主要内容	主要涉及学科
1955年	小组10 (Team 10)	人际结合	城市形态必须从生活本身的机制中发展而来，城市和建筑空间是人们行为方式的体现	建筑学
1960年	凯文·林奇 (K.Lynch)	城市意象	通过城市形象使人们对空间的感知融入到城市文脉中去	社会学、心理学、行为学、建筑学
1961年	简·雅各布斯 (J.Jacobs)	美国大城市的死与生	城市是复杂而多样的，其必须尽可能错综复杂并且相互支持，以满足多种要求	社会学
1965年	达维多夫 (P.Davidoff)	倡导性规划与多元主义	探讨决策过程与文化模式，指出通过过程机制保证不同社会集团尤其是弱势团体的利益	社会学
1966年	亚历山大 (C.Alexander)	城市并非树形	城市生活并非简单的树形结构，而是很多方面交织在一起，相互重叠的半网状结构	社会学
1969年	麦克哈格 (L.McHarg)	设计结合自然	人工环境建设必须与自然环境相适配	生态学、环境学
1969年	阿恩斯泰因 (S.Arnstein)	市民参与的阶梯	指出公众参与的不同层次与实质	政治学、管理学、社会学
1960年代	丹下健三、黑川纪章等	新陈代谢	强调建筑与城市过去、现在、将来的共生，即文化的共生	建筑学
1960年代	赫伯特·西蒙 (H.A.Simon)	有限理性	在有限理性条件下的目标决策	管理学、计算机科学
1972年	大卫·哈维 (D.Harvey)	社会公正	按照人民福利的特定内容考虑城市建设政策的制定与实施	政治学、社会学
1978年	柯林·罗等 (C.Rowe)	拼贴城市	城市的生长、发展应该是由具有不同功能的部分拼贴而成的	社会学
1978年	培根 (E.D.Bacon)	城市设计	在路上运动是市民城市经历的基础，找出这些活动有助于设计一种普遍的城市理想环境	建筑学、心理学、行为学
1970年代	卡斯特尔等 (M.Castells)	新马克思主义	城市规划设计的本质更接近于政治，而不是技术或科学	社会学、政治学、经济学
1981年	巴奈特 (J.Barnett)	都市设计概论	城市设计不是设计者笔下浪漫花哨的图表模型，而是一连串城市行政的过程	建筑学、政治学、经济学、社会学
1987年	简·雅各布斯 (J.Jacobs)	城市设计宣言	城市设计的新目标在于：良好的都市生活，创造和保持城市肌理，再现城市生命力	社会学

时间	代表人物	主题	主要内容	主要涉及学科
1991 年	芦原义信	隐藏的秩序	城市中貌似胡乱布置背后存在的隐藏的秩序是城市空间适合生活的根本原因	建筑学
1980 ~ 1990 年代	因斯等 (J.E.Innes)	联络性规划	改变设计人员被动提供技术咨询和决策信息的角色，运用联络互动的方法达到参与决策的目的	社会学
1990 年代	赞伯克等 (E.Zyberk)	新城市主义	强调以人为中心的设计思想，努力重塑多样化、人性化、有社区感的生活氛围	建筑学、交通学
1990 年代	兰德宁等 (P.N.G.Lendenning)	精明增长	通过城市可持续的、健康的增长方式，使城乡居民中的每个人都能受益	社会学、建筑学

由此可见，较之 1960 年代以前的传统及近代城市设计，现代城市设计无论在内涵还是在外延上都有了新的发展。它不再局限于传统的空间美学和视觉艺术，设计者考虑的不再仅仅是城市空间的艺术处理和美学效果，而是以"人—社会—环境"为核心的城市设计的复合评价标准为准绳，综合考虑各种自然、社会、人文要素，强调包括生态、历史、经济等在内的多维复合空间环境的塑造，提高城市的"适居性"和人的生活环境质量，最终达到改善城市整体空间环境与景观的目的。

这一思想转变从 20 世纪城市规划和建筑界几份纲领性文件主题的演变可以清楚地看到。体现现代主义理性思想的《雅典宪章》（Athern Charter）曾认为，城市建设起作用的主要是"功能"因素，城市应该按照"居住、工作、游憩、交通"四大功能进行规划。这种认识到了 1950 年代末开始有了改变，至 1977 年在秘鲁首都利马通过的《马丘比丘宪章》（Machupicchu Charter）直率地批评了现代主义那种机械式的城市分区做法，认为其否认了"人类的活动要求流动的、连续的空间这一事实"，并强调创造一个综合、多功能的环境。

1980 年代末，随着"可持续发展"（Sustainable Development）思想的提出，不给后代发展造成障碍的生存模式成为人类追求的共同目标。城市设计将眼光投向更加深远的未来生活，有关城市环境问题，设计生态学条件、资源的有效使用等一系列问题的认识与思考层出不穷，"少为""无为"胜"有为"的理念日益为广大城市设计师所接受，现代城市设计在新的指导思想下踏上了 21 世纪的发展之路。正如 1999 年北京国际建筑师协会第 20 届会议纲领性文件《北京宪章》（Beijing Charter）中所言，"走可持续发展之路是以新的观念对待 21 世纪建筑学的发展，这将带来又一个新的建筑运动"。

思考题

1. 现代城市设计的缘起和发展是什么？
2. 不同阶段城市设计的主要特征是什么？

3. 不同阶段城市设计特征形成的主要因素是什么？

主要参考书目

[1] 芒福德．城市发展史 [M]．倪文彦，宋峻岭，译．北京：中国建筑工业出版社，
     1989．

[2] 贝纳沃罗．世界城市史 [M]．薛钟灵，译．北京：科学出版社，2000．

[3] 《中国建筑史》编写小组．中国建筑史 [M]．北京：中国建筑工业出版社，1993．

[4] 王建国．城市设计 [M]．南京：东南大学出版社，1999．

[5] 汪德华．中国古代城市规划文化思想 [M]．北京：中国建筑工业出版社，1997．

[6] 张京祥．西方城市规划史纲 [M]．南京：东南大学出版社，2005．

[7] 洪亮平．城市设计历程 [M]．北京：中国建筑工业出版社，2002．

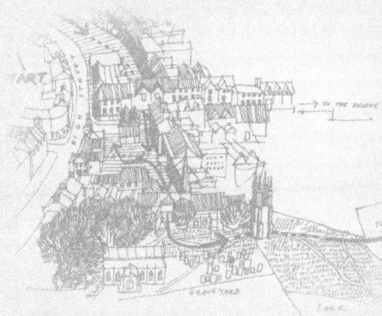

【导读】为了全面深入了解城市设计理论的思想基础与核心内涵，学习阅读近现代城市设计的经典理论与著作十分必要。近现代城市设计理论主要源于西方的一些发达国家，在跨越一个多世纪的发展历程中，伴随人们对城市认识的提高以及城市设计实践的探索，各种城市设计理论和方法不断交融、充实和完善，逐渐形成了当今城市设计理论体系多元并存的局面，具体包括空间形式理论、现代城市功能理论、场所文脉理论、自然生态设计理论、设计过程理论以及城市设计的整体理论。本章将重点回答以下关键问题：这些经典理论主要有哪些内容？其代表人物是谁？提出了哪些主要设计思想、理论及方法？对现代城市设计学科的形成起到了哪些作用？现代城市设计理论的发展经过哪几个重要时段？其未来的发展方向是什么？我们在开展城市设计中又如何运用这些基础理论？

第3章 城市设计的基础理论

3.1 空间形式理论

3.1.1 卡米洛·西特 (Camillo Sitte)

卡米洛·西特 (1843~1903年)，曾任奥地利建筑工艺美术学院院长，是19世纪末到20世纪初著名的建筑师和城市设计师。西特倡导人性的规划方法，并且对反映日常生活的平常事物、建筑和城市抱有很大兴趣，他最早提出的城市空间环境的"视觉有序" (Visual Order) 理论，是现代城市设计学科形成的重要基础之一。西特的城市设计思想主要反映在他于1889年出版的《城市建设艺术》(*The Art of Building Cities*) 著作中。针对当时城市建设的状况，西特充分认识到基于统计学和政策导向的城市规划与基于视觉美学的城市设计之间存在的分离，主张将城市设计建立在对于城市空间感知的严格分析上，并通过大量的典型实例考察与研究，总结归纳出一系列城市建设的艺术原则与设计规律。

西特认为，中世纪城市建设遵循了自由灵活的方式，城镇的和谐主要来自建筑单体之间的相互协调，广场和街道通过空间的有机围合形成整体统一的连续空间，并且指出这些原则是欧洲中世纪城市建设的核心与灵魂。具体体现在以下几方面：

（1）广场与建筑和纪念物之间的整体性、广场中心的开敞性、边界的围合性、尺度的适宜性、形态的不规则性是古代城市公共广场设计所遵循的共同规则；

（2）古代公共广场与建筑物、纪念物之间有着整体性的关联关系；

（3）喷泉一般位于广场的边缘，大型建筑物一般退后布置，以保持广场的开敞性；

（4）古代广场采用大量巧妙的设计手法减少开口，从而达到边界封闭的艺术效果；

（5）古代广场的尺度与周边建筑之间有着内在和谐的比例关系，并且广场与广场之间有着巧妙的组合关系。

针对当时流行的所谓"现代体系"，即矩形体系、放射体系和三角形体系，西特将其与古代城市公共广场设计进行对比分析后指出：现代城市公共广场一般把建筑物或纪念物不加考虑地置于广场中心，造成了广场与建筑的割裂；广场四通八达的开口方式使得广场支离破碎；采用"现代体系"形成的广场是各种矛盾空间的组合，由于缺乏空间的整体性，使人们实地很难感受到其"对称"的构图，而且"对称"构图的滥用还造成广场空间的单调与乏味。同时还尖锐地指出所有这些问题的根源主要是因为现代城市设计者违背了古老的空间设计艺术原则。

关于对现代城市中运用艺术原则进行建设的可能性，西特认为城市的发展不可避免，社会的进步将导致人们需求的变化，不可能也没必要完全仿效古代的城市建设。他通过对几个采用古代原则改建的设计实例分析，证明艺术原则完全可以运用于现代城市建设，同时通过对"现代体系"的改进，可以创造出具有高度艺术水准的城市空间（图3-1-1）。

概括起来，西特的城市设计思想主要体现在批评了当时盛行的形式主义的刻板模式，总结了中世纪城市空间艺术的有机和谐特点，倡导了城市空间与自然环境相协调的基本原则，揭示了城镇建设的内在艺术构成规律，西特建立的这些城市设计理论与方法有力地促进了"城市艺术"（Civic Art）学科领域的形成与发展。尽管西特的城市设计思想对他的家乡——维也纳的重建影响甚微，但在欧洲乃至世界范围内的许多地方产生了广泛而重要的影响。《城市建设艺术》自出版后被翻译成多种语言，"西特学派"在当时的欧洲亦逐渐形成，对许多年轻建筑师和规划师产生积极影响。正如伊利尔·沙里宁指出的："我一开始就受到西特学说的核心思想的启蒙，所以在我以后几乎半世纪的建筑实践中，我从没有以一种预见构想的形式风格来设计和建造任何建筑物……通过他的学说，我学会了理解那些自古以来的建筑法则"。[①]

3.1.2 伊利尔·沙里宁（Eliel Saarinen）

伊利尔·沙里宁（1875～1950年），著名美籍芬兰建筑师和教育家，曾规划过芬兰首都赫尔辛基，他创办了美国匡溪艺术学院，倡导城市"有机秩序论"（Organic Order），建构了融城市规划、城市设计、建筑、绘画、雕刻、园林、工艺设计于一体的教学体系。伊利尔·沙里宁发表的主要著作有《城市：它的发展、衰败与未来》（The City-Its Growth, Its Decay, Its Future）和《形式的探索——一条处理艺术问题的基本途径》（Search for Form: An Fundamental Approach to Art），这两本书可以说是他的"体形环境"设计观的代表作。在教育实践方面，沙里宁早在1940年代中即开始"城市设计"的教育工作，他号召"一定要把'城市设计'精神灌输到每个设计题目中去，让每一名学生学习……在城市集镇或乡村中，每一幢房屋都必然是其所在物质及精神环境的不可分割的一部分，并且应按这样的认识来研究和设计房屋……必须以这种精神来从事教育。城市设计绝不是少数人学习的项目，而是任何建筑师都忽视不得的项目"。[②]

1)《城市：它的发展、衰败与未来》

伊利尔·沙里宁十分推崇西特的观点，认为以往的城镇规划仅注重城镇二维层面的研究，他强调社会环境的重要性，指出只有人们在良好的社会环境下，才能获得良好的体形秩序。为此他提出了城市的有机分散、城市设计和体形环境三方面理论，强调城市应该如同自然生长出来的一样，是有机统一的。在书中，伊利尔·沙里宁分析了中世纪城镇的状况，认为其基本特点是集中布

图3-1-1　西特对欧洲广场的设计实例分析

资料来源: Donald Watson, Alan Plattus, Robert Shibley. Time-Saver Standard for Urban Design[J]. McGraw-Hill Professional, 2001（2）: 1-8.

---

① 吴良镛.广义建筑学 [M].北京：清华大学出版社，1989：135.

② 伊利尔·沙里宁.关于卡米诺·西特 [M]// 城市建设艺术.仲德崑，译.南京：东南大学出版社，1990：扉页.

置，是"有机秩序"思想的体现。并从卫生、街道和表现力三个方面进行研究，追溯了中世纪的城镇结构形态，认为中世纪的城镇是"有秩序的不清洁"，而到后来则变成"清洁的无秩序"，中世纪的街道格局是不规则的，是出于防御的目的和满足步行交通要求的结果，中世纪的城镇是按三维空间的形象设想修建的；而19世纪城镇建设逐渐抛弃了"有机秩序"的思想，最终导致城镇结构无法保持有机统一的结构。在此基础上，伊利尔·沙里宁明确提出了"体形环境"的基本概念，认为大到城市，小到艺术品，都是体形环境的一部分，都要讲求体形秩序。同时归纳总结出三方面的城市建设原则：

（1）表现的原则。即城市设计要反映城市的本质和内涵。

（2）相互协调的原则。即城市和自然之间，城市各部分之间，城市建筑群之间要相互协调。

（3）有机秩序的原则。是"宇宙结构的真正原则"，是协调指导一切原则的最基本原则。

2)《形式的探索—— 一条处理艺术问题的基本途径》

在《形式的探索—— 一条处理艺术问题的基本途径》一书中，伊利尔·沙里宁重点从建筑艺术创造的基本原则和如何正确地探索建筑的形式两方面探讨了艺术创造问题，主要为三个部分。

在第一部分，首先界定了形式的起源、意义、性质、重要性及牵涉范围，对自然界的形式表现进行了类比分析，提出大自然的"有机秩序"规律。其次伊利尔·沙里宁对造型艺术各个领域进行了回顾，肯定了1900年以前时期的真诚艺术创造，否定了虚假教条的艺术形式，并期待新的艺术形式的到来；与此同时，伊利尔·沙里宁对各个国家在1900年以后对不同形式的探索亦作了介绍，并分析了与形式有关的相关问题，如材料、功能、动态等。

第二部分强调了艺术的创造本质，认为创造的倾向是一种本能，而理智仅在创造过程中起着辅助作用。指出"有机秩序"是宇宙万物构造的原则，而"表现"和"相互协调"则是其附属的姊妹原则。形式的生气勃勃与衰落退化，恒久和短暂都与这些基本原则相关联，并论述了"时间"要素的作用，伊利尔·沙里宁认为风格不可能在极短的时间内形成，而必须经过缓慢演变。

第三部分所研究的是形式探索中的特殊领域，按其特定的性质分成两大类。第一类是靠推理就可以领会的问题，第二类是靠直觉感受的问题。在第一类推理的领域中，这些实质性的问题主要包括形式与真实性、形式与逻辑、形式与功能、形式与色彩、形式与装饰、形式与空间、形式与理论、形式与传统。第二类直接感受的领域，包括一些难以确定的问题，诸如形式与美，形式与审美情趣，以及形式与想象力等。在这一方面，伊利尔·沙里宁更多地强调人的主观感受与形式创造的关系，认为美是主观的判断，真诚与真实在审美中具有关键作用，同时批判了"经院式的审美情趣"。最后，再次对教条主义和机械论的思想进行了批判，倡导创造性的思维，认为艺术教育的目的是真诚的艺术、良好的形式协调和形式秩序。

3.1.3 弗雷德里克·吉伯德（F.Gibberd）

英国著名城市设计师弗雷德里克·吉伯德是哈罗新城的设计者，他的重要著作《市镇设计》（Town Design）把城市设计提高到艺术水平上去研究，可以说是西方城市设计具有总结性的著作之一，这本书自1953年问世以来就受到国际同行的重视，并译成多种文字。

全书共十三章，五个部分：整体城市设计，总平面图，城市中心，工业，居住。吉伯德以精辟的分析和朴实的文字，阐明怎样把城市中的各种要素组成适于人居住和工作的美的环境，界定了城市设计的概念范畴，认为城市设计是区别于城市规划的，其重点是解决城市空间与建筑的视觉形象问题，而城市中能看到的一切物体都是城市设计的素材，这些素材与空间、运动、时间等要素有密切的关系。书中对城市各大功能区的城市设计进行了逐一的分析与研究，并在后面附有大量古代和现代具有典型意义的优秀实例分析（图3-1-2）。

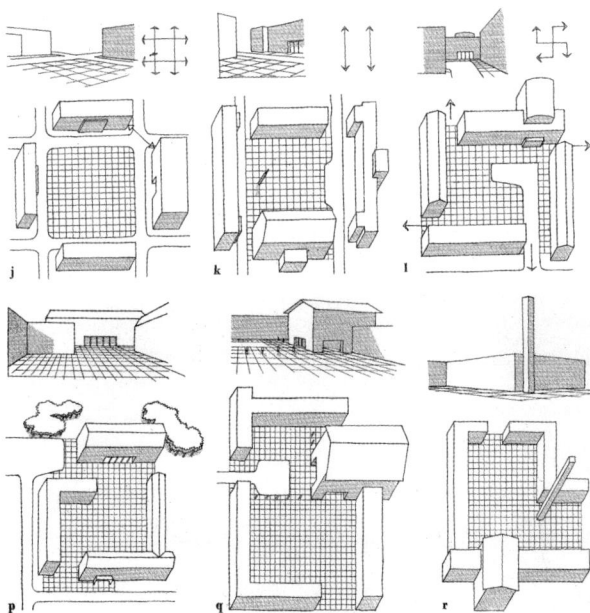

图3-1-2 对不同城市空间类型的分析
资料来源：弗雷德里克·吉伯德.市镇设计[M].程里尧，译.北京：中国建筑工业出版社，1983：112，116.

1）城市中心区

城市中心区的设计应采用立体化、多层次的安全交通体系，创造独特、连续的景观系统，并形成相对明确的功能分区关系。城市广场以及购物中心等大型的城市公共场所和建筑群又是城市中心的重点地段。市民广场是多功能的城市空间，应有一个支配性的构图要素，可以是单个高大的建筑或者多个建筑的组合，此外还要有大量市政、文化、纪念等功能多样的公共建筑。在进行市民广场设计时既要考虑不同公共建筑的组合方式，也要注重建筑之外的公共空间和街道空间的比例尺度、围闭形式及空间形态。城市购物中心是城市中心区的重要功能单元，购物中心在形式上可以分为市场、商业街和商业中心几种类型，设计中可利用竖向立体的综合交通组合方式来组织复杂的功能、交通关系。

2）工业区

城市设计中要根据不同的工业类型来确定工业用地与城市的关系，通常工业建筑可分为三类：特殊工业建筑（有公害）、轻工业建筑（无公害）和一般工业建筑。三种工业形式对应不同的规划模式：特殊工业的位置一般是固定的，要与原材料地结合设置，但要脱离城市，其景观、建筑等需结合其具体功能要求进行设计，当特殊工业区靠近城镇时，一般应形成单独的工业区并处理好与城镇之间的关系；轻工业区的布置则有较大的灵活性，轻工业区的规划重点是考虑其规模、密度、尺度以及空间要求；作为第三类的一般工业，大体又可以分为仓库、服务工业和小作坊三类，作为储藏商品的仓库最好靠近城市中心的购物区，服务工业最方便的位置是与邻里中心结合，小作坊则常常散布于城镇内部。

3）邻里

邻里由居住和相应的社会服务设施组成。弗雷德里克·吉伯德认为，使儿童健康安全地成长是社区的基本要求，公共服务设施（如学校）所能维持的服务范围则是确定邻里规模和密度的关键因素，邻里的整体结构应结合自然条件，有流畅的曲线型道路、连贯的步行系统，并对邻里中心的分布模式进行了研究。其后，又对低层住宅、公寓式住宅和特殊地形条件下的住宅规划组合模式逐一进行了分析。

3.1.4 戈登·卡伦（Gordon Cullen）

戈登·卡伦（1914～1994年），是英国战后城市设计理论发展的领导者，其工作涉及城市景观理论研究和规划探索。他曾在英国两家建筑公司及西印度工作，从事插图绘画和展览设计。"二战"后，在《建筑评论》任副总编辑，1956年起兼任英国许多城市市容顾问并参与了印度新德里等城市发展规划的制定工作，1970年卡伦成为英国皇家建筑学会荣誉会员。戈登·卡伦被视为是对基于形式主义的、抽象的、松散的理性主义现代城市理论的反对者，他将城市主义的基础建立在体验、感受和特定场所的特殊性上。他于1961年推出名著《城镇景观》[①]，在书中，卡伦从视觉连续、场所、内涵、功能性的传统要素、城镇分析等方面图文并茂地分析了城镇建筑群体组合的城镇景观艺术，认为一座城市的内涵与魅力主要在于构成城市空间的基本元素（如建筑、树木、流水、交通等）形成的趣味性和戏剧性。

同时卡伦还认为，理解空间不仅仅在看，而且应通过运动穿过它。因此，城镇景观（这里指空间）不是一种静态情景（Stable Tableaux），而是一种空间意识的连续系统。人们的感受受到所体验的和希望体验的东西的影响，而序列视景就是揭示这种现象的一条途径。在典型案例的剖析中，卡伦运用一系列极富阐释力的透视草图生动形象地验证了这种序列视景分析方法，对于城市设计者来说，绘制草图的过程本身就是加深理解和判断空间视觉质量的过程（图3-1-3、图3-1-4）。

图3-1-3 序列视景分析之一
资料来源：G.Cullen. Townscape[M]. New York: Reinhold Publishing Corporation, 1961: 17.

---

① G.Cullen. Townscape[M]. New York: Reinhold Publishing Corporation, 1961.

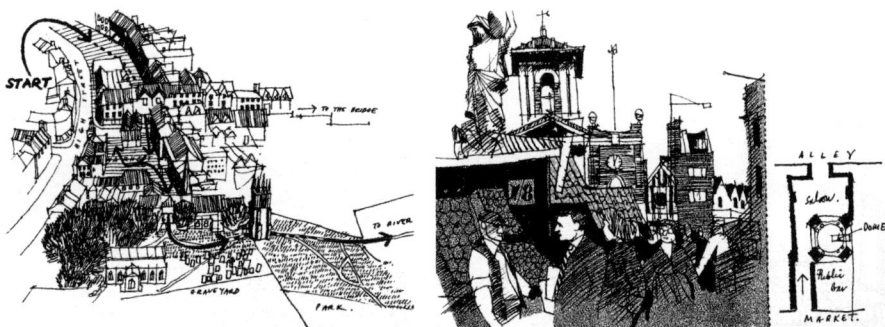

图 3-1-4　序列视景分析之二
资料来源：G.Cullen,
Townscape[M]. New York:
Reinhold Publishing
Corporation, 1961: 19.

1）视觉连续

卡伦认为当我们以恒定的速度步行通过城镇，城镇景观总以一系列突现或隐现的方式出现，这种视觉现象称之为视觉连续。视觉连续的意义在于可以巧妙处理城镇中各种因素以激发人的情感，使城镇在更深层次意义上可以被识别。从视觉角度出发可将城镇划分为已经呈现的景观和正在浮现的景观。这是一连串事物的随机组合，其联系所引发的含义也是随机性的，这种联系是一种相互关系的艺术，人们可以找到方法将城镇按他们的设想编排成一出连贯完整的戏剧，而这种编排过程就是将无序的因素组织成能够引发情感的层次清晰的环境。

2）场所

在一般城镇中，人们存在对于低于地坪或高于地坪的环境的特殊感受，也存在封闭于隧道中和在开阔广场上时的两种迥异感受。从运动角度出发，可以理解城市是具有可塑性的体验过程，即一种由压抑到开朗，由开敞到封闭，从制约到自由的序列。

从人对环境的认同感来看，存在着"此地"与"彼地"的概念，两者相互比较与对照，缺一不可。一些城市通过对"此地"与"彼地"关系的熟练安排而获得了非凡、动人的城镇景观。卡伦分别从占有，场所的使用，运动中的空间占有，拥有优越条件的场所，黏滞型空间，半开敞空间，闭合空间，以及空间焦点等方面对场所的特质进行了分析。

3）内涵

卡伦讨论了环境各个细部的固有特性，对城镇、田野、公园、工业区、耕地与自然等主要的传统景观进行了分类，指出现在的私有交通及公共交通的发展打破了旧的城市形态，在环境的所有构成要素中最重要的是自然条件，如果环境中原始的自然条件大部分能够保存下来，那么环境作为整体仍然是平衡的。

4）功能性的传统要素

介绍和分析了结构、桥梁、铺地、装饰等构成城镇环境景观的功能性传统要素的基本特性，指出城镇景观是不同材料、风格与尺度的混合体，应注意处理好尺度形式、质地、颜色及特征与个性方面的细微差别，这些因素同时作用就能够产生综合的视觉效果。

3.1.5 埃德蒙·N·培根（Edmund N.Bacon）

埃德蒙·N·培根生于美国费城，就读于康奈尔大学及匡溪艺术学院，师从伊利尔·沙里宁，曾任美国费城总建筑师和宾州大学建筑系主任，从 1949 年到 1970 年退休为止，他一直担任费城规划委员会行政负责人，在其职业生涯中，因对美国城市费城的长期关注而闻名。1971 年，美国规划师协会因他在费城规划委员会所作出的成就，授予其"杰出服务奖"。其代表作《城市设计》是当今城市设计的一部有着重要影响的书籍，在书中埃德蒙·N·培根总结了古往今来城市设计发展的轨迹，通过世界范围内大量的经典案例，十分生动地梳理了城市设计的基本规律，与此同时还以他从事工作多年的费城为蓝本进行详细剖析，将当代城市功能技术的发展与现代艺术融合在城市设计工作之中，从而全面系统地探索了现代城市设计理论和方法（图 3-1-5 ~ 图 3-1-7）。

图 3-1-5 对"介入空间"的图示
资料来源：J. Bacon. Design of Cities[M].
Thomas and Hudson，1974：22.

埃德蒙·N·培根认为美好的城市应是市民共有的城市，城市的形象是经由市民无数的决定所形成，而不是偶然的。城市设计的目的就是满足市民感官可以感知的"城市体验"。为此，他强调美学上的观察，特别是建筑物与天空的关系、建筑物与地面的关系和建筑物之间的关系。并提出评价（Appreciation）、表达（Presentation）和实现（Realization）三个城市设计的基本环节。[①] 埃德蒙·N·培根认为城市的形态是由居住在城市中的人们所作的决定的多样性来确定的。在某些情形下，这些决定的相互作用产生明晰的一种形式的力，从而导致一个杰出城市的诞生。他主张人类意愿可以有效地施加在城市之上，城市所采取的形式是人类文明的最高抱负的真切表现。设计者应作为身历其境者体验空间，并阐述了对空间实现、表现和理解三者的关系。

在《城市设计》一书中，埃德蒙·N·培根以出色的图文综合能力，将历史实例与现代城市设计原理联系起来。他生动地阐明往昔伟大的建筑师和规划师如何能够影响后继的发展，并代代相传延续下去。培根还通过介绍城市设计

图 3-1-6 以费城为蓝本进行的详细剖析
资料来源：J. Bacon. Design of Cities[M]. Thomas and Hudson，1974：268-271.

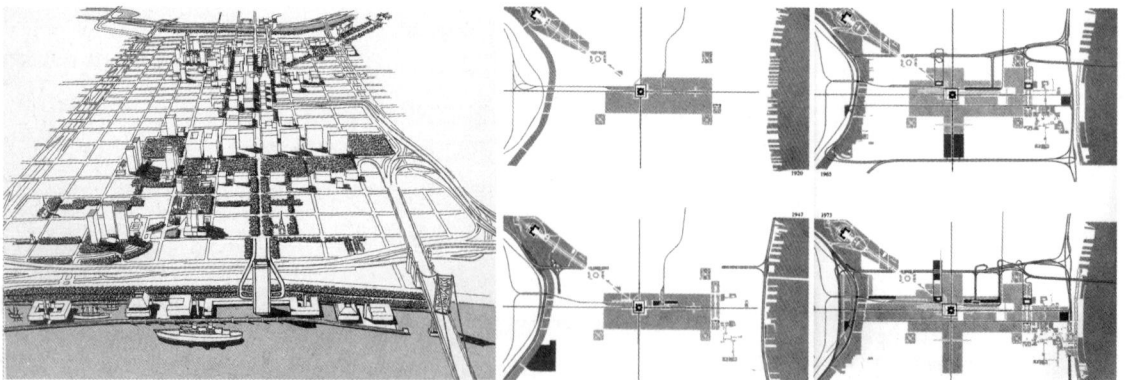

---

① J. Bacon. Design of Cities[M]. Thomas and Hudson，1974.另可参见黄富厢先生中译本。

的历史背景，告诉人们决定一个伟大城市形态的基础性的设计力和所应注意的问题。这其中，最引人关注的恐怕就属同时运动诸系统——即步行与车行交通、公共与私人交通的路径。埃德蒙·N·培根以此作为支配性的组织力而考察了伦敦、罗马和纽约的城市运动系统。他强调公共空间在城市设计中的重要性，并讨论空间、色彩和透视对城市居民的影响。

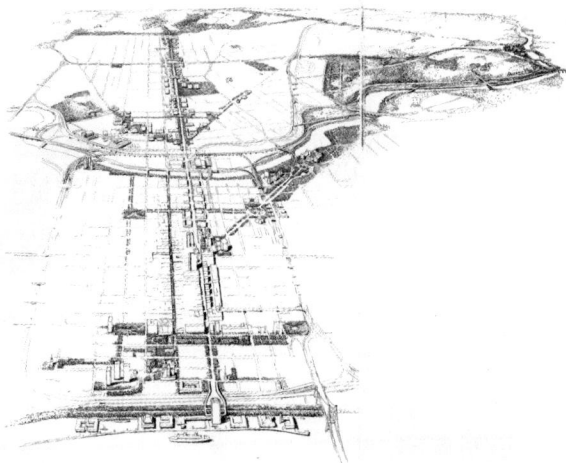

图 3-1-7 对"有机整体"的图示
资料来源：J. Bacon. Design of Cities[M]. Thomas and Hudson，1974：300–301.

3.1.6 芦原义信

芦原义信 1942 年毕业于东京大学建筑系，1953 年毕业于哈佛大学研究生院，是著名建筑理论家诺伯格·舒尔茨的同班同学。1960 年代以来，芦原义信曾先后任东京大学、武藏野美术大学教授，还曾任日本建筑学会副会长和日本建筑家协会会长等职，不仅理论建树颇多，而且实践经验十分丰富。他注重空间设计手法、空间要素及其与人的视觉相关性的研究，与舒尔茨偏重理论色彩的"建筑意向"（Intention in Architecture）和"建筑现象学"（Phenomenology of Architecture）研究有所不同。1975 年，芦原义信发表了《外部空间设计》，该书后来由我国学者尹培桐先生翻译成中文并发表于《建筑师》，受到我国读者的广泛欢迎。[①]

芦原义信在《外部空间设计》中，总结融合了世界上的空间分析理论，旁征博引各家之说，并运用自己设计的若干案例，提出了"空间秩序""逆空间""积极空间和消极空间"和"加法空间与减法空间"等许多颇具启发性的概念。

芦原义信认为空间基本上是由一个物体同感觉它的人之间产生的相互关系所形成，虽然空间与人的各种感官均有关系，但通常主要还是依据人的视觉来确定的。他认为建筑外部空间是由人创造的有目的的外部环境，是比自然更有意义的空间，人创造的这种空间是积极的，能满足人的意图和功能需要，而自然则是消极的离心空间。他分析了意大利和日本传统城镇空间在文化上的差异，比较了建筑师与景园建筑师不同的空间概念，以意大利锡耶纳坎波广场为例指出建筑外部空间不是一种任意可以"延伸的自然"，而是"没有屋顶的建筑"。在此基础上归纳总结出积极空间和消极空间的基本特征，指出外部空间设计就是把大空间划分成小空间，或还原，或是使空间更充实更富有人情味的技术，即是尽可能将消极空间积极化。并且芦原义信还提出外部空间主要有"尺度"和"质感"两个要素，对于尺度的把握，引申发展出两个理论："十分之一理论（One-tenth Theory）"和"外部模数理论"。十分之一理论的要旨是，要获得与室内相似意义的空间，外部空间可以采用内部空间 8 ~ 10 倍的尺度；

---

① 芦原义信.外部空间设计 [J].尹培桐，译.建筑师，（3~7）.

外部模数理论则认为外部空间设计可采用 20 ~ 25m 为模数。此外，芦原义信指出外部空间的质感与距离有直接关系，因此，设计中应充分考虑距离对辨认材质的影响。

在实际运用的手法中，芦原义信结合欧美及他本人设计的工程案例，详细探讨了外部空间的布局、围合、尺度、视觉质感、空间层次、空间序列等一系列相关要素的设计问题。芦原义信认为，按照人的活动需求，外部空间可分为运动空间和停滞空间两大类，二者之间可以相互渗透，对这两类空间的区域划分是外部空间设计中平面布局的重点。对于具有方向性的外部空间，应在尽端布置有目的物，这样，途中与目标相互作用，就可以创造有吸引力的外部空间。一定程度的封闭性是整顿空间秩序的有效方法，一般来讲，"阴角空间的封闭性要强于阳角空间"。

同时，芦原义信还界定了外部空间的层次顺序，从不同的角度进行了不同层次的划分，如：公共的—半公共的（或半私用的）—私用的、外部的—半外部的（或半内部的）—内部的。对于外部空间序列的形成，比较了日本与西欧的区别：日本是把对象一点点地给人看到，西欧则从一开始就一览无余。如果二者相互借鉴，则既可以带来强烈的印象，也能够创造丰富的空间。认为有效地利用地面的高差是空间领域划定的有效手段，提出物体的边缘及水的处理等都是外部空间设计中应当精心考虑的因素。并且以威尼斯的圣马可广场和日本的严岛神社为例，解析了这两个经典案例的外部空间处理手法。

最后总结了空间创造的两种方法：减法空间和加法空间。前者首先确定内部，再向外建立秩序；后者首先确定外部，再向内建立秩序。并以建筑漫画的形象化描述手段，比较了柯布西耶与阿尔托的设计作品不同的空间秩序组织，提出在现实中的建筑、建筑群、城市之间，内部与外部是相对的，建筑师应当不仅关注内部秩序，还应当关注外部秩序。

3.2 现代城市功能理论

3.2.1 索里亚·玛塔（Soriay Mata）

索里亚·玛塔（1844 ~ 1920 年），是西班牙 19 世纪最为著名的城市规划师之一。1882 年，索里亚·玛塔在为马德里以及其他城市做规划方案时，首次提出了带形城市（Linear City）的概念，替代了将城市视作中心集聚的传统观念。当时的欧洲正处于铁路交通大规模发展的时期，铁路线把遥远的城市连接了起来，并使这些城市得到了很快的发展。在各个大城市内部及其周围，地铁线和有轨电车线的建设改善了城市地区的交通状况，加强了城市内部及其腹地之间的联系，从整体上促进了城市的发展。索里亚·玛塔认为，传统的从核心向外扩展的城市形态已经过时，它们只会导致城市拥挤和卫生恶化，在新的集约运输方式的影响下，城市将依赖交通运输线组成城市的网络。而带形城市就是沿交通运输线布置的长条形的建筑地带，"只有一条宽 500m 的街区，要多长就有多长——这就是未来的城市"，城市不再是一个一个分散在不同地区的点，而是由一条铁路和道路干道相串联在一起的、连绵不断的城市带，并且这个城市是可以贯穿整个地球的。位于这个城市中的居民，既可以享受城市型的设施又不脱离自然，并可以使原有城市中的居民回到自然中去。

图 3-2-1 马德里周围带形城市实施的片段
资料来源：（苏）A·B·布宁（Бунин，A.B.），萨瓦连斯卡娅（Саваренская，Т.Ф.）. 城市建设艺术史——20世纪资本主义国家的城市建设 [M]. 黄海华，译. 北京：中国建筑工业出版社，1992：84.

后来，索里亚·玛塔又提出了"带形城市的基本原则"，他认为，这些原则是符合当时欧洲正在讨论的"合理的城市规划"的要求的。在这些原则中，第一条最为主要，他提出"城市建设的一切其他问题，均以城市运输问题为前提。"最符合这条原则的城市结构就是使城市中的人从一个地点到其他任何地点在路程上耗费的时间最少。既然铁路是能够做到安全、高效和经济的最好的交通工具，城市的形状理所当然就应该是线形的。这一点就是带形城市理论的出发点。在余下的其他纲要中，索里亚·玛塔创立了马德里城市化股份公司，并开始建设第一段带形城市（图 3-2-1）。这个带形城市位于马德里的市郊，它的主轴线就是长约 50km 的环形铁路干线，建筑物全部集中于这条干线的两侧。铁路线白天用来客运，夜间作为货运使用。规则的横向街道穿越建筑地带，形成一个个居住街坊，在里面布置四周环绕绿地的独立式住宅。由于经济和土地所有制的限制，这个带形城市只实现了一个片段——约 5km 长的建筑地段。

带形城市理论对 20 世纪的城市规划和城市建设产生了重要影响。20 世纪 30、40 年代中，苏联进行了比较系统的全面研究，当时提出了线形工业城市等模式，并在斯大林格勒等城市的规划实践中得到运用。在欧洲，哥本哈根（1948 年）似的指状式发展和像巴黎（1971 年）似的轴向延伸等都可以说是带形城市模式的发展。但是在带形城市的理论中，更为重要的并不是它所提出的城市形态，而是提出这种形态所依凭的思想，这可以说是索里亚·玛塔对现代城市规划发展作出的最重要的贡献。

3.2.2 托尼·嘎涅（Tony Garnier）

托尼·嘎涅（1869～1948 年），被认为是 20 世纪法国最杰出的建筑师和城市规划师之一，他一生重要的作品都集中于他的故乡法国里昂。托尼·嘎涅 1883～1886 年于里昂的马帝尼耶技术学院（École Technique de la Martinière）学习绘画与速写。而后在里昂国立美术学院（École nationale des beaux-arts de Lyon）开始接触建筑设计。1890～1899 年，托尼·嘎涅在巴黎美术学院（École nationale supérieure des Beaux-Arts）接受了传统的建筑学教育和训练，并且在 1899 年凭借一座国家银行的设计赢得了罗马大奖。这项奖励支持他在随后的四年里于意大利罗马继续深造，正是在这宝贵的四年中，他提出了工业城市的构想。1901 年，托尼·嘎涅开始接触社会学与城市问题，他不断思索解决城市困境的方案，并最终于 1904 年提出并完成了工业城市的规划方案。

这项方案不仅受到乌托邦及空想社会主义的巨大影响，也受到当时新兴的理性主义、功能主义的影响。但是在当时，"工业城市"的概念以功能分区为根基，与巴黎美院的正统思想格格不入，因而受到了学院评审委员的一致批评。直至1918年，《工业城市》(Unecitéindustrielle) 这本著作才得以发表。1920年，柯布西耶在著名杂志《新精神》上介绍并发表了《工业城市》的部分内容，并在他后来的《走向新建筑》一书中提到托尼·嘎涅的思想及其探索性的意义。1924年，托尼·嘎涅的"工业城市"设计方案再次进行展览，这时他的思想才得到了广泛的认可，并且影响了一大批寻找现代建筑之路的建筑师与规划师们。

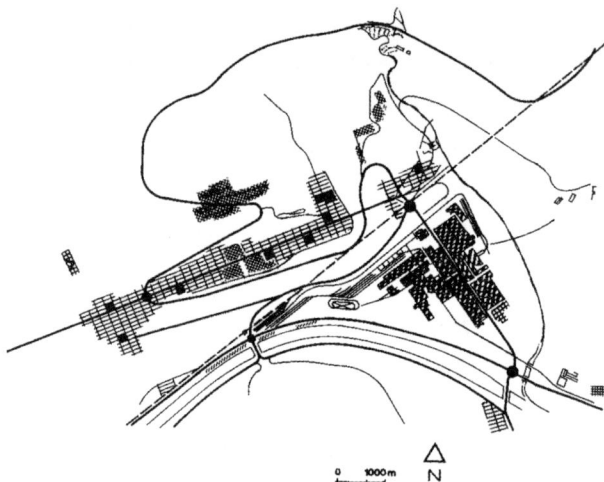

图3-2-2 托尼·嘎涅(Tony Garnier)的"工业城市"设想
资料来源：Charles Delfante. Grande Histoire de La Ville[M]. Paris：Armand Colin/Masson，1997：308.

具体而言，《工业城市》一书中的规划思想及方案包含了以下几个方面。

1）基本原则

托尼·嘎涅的"工业城市"设想是一个假想城市的规划方案，这个城市位于山岭起伏地带的河岸的斜坡上（图3-2-2）。它的人口规模为35000人，最重要的原则是对工作、社会生活和生活区功能的划分。"建立这样一座城市的决定性因素是靠近原料产地或附近有提供能源的某种自然力量，或便于交通运输"。在这个城市中，嘎涅布置了一系列的工业部门，其中包括铁矿、炼钢厂、机械厂、造船厂、汽车厂等，在大坝边上是发电站。这些厂被安排在一条河流的河口附近，下游有一条更大的主干河道，便于进行水上运输。选择用地尽量合乎工业部门的要求，这也是布置其他用地的先决条件。工业区与居住区之间通过铁路进行联系。城市中的其他地区布置在一块日照条件良好的高地上，沿着一条通往工业区的道路展开，沿这条道路在工业区和居住区之间设立了一个铁路总站。在市中心布置了大量的公共建筑，其中有各类办公建筑、商业设施及博物馆、图书馆、展览馆、剧场、医疗中心、运动场等。在市中心两侧布置居住区，居住区划分为几个片区，每个片区内各设一个小学校。居住区基本采用传统的格网状道路系统，汽车交通与行人交通完全分离。居住区基本上是两层楼的独立式建筑，四面围绕着绿地。建筑地段不是封闭的，不设围墙，它们互相组成为一个统一的群体，整个城市就好像一座大公园。

2）社会模式

工业城市并不是只提出了一个技术的意向，还提出了一种社会模式。这种社会模式深受法国空想社会主义的影响，但最直接的影响则来自左拉。左拉在1900年出版的带有乌托邦和社会主义色彩的小说《劳动》(Travail) 中提出的理想城市对他的影响十分明显。正如塔夫里等在《现代建筑》一书中所评论的："为了要体现新城是劳动者管理的，托尼·嘎涅试图证明新城必须是表现最先进技术的地方。事实上，他认为技术发展是民主社会进步的一个必不可少的组成部分，而建筑能赋予这种民主以具体的形式。为这个城市所提出的类型学显示出在技术选择中所存在的简单化倾向，而同时每一个细部却倍受关注……'工业城'成了人道社会主义者所构想的古典乌托邦的建筑范本。"在这个工业城市中，没有私人地产，所有非建筑的土地均归公共使用；没有教堂，没有军营，没有法院，没有监狱，没有警察局；城市社会的组织原则也发生了重要变革，"对个人的物质及精神需求进行调查的结果导致了创立若干有关道路使用、卫生等的规则，其假设是社会秩序的某种进步将使这些规则自动得以实现而无需借助于法律的执行。土地的分配，以及有关水、面包、肉类、牛奶、药品的分配乃至垃圾之重新利用等，均由公共部门管理"。

  3）空间关系

  托尼·嘎涅的工业城市的规划方案已经摆脱了传统城市规划尤其是以巴黎美院为代表的学院派城市规划方案追求气魄、大量运用对称、轴线和放射的现象。在工业城市中，所有的建筑都是由混凝土建成，而在那个时期，混凝土建筑尚处在它的初创期。在城市空间的组织中，他更注重各类设施本身的要求和与外界的相互关系。在工业区的布置中将不同的工业企业组织成若干个群体，对环境影响大的工业如炼钢厂、高炉、机械锻造厂等布置得远离居住区，而对职工数较多、对环境影响小的工业如纺织厂等则尽量接近居住区布置，并在工厂区中布置了大片的绿地。在居住街坊的规划中，将生活服务设施与住宅建筑有机结合在一起；居住建筑的布置考虑适当的日照和通风，每一个卧室均至少有一个朝南的窗户，每一个房间均应有对外的窗户，不管这个房间有多小，建筑之间的距离必须至少等于它们的高度。居住区的布局放弃了当时欧洲尤其是巴黎盛行的周边式的形式而采用独立式，并留出一半的用地作为公共绿地使用，在这些绿地中布置可以贯穿全城的步行小道。城市街道按照交通的性质分成几类，宽度各不相等，在主要街道上铺设可以把各区联系起来并一直通到城外的有轨电车线，所有的道路均植树成行。在整个规划中，可以比较清楚地看到托尼·嘎涅从古典主义建筑规划向现代主义转变的痕迹，这其实也是当时社会思潮和技术手段转换的一种反映。

3.2.3　勒·柯布西耶（Le Corbusier）

  20世纪上半叶，霍华德、盖迪斯、伊利尔·沙里宁和赖特等都对迅猛发展的城市和特大城市表示过怀疑，并提出了各种"城市分散"的理论。然而，勒·柯布西耶却反其道而行之，他以乐观主义的思想，承认大城市出现的现实，他认为，只有展望未来和利用工业社会的力量才可以解决工业社会的问题，才能更好地发挥人类的创造力，因而主张用全新的规划和建筑方式改造城市。他主张依靠现代技术力量，从规划着眼，技术着手，来充分利用和改善城市有限空间（诸如减少建筑密度，增加绿地，增加密度，高层化等）。他的城市设计艺术观，一反中世纪古典艺术传统，以几何形体作为形式美的标准，它的理论对西方大城市战后的复兴起了很大的作用。

柯布西耶的理论也被称作"城市集中主义"，其中心思想主要体现在两部重要著作中，一部是发表于 1922 年的《明日的城市》（*The City of Tomorrow*），另一部是 1933 年发表的《阳光城》（*The Radiant City*）。

他的城市规划观点主要有四点[①]：

（1）传统的城市由于规模的增长和市中心拥挤加剧，已出现功能性的老朽。随着城市的进一步发展，城市中心部分的商业地区内交通负担越来越大，需要通过技术改造以完善它的集聚功能。

（2）关于拥挤的问题可以用提高密度来解决。就局部而论，采取大量的高层建筑就能取得很高的密度，但同时，这些高层建筑周围又将会腾出很高比例的空地。他认为摩天楼是"人口集中，避免用地日益紧张，提高城市内部效率的一种极好手段"。

（3）主张调整城市内部的密度分布。降低市中心区的建筑密度与就业密度，以减弱中心商业区的压力和使人流合理地分布于整个城市。

（4）论证了新的城市布局形式可以容纳一个新型的、高效率的城市交通系统。这种系统由铁路和人车完全分离的高架道路结合起来，布置在地面以上。

他提出的城市设计原则主要包括：

（1）以几何为基础去创造洁净、简单的外形。

（2）崇尚秩序、功能与朴实。

（3）理性与效率至上。

（4）现代的建筑要使用现代的建材。

（5）摒弃装饰，尤其是仿古。

（6）追求标准化、重复化。

根据上述思想和原则，勒·柯布西耶于 1922 年发表的《明日的城市》一书中，假想了一个 300 万人的城市：中央为商业区，有 40 万居民住在 24 座 60 层高的摩天大楼中；高楼周围有大片的绿地，周围有环形居住带，60 万居民住在多层连续的板式住宅内；外围是容纳 200 万居民的花园住宅。平面是现代化的几何形构图。矩形的和对角线的道路交织在一起。规划的中心思想是疏散城市中心，提高密度，改善交通，提供绿地、阳光和空间。

勒·柯布西耶的城市设计思想的重点是"秩序"（Order），而秩序的基础就是几何，是直线，是直角。艺术是"完美秩序"的追求，艺术是人创造的，它服从于自然规律。正如加拿大学者梁鹤年先生所察见，"秩序是每一个活动的钥匙；感性是每一个行动的指引。在混乱中出现纯净的形。它带来力量，安定人心，又能使美具体化。这样，人的心智并没有白费，他以适当的工具去创造了秩序。"这就是柯布西耶的美（图 3-2-3）。

---

① 详见：霍尔. 区域与城市规划 [M]. 邹德慈，金经元，译. 北京：中国建筑工业出版社，1985：70-75.

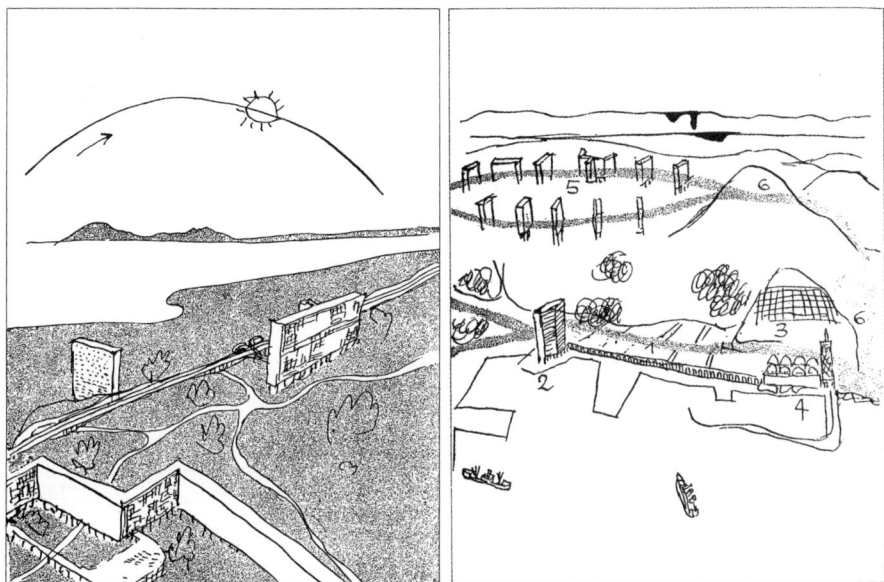

图 3-2-3　勒·柯布西耶的现代城市意象

资料来源：乔纳森·巴奈特.都市设计概论 [M].谢庆达，庄建德，译.台北：创兴出版社，1993.

3.2.4　国际现代建筑协会（CIAM）《雅典宪章》[①]

　　1933 年 8 月，国际现代建筑协会（CIAM）在雅典开会，其中心议题是城市规划，会议制定了《城市规划大纲》，后来该大纲被称为《雅典宪章》。这一宪章为现代城市规划奠定了理论基础。它强调城市功能分区，强调自然环境（阳光、空气、绿化）对人的重要性。它对以后城市规划中的用地分区管理（Zoning）、绿环（Green Belt）、邻里单位（Neighborhood Unit）以及人车分离、高层化、房屋间距等概念的形成都起到了不可低估的作用。

　　"宪章"认为要把城市与其周围影响区域作为一个整体来研究，并指出城市规划的目的是促使居住、工作、游憩和交通等四大城市功能的正常进行。"宪章"共分为八个部分：

　　（1）定义和引言。强调了区域对于城市的重要性，认为研究城市必须考虑城市所在的区域因素。区域因素主要包括地理和地形特点、经济潜力、政治和社会状况等几个方面，这些因素是相互联系、不断变化的。

　　（2）城市的四大活动。居住、工作、游憩与交通四大活动是研究及分析现代城市设计时最基本的分类。

　　（3）居住是城市的第一活动。居住的主要问题是：人口密度过大，缺乏开敞地及绿化；太靠近工业区，生活环境不卫生；房屋沿街建造影响安静，日照不良，噪声干扰；公共服务设施太少而且分布不合理。因此，建议居住区要用城市中最好的地段，规定城市中不同地段采用不同的人口密度。

　　（4）工作。工作的主要问题是：工作地点在城市中无计划地布置，与居住区距离过远。"从居住地点到工作的场所距离很远，造成交通拥挤，有害身心，

[①] 李德华.城市规划原理 [M].3 版.北京：中国建筑工业出版社，2001.

时间和经济都受损失"。因为工业在城郊建设，因其城市的无限制扩展，又增加了工作与居住的距离，形成过分拥挤而集中的人流交通。因此，建议有计划地确定工业与居住的关系。

(5) 游憩。游憩的主要问题是：大城市缺乏开敞的地块。城市绿地面积少，而且位置不适中，无益于市区居住条件的改善；市中心区人口密度本来已经很高，难得拆出一小块空地，应将它辟为绿地，改善居住卫生条件。因此，建议新建居住区要多保留空地，旧区已坏的建筑物拆除后应辟为绿地，要降低旧区的人口密度，在市郊要保留良好的风景地带。

(6) 交通。城市道路完全是旧时代留下来的，宽度不够，交叉口过多，未能按功能进行分类。《城市规划大纲》指出，过去学院派那种追求"姿态伟大""排场"及"城市面貌"的做法，只可能使交通更加恶化。通常，局部的放宽、改造道路并不能解决问题，应从整个道路系统的规划入手；街道要进行功能分类，车辆的形式和速度是道路功能分类的依据；要按照调查统计的交通资料来确定道路的宽度。大城市中办公楼、商业服务、文化娱乐设施过分集中在城市中心，也是造成市中心交通过分拥挤的重要原因。

(7) 有历史价值的建筑和地区。有历史价值的古建筑在城市发展中应当妥善保存，不可以加以破坏。

(8) 总结。《城市规划大纲》最后指出，城市的现状不能适合广大居民的基本需要，其种种矛盾是由于大工业生产方式的变化和土地的私有引起。应当建立土地改革制度，实行有利于广大人民利益的规划，并以区域规划为依据。城市规划工作者的主要工作，是把城市按居住、工作、游憩进行分区平衡，然后建立三者的联系交通网。居住应当是城市的首要因素，规划要从居住者的要求出发，以住宅为细胞组成邻里单位，并按照人的尺度来估量城市构成部分的大小范围。城市规划是三度空间科学，必须考虑立体空间。要以国家法律的形式来保证城市规划的实现。

3.2.5 日本"新陈代谢"学派

在日本出现的新的学派,这一学派借用生物学名词称为"新陈代谢"学派。他们认为从宇宙到生命，都有新陈代谢过程，人们的任务是促进这种新陈代谢的实现。他们发表了《新陈代谢 (Metabolism) 1960 宣言》。这一学派成员很多，如槙文彦、菊竹清训、黑川纪章、大高正人等。他们各自的创作理论虽然不尽相同，但他们都把现代文明和作为这种文明集约化场所的城市，看成是新陈代谢的哲学范畴。他们结合 21 世纪东京的城市规划，提出了各自不同的城市设计方案，其中日本著名建筑师和城市设计师丹下健三提出的城市轴理论最具代表性。它的基本构思有以下三点：

(1) 变封闭型单中心城市结构为开放型多中心城市结构；

(2) 变向心式同心圆城市发展模式为环形交通轴城市发展模式；

(3) 城市摆脱旧区向东京湾海上发展。

新陈代谢学派的城市设计构想中畅想成分多，对未来城市和建筑的发展有很多启发，其中某些局部还得到了实现。他们追求的是功能、技术和艺术的有机结合；自然和人工环境之间的和谐；以及历史与现代之间的对话。

3.3 场所文脉理论

3.3.1 凯文·林奇（Kevin Lynch）

凯文·林奇（1918～1984年），为 20 世纪城市设计领域最杰出的人物之一，曾任麻省理工学院城市研究和规划的教授，开设城市设计的课程。其重要论著《城市意象》（*The Image of the City*）第一次把环境心理学引进城市设计，在城市意象领域取得了开拓性的研究成果。凯文·林奇通过多年细心观察和社会调查，对美国波士顿、洛杉矶和泽西城三座城市做了分析（图 3-3-1、图 3-3-2），将城市景观归纳为路径（Path）、边界（Edge）、区域（District）、节点（Node）、标志（Landmark）五大组成因素。

凯文·林奇在其城市设计理论巨著《一种好的城市形态理论》中，从城市的社会文化结构、人的活动和空间形体环境结合的角度提出："城市设计的关键在于如何从空间安排上保证城市各种活动的交织"，进而应"从城市空间结构上实现人类形形色色的价值观之共存"。他尤其崇尚城市规范理论(Normative Theory)，这同样是一种从理论形态上概括城市设计概念的尝试 .[①]（图 3-3-3）。

他通过对人类城市历史发展的概要回顾，提出城市形态是受不同的价值标准影响的观点，认为一般的城市形态理论应以人为目的、以具体的物质形态环境为研究对象，并且应当具有动态、参与决策和公众可参与的特征。

凯文·林奇分析论证了乌托邦城市和未来主义理想城市的缺陷：乌托邦城市只关注社会结构的变革而忽视物质空间的创新；未来主义理想城市则仅考虑

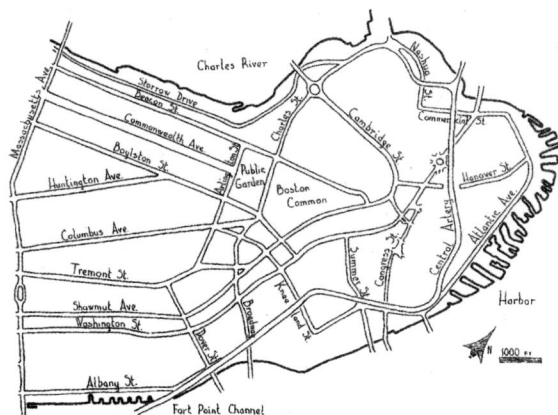

图 3-3-1 对波士顿的调查分析
资料来源：凯文·林奇. 城市意象 [M]. 方益萍，何晓军，译. 北京：华夏出版社，2001：25.

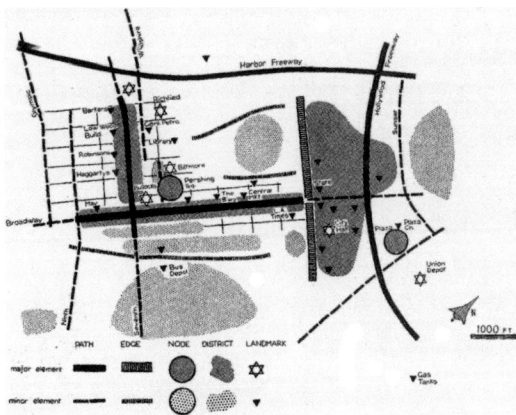

图 3-3-2 对洛杉矶的调查分析
资料来源：凯文·林奇. 城市意象 [M]. 方益萍，何晓军，译. 北京：华夏出版社，2001：25.

---

① Kevin Lynch. A Theory of Good City Form[M]. Cambridge：MIT Press，1981.

新技术在物质层面上的应用，却忽视了社会结构与生态环境对人类社会的意义。他还分析了三种成熟的宇宙城市模型——中国、印度、欧洲的城市模型，认为城市的形态决定于其社会整体的价值目标。现代所流行的城市形态标准理论有三个：方格网城市、机器城市和有机城市，每一种理论都有其内在的价值标准。比如在美国，采用方格网体系的城市，是基于投机买卖和土地分配的价值目标；"机器城市"则是在追求理想化、标准化的社会背景下产生的；"有机城市"的价值标准在于社区、连贯性、健康和良好的功能组织循环发展等贴近"自然"的宇宙。

他同时批驳了一些常见的误解，认为在评判城市空间的价值上，是有可能形成标准理论的，这些标注有五个基本指标：活力、感受、适宜、可及性及管理，此外还有两个额外指标：效率和公平。

3.3.2 "小组 10"（Team 10）

1950 年召开的国际现代建筑协会（CIAM）第十次会议确定的主要议题为"组群的流动性（Cluster mobility）——建筑与城市规划的变化和成长"。会议认为：城市是一个不断变化和生长的极为复杂的有机体，而过去的一套理论过于机械。这次会议以后，CIAM 即行解散，代之而起的是一批第十次年会的筹备组成员，即一群富有朝气的青年建筑师和城市设计师，在他们的倡导下成立了另一个组织——"小组 10"（Team 10）。

"小组 10"认为，城市设计涉及空间的环境个性、场所感和可识别性，城市社会中存在人类结合的不同层次。"小组 10"提出的"门阶哲学"强调的城市设计中以人为主体的微观层次，是一种以现代社会生活和人为根本出发点，注重并寻求人与环境有机共存的深层结构的城市设计理论。

"小组 10"城市设计概念的主要哲学基础源自结构主义。结构主义有一个基本假设，就是无论何时何地，人都是相同的，但他们以不同方式作用于同样事物，也就是形成了转换。因此，结构分析可看作是 × 射线，它旨在透过表面上独立存在的具体客体，透过"以要素为中心"的表层结构来探究"以关系为中心"的深层结构。

"小组 10"成员凡·艾克针对现代主义空间一时间观及技术等于进步的教条，率先提出场所概念，并运用至城市设计领域。他认为，场所感是由场所和场合构成，在人的意象中，空间是场所，而时间就是场合，人必须融合到时间和空间意义中去，这种永恒的场所感（深层结构）已被现代主义者抛弃，现在必须重新认识、反省。

"小组 10"另一成员赫兹伯格则使用了结构主义语言学的模型，发展出"住宅共同决定"的主题，这是战后公众参与设计的起点。他认为，"不同场合、不同时代的每一种解答都是一种对'原型'的阐释"。

与功能主义大师注重建筑与环境关系不同，"小组 10"关心的是人与环境的关系，他们的公式是"人 + 自然 + 人对自然的观念"，并建立起住宅—街道—

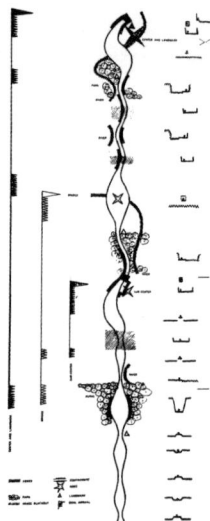

图 3-3-3 序列视景分析

资料来源：K. Lynch. A Theory of Good City Form[M]. Cambridge：MIT Press，1981：149.

地区—城市的纵向场所层次结构，以替代原有《雅典宪章》的横向功能结构。就城市道路交通而言，他们认为，一个社会的内聚力和效率必须依赖于便捷的流通条件，即交通问题。现代城市设计应担负起为各种流动形态（人、车等）的和谐交织而努力的责任，同时应使建筑群与交通系统有机结合。

"小组10"承认现代城市不可能完全利用历史建筑，城市的高密度和高层化乃是不可避免的趋势，但为了恢复和重构地域场所感，他们设想了具有"空中街道"的多层城市。这种空中街道贯穿沟通建筑物，分层步行街既有线形延伸，又联系着一系列场所，围绕这一网络布置生活设施，这一构思在史密森夫妇的"金巷"（Golden Lane）设计竞赛方案中首次推出。

在城市环境美学问题上，他们认为，城市需要一些固定的东西，这是一些周期变化不明显的，能起统一作用的点。依靠这些点人们才能对短暂的东西（如住宅、商店、门面）进行评判并使之统一，城市环境的美应能反映出对象恰如其分的循环变化。因此，作为特定地域标志和象征的某些历史建筑，或投资巨大、具有重要意义的建筑和开敞空间，可以看作是相对固定的东西，这就是所谓的"可改变美学"（Aesthetic of Expendability）。

3.3.3　罗布·克里尔（Rob Krier）

罗布·克里尔（1938年~）是著名建筑师和城市理论家，曾在德国斯图加特大学、维也纳技术大学等校任教，他的代表性研究领域是欧洲传统中的新城市发展，其发表的《城市空间》（Urban Space）是一部着重于城市空间形态研究的著作。在书中克里尔首先界定了城市空间的概念，认为城市空间是城市内和其他场所各建筑物之间所有的空间形式，城市空间总体上可分为城市广场、城市街道及其二者的交汇空间三大类，并由它们派生出多种复合的空间形式。其中，城市广场的功能是带有文化特征的商业活动场所，而城市街道则是公众流动和散步的空间。从形态学的角度，城市广场是由方形、圆形和三角形等三种基本原型经过相应的角度、比例和尺寸几个相关要素的变换产生的结果；街道空间的形式与其两侧建筑断面的不同组合密切相关；而城市广场与街道交汇处的空间形态总体上有"封闭式的"和"开放式的"两种基本原型（图3-3-4、图3-3-5）。

罗布·克里尔回顾了20世纪的城市建设历史，指出了现代主义建筑观支配下的城市设计的不足：现代建筑师过于关注单体建筑设计而忽视城市空间的整体艺术；缺乏对城市整体的构想，从而造成对传统城市空间优秀设计手法的漠视；单纯以美学观念进行城市设计。在对现实批判的同时，罗布·克里尔认为应加强对城市空间的研究，对

图 3-3-4　城市空间的类型学分析

资料来源：Donald Watson, Alan Plattus, Robert Shibley. Time-Saver Standard for Urban Design[J]. McGraw-Hill Professional, 2001.

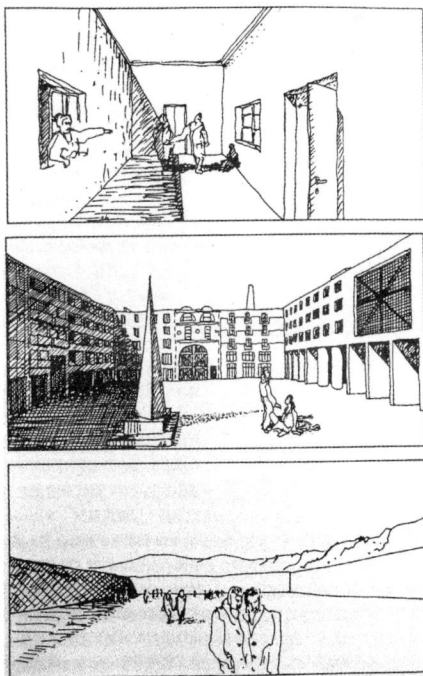

未来城市建设的模式提出了自己的构想，推测线形设计系统可以适应于将来的城市建设。

最后，罗布·克里尔还分析了斯图加特市战后重建的规划设计案例，阐明了"重建规划必须合乎逻辑，并与其原有空间提供形式上的呼应"的设计观点。

3.3.4　阿尔多·罗西（Aldo Rossi）

阿尔多·罗西（1931～1997年）是"二战"后欧洲处于领袖地位的建筑师和理论家，他最初因参与理性主义运动及其1973年在米兰的早期作品展受到人们的关注，是意大利理性主义建筑运动的领头人，曾获得1990年的普利茨克建筑奖。

《城市建筑学》是阿尔多·罗西有关建筑和城市理论的一部重要著作。在著作中，罗西基于一种对城市形态的解析与历史学方法，引申出了对建筑角色的思考，并通过对功能主义理论，特别是对将其用于解决城市问题所带来的种种弊端的质疑，对现代主义建筑和城市规划进行了批判。罗西的研究有其自身独特的一面，一定程度上是以他对"类型"的概念的启蒙诠释为基础，他特别强调诸如记忆和纪念性、公共和私有等城市主题，而这些主题是城市设计理论出现重大转折的标志，由此人们开始将城市整体而非独立的建筑作为城市形态理解的出发点。他通过大量的案例分析指出城市依其形象而存在，是在时间、场所中与人类特定生活紧密相关的现实形态，其中包含着历史，它是人类社会文化观念在形式上的表现。同时，场所不仅由空间决定，而且由这些空间中所发生的古往今来的持续不断的事件所决定。而所谓的"城市精神"就存在于它的历史中，一旦这种精神被赋予形式，它就成为场所的标志记号，记忆成为它的结构的引导，于是，记忆代替了历史。由此，城市建筑在集体记忆的心理学构造中被理解，而这种结构是事件发生的舞台，并为未来发生的变化提供了框架（图3-3-6、图3-3-7）。

尽管罗西并没有具体说明集体记忆的成分和结构，也没能深入讨论城市建筑的艺术属性，但他却以独特而经久的城市建筑体为主线，把集体记忆和艺术属性这两个重要议题联系在一起，丰富和深化了城市建筑研究的方法和内容。

3.3.5　斯皮罗·科斯托夫（Spiro Kostof）

《城市的形成》（*The City Shaped*）一书出版于1991年，是斯皮罗·科斯托夫研究城市形态的一部重要著作，曾获得

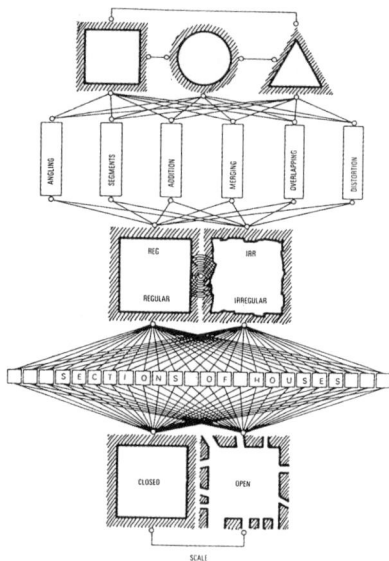

图3-3-5　城市广场的类型学分析
资料来源：Donald Watson, Alan Plattus, Robert Shibley. Time-Saver Standard for Urban Design[J]. McGraw-Hill Professional, 2001.

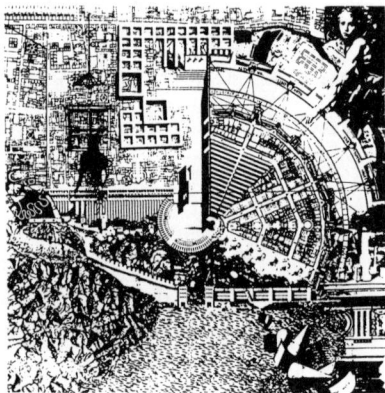

图3-3-6　"类似性城市"设想
资料来源：罗西.城市建筑[M].施明植，译.台北：田园城市文化事业有限公司，2000：封面.

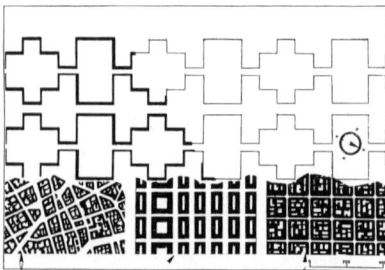

图3-3-7　同一比例尺下不同城市街区尺度的图底关系比较
资料来源：罗西.城市建筑[M].施明植，译.台北：田园城市文化事业有限公司，2000：116.

美国建筑师学会（AIA）荣誉奖。在书中，科斯托夫从历史的视角，通过大量实例的剖析，重点揭示了城市模式和城市形态背后的"隐含秩序"，并着重从社会历史和城市地理两个方面研究了城市形态的深层演变机制。

全书共有六大部分：绪论、有机形态的城市、网格型城市、表现为图形的城市、具有宏大形式的城市和城市天际线。

绪论部分重点阐述了对城市设计的认识及其研究方法。科斯托夫认为：城市设计是一门艺术，要服务于人的行为；研究城市的形态，要从历史中寻找答案，要有批判的眼光，要有宽广的历史视角，研究城市的发展过程必须与当时政治、经济和法律联系起来，有时候还要与某个人物相联系。同时，还总结评判了各种城市起源的学说，认为不可能以一种学说来解释所有城市的起源。最后，对城市概念进行了解析，认为城市是激发人们积聚的场所，是以"簇"的形式生长的，城市有物质界限，城市中的人具有阶层的差异，城市是吸收资源的地方，并依靠文字来记录。同时，还认为城市与其周边的农村关系密切，城市中有些纪念物区别于一般聚居地，城市由建筑和人构成。这些见解是科斯托夫理解城市的基本出发点，并构成其研究的基础。

第二部分"有机形态的城市"。科斯托夫以历史为线索对"有机形态"所产生的原因、基础、发展和变化进行了探讨，认为"有机形态"的城市形成主因是地形，对自然的适应与改造，土地划分，村镇聚合，以及法律与社会秩序等因素。还介绍了"有机形态"的发展状况，评价了西特的思想，介绍了田园城市在欧洲、美国的发展与演变，认为现代主义对原有城区的破坏导致了"有机形态"的回归。

第三部分"网格型城市"。通过对历史的回顾，分析了不同类型的方格网产生的社会、经济和文化背景，系统地总结了网格城市的基本特征，并对比了东西方城市网格的价值取向差异及其形成基础。科斯托夫认为方格网具有很强的灵活性和适应性。在书中，他分析了各个时期网格城市的传承与发展的渊源关系，论述了技术的进步（几何学和测绘技术）对方格网城市发展的影响，并从网格形城市的形式要素进行提取与概括，认为作为道路的"框架"、作为边界的"城墙"和作为开放空间的"广场"是网格型城市的基本形式要素。同时，还分析了 20 世纪的城市方格网，认为 20 世纪的方格网是分隔街区的结构，而非组织建筑群的整体手段，是现代主义与 CIAM 理念的融合，在实践中产生了许多尺度巨大的超级街区（昌迪加尔、巴西利亚等）。

第四部分"表现为图形的城市"。主要探讨了理想城市及其实践，科斯托夫认为常见的理想城市是圆形和多边形的，往往有防御方面的考虑，也作为一种艺术表达形式，但理想的城市形态很难长时间存在，经常在后来的发展中不断被改造并最终消失。另外，还有两种是以信仰为中心表达权威稳固的理想城市形态，一种是神权系统下的城市，一种是皇权下的城市，常见的模式是线性系统、集中式系统和放射式系统，它们表达的都是一种秩序关系。

第五部分"具有宏大形式的城市"回顾了欧洲的传统，整理出从"古罗马一文艺复兴—巴洛克—美国"这样一条"庄严形式"的发展脉络，并概括出其基本的形式元素：笔直的大街、斜线、广场、三角形和多边形、林荫道、街景、标志和建筑物、礼仪式轴线等，对每一种形式都通过大量的实例做了深入的分析。最后对后现代主义的巴洛克进行了介绍，认为这是对现代主义思想的反叛和对传统城市的精神回归。

第六部分"城市天际线"则分析了城市天际线的重要性，并认为天际线是城市的标签，反映着城市的面貌特征，是人们认识和感受城市的一种途径；其次概括了与天际线相关的一些原理，即高度、形式、途径、色彩与灯光；最后分析了现代城市的天际线及玻璃塔楼在美国和欧洲的发展，激烈批判了美国的摩天大楼，认为是资本主义中利己主义和恶性竞争的纪念碑，甚至与乌托邦的表现主义和纳粹的纯化论相类似，认为玻璃塔楼对传统城市造成了破坏。

3.3.6 简·雅各布斯（Jane Jacobs）

简·雅各布斯（1916 ~ 2006 年）出生于美国宾夕法尼亚州，早年做过记者、速记员和自由撰稿人，1952 年任《建筑论坛》助理编辑，她在负责报道城市重建计划的过程中，逐渐对传统的城市规划观念发生了怀疑。1961 年，简·雅各布斯以调查实证为手段，针对许多城市相继出现的"城市病"，以美国一些大城市为对象进行调查与剖析，发表了《美国大城市的死与生》一书。[①] 书中考察了都市结构的基本元素以及它们在城市生活中发挥功能的方式，分析了城市活力的来源，抨击了传统的城市规划和城市重建理论，提出了城市规划和重建的新原则，由此奠定了城市设计理论与实践在新的发展阶段的基调，其影响范围之广，不亚于 19 世纪晚期卡米洛·西特的重要作用。

简·雅各布斯认为，城市旧区的价值一直为规划者和政府当局所忽略，传统城市规划及其伙伴——城市设计的艺术只是一种"伪科学"，城市中最基本的、无处不在的原则，应是"城市对错综交织使用多样化的需要，而这些使用之间始终在经济和社会方面互相支持，以一种相当稳固的方式相互补充"。对于这一要求，传统"大规模规划"的做法已证明是无能为力的，因为它压抑想象力，缺少弹性和选择性，只注意其过程的易解和速度的外在现象，这正是城市病的根源所在。

在简·雅各布斯看来，勒·柯布西耶和霍华德是现代城市规划设计的两大罪人，因为他们都是城市的破坏者，都主张以建筑为本体的城市设计，认为霍华德的"田园城市"把城市问题简单化了，仅适用于封闭、静止状态的小城镇而难以解决多样性的现代大都市问题；勒·柯布西耶的"明日的城市"则完全忽略了城市背后的深层次关联，把城市规划引向歧途，是大规模重建、随意安排城市人口的规划方法的思想根源。简·雅各布斯认为城市问题是一个"有序的复杂问题"，对城市而言，"过程是本质的东西"，并指出城市多元化是城

---

① 国内最早的介绍参见：汪坦. 现代西方建筑理论动向 [J]. 建筑师，1981（14）：49-50.

市生命力、活泼和安全之源。城市最基本的特征是人的活动。人的活动总是沿着线进行的，城市中街道担负着特别重要的任务，是城市中最富有活力的"器官"，也是最主要的公共场所。路在宏观上是线，但在微观上却是很宽的面，可分出步行道和车行道，而且也是城市中主要的视觉感受的"发生器"。因此，街道特别是步行街区和广场构成的开敞空间体系，是雅各布斯分析评判城市空间和环境的主要基点和规模单元。简·雅各布斯认为街道除交通功能外，还与人的心理和行为相关，她指出现代派城市分析理论把城市视为一个整体，略去了许多具体细节，考虑人行交通通畅的需要，但却不考虑街道空间作为城市人际交往场所的需要，从而引起人们的不满，现代城市更新改造的首要任务应是恢复街道和街区"多样性"的活力，提出城市设计必须满足四个基本条件：

(1) 街区中应混合不同的土地使用性质，并考虑不同时间、不同使用要求的共用。

(2) 大部分街道要短，街道拐弯抹角的机会要多。

(3) 街区中必须混有不同年代、不同条件的建筑，老房子应占相当比例。

(4) 人流往返频繁，密度和拥挤是两个不同的概念。

这一分析思路及其成果，对其后的城市规划和城市设计学科发展具有深远的影响，而且远远超出了专业领域。在1960年代，她曾亲自领导群众游行、抗议，出现了纽约曼哈顿地区居民把规划委员会主席哄赶出办公室的抗议事件。直到今天，简·雅各布斯的著作仍是美国城市规划和设计专业的必读书。

3.3.7 阿莫斯·拉波波特（Amos Rapoport）

人与环境以何种方式共存，人怎样塑造环境，物质环境如何影响人并影响到何种程度，这是现代城市设计学科的关注焦点之一。对此，城市分析的文化生态理论作出了探索尝试，其代表人物是拉波波特，他在1977年发表的《城市形态的人文方面》（*Human Aspects of Urban Form*）一书中，以高屋建瓴的视野对此进行了讨论，他从文化人类学和信息论的视角，认为城市设计应作为空间、时间、含义和交往的组织，城市形式的塑造应该依据心理的、行为的、社会文化的及其他类似的准则，应强调有形的、经验的城市设计，而不是二度的理论性规划。从这一分析理论的脉络上看，它是文化人类学和社会生态学的综合，在应用层次上，则又综合了信息论、心理学的研究成果。

拉波波特认为，环境可以定义为有机体、组群抑或被研究系统由外向内施加的条件和影响，而这种环境是多重的，包括社会、文化和物质诸方面。城市设计所能驾驭的（为人提供场所的）物质环境的变化与其他人文领域之间的变化（如社会、心理、宗教、习俗等）存在一种关联性。事实证明，即使是动物群体在空间中也不是无序分布的，原因就在于物质和社会环境之间存在互相作用。在人类群体中心理的、社会的和文化的特点常常可由空间术语表达。如城市同质人群社区的分布形式就能充分反映各种亚文化圈的存在。在通过对非洲、欧洲、伊斯兰、日本等亚文化圈城市聚落形态的比较分析后拉波波特认为，城市形体环境的本质在于空间的组织方式，而不是表层的形状、材料等物质方面，而文化、心理、礼仪、宗教信仰和生活方式在其中扮演了重要角色。例如，非洲几内亚东部高地和法国 13 世纪中普遍存在的原始聚落基型、建筑材料、地理条件等都相差甚巨，但其深层的空间组织规则和方式却构造相同。亦即，房间围绕院落组成住宅，住宅围绕广场空间形成群落，而群落进一步围绕更高一层次的公共空间形成城镇。但是，一旦统一聚落的主导性空间组织（常常是交往空间）改变为街道通衢，则就导致了一个完全不同的聚落形态。在这种空间组织中，人与环境在人类学和生态意义上的复合关系乃是关键变量，它具有一定的秩序结构和模式。拉波波特称此为"规则（Rulers）"，并指出，它们都与文化系统有关，文化是人类群体共享的一套价值、信仰、世界观和学习遗传的象征体系，这些创造了一个"规则和惯例系统"，它可反映理想，创造生活方式和指导行为的规则、方式、饮食习惯、禁忌乃至城镇形态，而且导致了一种跨越时空尺度的连续性。

拉波波特的研究还表明，所谓"无规划的（Unplanned）""有机的（Organic）"抑或所谓的"无序的（Disordered）"城镇形体环境，实际上来自一套有别于正统规划和设计理论的规则系统。若不从文化的视角看城市设计，就会导致许多误解。如法国人认为美国城市缺乏文化结构，而美国人则又认为伊斯兰城市不存在什么结构形态等，实质上都是以自己所熟悉的城市规则体系来理解另一种陌生的规则体系。这种文化生态思想是当代文化人类学和社会生态学研究对于现代城市设计理论最富价值的启迪。[1]

因此，城市设计行使的乃是"空间、时间、含义和交往的组织"功能，现代城市设计者应把环境设计看作是信息的编码过程，人民群众则是它的解码者，环境则起了交往传递作用。设计更多地关心各构成要素之间及其与隐形规则之间的联系，而不是要素本身。空间组织的意义和规则及相应的行为才是本质，而设计本身可看作是人类对某种理想环境的"赋形表达"。设计无论大小，都有多种方案选择的可能性，都是一个根据不同规则排除不合适方案的过程。[2]

总的来看，文化生态分析理论比较全面，并且在借鉴人文科学成果方面卓有成效，缺点是具体分析方法尚不完善，其理论意义和方法论意义是主要的（图 3-3-8、图 3-3-9）。

3.3.8　柯林·罗（Colin Rowe）和弗瑞德·科特（Fred Koetter）

柯林·罗（1920～1999 年）与弗瑞德·科特被誉为西方"二战"后最有影响力的学者、建筑理论家和评论家之一，1995 年柯林·罗曾被英国皇家建筑师学会授予金质奖章。他们在以往执教于康乃尔大学城市设计课的研究与设计工作基础上形成了"拼贴城市"思想，"拼贴城市"提供了一种反乌托邦式

① Amos Rapoport. Human Aspect of Urban Form[M]. Oxford：Pergamon Press，1977：48-49.
② Amos Rapoport. Human Aspect of Urban Form[M]. Oxford：Pergamon Press，1977：38-40.

文化意象　个人意象

真实世界 → 过滤器一 ⇒ 过滤器二 ⇒ 感知世界

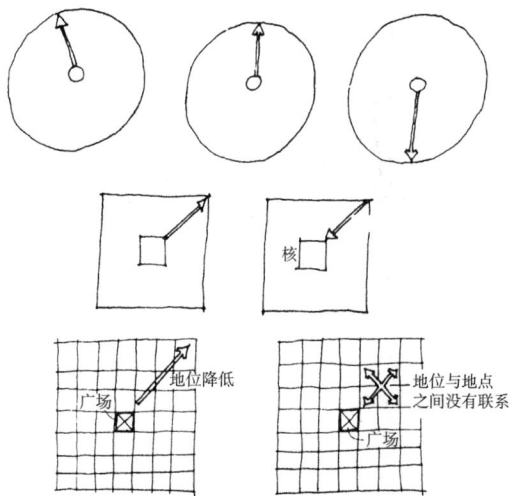

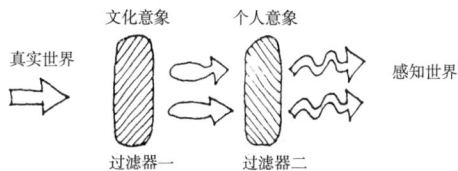

拉波波特的城市设计概念及城市意象产生过程

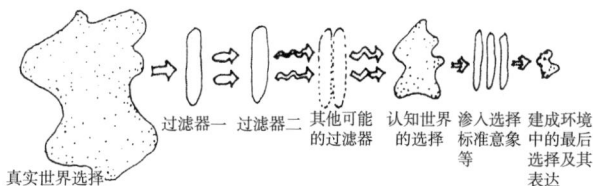

真实世界选择 → 过滤器一 ⇒ 过滤器二 ⇒ 其他可能的过滤器 ⇒ 认知世界的选择 ⇒ 渗入选择标准意象等 ⇒ 建成环境中的最后选择及其表达

的城市设计理论，这种折中主义的混合并置与传统城市的层积性与现代主义思想抽象、纯粹的特性相比，更具有城市生活的意味并且对之大有裨益。

《拼贴城市》于1978年正式出版，自面世以后一直受到学界的高度关注，许多著名建筑与规划学院将其选为必读的教学参考书，可以说是建筑学和城市规划领域一本具有划时代意义的理论著作，在建筑学与城市研究向后现代转向的过程中，具有某种里程碑的地位。

柯林·罗和弗瑞德·科特从经典哲学、社会学、政治学到现代学术、现代文学、城市建筑史等广泛的视角，为我们展现了一个宏大的人文领域场景，他们认为城市是一种大规模现实化和许多未完成目的组成，总的画面是不同建筑意向的经常"抵触"。柯林·罗和弗瑞德·科特对现代建筑的"远大理想"和成为"至善"工具的企图表示出怀疑，认为它们具有"悲剧性的被渲染上荒谬的色彩"。在书中，柯林·罗和弗瑞德·科特阐述现代建筑产生之后的种种矛盾冲突以及混乱，铺垫了"拼贴城市"产生的时代背景以及理论背景，提出了"拼贴城市"理论，并分别作为城市设计技巧以及思维方式加以阐明。

"拼贴"概念在现代艺术中主要来源于毕加索的拼贴画，自立体主义以来拼贴就作为与一种统一的、整体的、纯净的、终极的艺术观念相逆反的精神要素，而这种潮流也就构成了后现代的典型与精髓。所有这些都表征着在哲学意图上打破本质神学、理性陈述和二元思路所带来的理性时代的体制。"拼贴城市"是对现代建筑思想中的基本理性与整体叙事方式的一种破解，通过对现代建筑中所包含的理想城市的批判，试图将城市概念从一种单眼视域的乌托邦重新导向一种关于城市形态的多元视角。

同时《拼贴城市》通过黑白组合的"图底分析"方法，希望设计师们在进行建筑或者城市设计的时候能够更多地重视白色部分，也就是城市的空间，而不要把目光总是集中在实体本身。最简单的例子就是勒·柯布西耶的建筑作品独立看都很完美，一旦用黑白图去表达，可怕的、零散的空缺一目了然。

图3-3-8 不同文化圈城市空间结构分析（左）
资料来源：A. Rapoport. Human Aspects of Urban Form—Towards a Man-Environment Approach to Urban Form and Design[M]. Oxford：Pergamon Press，1977：49.

图3-3-9 城市设计意象产生的过程（右）
资料来源：A. Rapoport. Human Aspects of Urban Form—Towards a Man-Environment Approach to Urban Form and Design[M]. Oxford：Pergamon Press，1977：38，40.

《拼贴城市》的核心内容针对一种也许处在乌有之中的危机的讨论以及针对思想策略的讨论，拼贴的概念成为对应这些前因的一种后果。拼贴城市的操作方式构成了传统城市的基础，针对现代城市的内核实质，柯林·罗和弗瑞德·科特提出了一种面对现代危机的后现代策略。归根结底，他们的目的是驱除幻象，同时寻求秩序和非秩序、简单与复杂、永恒与偶发的共存，私人与公共的共存，以及革命与传统的共存（图 3-3-10）。

图 3-3-10　韦斯巴登，1900 年，图底平面
资料来源：柯林·罗，弗瑞德·科特. 拼贴城市 [M].童明，译. 北京：中国建筑工业出版社，2003：82.

3.4　自然生态设计理论

3.4.1　伊恩·麦克哈格（Ian Lennox McHarg）

伊恩·麦克哈格的"设计结合自然"思想在城市社区设计与自然环境的综合方面，以及在科学的生态规划方法（Ecological Planning and Design Method）方面，为城市设计建立了一个新的基准。

麦克哈格的《设计结合自然》（*Design with Nature*）强调人类对自然的责任。他认为："如果要创造一个善良（Humane）的城市，而不是一个窒息人类灵性的城市，我们需同时选择城市和自然，不能缺一。两者虽然不同，但互相依赖；两者同时能提高人类生存的条件和意义。"芒福德曾指出，"为了建立必要的自觉观念、合乎道德的评价标准、有秩序的机制，在处理环境的每一个方面时都取得深思熟虑的美丽表现形式，麦克哈格既不把重点放在设计方面，也不放在自然本身上面，而是把重点放在介词'结合'上面，这包含着人类的合作和生物的伙伴关系的意思。他寻求的不是武断的硬性设计，而是充分利用自然提供的潜力"。[①]

麦克哈格是第一个把生态学用在城市设计上的，其分析主要基于两个原则：

其一，生态系统可以承受人类活动所带来的压力，但承受力是有限度的。因此，人类应与大自然合作，不应与大自然为敌。

其二，某些生态环境对人类活动特别敏感，因而会影响整个生态系统的安危，必须妥善处置。

他的设计只有两个目的：生存与成功，也就是健康的城市环境。这需要每个生态系统去寻找最适合自己的环境，然后改变自己和改变环境去增加适合程度。适合的意思是："花最少的气力去适应"。这也是他的设计手段。

他把自然价值观带到城市设计上，强调分析大自然为城市发展提供的机会和限制条件，他认为，从生态角度看，"新城市形态绝大多数来自我们对自

① 麦克哈格. 设计结合自然 [M]. 芮经纬，译. 北京：中国建筑工业出版社，1992：3.

然演化过程的理解和反响"。为此，他专门设计了一套指标去衡量自然环境因素的价值及它与城市发展的相关性。这些价值包括物理、生物、人类、社会和经济等方面的价值。每一块土地都可以用这些价值指标来评估，这就是著名的价值组合图（Composit Mapping）评估法。现在很多大型项目（公路、公园、开发区等）都是用这种办法来选址的。

麦克哈格认为：美是建立于人与自然环境长期的交往（Interaction）而产生的复杂和丰富的反应。这也是美与善的连接。

麦克哈格扩展了景观建筑学的范围，使它成为多学科综合的用于资源管理和土地规划利用的有力工具。从里士满林荫大道选线到纽约斯塔腾岛环境评析，到华盛顿特区的生态规划、土地的最佳利用，从州际公路选线、城市各类场地选择到城市发展形态确定等问题，他提出一系列极富警世价值的见解。如在公路选线问题上，他认为，"公路的路线应当作一项多目标的而不是单一目标的设施来考虑……我们的目标是谋求取得最大的潜在的综合社会效益而使社会损失减少到最小。这就是说，迎合带有陈见的几何标准，两点之间距离最短的路线不是最好的。在便宜的土地上距离最短的也不是最好的路线"。[①]

他多方面地研究人和环境的关系，强调把人与自然世界结合起来考虑规划设计的问题，并用"适应"作为城市和建筑等人造形态评价和创造的标准。麦克哈格与他的同事们1960年代曾对华盛顿特区规划设计进行过深入研究（图3-4-1）。麦克哈格认为，美国政府和法国军事工程师朗方在规划华盛顿时，充分而敏锐地分析和研究了波托马克河流域特别是哥伦比亚特区的自然生态特点和条件，其结果非常成功。"许多城市原有的自然赋予的形式已经不可弥补地失去了，埋葬在无数的千篇一律和无表现力的建筑物下面，河流被阻塞，溪流变成了阴沟，山丘被推倒，沼泽地被填平，森林被砍伐，陡坡变得平缓而断断续续。但华盛顿并不如此，虽然某些情况不同了，但仍然保持着重大的自然要素"。[②]

具体来说，麦克哈格的生态设计方法如下。

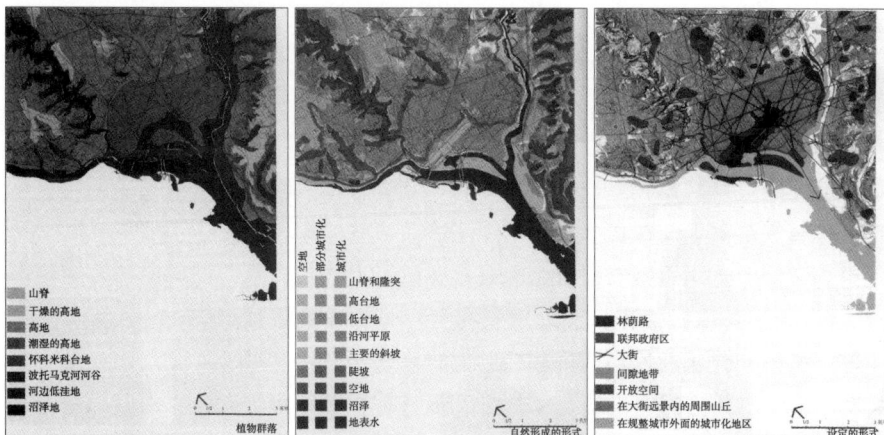

图3-4-1　对华盛顿特区的综合生态分析
资料来源：麦克哈格.设计结合自然[M].芮经纬,译.天津：天津大学出版社,2006：215，218，221.

---

① 麦克哈格.设计结合自然[M].芮经纬,译.北京：中国建筑工业出版社,1992：51.
② 麦克哈格.设计结合自然[M].芮经纬,译.北京：中国建筑工业出版社,1992：254.

1）自然过程规划

视自然过程为资源。"场所就是原因"。对自然过程逐一分析，如有价值的风景特色、地质情况、生物分布情况等都表示在一系列图上，通过叠图找出具有良好开发价值又满足环境保护要求的地域。

2）生态因子调查

生态规划的第一步就是土地信息，包括原始信息和派生信息的收集。前者通过调查规划区域获取，后者通过前者的科学推论得出。

3）生态因子的分析综合

先对各种因素进行分类分级，构成单因素图。再根据具体要求用叠图技术进行叠加或用计算机技术归纳出各级综合图。

4）规划结果表达

生态规划的结果是土地适宜性分区，每个区域都能揭示规划区的最优利用方式，如保存区（Preservation）、保护区（Conservation）和开发区（Development）。这要求在单一土地利用基础之上进行土地利用集合研究，也就是共存的土地利用或多种利用方式研究，通过矩阵表分析两者利用的兼容度（Compatibility），绘在现存和未来的土地利用图上，成为生态规划的成果。

3.4.2 迈克尔·霍夫（Michael Hough）

霍夫于 1984 年发表的《城市形态及其自然过程》（*City Form and Natural Process*）一书，从自然进程角度论述了现代城市设计实践中的失误和今天应该遵循的原则。

霍夫认为："以往那种对形成城市物质景观起主导作用的传统设计价值，对于一个健康的环境，或是作为文明多样性的生活场所的成功贡献甚微"，"如果城市设计可描述成一种作用于城市生活质量的艺术和科学，那么，为了使人类生活场所更加丰富多彩和文明健康，就必须重新检讨目前城市形态构成的基础，用生态学的视角去重新发掘我们日常生活场所的内在品质和特性是十分重要的"。[①] 现代城市设计的重要目标就是要去发现一种新的和建设性方法来对待城市物质环境，并寻找一个可替换的城市景观形态，以适合人们日益增长的对能源、环境和自然资源保护问题的关注。

霍夫的《城市形态及其自然过程》为城市设计提供了一个概念性的和哲学上的基础，而这些过去一直缺乏理论文献的重视；书中阐述了一些由现实生活中提取的如何应用理论的实例，这对于城市设计者也是相关的和有益的。从1960 年代起，人们开始认识到将环境评估带入土地发展和自然资源管理中的必要性，如麦克哈格、芒福德和其他著名的环境规划运动倡导者曾十分关注城市设计与生态原理的关系，他们认为自然生态进程为规划和设计提供了不可缺少的基础。一种生命进程依靠另一种生命而存在；被相互链接的生命的发展及

---

① M. Hough. City Form and Natural Process[M]. VNR Co., 1984: 5–12.

地理、气候、水文、植物和动物的物理过程；生命的循环和非生命物质之间持续的转变，这些都是永恒的生物圈中的元素；它们支持着生命并孕育了自然的景观，同时形成人类活动的决定因素。

于是，1920年代包豪斯运动以来一直为建成环境（Built Environment）设计提供灵感的设计原理再也不被看作是一种有效的形式基础。"设计结合自然"理论的应用现已形成一个在土地规划和自然资源管理方面新的、可接受的基础，这是一个正在实际中发展的理论。它认为，人类物质建设和社会发展目标事实上或潜在地与自然进程相关。

同时，城市环境是城市设计的必要部分，而城市环境中这些未被认识的自然进程就发生在我们周围，它同样是城市景观形态的基础之一。当前城市景观存在的问题来源于城市，因此必须由城市本身来加以解决。所以，霍夫提出应建立一个城市与自然有机结合的整体概念。

霍夫还认为，城市的环境观是城市设计的一项基本要素。文艺复兴以来城镇规划设计所表达的环境观，除一些例外，大都与乌托邦理想有关，而不是与作为城市形态的决定者——自然过程相关。景观规划设计并非简单意味着寻求一种可塑造的美，景观设计在某种意义上，寻求的是一种包含人及人赖以生存的社会和自然在内的、以舒适性为特征的多样化空间。绿色城市设计正是在与自然过程结合这一点上，与景观建筑学有许多相通之处，景观建筑学为城市设计的生态分析方法和技术的发展起了重要作用。美国城市设计家希尔瓦尼(H. Shirvani) 亦指出："景观建筑学是城市形体规划的基础"。

3.4.3　约翰·西蒙兹（John Ormsbee Simonds）

约翰·西蒙兹是当代美国"受到最广泛尊敬的景观建筑师"。他毕业于哈佛大学设计学院，曾在卡内基梅隆大学建筑系任教多年，并曾担任美国景观建筑师协会（ASLA）主席，作为一位理论和实践并重的学者，西蒙兹在生态景观规划与城市设计的结合及其实际操作方面提出了系统而富有现实意义的建议和主张。

西蒙兹的学术思想集中反映在《大地景观——环境规划指南》(*Earthscape: a Manual of Environmental Planning*) 一书中，该书于1978年在美国面世后，迅速行销到世界各国，中译本也由程里尧先生完成并于1990年出版。该书虽然思想内涵深刻，但却简明实用，知识丰富，可读性强，并没有艰深晦涩的理论。西蒙兹全面阐述了生态要素分析方法、环境保护、生活环境质量提高，乃至于生态美学（Eco-aesthetic）的内涵，从而把景观研究推向了"研究人类生存空间与视觉总体的高度"。[①]

西蒙兹认为，改善环境不仅仅是指纠正由于技术与城市的发展带来的污染及其灾害，它还应是一个人与自然和谐演进的创造过程。在它的最高层次，

---

① 西蒙兹.大地景观——环境规划指南 [M].程里尧，译.北京：中国建筑工业出版社，1990.

文明化的生活是一种值得探索的形式，它帮助人重新发现与自然的统一。

他的研究方法与生态平衡的思想密切相关，研究对象和实践范围则包含了包括土地、空气、水、景观、噪声、运输通道、社区、城市化、区域规划和动态保护在内的广泛领域。西蒙兹具有非常宽广的知识面，他的景观设计方法研究远远超出了一般狭义的景观概念，而是广泛涉及生态学、工程学，乃至环境立法管理、质量监督、公众参与等社会科学知识。在区域规划方面，他提出的四条标准，即：计划的用途是否适宜人；能否在不超过土地承受能力的条件下进行建设；是不是一个好的邻居和能否提供适合各种级别的公共服务设施。他结合生态分析，创造性地提出了"绿道"和"蓝道"概念，并成功应用于美国托里多市滨水开放空间规划设计等案例中。这对我们今天实施贯彻"生态优先"准则的跨世纪城市建设目标和理念具有重要的启示。

3.5 设计过程理论

3.5.1 乔纳森·巴奈特（J.Barnett）

现代城市及其社会结构较前诸个世纪远为错综复杂。虽然说18世纪的城市设计主要考虑的广场、轴线、视线和行进序列等仍起作用，却已不能完全满足现代城市功能的需要了。现代城市设计更重要地应着眼于城市发展、保护、更新等的形态设计，着眼于不同运动速度运动系统中的空间视感，乃至行为心理对城市设计的影响。

曾任纽约总城市设计师、现任宾州大学教授的乔纳森·巴奈特曾指出："城市设计是一种现实生活的问题"，在其《城市设计引介》中提出"设计城市而不是设计建筑（Designing Cities without Designing Buildings）"[1]，他认为，我们不可能像勒·柯布西耶设想的那样将城市全部推翻后一切重建，强调城市形体必须是通过一个"连续决策过程"来塑造，所以应该将城市设计作为"公共政策"（Public-Policy）。乔纳森·巴奈特坚信，这才是现代城市设计的概念，它超越了广场、道路的围合感、轴线、景观和序列这些"18世纪的城市老问题"。确实，现代主义忽略了这些问题，但是"今天的城市设计问题启用传统观念已经无济于事"。

乔纳森·巴奈特写作的《城市设计引介》可说是一部从城市公共政策和管理的角度探讨城市设计过程的论著。乔纳森·巴奈特在对美国新的城市设计背景作出分析的基础上，以纽约为代表，结合多个案例，介绍了美国20世纪以来城市设计发展的几个阶段，重点论述相关公共政策对城市设计过程的影响，剖析了城市设计过程中存在的问题，从而提出对相关政策及城市设计过程的修正方法。

乔纳森·巴奈特首先批评了传统的仅注重建筑单体而缺乏城市整体空间

---

① J. Barnett. Urban Design as Public Policy[M]. Architectural Record Book，1974.

关系考虑的设计方法，认为综合考虑了各种相关的目标和决策过程后，城市是可以被设计的，同时强调了规划师和建筑师参与到城市政府决策以及投资决策的过程中的重要意义。相比以往，有关于城市设计的社会经济背景都发生了巨大的变化，包括环境保护意识增强、人们参与城市设计过程的积极性提高以及城市历史保护运动的兴起。

从方法论的角度，乔纳森·巴奈特还探讨了城市设计的重要性及方法，重点是区划（Zoning）、图则（Mapping）和城市更新（Urban Renewal）三种手段。

区划是一种强制性的技术规范，是对城市各地块中可建建筑的类型、尺度、形式等提出相应的设计要求的管理手段，其目的是避免由私人为逐利开发所造成的城市环境混乱的现象，以形成整体性的城市设计。最早的区划制度于1916年在纽约实施，其目的是保证街道具有基本的日照和通风，同时形成必要的城市功能分区，可称之为传统的区划制度。传统区划制度对建筑形式产生了直接的影响，也带来一些弊端，美国早期许多城市零乱的天际线、泛滥的方格网街道和单调的方盒子建筑都多少与之有关。为了克服传统区划制度的缺陷，实践中发展了三种对传统区划的修正方法：PUD（Planned Unit Development）、城市更新和奖励性区划（Incentive Zoning）。所谓PUD是指在新开发的单元中以通过审批的规划方案作为建设的指导依据；城市更新则是在原有城区内以公共利益为主导，在政府的监控机制之下有选择地进行建设活动；于1961年实施的奖励性区划是对传统区划的综合性修正，其基本内容是以容积率奖励来奖励地块开发对城市公共空间作出贡献，从而达到引导城市设计的目的，这是对区划制度的重大发展。乔纳森·巴奈特同时还以纽约的林肯艺术中心区、第五大道、下曼哈顿区等若干实例说明了奖励性区划在实践中的应用，分析了其积极意义和存在的问题。同时，在剖析这些问题的基础上，该书又介绍了实践中对区划制度的修正方法，如更加强调历史遗产的作用、容积率指标的应用，注重街道的活力和连续性等，此外还介绍了旧金山的区划制度的经验。

在书中，乔纳森·巴奈特进一步从土地使用、开放空间、街道家具、城市交通、立法、公共投资等方面阐述了与城市设计密切相关的发展战略的重要性及其方法。

在土地使用方面批评了传统的严格而明确的土地功能分区方式，提倡土地功能混合使用的策略，注重历史文化的保护和旧建筑的再利用，鼓励私人所有的土地开发与城市的发展策略相吻合。主张修正区划制度以使地块开发的公共空间能够真正为公众所使用，强调解冻空间的连续性，说明街道是城市公共开放空间的关键。乔纳森·巴奈特提倡在城市中的街道家具、灯具和各种标志统一设计，以避免混乱的视觉秩序。在城市交通方面比较并从交通管制的角度探讨了不同的交通运输方式；在政策法规层面讨论了法规与城市整体、建筑群、建筑单体设计之间的关系；最后，从公共投资的角度阐述了政府对公共领域投资进行引导的重要性，并结束了指导公共投资的三种主要手段：补贴、退息和减税。

另外，乔纳森·巴奈特于1974年还发表了《作为公共政策的城市设计》一书，强调设计者应该有权介入政策的制定过程，若拒设计者于这一过程之外，则会使"政策"缺乏想象力，出现刻板单调，并指出城市设计的行动框架应该是灵活的。可以说，乔纳森·巴奈特对如何发挥城市设计在实际城市建设方面的指导作用进行了开创性的研究。

3.5.2　哈米德·希尔瓦尼（H.Shirvani）

美国学者希尔瓦尼教授于1981年发表《城市设计过程》（*Urban Design Process*）一书，进一步拓宽了城市设计的领域，指出城市设计不仅与所谓的城市美容设计相联系，而且是城市规划的主要任务之一。他认为"现行的城市设计领域发展可以视为一种用新途径在广泛的城市政策文脉中，灌输传统的形体或土地使用规划的尝试。"[①]

而且，希尔瓦尼教授在总结概括了美国比较流行的几种评价标准后，提出了一套综合的标准。

（1）可达性：凯文·林奇的活力概念与其相适应的安全、舒适和便利同样可由上述三种标准所建议的"可达性"所包含。凯文·林奇则把"控制"作为一种度量，提出了"可达性"的实施标准。

（2）和谐一致：这也是各类标准中一个趋同的主要领域。USR & E 和旧金山标准都有对视觉和美学的强调，以及根据基地位置、密度、色彩、形式、材料、尺度和体量而建立的和谐协调的关注，凯文·林奇给和谐一致增加了行为和功能度量，并考虑它作为行为—场所和谐的度量。

（3）视景：这也是一个共同的标准。旧金山标准强调了视景的美学方面（"悦人的景观"），同时也涉及人们的方位感的重要性：它的"尺度和格局"标准亦是视景标准的一部分。USR & E 的视景标准强调了视觉可达性和重要视景维度的保存，凯文·林奇则和 USR & E 一样也强调了诸如文物建筑、时间、路、边缘等的参考作用及物质形象在帮助定向和环境理解中的参考作用。

（4）可识别性：上述各类标准的表述虽有不同，但都关注建筑学和美学因素、可能发生的事及使城市视觉丰富多彩的价值的重要性。

（5）感觉：凯文·林奇的"感觉"标准强调了空间形式的作用及形成环境的概念和个性的文化质量，这一提法本质上和 USR & E "与环境相适应"及旧金山的"功能"标准是结合的。

（6）适居性（Livability）：这是所有城市设计评价标准背后潜隐的目标和理论基础，它是一个关键的概念，但却是一个非常难以确定的概念。

---

① Hamid Shirvani. The Urban Design Process[M]. New York：Van Nostrand Reinhold Company，1981.

3.6 城市设计的整体理论

3.6.1 罗杰·特兰西克（Roger Trancik）

罗杰·特兰西克曾担任美国哈佛大学设计研究学院及瑞典查默斯科技大学的教授。于1986年发表《找寻失落的空间：城市设计理论》（*Finding Lost Space：Theories of Urban Design*）。

《找寻失落的空间：城市设计的理论》一书回溯和检讨了过去80年以来的城市空间设计理论，包括西特及霍华德所提出的规划原则，功能主义运动的冲击及影响，"小组10"的设计思想和罗伯特·文丘里、克里尔兄弟、槙文彦及其他后现代主义著名大师的空间设计理论。在此基础上，罗杰·特兰西克归纳并整理出一套理论及设计指导纲要，明确指出了当时建筑界及城市主义者所面临的严重问题，即我们如何将城市中支离破碎的公共领域重新整合，创造出一个界定明确、有着密切联系，并且具有丰富人文色彩及意义的城市空间。同时，罗杰·特兰西克还通过对美国马萨诸塞州波士顿市、美国华盛顿特区、瑞典哥德堡（Goteberg）和英国拜克社区（Byker、Newcaslte）四个案例进行调查与研究之后，明确指出现代城市设计需要一个整体性的设计方法，在进行城市空间设计时必须综合应用图—底理论、连接理论和场所理论等。在案例研究中，罗杰·特兰西克还详细阐明了各个理论的意义、适用情况及其优缺点，解释了各种理论在不同的城市背景下运作的情形。

3.6.2 欧内斯特·斯滕伯格（Ernest Sternberg）

欧内斯特·斯滕伯格在其论文《城市设计的整体性理论》（*An Integrative Theory of Urban Design*）[①] 中指出，虽然规划学中较早就出现了城市设计这一领域，但是它一直缺乏一个整体的理论基础，认为它们都缺乏与其他一些规划思想的联系，只是在一种理论真空的环境中进行思考。为此，斯滕伯格试图在对一些前沿的城市设计理论家的著作进行研究的前提下，找到看似没有联系的思想下隐藏着的理论基础，从而建立一个具有更为广泛包容特征的理论，能同时反映各种不同设计方法的原则。

斯滕伯格认为城市设计与建筑设计存在区别，城市设计学科很大程度上涉及人对建成环境的体验，包括可理解性、适应性、愉悦感、安全感、神秘感，对土地或特定建成形式的某种敬畏，要较好地理解城市设计并不是要将注意力集中在它的规模尺度上，而是要关注建成环境的特征，这种关注是超越了个体或是公共环境的局限的，并明确指出城市设计是在建成环境中关于人们对于私人或是公共领域中环境体验的一门学科。

斯滕伯格认为一个城市设计的理论要成立就要面对多个挑战。首先，它并不仅仅是提供几种设计方法，而要能够揭示出在这些方法下面的基本原则。

---

① Ernest Sternberg. An Integrative Theory of Urban Design[J]. APA Journal，2000，66（3）：265-278.

其次它还必须是一种独立理论，而不只是程序性理论。第三，它必须能够揭示出人对建成环境的体验。第四，它要认识到城市形态塑造与市场和规划都密切相关的事实，必须同时解决好经济、建筑两股力量对规划形态提出的要求。第五，至少这个理论也必须做到任何一个好的理论所必须做到的一点，即将我们的注意力引向与现实相关的特点上，如人们对空间和城市形态的体验特征等，这样的理论才可以指导实践。

最后，斯滕伯格在文中十分明确地提出了"走向整体性的理论基础"的城市设计观念，认为在设计一个特定的场所的时候必须持一种整体原则——无论是对形式、可识别性、活力、意义、舒适，或者是其他一些原则——以此来使场所获得连续性。虽然这些设计原则中含有一些经济学的因素，但是一个完全从市场的角度出发的规划中是无法体现这些原则的。而传统的有机理论则过于宽泛而不确定，因而无法作为城市设计的成功指导。为此，斯滕伯格指出我们所需要的规划理论是可以使设计者重新认识体验的整体性，从而重塑城市形态的连续性的一种理论。认为尽管整体理论所针对的是城市设计领域，但是它却避免将其局限于空间或者物质形态方面的研究，毕竟有些空间及大多数的物质形态都可以通过市场达到合理的分配，有些专业领域，包括土地功能规划和一些环境规划都是研究建成环境形态的，城市设计与众不同之处就在于它积累和继承了许多丰富的思想方法，进而可以探寻人们对于城市领域的体验。

通过上述具有代表性的近现代城市设计重要理论的介绍，我们不难看出：由于现代城市功能结构的日益复杂和城市设计准则价值构成的深刻变化，经济、技术、社会文化乃至心理方面均会对城市设计产生影响，于是在一个多世纪的发展过程中，各种城市设计理论和方法纷纷应运而生自然成为一种普遍现象，这无疑也极大地丰富了现代城市设计的实质内涵。总观近现代城市设计理论的发展轨迹，可大致将其分为三个重要历史发展时段。1920年代以前的第一代城市设计，从总体上看，贯彻的是"物质形态决定论"思想，其对城市空间环境施压产生的影响主要是视觉有序，对较大版图范围内的建筑进行三度形体控制，所遵循的价值取向和方法论系统基本上是建筑学和古典美学的准则，直觉感性多于科学理性。第一代城市设计思想的代表人物有西特、沙里宁等，其后吉伯德、卡伦、芦原义信等又很好地继承和发展了这一理论。第二代城市设计师在城市建设中遵循了经济和技术的理性准则，但仍信奉"物质形态决定论"和1920年代"包豪斯"的设计理念，并用建筑师和精英的视角看待城市问题（包括社会和经济问题）。他们把城市看作是一架巨大的、高速运转的机器，注重的是功能和效率，注重在建设中体现最新科学和技术成果，而技术美学观念和价值系统由此而产生，代表人物有柯布西耶、培根、克里尔兄弟等。第二代城市设计发展到1950年代末时，其内在目标、方法论特点等又由于世界性社会发展的新特点而产生了新的完善和发展。总的说，第二代城市设计满足了现代城市建设中的一些显见的现实需要，功不可没。后期提出应把设计对象放到包括人和社会关系在内的城市空间环境上，用综合性的城市环境来满足人的适居性要求，并且考虑了特定城市的历史文脉和场所类型，同时，旁系学科如心理学、行为科学、法学、系统论等亦渗透到城市设计中。而大部分的实施对象却相对缩小到城市界内的保存、开发和更新改造方面，这一时期的城市设计已成为综合性的环境设计的一个分支。其主要代表人物有林奇、雅各布斯、"小组 10"、拉波波特、罗西以及柯林·罗和弗瑞德·科特等。1970 年代以来的第三代城市设计，亦即"绿色城市设计"，通过把握和运用以往城市建设所忽视的自然生态的特点和规律，贯彻整体优先和生态优先准则，力图创造一个人工环境与自然环境和谐共存的、面向可持续发展的未来的理想城镇建筑环境。为此，他们除运用第二代城市设计一系列行之有效的方法技术外，还充分运用了各种可能的科学技术，特别是城市生态学和景观建筑学的一些适用方法技术来实现这一目标，代表人物有麦克哈格、西蒙兹、霍夫等。溯其渊源，绿色城市设计与早期的"田园城市"（Garden City）、"有机疏散"（Organic Decentralization）及"广亩城市"（Broadacre City）思想有一定的内在的相关性，与以往相比，绿色城市设计更加注重城市建设内在的质量，而非外显的数量，追求的是一种与"可持续发展"时代主流相一致的，适度、温和而平衡的绿色城市（Green City）。此外，像巴奈特、希尔瓦尼、特兰西克、斯滕伯格等一批学者在如何将城市设计融入城市公共政策以及如何形成整体性的现代城市设计方法等方面进行了积极而有益的探索，对现代城市设计理论体系的进一步完善具有重要作用。

可以说，现代城市设计理论已不再局限于传统的空间美学和视觉艺术，而是以"人—社会—环境"复合评价标准为准绳，综合考虑各种自然和人文要素，强调包括生态、历史和文化等在内的多维复合空间环境的塑造，提高城市的"适居性"（Livability）和人的生活环境质量，从而最终达到改善城市整体空间环境与景观之目的，促进城市环境建设的可持续发展。

思考题

1. 谁最早提出城市空间环境的"视觉有序"（Visual Order）理论？对现代城市设计学科的形成起到了哪些作用？

2. 伊利尔·沙里宁提出的"体形环境"的内涵是什么？他倡导的城市建设原则主要为哪三点？

3. 如何理解"城镇景观不是一种静态情景（Stable Tableaux），而是一种空间意识的连续系统"？

4. 凯文·林奇在《城市意象》中提出了哪五大城市景观组成因素？

5. 简·雅各布斯《美国大城市的死与生》的主要设计思想是什么？对传统城市设计提出了哪些批评？

6. 自然生态城市设计理论的代表人物有哪些？并请分别简述他们的设计理论。

主要参考书目

[1] H.Shirvani.The Urban Desien Process[M].New York: Van Nostrand Reinhold Company, 1981.

[2] K.Lynch.The Image of the City[M].Cambridge: MIT Press, 1960.

[3] K.Lynch. Site Planning[M]. Cambridge: MIT Press, 1984.

[4] K.Lynch. A Theory of Good City Form[M].Cambridge: MIT Press, 1981.

[5] A.Rapoport.Human Aspects of Urban Form——Towards a Man—Environment Approach to Urban Form and Design[M].Oxford: Pergamon Press, 1977.

[6] C.Rowe, F.Koetter.Collage City[M].Cambridge: MIT Press, 1978.

[7] C.Alexander.A Pattern Language[M].Oxford: Oxford Unit Press, 1977.

[8] J.Bacon. Design of Cities[M].Thomas and Hudson, 1974.

[9] J.Barnett. An Introduction to Urban Design[M].New York: Harper & Row, 1982.

[10] J.Barnett.Urban Design as Public Policy[M].Architectural Record Book, 1974.

[11] G.Cullen.Townscape[M].New York: Reinhold Publishing Corporation, 1961.

[12] Morris Dixon. Urban Space[M].New York: Visual Reference Publications Inc, 1999.

[13] A.Lüchinger.Structuralism in Architecture and Urban Planning[M].Karl Kr.merVerlag, 1981.

[14] M.Hough. City Form and Natural Process[M].New York: VNR Co.,1984.

[15] B.Gallion, Eisner.The Urban Pattern[M].2nd edition. Hall Inc., 1975.

[16] E.Sternberg.An Integrative Theory of Urban Design[J]. APA Journal, 2000, 66 (3) .

[17] 卡米诺·西特. 城市建设艺术 [M]. 仲德崑，译. 南京：东南大学出版社，1990.

[18] 弗雷德里克·吉伯德. 市镇设计 [M]. 程里尧，译. 北京：中国建筑工业出版社，1983.

[19] P·霍尔. 城市和区域规划 [M]. 邹德慈，金经元，译. 北京：中国建筑工业出版社，1985.

[20] 伊利尔·沙里宁. 城市：它的发展、衰败与未来 [M]. 顾启源，译. 北京：中国建筑工业出版社，1986.

[21] 罗杰·特兰西克. 找寻失落的空间：城市设计理论 [M]. 谢庆达，译，台北：创兴出版社，1989.

[22] 麦克哈格. 设计结合自然 [M]. 芮经纬，译. 北京：中国建筑工业出版社，1992.

[23] 芦原义信. 外部空间设计 [M]. 尹培桐，译. 北京：中国建筑工业出版社，1988.

[24] 乔纳森·巴奈特. 都市设计概论 [M]. 谢庆达，庄建德，译. 台北：创兴出版社，1993.

[25] 埃比尼泽·霍华德. 明日的田园城市 [M]. 金经元，译. 北京：商务印书馆，2000.

【导读】依据《城乡规划法》，城市总体规划、控制性详细规划是法定规划。不同于法定规划，城市设计更注重城市发展动态特征与空间环境品质的提升，其内容与形式多样、表现方式具体而灵活，规划设计目标明确，规划功能上可弥补法定规划阶段性局限的不足。要使现实城市设计项目达到预期要求，规划师应根据任务目标选择适宜的城市设计类型、研究要素与对象，构建城市设计内容、方法与成果表达方式，明确规划设计的重点，掌握相关公共参与、规划评审、规划管理对城市设计项目的程序要求。

第4章 城市设计的编制

4.1 城市设计的类型

城市总体规划与控制性详细规划，是我国城市规划管理的法定依据，强调理性、规范与制约性，理性的发展需求预测是法定规划的基础。发展没有恒定不变的形式，面对城市发展的变化，常常表现出法定规划内容的不合理性。与法定规划不同，城市设计作为一种研究与实现城市发展预设未来空间环境形态的方法，研究内容上涉及城市社会、经济和文化领域，空间规划上可跨区域、城市、地块尺度，表现形式上生动具体，易于公众认知与公共参与，功效性上弥补了法定规划的不足。城市设计应贯穿于城市规划各个阶段，正如培根指出的，"任何地域规模上的天然地形的形态改变与土地开发，都宜进行城市设计"。[①]

现代主义的城市设计主要受美国影响，19 世纪至 1930 年代以欧洲古典主义城市设计风格为特色，城市设计作为美化城市空间与形象的工具，1909 年美国首都华盛顿中心区规划是这一时期城市设计的代表；1930 年代后，功能理性代替了城市设计的形式主义，功能分区、高层建筑、大尺度的街区、广阔的高速公路成为城市空间形象的标志，现代主义成为城市设计的主流；1970 年代后，后现代主义、解构主义、新城市主义、精明增长等思潮开始兴起，城市设计实践开始呈现出多元化、特色化趋势。随着城市发展规模的扩大，城市设计实践项目间的差异性越发明显，如中国 2010 年上海世博会园区城市设计，占地 6.68km^2，为寻求反映"城市，让生活更美好"主题的发展方案，目标希望在宏观层面对上海发展产生影响，要求能够利用世界博览会的契机，提升中国的国家形象，促进区域与城市经济发展，推动上海旧城更新与改造；香港发展局 2013 年启动的《九龙湾商贸区行人环境改善可行性研究》是关注道路、空间与设施微观细节的城市设计研究，借助于简明的行人设施、标识系统、行人路网的链接图式设计建议，经过公共参与来确定地区路网与设施的改善方案，通过公共参与达成市民共识，确保操作层面上的可行性，促使九龙湾港铁站、九龙商贸区与启德发展区滨水地带间的步行活动网络的形成。

虽然城市设计内容涉及从城市整体到城市局部小范围的空间环境，任务目标多种多样，但总体上看，城市设计仍是规划师、建筑师为主体的设计团队参与的成果。这种设计活动参与一般通过两种途径来实现，其一是通过具体设计的城市建筑和城市空间来实现，这主要是建筑师参与城市设计的路径；其次是通过指导具体城市设计的管理导控性成果来实现，这主要是规划师实现目标的路径。城市设计常常表现为一个连续的过程，不同时期的成果表现出一定的阶段性。城市设计关注城市发展中目标与所面临的问题，通过城市设计过程，以发展目标为依据，来探讨城市发展问题的解决方案。从国内外城市设计实践

---

① （美）E·D·培根，等. 城市设计 [M]. 黄富厢，朱琪，编译. 北京：中国建筑工业出版社，1989.

来看，城市设计最常见的可分为概念型、务实型、策略型与大纲型城市设计。城市设计分类是相对的，根据具体项目任务目标的不同，存在交叉现象。城市设计类型主要根据任务目标与实施措施的不同而定（表 4-1-1）。

城市设计的途径与类型比较 表 4-1-1

途径	类型	特征	实施期限	主要成果
设计导向	概念型	多用于项目地区发展初始阶段，发展方向明确，寻求地区发展具体目标、路径与特色，项目较大且重要，常用方案征集形式	常处于地区发展最终方案敲定前的阶段	设计图、模型、方案说明
	务实型	项目具体，目标明确，带有明确的规划实施意图，常用委托方式，如居住区、新城区等，也可用于小型项目	道路与基础设施一次性完成，其余可分期实施；小项目一次性完成	设计图、设计说明，有时有设计大纲
管理导向	策略型	任务目标明确，针对性强，常用于项目区域发展的特定内容管控需求，项目委托常以研究为基础，形成可操作的管控型成果	存在明显的阶段性，具体按管控实施效益而定，常与其他规划综合利用	研究报告，设计图与分类引导措施，有时有设计大纲
	大纲型	主要用于大、中型项目，用于城市地区发展有序导控，发展目标明确，设计内容综合，导控措施成体系	大多为较长时期实施的项目，一些硬性措施可纳入控制性详细规划中	城市设计大纲、附以地图、分析图及照片

4.1.1 概念型城市设计

概念型城市设计是城市设计过程的一个阶段。由于城市发展涉及因素多而复杂，城市物质环境形态存在多种发展可能性，一些先决发展条件与决定因素不十分明确的城市设计项目，选择城市地区适应的发展目标、发展策略与发展方式显得十分重要。如同城市总体规划纲要一样，概念型城市设计作为探讨城市地区的适宜发展目标、策略与方式的重要手段，成为相对独立的城市设计任务，其主要目的在于为进一步指导下一阶段的城市规划与设计工作寻找具有引领性的城市设计方案。概念型城市设计针对城市成片新开发地区或对城市十分重要并面积较大的地区，常常采用城市设计竞赛方式，目的是选择能够满足城市发展功能需求，适宜城市社会、经济发展阶段，具有创新，为城市发展带来活力与新的增长动力的空间发展方案，方案针对项目发展涉及的重大问题与潜在的实施内容提出物质形态层面的解决方案与相应的发展策略。著名的案例有2008年北京奥林匹克公园总体规划与2010年上海世界博览会规划设计竞赛。

以中国 2010 年上海世博会的规划设计为例，整个规划设计经历了三个阶段：第一阶段是申博方案阶段，法国 Architecture Studio（AS）公司的方案显现出丰富的经验与想象力，提出的结合黄浦江线型特点的椭圆形运河与横跨黄浦江的花桥方案胜出，为上海成功获得 2010 年世界博览会的举办权作了贡献；2004 年开启的第二阶段是基地红线范围调整后进行的第二次国际方案征集，从全球遴选出 10 家著名的规划设计单位参加城市设计竞赛，要求方案通过物质形态的规划设计方案，来表达出设计单位对上海世博会"城市，让生活更美好"主题的理解。其中，法国 Architecture Studio 公司仍延续上一轮方案特色；英国 Rodgers 与 ARUP 公司方案以提出沿黄浦江东形成一座 60hm² 的滨江世博公园为特色，世博会展示区集中布局，并与世博公园分隔；香港易道泛亚公司将世博会看成是一个主题公园，如同迪士尼乐园；东南大学方案则以中国城市"山水"文化理念为基点，提出一个人与自然、科技、文化和谐共生的生态型世博园方案，探讨引领未来城市发展模式，体现"城市，让生活更美好"的发展主题（图 4-1-1 ~ 图 4-1-3）。虽然各家公司提出的发展概念与特色不同，但是许多精彩的构思被吸纳到第三阶段最终的实施方案中。显然前期概念性方案的探讨，是后续实施方案发展的基础。

图 4-1-1　上海世博会规划设计方案的鸟瞰图（东南大学和美国 3S 设计小组合作）

4.1.2　务实型城市设计

务实型城市设计是针对规划实施项目的城市设计，与概念型不同，其城市设计工作任务的目标直接用于指导下阶段实施方案设计或地区规划设计管理。按其实践开展的不同价值取向和专业特点，可分为开发式（Development）、保护与更新式（Conservation and Renewal）、社区式（Community）。每一类的实践工作都有其不同的社会经济背景、动机和工作内容。当然，实际的城市设计项目，往往是几种类型相结合的。

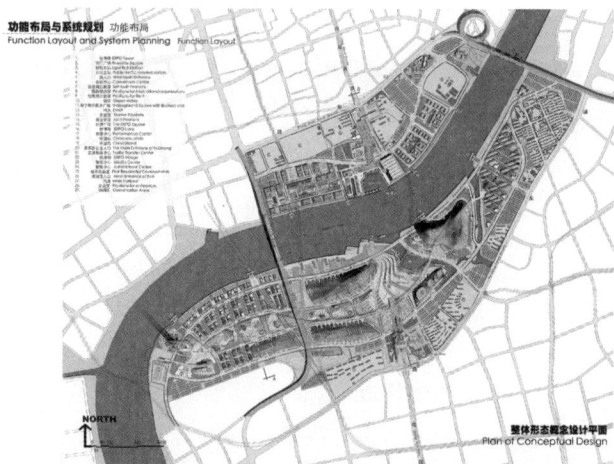

图 4-1-2　上海世博会规划设计方案的总平面（东南大学和美国 3S 设计小组合作）

图 4-1-3　上海世博会规划设计方案的景观设计（东南大学和美国 3S 设计小组合作）

1）开发式设计（Urban Development Design）

开发式城市设计涉及城市较大面积地区与街区的开发，项目存在预定的发展目标与要求，而在具体的物质空间形态、城市公共空间环境与系统、建设发展内容与空间形式上不十分明确，需要提出一个物质形态的规划设计方案，来表达地区发展目标与主要意图。开发式城市设计是将城市与地区所希望的发展意图具体化，为城市发展提供决策，往往考虑城市与地区发展所涉及的主要问题，如发展形态、发展方向、环境景观类型、主要的功能类型与景观特色等，其目的是在实现城市地区整体发展目标

图 4-1-4　北京商务中心区东扩规划设计方案鸟瞰图（SOM，2009）

的前提下，如何寻求更好地维护城市公共利益、提高市民生活空间环境品质的发展方案。北京商务中心区东扩规划设计（SOM，2009）为开发式城市设计方案，规划将北京 CBD 向东部扩展了 305hm²，其中 23% 为保留建筑用地，30% 为可开发用地，能给北京商务中心区带来 450 万 m² 的建筑增量，其中 58% 为商务办公建筑，可以提供 15 万人的工作岗位，5 万人居住，为首都 CBD 功能升级建立了基础（图 4-1-4）。方案将 20% 的用地作为中心区绿化，形成 CBD 公园绿地系统，凸显中心区生态与绿色发展的特色。

2）保护与更新式设计（Urban Conservation and Renewal）

保护与更新式城市设计主要针对的是城市建成区中的建设活动。与开发式不同的是，保护与更新式城市设计强调的是一种渐进的城市物质环境改善。按照对现状环境处置角度的不同，又可分为保护与更新式两种。

保护式城市设计通常与城市历史文化遗存与城市特有的环境资源相关联，城市设计强调对规划地区历史文化物质与非物质遗存、城市自然环境资源进行保护，在保护历史文化与环境价值不降低的前提下，适度开发，促进地区环境改善与经济活力增强。保护式城市设计强调城市物质环境建设的内涵和品质，而非仅仅是一般房地产开发只注意外表量的增加和改变。1960 年代以来，西方国家的城市把改善内城的生活环境放在非常突出的位置上，评价城市的先进性的标准转向"历史、文化和环境"，从注重空间转移为注重场所，其含义包括空间、时间、交往、活动意义等综合内容。在美国，从 1960 年代末期起，由民间和社区所倡导和推进的历史遗产保存运动，已经普遍地争取到政府对城市历史文化与景观特色的重视，因而各地的地方政府均顺应民意要求，将编列历史古迹、城市标志物、划定历史地段作为城市建设和城市设计的基本空间策略。随着 1992 年世界"环发大会"里约宣言的签署和联合国"人居二"会议的召开，"可持续发展"的意义已经超越了资源

图 4-1-5　美国纽约南街港地区景象
资料来源：作者摄.

图 4-1-6　美国纽约南街港地区滨水码头
资料来源：作者摄.

图 4-1-7　美国巴尔的摩内港（一）
资料来源：http://www.nipic.com/show/3990334.html.

图 4-1-8　美国巴尔的摩内港（二）
资料来源：作者摄.

与环境，历史文化的可持续性也逐渐成为人居环境可持续发展中一个不可分割的重要方面。成功案例有南京明城墙历史地段保护性城市设计、美国纽约南街港（South Street Seaport, 1983）（图 4-1-5、图 4-1-6）、南京夫子庙地区城市设计等。

更新式城市设计旨在对城市物质形态或功能形态呈现衰退的地区进行改造，以求通过地区新一轮的开发，带动地区社会、经济与环境的改善，适应城市发展的需求。更新式城市设计往往是由于城市地区某一方面功能衰退引发的，如被誉为"城市娱乐之祖"的美国巴尔的摩内港（图 4-1-7、图 4-1-8）的城市更新。由于社会经济结构转型，"二战"后的巴尔的摩重工业开始衰退，中心区逐渐衰落，许多商船和货船转往其他港口，导致城市内港区日益萧条，仓库空闲。在这种情况下，许多业主将生意迁出市中心区，导致城区楼宇空置，贫困人口比率上升，地区呈现颓败景象。自 1960 年代华莱士设计公司提出的概念性改造规划起，巴尔的摩内港地区一直处在不断更新的状态。依据城市设计方案，地区以商业、旅游业为磁心，吸引游客和本地顾客；在商业中心周边建设住宅、旅馆和办公楼；沿水体的滨水岸线则开放给公众，地区人气重新聚集，港口地区商业、旅游娱乐功能的兴起，带动了地方经济发展。成功的案例还有波士顿的中央大道改造（Boston Central Artery, 1992 ~ 2000 年）、宁波天一广场、上海新天地等。

3) 社区式设计 (Community Design)

社区式城市设计更注重人的生活要求，强调社区参与，其中最根本的是要设身处地为用户、特别是用户群体的使用要求、生活习俗和情感心理着想，并在设计过程中向社会学习，做到公众参与设计，在实践中，社区设计是通过咨询、公众聆听、专家帮助以及各种公共法规条例的执行来实现的。这一过程不仅仅是一种民主体现，而且设计师可因此掌握社区真实的要求，从实质上推进良好社区环境的营造，进而实现特定的社区文化价值。著名实例有爱坡雅主持完成的美国加州圣地亚哥都市区城市设计研究、R·欧斯金主持设计的英国纽卡斯尔的贝克 (Byker) 居住区、清华大学完成的北京菊儿胡同改建、绍兴仓桥历史街区整治等。

以英国纽卡斯尔"贝克"住宅区改造设计为例，欧斯金充分听取和吸收了社区居民的意见，设计合理利用北高南低起伏的地形，保留了原先一些有价值的民居、教堂和商店，并在最北面规划了一组 4~8 层的蛇形住宅楼（即著名的"贝克墙"），形成一道抵御冬季北风侵袭和区外干道交通噪声的隔声屏障。在设计过程中，现场设立了专门的办公室，欧斯金每天平均接待 34 位该社区的来访者，并与社区代表详细讨论住宅的庭院、居住区街道和住宅细部问题，以及房屋拆迁后的补救措施。具体住宅设计则采用了 SAR 体系和方法。贝克住宅区改造获得了巨大的成功，该城市设计在与特定的自然生物气候和社区文化的结合方面树立了典范，其设计思想具有广泛而深远的影响，并被公认是当代城市设计和建筑设计完美结合的典范作品（图 4-1-9、图 4-1-10）。绍兴仓桥历史街区保护与整治是国内成功的保护规划，而在规划设计上采用的是社区式城市设计方法，作为越子城保护区内古越城风貌特色街，以居住为主，兼有少量的商业与旅游活动，规划设计通过政府资助与居民参与的方式，维持与改善原民居的居住功能，采用修旧如旧的方法，整体上恢复了传统的水乡特

图 4-1-9　英国纽卡斯尔"贝克"社区改造中的"贝克墙"
资料来源：http://www.icpress.cn.

图 4-1-10　英国纽卡斯尔"贝克"社区改造鸟瞰
资料来源：http://i4.chroniclelive.co.uk.

图 4-1-11 绍兴仓桥
历史街区保护与整治
街巷鸟瞰（左）
资料来源：http://blog.
sina.com.cn.

图 4-1-12 绍兴仓桥
历史街区保护与整治
街巷景象（右）
资料来源：http://www.nipic.
com.

色风貌，居民的生活与居住环境得到很大的改善，是一个城市历史文化遗存
保护与地区居民利益保全双赢的保护性社区型的城市设计实践（图 4-1-11、
图 4-1-12）。

4.1.3　策略型城市设计

策略型城市设计是针对城市发展特定问题的研究型城市设计，又称为专
项城市设计。策略型城市设计强调以解决问题为目的，这包括一般性问题和特
殊性问题。城市发展中存在许多常遇的一般性问题，超高层建筑混乱带来城市
风貌失控，临水住区无节制开发带来城市滨水公共性的消失，地区广告失控的
乱象降低地区环境品质等，这些都可以通过城市设计研究，探讨发展建议或建
立具有针对性的城市设计导则，来指导城市规划与开发建设实践。另一方面，
针对城市特殊地段的特殊问题，可以运用策略型城市设计，研究选择合适可行
的建设实施策略与方法，如城市主街景观环境改善、城市重要路口的立交处置
建议、城市中心亮化效果如何导控等，常需要通过多个物质形态的方案来研究
问题解决的可能性，而不是一个简单的设计方案。策略型城市设计以管理为导
向，以地区发展问题改善与解决导控为目标。

较为成功的案例有《深圳城市灯光景观系统规划》，通过对城市光照规律
的研究和城市形态格局的分析，营造一个具有良好照明功能和较高审美情趣的
城市夜空间环境系统，构建出城市灯光景观的总体视觉框架。规划研究通过对
灯光环境的构成，城市灯光景观规律的基本原理和城市灯光景观规划的研究对
象分析，归纳出规划所能应对任务需求的思路与策略，提出城市空间与灯光景
观的互动理念，确定城市灯光建设的指导原则、城市灯光景观系统，明确城市
重要的特色灯光景观区、灯光景观线和灯光景观点，并通过协调、对比，形成
独特的城市灯光夜景系统，形成一个完整的夜光景网络，在道路、广场、建筑
及构筑物、绿化、环境小品、户外广告方面提出规划可控的建设指引，为树立
城市良好夜间城市形象的规划管理建立了基础。

4.1.4 大纲型城市设计

作为城市发展公共政策的总体规划，明确了城市发展的性质、社会、经济、文化特色、空间布局与政策措施后，将规划发展计划落实到城市具体空间与场所时，公共政策与形成具体空间环境形象间缺少有效导控环节。大纲型城市设计是城市发展政策、愿景导向与具体设计工作间的联结点，成果主要以城市设计大纲或导则形式出现，其主要功能有两个：其一是将难以操作的、抽象的城市发展战略、政策、目标具体化，形成一套城市空间层面上可操作的管控标准与措施；其二是将普遍意义上具有"共性的"原理转化为"个性化"措施，结合项目所在地区的特点，提出具有针对性的指导原则，总之城市设计大纲是将抽象的原理、政策转化为具体的设计指导，美国旧金山城市设计大纲（1989年）是此类城市设计的典范，被世界各国所效仿。城市设计大纲工作常为规划师与建筑师协作完成，在美国是规划师参与城市设计工作的主要方式。

城市设计大纲分为强制性（prescriptive）与指导性（performance）两种类型。在强制性大纲中，城市特定地区的公共空间基本模式、建筑体量与形式、街道尺度、风格，甚至细部都作出详细规定，这些规定是未来的设计者所必需遵守的，若违犯而又没有得到规划部门认同，设计方所提交的审批方案，规划部门有权否决。而指导性大纲是指出项目地区发展要达到的目标与标准，未来的设计者在措施选择上有较大的灵活性，这种方式既满足地区公共空间环境发展品质的导控，给设计者留下更多的创作空间，为地区环境特色营造作出贡献，因而后者更受建筑师的欢迎。一般情况下，规划设计技术力量较强的大城市多采用指导性大纲，缺少技术人员的小城市则多采用强制性大纲，国内较为成功的有《香港中环新海滨城市设计（2008年)》（图4-1-13）。

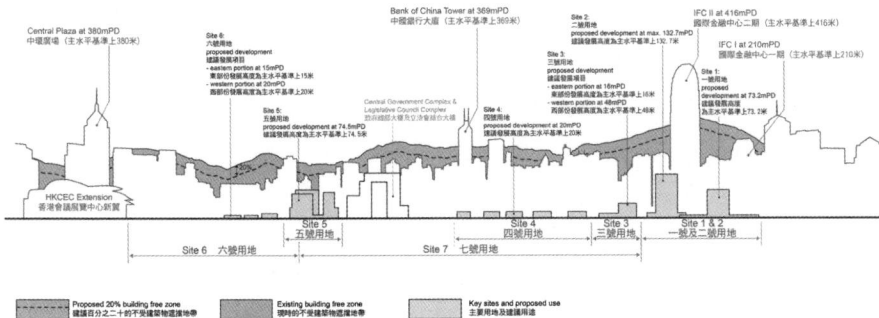

图 4-1-13 中环新海滨城市设计中的建筑与山体轮廓导控

资料来源：http://sc.info.gov.hk/www.pland.gov.hk.

4.1.5 作为城市规划工作内容的城市设计

我国城市规划分为总体规划与详细规划两个阶段，与城市规划相对应，城市设计编制结合规划可分为总体与局部城市设计，与城市规划的阶段相协调，城市设计工作成果可作为城市规划的部分内容纳入规划，如总体规划层面的城市设计引导；也可作为城市规划的阶段性成果，指导后续的城市规划工作。

总体城市设计对应于城市总体规划（包括分区规划）阶段，以整个城市或城市分区作为研究对象，它的任务是配合城市总体规划，在充分调查和收集现状资料的基础上，研究城市的形态与结构，组织自然、人文环境组成的城市景观系统和城市公共空间活动系统，以运动系统等构成系统的设计框架，从而根据城市整体发展格局，提出城市意象与特色；同时总体城市设计还要针对各分区（段）的特色，确定城市特色分区和城市重要地区（段），为下一阶段的局部城市设计研究建立基础。总体城市设计的目标是通过保护、发展和创造城市优美的物质形态和空间环境，挖掘和提高城市的形态环境品质与生活质量，赋予城市鲜明的个性与特色。总体城市设计成果可以作为总体规划阶段的重要组成部分同步编制，也可以专题研究单独编制，其成果一旦确认，应与总体规划一起视为具有法律效力的政府法律文件。

　　局部城市设计对应城市详细规划阶段，以城市的局部地区和地段（如中心区、商业区、滨水区等）乃至特殊地块（较大地块、环境敏感度高的地区）为设计对象，是在总体规划和总体城市设计指导下，建立设计地区的城市意象和设计结构，对公共开放空间、建筑形态、景观、微观交通、步行区、活动场所、环境艺术和设施等设计要素组成的整体环境及要素系统进行深入研究，对设计结构和涉及要素的形态提出相应的控制要求和指标体系。局部城市设计目标与总体城市设计相似，局部城市设计是与城市详细规划同步，以其子专题研究的方式进行，但在城市重要地区，也可以在详细规划指导下，以独立的专项、直接的法定手段替代详细规划，指导城市建设活动。局部城市设计无论是作为详细规划的分项成果，还是独立的设计成果，其内容均应与城市详细规划相协调一致，并具备与城市规划相当的法律效力。

4.2　城市设计的原则

　　城市设计的主要出发点在于城镇空间环境形态，是具有三维尺度概念的规划工作。城市设计的编制多针对城市和城市局部地区尺度范围开展，可从城市整体发展形态到城市局部的环境空间与场所，工作涉及的因素也多种多样，一般说，特定的城市设计任务与内容总是与特定的空间范围相一致。城市设计没有特定的范式，每一项具体的城市设计任务均有特定的工作目标。虽然城市设计项目间的区位、规划、类型与目标存在不同，其改善城市设计地区发展与生活环境的宗旨是不变的。城市设计作为城市规划与建筑设计的联结体，其研究设计任务目标比规划具体，空间设计比建筑更注重外部公共空间的环境品质。从大量项目实践上看，城市设计需遵循城市发展的文脉性、实践的公众性与空间的系统性原则。

4.2.1　城市设计的文脉性

　　城市发展是一个成长过程，从时空维度上看，城市设计项目关注的只是这一城市发展过程中的某一时段和城市空间整体中的局部，城市设计不仅局限于项目所在地区现状自身的讨论，还要分析项目所在更大区域环境背景对项目发展的影响，关注项目所在地区的过去与现在地区发展的关联性，从更大的时空环境中构思设计，即城市设计的文脉性。美国著名的城市设计师乔纳森·巴奈特认为"每一个城市设计项目都应放到高一层次的空间背景中审视"。城市设计的精髓就是处理项目与周边空间、地段遗存与未来需求间的相互关系。

图 4-2-1　柏林波茨坦广场
资料来源：http//www.dreso.com/uploads/media.

城市空间发展的文脉性是城市设计的基本原则，成功的城市设计项目都会在设计上体现出对项目所在地区文脉的尊重与传承。国际著名的城市设计经典案例柏林波茨坦广场，虽然由一组现代风格的建筑群构成，但是其城市设计方案的道路延续了柏林传统街区肌理，地方传统街道界面的空间限定得到尊重。设计师皮亚诺认为，"必须记住，1930 年代的柏林的美是整体综合的美，不仅取决于巨大的纪念性（建筑），还取决于那里的居民，你可以想象一下当时的波茨坦广场的样子，那里有音乐厅、剧场、旅馆和咖啡馆，那是一个非常特别的综合体，仅就这一点，柏林波茨坦广场，就是欧洲的中心"。他的设计方案旨在创造出一个过去和现在的交点，除构建迎合时代发展需求的城市综合中心外，还展示出波茨坦地区空间文脉传承的魅力（图 4-2-1）。同样，北京奥林匹克公园的城市纵轴的延伸，上海新天地带来的城市活力复兴，其成功的发展效益都得益于城市设计方案阶段贯彻对城市空间、文化、环境文脉尊重的原则。

4.2.2　城市设计的公众性

城市设计的重点是城市公共空间，公共空间的使用主体是社会公众，市民公众使用公共空间具有重要的社会作用。良好的公共空间环境能给地区带来人气与活力，可以增加不同背景人群社会交往的机会，提升市民公共行为意识与公民意识，培养市民对自己城市的自豪感，在城市经济、文化、社会健康等诸多方面带来城市效益。当代美国规划学术界的基本理念是规划为全社会市民的长期利益服务，城市设计属于城市规划范畴，同样应遵照规划设计的社会"公众性"原则，城市设计强调通过城市公共空间共享性、可达性、多样性与人性化来实现城市设计的社会"公众性"。就城市设计的对象是城市公共空间而言，城市空间开发与建设效益是来自社会公众的认可，"公共参与"方式就成为城市设计过程的法定环节与基础，"公共参与"是城市设计编制决策过程的"公众性"体现，可以避免市场导向的私人投资商对城市公共利益的侵蚀。

被誉重振曼哈顿西区标志的高线公园，是 21 世纪纽约的骄傲，一条废弃的高架铁路能够成为纽约市民引为自豪的公园，是因社会公众参与保护带来的

转机（图 4-2-2）。1930 年修建的一条连接
肉类加工区和三十四街的哈德逊港口的铁路
货运专用线，后于 1980 年功成身退，一度面
临危机。在纽约 FHL 组织的大力保护与社会
公众的呼吁下高线存活了下来，并建成了独
具特色的空中花园走廊，为纽约赢得了巨大
的社会经济效益，成为国际城市设计和工业
遗产再利用成功的典范。纽约市长布隆伯格
说："我们没有选择破坏宝贵史迹，而是把它
改建成一个充满创意和令人叹为观止的公园，

图 4-2-2 纽约高线
公园
资料来源：http//www.
thehighline.org.

不仅提供市民更多户外休闲空间，更创造了就业机会和经济利益。"这个项目
不仅仅得益于决策与设计过程中的公众参与，同样也是国际城市设计地方文脉
传承的样板。

4.2.3 城市设计的系统性

城市设计项目有大小与类型的不同，处于城市区域内的项目，都与城市
整体空间相关联，项目是城市整体空间系统的部分。城市公共空间环境与形象
的改善，在于空间内一个一个建设项目的实施累积，缺乏空间系统层面上的统
筹协调，就无法实现空间整体系统品质与效益提升的设计目标。空间系统中的
项目地段与地段相关联，城市设计项目与项目相关联，城市项目与空间内其他
发展计划相关联，城市设计的第三个基本原则就是空间整体的"系统性"，即
整体空间中发展要素间的关联性。特定空间区域的不同规划、设计项目，都会
对空间产生作用，作用的效益是这些项目实施后的累积，存在成效叠加的可能，
同样也会出现有效益抵消的情况。在城市设计中坚持研究分析决策的系统性原
则，是城市设计项目实施对城市整体品质提升的重要保障。

横滨 21 世纪未来港，是国际公认最成功的城市设计引导下的发展案例之一。
该项目 1960 年代开始筹划，1983 年开始实施城市设计计划，时跨 1980 到 1990 年代，
为多方案、多项目、多类型、多主体的规划、设计、投资、实施的发展结果。该
地区总面积 186hm^2，被规划确定为未来横滨新的城市中心，整个空间区域的系

图 4-2-3 横滨 21 世
纪未来港
资料来源：http//upload.
wikimedia.org.

统发展协调由专门的城市设计委员会和公共设
施委员会负责。对地区环境品质功能发展起到
显著作用的项目包括：横滨地标塔（Landmark）、
横滨美术馆及太平洋横滨大厦、"日本丸"纪
念公园、皇后广场、樱木站前广场、临港公园等。
经过二十多年发展累积，该地区作为横滨新的
副中心的目标已经基本实现，港区不仅成为横
滨最具魅力的公共活动区，还成为日本国际旅
游观光的重要目的地（图 4-2-3）。

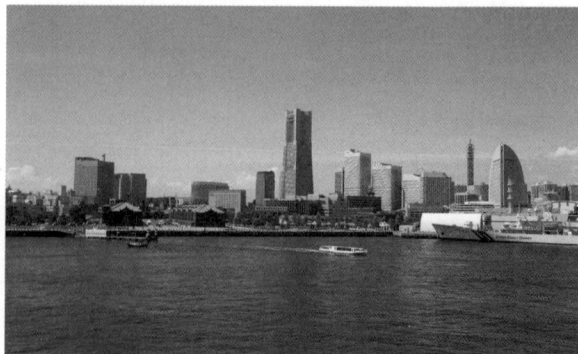

4.3 城市设计的工作内容

4.3.1 城市设计的对象和任务

1) 城市设计的对象

城市设计是通过设计城市空间环境的方法，来控制与引导城市公共空间环境的健康发展，这包含两层意思，作为物质形态，城市设计关注的是城市形态和空间环境；作为社会空间，城市设计关注空间环境的形成过程与空间环境中人的感受，如凯文·林奇指出的一样，"城市设计关心物体、人类活动、管理机制以及变化的过程"。[①] 因此，现代城市设计的研究对象至少包括物质空间环境、功能活动与人、管理机制三个方面。

(1) 物质空间环境

城市设计的对象主要包括城市物质空间形态与场所，城市的整体空间形态与建筑物之间的空间，尤其是城市公共领域的物质形体空间。就某一特定城市而言，城市设计的对象包括了城市整体空间形态、城市开放空间、建筑以及构成空间环境的相关物质要素（如材质、色彩、照明、小品、广告等），是城市规划工作内容的延伸与深化。英国牛津大学的 P.Murrai 教授曾经认为，城市设计的对象是"从窗口外看到的一切东西"，也就是说除了建筑内部空间之外的整个城市空间与物质形态，场景，包括人。

(2) 功能活动与人

城市设计重点关注城市空间，而空间中人才是真正的主角，包括人的活动、人与环境间的关系。"城市设计的主要目的是创造使人类活动更有意义的人为环境和自然环境，以改善人的空间环境质量，从而改进人的生活质量"。[②] 从人的角度看，城市设计的研究对象是城市空间环境中的人，人的活动与人的感受。

(3) 管理机制

城市设计也可理解为过程，"一个规划的演进过程，是用物质规划和设计技巧，结合对社会经济因素的研究，以一种进化方式来达到城市形式的必要变化"。[③] 要促成城市合理变化，城市设计要关心不同群体的利益以及利益的平衡，成为一个考虑相互关系的设计，建立城市设计的管理机制就成为城市设计过程的核心内容，城市设计就必须将利益评价、控制引导、管理过程与政策建议作为研究对象。

2) 城市设计的任务

M.Southworth 对美国 1921 ～ 1989 年编制完成的 70 多个城市研究与城市设计工作进行研究，认为城市设计涉及结构、识别性形式、和谐或一致、开放性、社会性、平等、维护、适应性、意境和控制等。虽然城市设计的实践内容十分丰富，形式多样，但其主要任务是基本相类似的，其根本目标就是创造和管理城市空间，

① Kevin Lynch. Good City Form[M]. Cambridge：MIT Press，1984.

② Edmund N. Bacon. Design of Cities[M]. New York：The Viking Press，1967.

③ M. Micheal，P. Cordon. Planning for Urban Quality：Urban Design in Towns and Cities[M]. London & New York：Routledge，1997.

促成和维护城市健康发展，这除了包括城市物质空间、功能环境、美学和文化上的基本要求外，还要维持城市社会健康运转，经济的繁荣与城市发展的可持续，最终促成城市整体环境品质的提升。城市设计的主要任务有以下几个方面：

城市环境研究：正确认识城市设计涉及相关要素间的关系，寻找发展存在的问题、发展目标与发展对策。

城市空间环境：创造一个形式宜人、功能活动安全方便，具有特色与文化内涵的城市公共空间环境。

城市社会空间：促进自由、平等、和谐的社会秩序建设，建立合理融洽的社会环境，提高公众利益。

城市经济发展：建立可行的发展模式，鼓励城市不同形式的经济活动产生，促成地方经济的发展与可持续。

管理与控制：合理控制城市的发展，维护城市环境良好状态，保护城市文化遗存，维系城市生态平衡。

4.3.2　城市设计的工作特点

城市设计与城市规划不同，它既是过程，也是结果。作为过程，城市设计要控制城市环境塑造的过程，引导城市建设该怎样做，因此这个过程受公众与社会媒体的关注，受众多因素的影响，好的城市设计过程把城市发展导向的某种阶段成果表达出来，同时又要使其具有弹性，可以根据未来的发展需求作出一定调整，以适应城市的发展变化。另一方面，作为结果，城市设计实践大到区域，小到一个局部的物质空间，这些空间所容纳的功能活动、设施与环境效果，都要用一个具体的方案的形式表达出来，表现出城市设计希望达到的城市环境品质。一旦方案经公众讨论、地方政府决策通过，它就成为城市发展参照的方案。因此，城市设计是一项涉及因素广，涉及问题复杂的工作，在实践中表现出其特有的综合性、持续性、地域性和控制性。

（1）城市设计的综合性

城市设计是一个复杂的规划工作，其目标必然是综合的，虽然城市设计关注城市公共空间与领域的环境品质与功能效益的提升，但其设计的具体目标，不可能脱离城市的社会、经济环境，不会脱离文化背景。琼·琅（Jon Lang）在《城市设计：美国经验》一书中指出"城市设计是一门复杂的艺术，它努力要同时达到多项目标，这些目标从提供活动的场所，创造场所的意义，建成环境中科技上的有效性，到财政和生物环境的健康"。[1] 就一个好的城市，不仅仅是环境美，它要能够提供市民安全，减少污染、噪声、事故与犯罪，还要能提供就业、友好社区，为市民与城市经济创造机会，可见城市问题是多方面的，赋有改善城市环境与提高城市品质的城市设计，综合性是其实践工作的最大特点。

---

① Jon Lang. Urban Design：The American Experience[M]. New York：Van Nostrand Reinhold，1994.

（2）城市设计的持续性

城市永远处在不断变化中。生长、衰败、扩张、收缩等都是城市的典型特征，这些特征保证城市能适应于不断变化的社会经济条件。城市并没有一种最终的形态和结构，随着现代社会经济发展速度的加快，人们已认识到城市设计是一种过程，从具体的规划建设模式，逐渐转化到管理控制的方式。因此，城市设计注重的是过程，而非形式，城市设计往往是针对城市特定时期与特定地区发展呈现出的问题，寻救适宜的解决方案与路径，一旦时间或地区环境发展变化，就会出现新一轮问题，随之而来的城市设计变更，就在情理之中。J·巴奈特（J.Barnett）认为"一个良好的城市设计绝非是设计者笔下浪漫花哨的图表与模型，而是一连串都市行政的过程，城市形体必须通过这个连续决策的过程来塑造。因此，城市设计是一种公共政策的决策过程，这才是现代城市设计的真正意义"[1]，这种决策过程是持续的，一个不断寻求城市更好的环境连续过程。

（3）城市设计的地域性

每一个具体的城市设计项目，都与特定区域与地区相对应，因此，地域的社会、经济与文化特点，一定会反映在城市设计中，如地区所处条件对地方建筑与建筑群落形态的影响，地方性的材料、植物也会赋予城市特有的个性，地理、地方习俗与文化的价值观，会体现在城市物质形态之中。城市设计的主要任务之一是寻求城市特色的建构，这"特色"所涉及的许多内容，都与城市的地域性相关，如历史文化遗存、传统特色、地方经济条件等。

（4）城市设计的控制性

城市设计的主要作用是控制城市未来建设环境逐渐向更好的方向发展，城市的物质形态和空间环境是城市设计的主要着眼点，虽然影响乃至制约城市环境的因素来自许多方面，有社会的、经济的、文化的与技术的等，但城市设计在综合协调诸因素后，主要关注的还是控制环境中诸多形态间的关系或形式。因此，城市设计在作用过程中所控制的不仅仅具有科学、合理、逻辑推理上的客观性，在相当程度上还包括当代人们对城市发展前景的一种希望或价值观。

4.3.3　城市设计的内容

从城市设计作用上看，城市设计是在综合协调多方面因素，以控制城市建设环境为目标，因此，城市设计的成果是多样的，在条例、规划设计、计划、引导与工程五种实践中，其作用是通过城市建设管理控制机制与城市实物环境规划建设实践来实现。城市设计研究与编制的内容一般涉及城市形态与空间结构、城市土地利用、城市景观、城市开放空间与公共活动、城市活动系统、城市特色分区与重点地段、城市设计实施措施 7 个方面内容，按总体城市设计与局部城市设计两个层次看，一般包括的具体内容构成如表 4-3-1 所示。

---

① Barnett J. 开放的都市设计程序 [M].5 版 . 舒达恩，译. 台北：尚林出版社，1994.

总体城市设计	局部城市设计
• 城市形态与空间结构 －城市总体形态与空间结构及保护、发展原则 －主要发展区域和重要节点的位置、内容和控制原则 －确定高度分区、城市轮廓线与地标	• 城市形态与空间结构 －地区发展意向和形态结构 －整体形态构成与功能结构 －主要轴线和重要节点 －轮廓线、建筑高度、地标、重要地标 －道路网络与空间布局 －地下空间利用
• 城市土地利用 －城市功能结构 －城市密度分布 －城市中心系统 －城市发展轴线	• 城市土地利用 －地区土地利用细化与调整 －地区功能结构 －功能与环境容量
• 城市景观 －景观系统的总体结构和布局原则 －分析自然景观的布局、位置、面积、特点 －确定城市公园、城市绿地、景点（区）等级分布 －确定城市重要景观地区的设计和控制原则	• 城市景观 －景观区域的分布和保护、更新的原则 －城市公园、绿地、广场等城市景观要素的布局 －对视廊、视域等视线组织分析涉及区域提出要求 －对城市景观重要地区提出设计要求与概念 －明确城市主要道路、街道等结构性景观和道路断面、植物配置、边界要求及设计原则
• 城市开放空间与公共活动 －明确城市重要开放空间的结构分布及公共活动中的内容、原则、规模、性质 －分析城市开放空间与交通、步行、体系的联系	• 城市开放空间与公共活动 －确定公共开放空间（含地上、地下）的位置、面积、性质、权属 －确定公共空间的活动设施，与交通体系和步行体系的联系 －提出对公共开放空间及周边建筑的设施要求和控制原则 • 市民活动 －确定市民活动的区域、类型、强度 －确定市民活动区域的路线组织与公共交通的联系 • 建筑形态 －确定高度分布、高度控制依据和控制要求 －建筑体量、沿街后退、高度、界面、色彩、材质、风格等 －重要建筑群和地标等位置、设计要求和原则
• 城市活动系统 －与规划共同确定城市交通骨架 －明确城市步行系统的结构、分布原则和控制要求 －旅游观光体系的结构及其与城市交通的结合	• 道路交通 －确定道路交通组织、公交站点及停车场的位置、规模 －主要道路（街区）的宽度、断面、界面及其性质和特点 • 步行 －步行系统的组织、设计要求和市民活力 －步行街、广场的宽度、面积、界面等 －步行区域的环境设计要求 • 环境艺术 －公共艺术品和室外环境小品的设置位置、原则、设计要求 －街道家具和户外广告招牌的设置原则 －夜景照明的总体设想和设计要求
• 城市特色分区／重点地段与节点 －确定城市特色分区的划分与原则 －特色分区的环境特征、文化内涵等对建设活动的控制原则 －确定重要地段的位置及划分原则 －规定旧城区、传统历史街区等的保护、更新的原则	• 城市特色分区／重点地段与节点 －确定重要节点的位置、类型、设计概念及设计的要求等 －确定重要节点相邻地块的设计要求 －重要节点的设计意向
• 城市设计实施措施 －与城市总体规划结合 －建议实施政策 －建议实施的保障机制 －建立城市设计内容更改程序	• 城市设计实施措施 －编制指导纲要、设计图则 －编制设计政策 －编制设计条件与参数 －制定实施工具

4.4 城市设计的编制

与城市规划类似，城市设计编制程序是一个依据城市设计目标分析和综合城市发展现状及问题，确认城市形态环境发展的概念设计，并据此制定实施设计，研究相关实施手段的过程。这一过程要求把众多的因素如城市发展的目标、城市的现状问题、城市发展及过程的预测、城市形态环境的各类组成要素及其相互关系加以分析综合，形成城市设计概念乃至实施工具。现代城市设计是以城市整体环境为研究基础，对城市开放空间、建筑体量、景观环境、步行和活动等涉及的内容作出综合安排。因此，城市设计的最终成果为文本与图件，都是围绕城市空间形态环境展开，城市设计的各项计划、政策乃至指导纲要都是实施形态环境发展意图的重要工具。根据城市设计编制过程的实际工作内容，可以划分为调研与基础资料收集、城市设计分析与构思、城市设计成果编制三个阶段。

4.4.1 城市设计调研与基础资料收集

城市设计的编制，应对城市的社会经济、自然环境、城市建设、土地利用、文化遗产等历史与现状情况进行深入调查研究，通过现场踏勘、实地摄影、政府部门与社区走访、问卷调查、图纸分析、典型抽样等手段，确保调研所取得的资料与信息客观、准确、实用、精练。城市设计调研形成的基础资料由图纸与文字两部分构成，两者相辅相成，互为补充。

城市设计调研的基础资料内容主要包括城市自然历史与文化背景资料、城市空间形态结构、城市和建筑景观、土地利用与建筑、城市公共活动与场所、城市交通与活动体系、城市公共与基础设施系统以及相关资料八个部分：

1）城市自然历史与文化背景资料
— 城市气象、水文、地理环境资料
— 相关地形、地貌、山体、水体、植物与城市滨水等
— 自然植被、有代表性植物和适宜树种、花卉等
— 城市环境质量与环境
— 城市历史发展沿革
— 城市形态格局及其历史沿革和变迁
— 历史文化背景、传统民俗、民情
2）城市空间形态结构
— 城市形态格局及其历史沿革和变迁
— 城市结构网格、发展轴线及重要节点
— 城市公共开放空间及公共功能设施布置
— 城市标志性建筑、建筑高度分区和城市天际轮廓线
— 规划地区建筑群组合方式和类型
— 市民对城市空间形态与空间的结构的感知、印象与认同

3) 城市和建筑景观

— 城市空间景象、景观带、景区、视廊和视域等

— 城市中有特色的道路、桥梁

— 城市中有特色的自然环境区域、城市街区、建筑群等

— 有特色的地方建筑风格与色彩

— 地方传统建筑风格、空间形式与活动、地方建筑色彩等以及相关历史文化遗存

— 现状公园、绿地、广场、滨水等开敞空间环境

— 市民对城市景观的评价

— 规划地区建筑形态、体量、质量、风格、色彩等特点

4) 土地利用与建筑

— 设计地区及邻近地区的土地使用状况

— 设计地区的用地功能与产权状况

— 建筑产权与居住人口

— 委托方对城市设计土地使用的要求

5) 城市公共活动与场所

— 市民活动的类型、分布与城市功能布局的关系

— 街道、广场、街区等活动地区的空间类型、分布与城市空间结构

— 重要公共活动地区与城市活动体系

— 城市重要地段的市民活动类型、场所、路径、强度与感受

— 市民对城市公共活动区域的感知、印象和认同

— 市民对城市公共活动区域的感受与评价

6) 城市交通与活动体系

— 城市综合交通框架（包括地铁、轻轨等交通方式）

— 城市步行交通系统与分布

— 城市旅游观光活动系统

— 社会机动车与非机动车停放

— 市民对城市公共交通、步行系统的认可和评价

— 旅游者对城市公共交通、步行系统的认可和评价

7) 城市公共与基础设施

— 城市公共设施规模与分配状态

— 城市道路系统与断面形式

— 城市供电与电信系统

— 城市给水排水、供热、燃气、电信等设施系统

— 城市防灾系统

8) 城市相关资料

— 近期测绘的城市地形图

— 城市的航空和遥感照片

— 城市人口现状及其相关规划资料

— 社会经济发展现状及发展目标

— 规划范围内其他相关规划资料和规划成果

— 城市相关部门与单位的发展计划与设想

— 国内外相类似的实践案例

— 相邻地区的有关资料

4.4.2 城市设计分析与构思

城市设计分析与构思，其目的是在现状调研与相关资料收集的基础上，对相关资料进行系统整理，通过图、表、模型分析、逻辑演绎等方法进行处理，透过构成城市形态环境及其特定的组成要素和内容，寻找各要素和相关系统存在的问题和发展潜能，在项目任务目标指引下，建立城市设计目标与相应的措施与策略。研究分析与构思是城市设计方案编制的关键阶段，一般可通过小组研讨、多方案构思比较、公共参与、与相关部门沟通等，选择最终发展方案。研究分析与构思阶段成果由"分析图""概念设计"和调研报告三部分组成，在内容上相辅相成，内容包括城市地区发展存在问题、发展目标、设计原理与原则、发展策略与措施等，具体分为以下几个主要方面。

1）城市自然、人文环境与发展对策

城市设计一般与城市规划相对应，总体城市设计与城市总体规划相对应，局部城市设计与城市分区或详细规划相对应，因此，在工作前期需要注重与相应的规划协调。在解析城市自然地理环境和历史演进特点的基础上，切合城市现阶段的社会、经济发展需求，制订相应的城市设计目标与策略，其中尤为注意发展地区与周边环境、发展目标与相应困难、基于城市现阶段的发展可能性、城市物质性要素与社会人文等非物质性要素的影响。注重人工环境与自然环境的协调，城市保护与城市更新的协调，城市功能增长与环境容量的协调，城市特色塑造与地区环境整体性的协调。在地区发展上，应延续地区的传统特色，保持地区文化、活动、环境的多样化，通过保护、发展与创新不同的地区与环境，为人、自然、社会协调发展确定地区发展目标、原则与对策。

2）城市空间形态结构

基于城市空间形态的演进与现状空间系统构成关系分析，城市设计还要研究空间形态的发展需求与存在问题，包括城市整体与城市设计地区的形态结构分析，其目的是建立总体的发展格局与框架、空间系统构成、主要空间控制要素（如中心、广场、轴线等）与重要节点，并赋予系统与局部的发展目标。同时，城市设计还需注意平面与竖向结合，形成概念与意向性的空间结构方案。分析研究的重点主要包括：城市设计地区需求与城市大环境系统间的关系，如城市与城市市域环境、城市局部地区与城市整体环境、城市特定的发展项目与城市中相类似项目系统间的关系等；其次是城市设计地区内部的空间形态结构，包括形态结构的特点、容量、可改变性与合理性等；最终还需用一个意向性空间结构方案或模型，通过城市设计地区的空间结构与功能结构，来表达对问题认识、目标构建与发展的应对策略。

3）城市景观

依据城市地区及周边自然、人文与发展格局，研究构成城市景观系统的组成，包括整体空间环境意向、主要景观区、景点的分布及相对应的视廊、视域、视点的空间分析；构成城市景观系统，按自然与人工环境探讨，确立自然环境景观区、城市主要公共活动空间与建筑群、需保护的历史环境、需开发或改善的重点环境；在系统建构基础上，形成城市地区景观系统方案，包括广场、公园、街区、景观道路、标志、建筑等；界定环境空间形式、形象，赋予环境空间意义，针对现代与传统、创新与延续、城市精神与城市特色的空间设计意向，提出相对的对策与概念方案。

4）城市土地利用与建筑

依据城市设计地区的土地利用与建筑利用状况、区内人口与功能使用强度分析，对地区功能、规模、土地利用、结构、系统协调与强度提出设计原则，对地区鼓励、适宜、改善、限制与迁出的功能提出指导性建议，同时，设计还应提出意向性的地区功能发展结构与布局方案，为进一步系统协调城市设计方案建立基础。在经济技术上，需列出各种功能比重、规模与空间利用状况，如容积率、建筑密度、用地指标、建设量、建筑体量与群落构成形态、停车量等，与相应的城市规划要求相对应，或提出必要的修改建议。

5）城市公共活动空间

依据城市设计地区的功能布局、空间形态，对城市开放公共活动空间进行系统分析，研究城市公共活动的人群及活动特征、类型及分布；依托开放空间系统中的广场、道路、街区、院落等公共活动区的分布，组织城市公共活动系统，处理好聚集与分散、分区与混合、强度与氛围、共性与个性关系，建立高品质的城市公共活动空间系统，促使城市公共活动的产生与环境特色形成。

6）城市交通

依据城市总体规划，研究城市地铁、轻轨、高架、公交、机动车与非机动车、人行交通对地区的影响；针对城市设计地区现状与未来发展面对的问题，提出发展或改善原则；配合城市公共活动布局与城市步行系统，组织好流线分布、交通换乘体系，建立和谐的城市交通与城市功能活动间的发展关系。同时，在城市旅游上，结合城市功能与景观布局，建立运用多种交通手段的城市观光活动系统，为地方社会、经济、文化服务。

7）重点与局部地区

对城市设计重点地区或局部地段，依据项目任务和城市设计空间形态、功能系统结构要求，将所需发展建设的功能安置到特定的空间与环境中，采用三维的城市设计技术方法，建立最佳的系统发展协调、地区特色突出、环境质量好并适应发展功能形成的物质形态方案，并针对项目发展的关键点，提出指导原则与措施，为地区局部的详细规划与建筑方案设计建立基础。对于实施项目较为明确的城市设计重点地区,还需结合项目的具体要求,考虑相关专业要求,以提高城市设计方案的现实性与指导性,如城市CBD、城市商业中心、历史街区、火车站地区、新行政中心等。

4.4.3 城市设计成果编制

城市设计成果一般由城市设计导则、城市设计图与城市设计成果附件组成,三者内容协调一致并互为补充,其中导则与图是城市设计的实际运用性成果,附件为城市设计的依据与支撑。城市设计导则是以条文、表格和必要的说明性图件构成,表述城市设计目标、原理、原则、意图、管理控制指标与具体措施,体现城市设计图的意图与指引;城市设计图是以图纸形式来分析与系统展示城市设计的内容与结果,注重城市设计内容表现的可理解、明确与规范性要求。附件包括《城市设计研究报告》和《基础资料汇编》,其中研究报告主要以现状分析的问题、发展潜力、需求与目标、基本原理与原则、设计对策与导向内容为主体,为最终形成城市设计成果的依据。

1)城市设计导则

(1)总则

阐述城市设计的编制依据、适用范围、设计目标、设计原则、设计期限、解释权属部门等内容。

(2)城市形态与空间系统

明确城市设计地区的空间发展形态与功能系统组织、保护与发展原则;确定重要发展地区与节点位置、内容及控制措施;在物质形态上界定城市建设的高度、城市轮廓线、功能空间轴线等重要内容、目标与发展要求。

(3)城市景观

确定城市设计地区景观系统的结构和布局原则,分析城市景观资源的特征与特色,规定公园、广场、绿地、景观带、景点等的分布、性质、内容及保护、利用、开发的原则;确定景观视廊、视域与重要视点;确定重要景观地区的设计原则与控制指引。

(4)土地利用与建筑

明确城市设计地区的未来土地利用状态与地区发展功能结构;明确适宜与不宜发展的功能项目与设施;对区内需改进或建设的地段,提出较为明确的发展建议,引导地区开发建设;确定地区发展的功能规模、比例、强度与环境质量的技术指标;对重点地段建筑或建筑群建设,提出指导与强制性的发展措施。

(5)城市公共活动空间

明确城市设计地区重要开放空间的分布、规模、性质;规定城市重要的开放空间与城市交通、步行系统联系要求。对重要开放空间提出必要的设计指导与控制引导的原则、措施。

(6)城市交通

明确城市设计区的交通系统要求与道路网框架、道路功能与断面;明确城市步行系统结构与分布原则和控制指引，明确城市观光体系；确定城市设计地区的社会停车场、主入口、公交线路与站点等交通设施的分布。

(7) 重点地区（段）设计

对于城市设计地区的重点地区（段）内重要的发展项目，提出建议性发展方案，同时给予必要的设计原则、控制措施，为实际的城市建设建立基础。

(8) 实施措施

提出城市设计实施的组织保障措施；拟定城市设计实施的管理政策与执行工具；确定公众社会参与和反馈，以完善城市设计的渠道与方法。

2) 城市设计图

城市设计图内容与城市设计导则相配合，通常表达以下几个方面的内容。

(1) 城市设计环境效果意向

表达城市设计预想的城市建设发展的物质形态环境意向，通过效果图、模型、多媒体，采用可视的手段表达最终建议方案的物质空间形态与环境效果。

(2) 城市形态发展

表达城市设计地区与城市或区域整体的相对关系、城市形态的历史演进变迁和发展趋势、城市设计地区现状、传统空间形态与发展趋势。

(3) 功能与空间布局

提出城市设计所建议的发展方案平面图，将城市设计方案的物质空间发展形态尽可能清晰地表达出来，如道路、建筑、层数、广场、绿地、小品、停车等，并提出相应的物质空间形态三维成果内容。

(4) 城市空间形态

城市设计地区的建筑高度分布，城市空间高度控制点及控制线、地区建筑群轮廓线，城市地标建筑物的位置与空间的关系。

(5) 城市景观系统

确定城市设计地区的主要景观、景观带、景区、特殊景观，明确景观线、视廊、视域，提出特色要素及保护、发展、创新的控制指导。

(6) 城市公共开放空间

确定城市设计地区的重要公共活动空间的结构、布局、位置、规模、性质与环境特点，建立城市公共开放空间系统的控制引导细则。

(7) 城市运动系统

确定城市地区主要的交通系统、步行系统、公共活动流线与公共服务设施系统，明确相应必需的服务项目、设施的分布、位置、规模，建立保障系统形成的控制与引导指引。

(8) 重点地区（段）设计

明确城市设计地区特色分区与对城市有重大意义的重点地区（段），规定其位置、范围、功能与景观特色要求，提出建议的物质形态发展方案，并提出相应的控制要求与设计指引。

3）城市设计成果附件

城市设计成果中的附件是城市设计重要的支撑依据和补充说明，一般包括下面几方面内容。

（1）城市设计背景与现状分析

对城市与城市设计地区现状环境进行分析与评价，提出存在问题、发展建设困难，探讨可能的发展目标与可能性，并附以必要的现状图与现状分析评价图。

（2）城市设计专题研究

针对城市设计涉及的关键问题进行的专项研究，如国内外可参照的类似地区的发展案例与理论、地区特色的探讨、可能的开发强度、景观控制技术、交通发展策略等，每项专题研究独立成册，作为相应内容的城市设计决策依据。

（3）城市设计基础资料

整个城市设计过程中调查、访问与分析的基础资料与信息；城市设计过程中的公众参与、相关部门座谈汇报的记录；与城市设计相关的依据性文件、部门发展计划要点以及修改意见等。

4.5 不同规模层次的城市设计编制要点

城市设计作为相对独立的学科专业，因其弥补了城市规划与建筑设计的不足，解决现实城市发展问题的针对性，越来越受到世界各国欢迎。许多地方对城市设计成果提出明确的要点，逐渐规范城市设计的成果要求。城市设计一般分为城市总体、城市片区、重点地段三个层次。总体城市设计对应于城市总体规划；片区城市设计与重点地段城市设计对应于详细规划（含控制性与修建性详细规划）。

4.5.1 总体城市设计

总体城市设计，应体现政策取向，主要研究开放空间、生态、文化等方面与城市设计相关的内容，如空间结构、景观序列、天际轮廓线、城市边缘、城市形象特色等。总体城市设计的编制内容一般含市区和市域两部分，以市区为主；其中市域城市设计可根据城市的具体情况增减。总体城市设计的工作对象主要是城市相关的周边环境及其建成区。它着重研究在城市规划前提下的土地利用政策、新城建设、形体结构、开放空间和景观体系、公共性人文活动空间的组织、地标性建筑布局等。设计与研究成果具有政策取向的特点。其编制控制要点为：①研究市域内人文环境与自然环境的关系，把握市域城镇体系整体形象特色，确定各城镇的风格特色；②研究城市的风貌和特征，对城市的特色资源进行挖掘提炼，并有机组织到城市发展策略中，创造鲜明的城市特色；③宏观把握城市整体结构形态，对竖向轮廓、视线走廊、绿色开敞空间等系统要素提出整体控制对策；④组织富有意义的行为场所体系，构筑城市整体和社会文化氛围；⑤提出城市设计的实施措施建议；⑥提供总体城市设计图，比例为 1：5000 ～ 1：20000。

4.5.2　片区城市设计

片区城市设计，是城市设计的重点层次，应与城市总体设计相衔接，综合考虑城市片区整体协调，并为重点地段城市设计提出涉及片区空间环境格局整体关系的技术控制要求。片区城市设计的内容宜结合控制性详细规划分指令性和指导性条款。前者必须执行，后者对实施项目起引导和控制作用。片区级城市设计主要针对功能相对独立并具有相对环境整体性的城市街区，分析该地区对于城市整体的价值，保护、挖掘或强化该地区已有的环境特色和开发潜能，提供并建立适宜的设计程序和实施操作技术，有时还可针对一系列功能上有联系的形体要素开展设计，如建筑组合方式、符号标识系统、夜景照明系统、街景序列等。其编制控制要点为：

(1) 片区城市设计是以城市总体规划及总体城市设计为依据,以城市分区、片区或重点地区为单位，对其整体形态、空间结构、人文特色、景观环境及人的活动等方面进行的综合设计；

(2) 片区城市设计应对规划地区的土地综合利用、建筑空间布局、街区空间形态、景观环境、道路交通以及绿化系统等方面作出专项设计，并对建筑小品、市政设施、标志系统以及照明设计等方面进行整体安排；

(3) 片区城市设计应与控制性详细规划紧密协调，相互作用，构成规划建设和规划管理的依据；

(4) 提供片区城市设计图，比例为 1 ∶ 1000 ～ 1 ∶ 2000。

4.5.3　重点地段城市设计

重点地段城市设计是以城市重点地段或重要节点为对象，将总体城市设计和片区城市设计的内容具体化，以指导和控制城市内一系列在形体环境或功能上有联系的整体形态设计，是城市设计中最活跃的层次。地段城市设计主要指具体的建设工程项目设计，如街景、广场、交通枢纽、大型建筑物及其周边外部环境的设计等。城市设计对这些内容一般能做到有效控制。这一层次的城市设计一般比较微观而具体，但却对城市、特别是城市重点地段面貌和特色塑造影响很大。其编制控制要点为：①重点地段城市设计一般应与总体和片区城市设计的内容相衔接，针对不同地段类型，对其自然条件、空间形态、建筑形体、环境设施、交通组织及人文活动等方面进行整合与设计，提出相应的设计原则与实施准则，以指导建筑设计和环境设计；②重点地段城市设计应与详细规划紧密配合，表达形式宜图、文结合，提高成果的可操作性；③提供重点地段城市设计图，比例为 1 ∶ 500 ～ 1 ∶ 2000。

4.6　城市设计的编制的程序要求

城市设计工作与城市规划工作相对应，也就是城市规划各个阶段都存在城市设计的问题，因此，城市设计在编制程序上与城市规划编制工作类似。城市设计工作内容与目标的多样化特点，要求不同的城市设计任务，要采用与工作目标及内容相对应的工作方法。城市设计运行的整套程序目前尚无定论。但是，鉴于城市设计和城市规划所处理的内容相近且衔接得非常紧密而无法明确划分，"城市设计与规划一体化"的思想逐步成为专业人士的共识。在此共识基础之上，将城市设计纳入现有规划体系，可以看出城市设计程序一般包含七个阶段：

（1）机构成立：成立专门的城市设计小组，吸纳专业人才，并由当地政府规划行政主管部门（规划局、分局或相关建设管理部门）总体负责。

（2）前期调研：城市设计工作与规划编制工作同时开展，两者调研工作可以部分合并。相比之下，规划偏重物质层面，城市设计则更偏重城市特色、人文、景观、空间、生态、行为活动支持等非物质层面；预先编制规划的，设计调研工作可在规划调研成果的基础上进行修改和补充。

（3）设计过程：运用城市设计的方法和原则，对项目的形态格局、道路交通、景观特色、开放空间等具体因素进行研究，得出设计成果。城市设计编制工作与规划编制工作同时开展的，注意保持两者间的统一与协调；预先编制规划的，在城市设计编制过程中，应将规划成果作为一项必要的设计依据，并根据实际情况对其进行修改和补充。

（4）公示与论证：城市设计涉及公众利益，其成果应反映大多数人的利益，尤其是城市设计地区中利益涉及群体的意见。按规定，城市设计过程必须实行公众参与，其成果完成需公示，征求社会各界对城市设计成果的意见，对城市设计成果进行适当调整，完成提交论证成果。城市管理部门组织有关部门与专家对城市设计成果进行论证，通过论证的成果才可报地方政府批准。

（5）成果报批：城市设计的成果可与城市规划成果同时编制，同时报批，获准后生效日期、年限与相应的城市规划成果一致；单独编制、报批并获准的城市设计成果采用的形式：城市设计成果中对应城市总体规划的成果可以专项规划成果形式存在；分区与重点地段城市设计成果视具体情况，经量化反映到详细规划的指标数据上，图文结合形成管理图本；建筑设计阶段的城市设计成果针对性较强，可以个别建设项目的设计要点形式存在。审批通过后，城市设计成果作为城市规划文本的一部分，具有法律效力。

（6）与管理体系的衔接：在用地规划许可证和工程规划许可证发放过程中，首先将城市设计成果中的规定作为规划设计要点提供给设计单位作为设计依据，其后由规划部门根据实际情况组织审议，并对设计单位提供的设计图纸进行核查，如果项目设计符合规划要点要求，则发证并允许建设单位进行下一步工作。

（7）监察验收：城市设计实施状况的监督可纳入我国现行城市规划主管部门对开发项目的施工检查和竣工验收工作，由其判定并对不合格和违反者实施处罚。

思考题

1. 城市设计编制和研究的主要类型是什么？
2. 如何理解城市设计的原则与特点？
3. 城市设计的研究对象与研究内容是什么？
4. 如何概括总体层次的城市设计编制过程？
5. 如何理解规划师与建筑师城市设计编制工作间的差异性？

主要参考书目

[1] 王建国. 城市设计 [M]. 2 版. 南京：东南大学出版社，2004.

[2] 张庭伟. 中美城市建设和规划比较研究 [M]. 北京：中国建筑工业出版社，2007.

[3] 刘宛. 城市设计实践论. 北京：中国建筑工业出版社，2006.

[4] 陈明竺. 都市设计 [M]. 台北：创兴出版社有限公司，1992.

[5] 段进. 城市空间发展论 [M]. 南京：江苏科学技术出版社，1999.

[6] 沈玉麟. 外国城市建设史 [M]. 北京：中国建筑工业出版社，2004.

[7] 夏祖华，黄伟康. 城市空间设计 [M]. 南京：东南大学出版社，1992.

[8] 段汉明. 城市设计概论 [M]. 北京：科学出版社，2006.

[9] 王富海. 务实规划——变革中的创新之路 [M]，北京：中国建筑工业出版社，2004.

[10] 张庭伟,于洋,等. 美国规划协会最佳规划获奖项目解析（2000-2010）[M]. 北京：中国建筑工业出版社，2012.

[11] Barnett Johnthan. 开放的都市设计程序 [M]. 舒达恩，译. 台北：尚林出版社，1983.

[12] American Planning Association. Planning and Urban Design Standards[M]，John Wiley & Sons Inc.，2006.

[13] 庄宇. 城市设计的运作 [M]. 上海：同济大学出版社，2004.

【导读】以"空间组织"为核心目标的城市设计工作，其实并不仅仅限于单一的"空间或是形态游戏"。为了更加顺畅地认知和入手城市设计工作，并完整把握城市设计所涉相关内容，有必要对城市空间的大系统逐一进行拆解和阐释，以建构一个包括土地利用、空间格局、道路交通、开放空间、建筑形态、城市色彩等诸多要素在内的整体设计框架。在此框架的引导下，本章将重点回答以下关键问题：城市空间系统主要包括哪些构成要素？这些要素具有什么特点、类型或是模式？针对上述要素展开设计和导控的原则和策略又是什么？

第5章　城市空间要素和景观构成

5.1 土地利用

城市土地利用的功能布局的合理与否，同城市的运营效率和环境质量休戚相关。土地使用的设计过程包括三个步骤：第一，根据上位规划（如区域规划、总体规划）、基本目标和预先的分析研究，建立土地开发设计的特定目标；第二，为所需要的土地使用建立特定标准，特别需要注意实施的可行性和使用的充分性；第三，依据目标和标准确定土地使用格局，展开规划设计。在城市设计中，它主要考虑以下三方面的内容。

5.1.1 土地的综合利用

特定地段中各种用途的合理交织是指某城市用地地界内的空间功能使用和占有的情况。理论上说，设计应尽可能让用地最高合理容量的占有率保持相对不变，以充分利用城市有限的空间资源（图 5-1-1）。

时间和空间是土地综合使用的基本变量。城市设计必须从人的社会生活、心理、生理及行为特点出发妥善处理这一问题，尽量避免和尽量减少土地在时间和空间上的使用"低谷"。凯文·林奇是第一位将时间耗费与空间使用联系起来的学者，他认为，"一条设计有望的街道，由于涉及现存城市，所以它应是一种对于不同的空间使用、时间及对于所需活动重新适应的探求，我们可以将这条街道设计成游憩场地，开发利用屋顶，出空的商店，废弃的建筑，不规则的用地……也可以找到新的转换方式"。

综合利用的另一含义是对设计用地进行必要的调整，对用地进行地上、地下、地面的综合开发，以建筑综合体的方式来提高土地使用效率。如日本东京市的东京、新宿、涩谷、池袋车站就都是超大规模尺度的建筑综合体，其中东京站设置有 5 层的地下交通和商业步行街空间，旧金山的市场大街也是土地综合使用和城市立体开发的优秀案例。

5.1.2 自然形体要素和生态学条件的保护

自然形体和景观要素的利用常常是城市特色所在。河岸、湖泊、海湾、旷野、山谷、山丘、湿地等都可成为城市形态的构成要素，设计师应该很好地分析城市所处的自然基地特征并加以精心组织（图 5-1-2、图 5-1-3）。

图 5-1-1 东京涩谷车站附近国铁、私铁、公交和一般汽车交通、人行的空间组织
资料来源：王建国．城市设计 [M]．2 版．南京：东南大学出版社，2004：96．

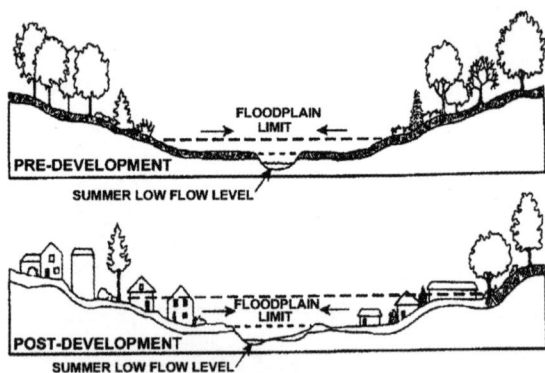

图 5-1-2 城市建设用地防洪处理
资料来源：Donald Watson，Alan Plattus，Robert Shibley. Time- Saver Standard for Urban Design[J]. McGraw-Hill Professional，2001（7）：4-5.

历史上许多城市大都与其所在的地域特征密切结合，通过多年的苦心经营，形成个性鲜明的城市格局。如中国南京"襟江抱湖、虎踞龙蟠"的城市形态；广西桂林"山、水、城一体"的城市形胜；海南三亚"山雅、海雅、河雅"的艺术特色；再如巴西里约热内卢、德国海德堡、瑞典斯德哥尔摩、瑞士卢塞恩、澳大利亚布里斯班都是依山傍水、地势起伏，城市建设巧妙利用基地地形，进行了富有诗意的和有节制的建设，使城市掩映在绿树青山之中，有机而自然（图5-1-4～图5-1-8）。

同时，不同自然生物气候的差异亦对城市格局和土地利用方式产生很大的影响。如湿度较大的热带和亚热带城市的布局，就可以开敞、通透，组织一些夏季主导风向的空间廊道，增加有庇护的户外活动的开放空间；干热地区的城市建筑为了防止大量热风沙和强烈日照，需要采取比较密实和"外封内敞"式的城市和建筑形态布局；而寒地气候的城市，则应采取相对集中的城市结构和布局，避免不利风道对环境的影响，加强冬季的局部热岛效应，降低基础设施的运行费用。

今天虽然许多人已经认识到自然要素的影响，但实践仍常有一些显见的失误，以致破坏了土地原有格局和价值。宾州大学教授I·L·麦克哈格曾指出，过去多数的基地规划技术都是用来征服自然的，但自然本身是许多复杂因素相互作用的平衡结果。砍伐树木、

图5-1-3 城市设计中的通风处理
资料来源：Donald Watson, Alan Plattus, Robert Shibley. Time-Saver Standard for Urban Design[J]. McGraw-Hill Professional, 2001（7）：5-7.

图5-1-4 德国海德堡自然形态和生态条件的保护
资料来源：王建国. 城市设计 [M]. 2版. 南京：东南大学出版社，2004：97.

图5-1-5 斯德哥尔摩山环水绕的哈默比湖城（Hammarby Sjöstad）
资料来源：斯德哥尔摩 Hammarby Sjöstad 项目宣传介绍的图册资料（2006）.

图 5-1-6 瑞士卢塞恩依山就势建设城市
资料来源：王建国.城市设计 [M].2 版.南京：东南大学出版社，2004：98.

图 5-1-7 日本琦玉武藏丘公园地区高速公路选线考虑基地的自然生态条件
资料来源：Contemporary Landscape in the World[Z]. Process Arch. Co.Ltd.：203.

铲平山丘、将洪水排入小山沟等，不但会造成表土侵蚀、土壤冲刷、道路坍方等后果，还会对自然生态体系造成干扰。①

事实上，城市化进程一定程度上都是对大自然的破坏，如东京附近多摩新城的开发建设就是这样一个案例。1960 年代前，这一地区曾是充满绿色植被的丘陵地，为了解决东京人口居住问题，政府不得不下决心开发这一地区，于是，3000hm² 的丘陵地中的 80% 被用于建造各类住宅和公共建筑，绿化和公园占地则不足 20%。后来生态学家对这种开发区建设毁掉绿色山丘的做法提出了强烈抗议，为此，政府在开发时不得不将有价值的树木都保留下来，并移植到新建公园中。尽管如此，建筑师和居民还是对这里的环境感到不满意（图 5-1-9、图 5-1-10）。

图 5-1-8 芬兰 Vikki 实验新区为引入南部的湿地和农田而调整的实施方案

图 5-1-9 东京都多摩新城规划
资料来源：Contemporary Landscape in the World[Z]. Process Arch. Co.Ltd.：166.

再如我国广州的中国大酒店建设，削去了与越秀山隔街相望的象岗 2 万多立方米，最高处达 20 多米。而象岗山不仅是广州这个平原城市十分难得的自然生态要素，而且还是古南越、南汉国王宫的领地，山下有重要历史价值的古南越王墓。这幢建筑虽然单体精彩，但从城市设计角度看，就需要重新评价了。此外，我国南方许多城市，如

---

① 麦克哈格.设计结合自然 [M].芮经纬，译.北京：中国建筑工业出版社，1992.

海口、广州、深圳等，一些建筑设计不考虑特定的自然气候条件，使用大面积玻璃幕墙，造成能源过度耗费。同时，光污染亦是当今普遍存在的问题，在有些城市甚至引起了社区居民与城市开发建设者的情绪对立并诉诸法律。

5.2 空间格局

5.2.1 空间格局的基本概念

一般来说，优秀的城市空间格局应让人易于感知城市的空间逻辑关系，并帮助人们识别城市方位、把握城市特征，但目前关于空间格局的具体定义却复杂纷呈。

陈友华等认为城市空间格局是反映城市规划思想的构筑群布局形式[①]；李德华认为城市空间格局一方面是受自然环境制约的结果，另一方面也反映出城市社会文化与历史发展进程方面的差异和特点[②]；阳建强则认为城市空间格局是城市物质空间构成的总体宏观体现，也是城市风貌特色在宏观整体上的反映，其包括城市平面轮廓、功能布局、空间形态、道路骨架、自然特色等。[③]

综上所述，城市空间格局可以看作是城市物质空间构成的集中体现，是城市发展到特定阶段、反映特定社会文化背景、表现城市特色风貌的城市物质空间形态的总体反映。

5.2.2 空间格局的典型模式

1）中心集结型

中心集结格局是城市建设发展中最早存在的布局形式，深刻反映了社会的向心取向和人类基本的心理需求。它通常将市民共同举行活动的公共场所（包括市政厅、教堂、供人流集散的广场等）置于中心，并通过体量或尺度上的处理使其成为城市的视觉与心理中心（图5-2-1）。像马可·维特鲁威在《建筑十书》中所绘制的理想城市方案，即属此类典型格局。

在确立核心的基础上，该格局可围绕一个或多个中心，呈放射状或同心圆排布建筑系统、道路系统与绿化景观系统，从而形成强烈的向心性与巴洛克

图 5-1-10 东京都多摩新城的住区环境
资料来源：Contemporary Landscape in the World[Z]. Process Arch. Co.Ltd.：167.

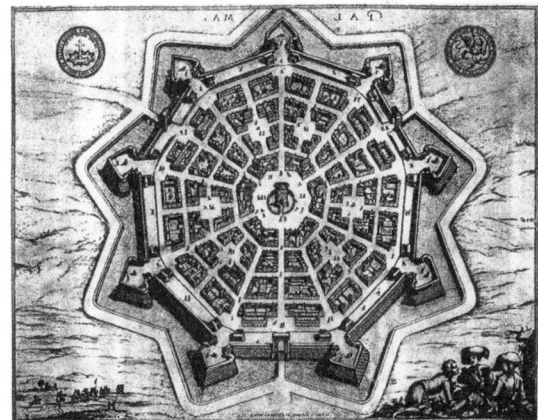

图 5-2-1 帕尔马-洛瓦城的中心集结型格局
资料来源：Morris A.E.J. History of Urban Form：Before the Industrial Revolutions[M]. 3rd edition. Harlow：Addison Wesley Longman Limited, 1994：172-173.

---

① 陈友华，赵民. 城市规划概论 [M]. 上海：上海科学技术文献出版社，2002.
② 李德华. 城市规划原理 [M]. 3 版. 北京：中国建筑工业出版社，2001：546.
③ 阳建强，吴明伟. 现代城市更新 [M]. 南京：东南大学出版社，1999.

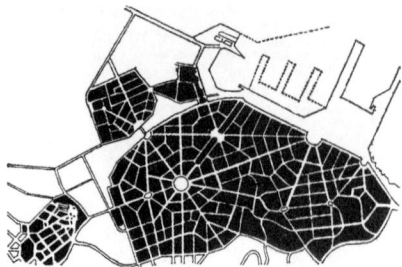

图 5-2-2　大连市基于多中心的放射格局
资料来源：段进.城市空间发展论 [M]. 南京：江苏科学技术出版社，1999：114.

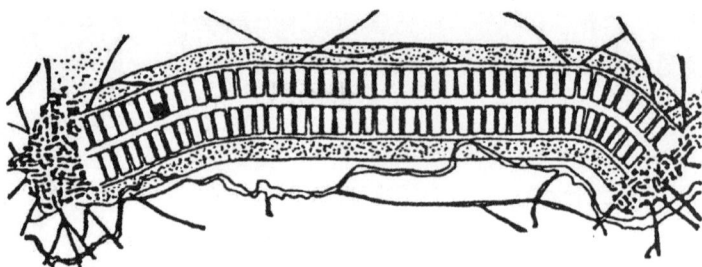

图 5-2-3　玛塔在马德里附近规划的线形城市
资料来源：段进.城市空间发展论 [M]. 南京：江苏科学技术出版社，1999：131.

式的整体秩序，如德国卡尔斯鲁厄和大连市的格局（图 5-2-2）。

2）条带延伸型

条带延伸格局通常会沿着主要道路走向，串接布置建筑、绿化、道路、广场等要素，并沿线形成一系列的空间节点和节奏变化。像索里亚·伊·玛塔提出的线形城市理论，即主张城市依托于交通运输线呈带状发展（图 5-2-3），而我国的兰州与常州市也基本属此格局。

一般来说，这种类型的空间格局有一条交通主干线贯穿其间（比如说，带状工业城市所依托的过境交通或是铁路），沿线良好的交通可达性，吸引了城市主要建筑多面向道路排布，城市的主要功能、景观与公共活动沿轴线展开。但随着时间的推移和城市的延伸，城市内部节点之间的交通距离常常会成为制约其发展的重要因素。当然，对自然条件（如河流）的利用也可能形成这一格局，如阿纳姆城与淮南市。

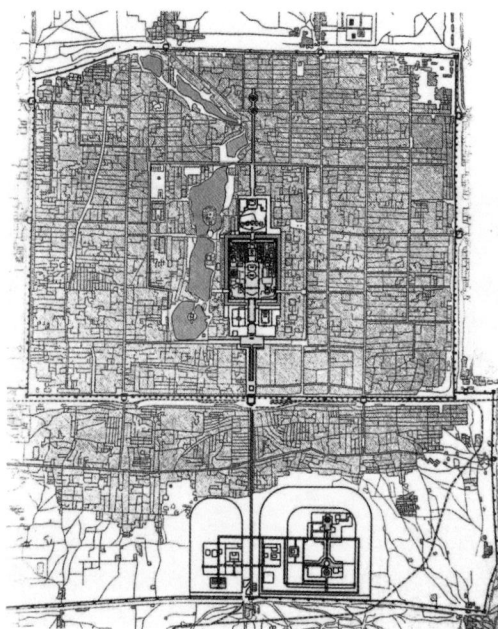

图 5-2-4　老北京城方正的格网型格局
资料来源：Bacon. Design of Cities[M]. Penguim Books，1974：248.

3）格网型

格网格局代表着理性与秩序，体现社会发展的文明形制。在历史上被称为城市规划之父的希波丹姆，就采取这种模式规划了米利都城；而《考工记》所说的"匠人营国，方九里，旁三门，国中九经九纬，经涂九轨，左祖右社，面朝后市"，也体现了轴线与格网的理性结合。

该格局既可利用格网的等级关系体现向心与庄重，如老北京城的格网格局（图 5-2-4）；也可通过格网的均一和开放特征体现民主与公正，如费城的格网格局。

4）自由生长型

自由生长格局往往结合地形、水流，因地制宜，强调道路线型的柔和顺

图 5-2-5 瑞典魏林比新城的自由生长型格局
资料来源：maps.google.com.

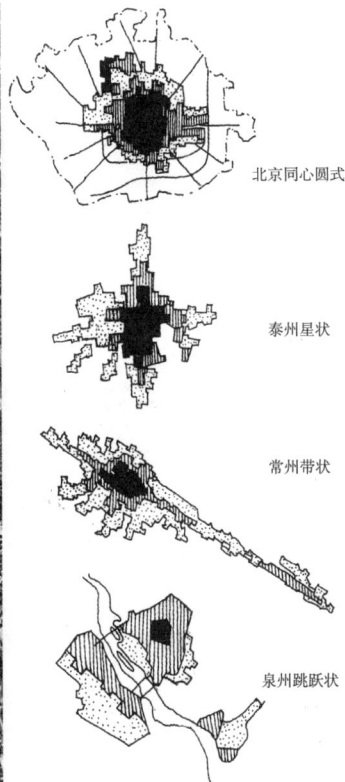

图 5-2-6 城市空间格局的演化类型
示意
资料来源：段进.城市空间发展论 [M]. 南
京：江苏科学技术出版社，1999：104.

畅和建筑布局的自由活泼，并将人行活动路线和绿化景观有机地糅合在一起，城市布局生动自然，建筑布置高低错落，环境景观富于变化。在世界新城规划建设史上占有重要一席之地的瑞典魏林比（Vällingby）新城，即是顺应山势采纳的此格局（图 5-2-5）。

值得一提的是，一个城市的空间格局在多种因素的交互影响下，经过长期的发展，往往会呈现出上述多种模式彼此迭加的复合特征，而非某一模式的单一式反映。

5.2.3 空间格局的演化类型

城市的各种功能活动所引起的空间变化，促进了空间的位移与扩张，而这种空间上的演替，势必会给城市空间带来整体格局上的变化。段进在《城市空间发展论》一书中，曾将城市空间格局的演化分为四种基本类型（图 5-2-6）。

1）同心圆式扩张

指城市用地连片地向各个方向扩张发展，俗称"摊大饼"。一圈接一圈的连绵发展使整个城市的活动错综复杂，各种功能相混合。这一演化类型常常体现于中心集结型和格网型的城市身上。

2）星状扩张

指城市以几条主要道路为轴线呈辐射状生长，是城市空间生长中较常见和最不稳定的类型。若某一发展轴具有较大的优势，城市将向条带延伸型的城市格局演化；若轴向延伸的同时结合轴间的相向蔓延，城市则将向中心集结型的城市格局演化。

3）带状生长

指城市沿着某种地理要素（如谷地、道路、河流等）发展，并在某一轴向上呈现出明显的生长优势和趋向。这一演化类型常常体现于条带延伸型的城市身上。

4）跳跃式生长

指城市的空间发展脱离老城区而另辟新区的演化类型。究其原因，可能是河道、地质等自然地理因素使旧区难以扩展，也可能是新型工业区开发或是保护古城另建新城的需要。采取上述四种空间格局的城市，均有可能呈现这一演化特征。

从以上演化类型中可以发现，发展轴在城市空间格局的演化中发挥了重要作用，它往往是城市沿交通干线发展的最优方向和最佳生长区位。故分析和掌握发展轴的规律特征，可以为我们的城市规划和城市设计提供出发点和依据。

5.2.4 空间格局的构成要素

1960 年，凯文·林奇（Kevin Lynch）基于对居民对城市特色环境认知规律的研究，并从问卷结果中总结出五个能概括城市空间格局的特色要素：路径、边界、节点、标志、区域。如果说"路径"和"边界"代表了城市设计中的"线"要素，"节点"和"标志"体现了城市设计中"点"的特征，区域则是城市设计中"面"的体现。

1）路径

城市路网系统是城市环境构成的主要骨架，也是城市的活力所在和特征体现（图 5-2-7）。城市的道路和街道应该各具特色：道路强调以车行为主导的通行输配职能，线型要求顺畅，且充满动感特征；而街道则强调以步行为主导的生活气息与宜人尺度，空间多变，构成丰富，既有二维导向的基面（如绿化、铺砌等），又有三维结构的环境设施和建筑小品（如雕塑、柱灯、告示牌等）。

图 5-2-7　纽约曼哈顿规整的交通骨架

资料来源：Morris A.E.J. History of Urban Form: Before the Industrial Revolutions[M]. 3rd edition. Harlow: Addison Wesley Longman Limited，1994：343.

2）边界

这里的边界往往由水系、城墙、铁路或公路所构成。像我国目前留存规模最大的南京明城墙（35.267km），实际上就是目前尚存的京城城墙，也是通常意义上南京老城区的边界。[1] 即使在民国时期，以该城墙为界，内外人口的分布依然存在着明显分异（图5-2-8）。一般而言，水系沿岸、城墙内外等边界地带常常会结合慢行系统的规划，被设计为绿树成荫、拥有良好品质的特色游憩场所，并附设雕塑、坐凳、餐饮、休闲等设施小品（图5-2-9）。对于本地人员来说，可以晨练、聊天、下棋、交友等；对于外来人员来说，则可通过车窗来观察和把握他即将进入或经过的城市。因此，城市设计中应将边界视作城市特色的初现展台，而注重其环境景观设计。

根据界定的方式，我们可将边界分为"刚性"与"柔性"两种：刚性边界表现为内向型的自我保护，对外充满强烈的排斥与对抗；柔性边界则表现为外向型的包容贯通及内外的双向交流，给人以友善平易的感受。在城市建设活动中，"柔性边界"设计的关键在于它的相容性与渗透性、开放性与可达性。

位于地区之间的残余空间及其边缘的荒芜地带一向需要特别关注，而"柔性边界"所尝试的正是如何使这些失落的空间转变为相互关联、彼此作用的积极空间。比如说相邻两块功能与性质不相容的建筑用地，如果不是在边界交接处以围墙生硬分割导致相互孤立，而是采用"柔性边界"的处理方法，将相邻地块的交接处开辟为相互延伸与渗透的公共绿地或休闲场地，同时设置尺度宜人的活动区，那将会更利于消极空间的积极化（图5-2-10）。

3）节点

节点指路网的交会点和交通节点，或是群众喜欢聚集的场所，如车站、机场和码头等，这些都是人们来到城市后接触、认识城市的第一起点，被称为

图 5-2-8 南京老城区的人口密度分布图（1929 年）
资料来源：首都计划，1929.

图 5-2-9 作为边界的南京明城墙和秦淮河
资料来源：http://image.baidu.com/i?tn=baiduimage&ct=201326592&lm.

---

[1] 南京明城墙修筑于明朝（1366~1386 年），历时 21 年建成，由内向外形成了皇城、宫城、京城、外城等四重环套的特色格局。但历经数百年的沧桑，宫城、皇城、外郭三圈城墙多已毁坏殆尽，故目前所称的"南京城墙"就是指明代京城城墙。南京明城墙作为中国古代军事防御设施、城垣建造技术集大成之作，无论历史价值、观赏价值、考古价值以及建筑设计、规模、功能等诸方面，可谓中国继秦长城之后的又一历史奇观。

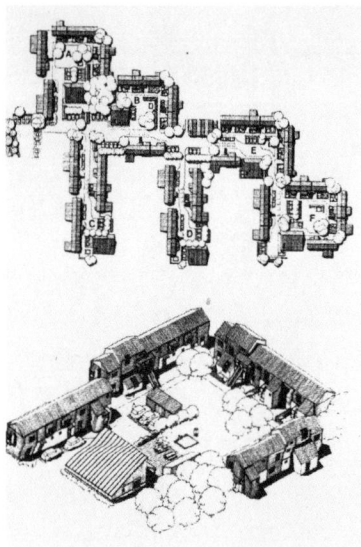

图 5-2-10 居住空间与公共部分的开放式交接
（哥本哈根的廷加顿合作居住社区）
资料来源：孔祥伟.社区公共生活与公共空间的互动 [D].
南京：东南大学建筑学院，2005：70.

图 5-2-11 雾中远眺重庆门户——朝天门码头
资料来源：作者摄.

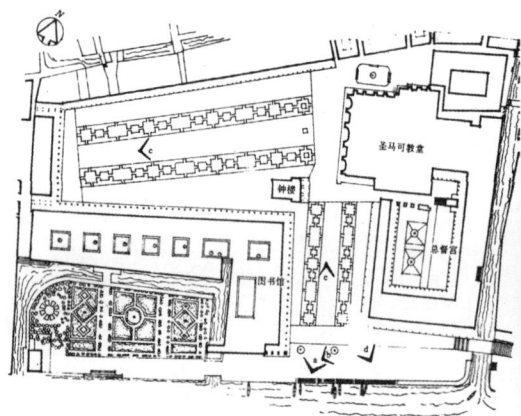

图 5-2-12 威尼斯的圣马可广场
资料来源：夏祖华，黄伟康.城市空间设计 [M].南京：东南大学出版社，1992：101.

"城市门户"（图 5-2-11）。这些节点的设计由于影响着人们对城市印象的好坏，尤其需要注意构成节点的建筑风格、材质色彩、形体组合、广场空间等城市特色的集合体现。

单就"广场空间"而言，不同功能、不同形式的广场往往会成为市民活动的特色场所——比如说有欧洲城市"客厅"之称的圣马可广场，就依凭协调的建筑风格、优美的形体组合、富于变化的空间和宜人的尺度，而成为威尼斯市名闻遐迩的特色景区（图 5-2-12）；国内的城市广场在成为人们流连忘返的场所的同时，也极大地提升和丰富了市民游客的文化生活品质，像南京市 1990 年代修建的鼓楼广场和汉中门广场，均成为聚集人气的游憩场所。

图 5-2-13 拉萨标志性的布达拉宫和大昭寺
资料来源: 作者摄.

图 5-2-14 奥斯陆标志性的维格兰德雕塑公园
资料来源: 作者摄.

4) 标志

标志指城市中明显突出、用于识别方向和区位的建筑物与构筑物, 如高层建筑、电视塔、重要桥梁、著名建筑物、构筑物等。这些富有特色的建 (构) 筑物, 不但给城市中的人们提供了方向感, 还易于成为城市的特色景观, 如拉萨的布达拉宫和大昭寺 (图 5-2-13)、悉尼的歌剧院、巴黎的凯旋门、柏林的勃兰登堡门和著名建筑师拉格纳尔·奥斯滕伯格混合了瑞典乡土性外观和更为华美的拜占庭及哥特风格的斯德哥尔摩市政厅等。

当然, 除了建筑物以外, 路牌、雕塑、电话亭等小品设施的系列化设计, 也能借规模效应成为城市的特色标志群。这类标志同样可以为初到城市的人们提供认知路径, 比如说伦敦的大本钟、纽约的自由女神像和被誉为 "挪威国宝" 的维格兰德雕塑公园等 (图 5-2-14)。

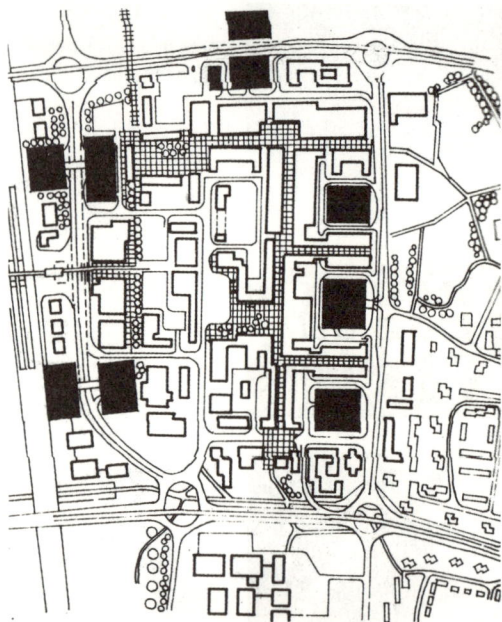

图 5-2-16　哥本哈根商业步行区的轴测图
资料来源：哥本哈根市地图.

图 5-2-15　英国新城斯蒂文内奇的中心区平面
资料来源：夏祖华，黄伟康.城市空间设计 [M]. 南京：东南大学出版社，
1992：206.

5）区域

区域指具有一定社会经济或自然要素意义的地区，主要包括城市公共活动中心、开发区、历史性地段等。这些区域的特色是城市特色最有力的代表。

其中，城市公共活动中心区一般是城市地理中心，也是城市的行政中心和商业中心，由各类公共建筑、活动场地、道路、绿地组成。大城市中还形成同级别的各类中心，如行政管理中心、商业中心和商务中心（CBD）、体育中心区等，可为城市居民提供休闲、办事、休憩、购物、社交和游览的场所（图 5-2-15、图 5-2-16）。其设计要求在解决好交通及其设施的前提下，运用城市设计加强中心区的整体性、综合性、可识别性和可接近性以及空间的连续性与层次变化。

城市开发区由于受既有的传统建筑格局制约较少，其新建筑形象和新城市空间往往可以为城市注入新的活力。但除了注重自身的景观特色之外，它仍需从宏观上强调同城市旧区之间的联系，形成与原有城市相协调的、富有活力的空间。

历史地段也是表现城市特色的重要场所（图 5-2-17）。应在确定和挖掘历史地段的基础上，划定长期的维护和修复地段，确定需保护的建筑物、构筑物、城市设施、文物古迹和风景名胜，划分保护的级别以确定其协调区的范围，确定需保护的旧城结构、历史格局、空间轮廓线、视线走廊、传统街区、标志建筑物等，注意新建区域与历史性保护区在城市景观上的协调，规定历史性地段及其影响区域建筑的色彩、材料、形式、体量等。

巴黎在这方面堪称楷模：其主要结构是以蜿蜒的塞纳河为脊骨，并延伸出一系列长短不一的轴线。从罗马时期古道跨越塞纳河建立中心和通向它的轴线

图 5-2-17 重庆依山傍水的磁器口古镇
资料来源：作者摄．

形成巴黎定位框架开始，到路易十三时花园式轴线的延伸设计，再到路易十五时以绿荫成行的香榭丽舍大道构筑巴黎的支配性元素。政府一直通过政策的制定来保护旧城景观，限制新建筑的风格、色彩及高度等，为巴黎新区的开发起到承先启后的作用——这一系列构成了巴黎极具魅力特色的城市景观。

5.3 道路交通

总的来说，城市道路交通与城市形态的关系可以喻作：树干与树形的关系——道路就像树干为树供水和养分一样为城市提供能量与动力，同时又像树干控制树形一样，对城市的形态演化起着控制作用。

近代一些新城市类型的提出与实践，如带形城市、空中城市、海上城市、田园城市等基本上都是基于交通方式而定型的。像西班牙工程师索里亚·伊·玛塔 1882 年提出的带形城市理论，就主张城市依托于交通运输线呈带状发展，道路的宽度虽应有所限制，但长度却可以无限延伸并沿道路脊椎两侧建造房屋。这种城市结构形态不仅使市民容易接近自然，而且能将城市文明带到乡间，在目前的许多小城镇中都清楚可见，它已成为这些城镇生长和发展的纽带。由此可见，道路对城市形态起着重要的影响与控制作用，犹如树干与树形。

5.3.1 城市交通对城市形态的影响

1）宏观方面的交通影响

（1）对城市空间结构的影响

城市交通对城市空间结构的影响无处不在，良好的地理位置和发达的交通网络是地区地价和空间结构调整的主要动因。为充分发挥土地的利用效率，促进城市用地结构的合理发展，中心区通常会由初级工业时代的、以工业用地和居住用地为主的功能结构，逐渐演变为以商业、金融、办公和信息服务为代表的商务主导功能。一方面，人流分布昼夜密度相差大的特点，要求该区的内外交通联系要便利；但另一方面，由于城市中心地区能给企业带来更为丰厚的效益，往往导致城市中心区的高强度开发和高密人流的集聚，以致超过交通环境条件的承载能力，造成中心地区交通拥挤与堵塞，导致中心区环境恶化（图5-3-1、图5-3-2）。

(2) 对城市规模的影响

城市是一个动态发展的巨系统，不同时代交通方式的差异对城市规模有着重要的影响。

就古代而言，交通方式主要是以步行或畜力车为主，速度慢而车辆少，故村落和城市空间的规模也较小。像农业村落的规模约700人，中心集镇的规模约3000人，城市人口则大多为4万~5万人。在此范围内，任何一个方向的出行时间都不会超过1h；而在汽车时代，随着交通方式的革新和进步，若按相同的出行时间计算，城市半径将大幅扩展。

关于居民到城市中心区的出行感受，1951年美国规划官员协会的研究报告指出："消费者最为关心的不是他们的住所与工作所在地的距离，而是他们走这段距离所要花费的时间，并由此提出等时线概念"。等时线在交通规划上用来表示城市不同部位到城市中心的出行时间关系，它是我们分析城市空间结构的理论基础。虽然理论上只要交通能满足通行需要，城市即可无限扩大，但事实并非如此。广州市出行时间统计的结果表明，一般工人上班的单程出行耗时为40min，这种长距离的奔波既影响职工的工作质量又影响正常的家庭生活。[①]

(3) 对城市发展的影响

由于人类的活动赋予城市以生命，它犹如一个生物有机体，有发生、发展、成熟直至消亡等阶段。城市在生长过程中必须不断地与外界环境进行交流以寻

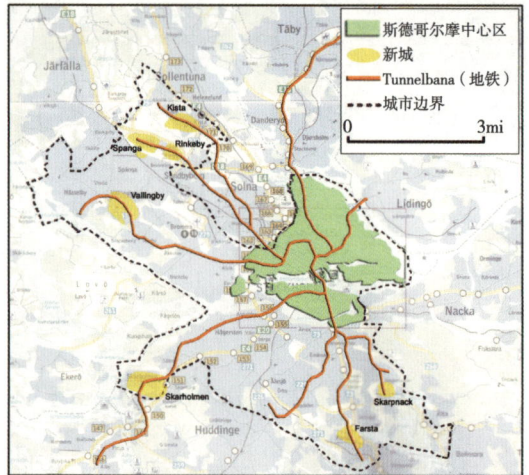

图5-3-1　斯德哥尔摩的轨道交通系统与主要新城的分布

图5-3-2　斯卡普纳克（Skarpnäck）新城的中心区轴测
资料来源：斯德哥尔摩的斯卡普纳克新城图书馆所提供的资料.

---

① 武进. 中国城市形态：结构特征及其演变 [M]. 南京：江苏科学技术出版社，1990.

求发展所需的物质能量。自从一个偶然进行商业活动的聚集点发展成形以来，交通沿线便由于潜在的经济发展优势而成为城市对外进行物质能量交流的生长轴（尤其是城市对外的交通干线）。所以，城市交通既是城市活动的重要组成部分，同时又是城市各种繁杂活动的联结和支撑系统，可以为城市的发展提供内在的驱动力。

2）微观方面的交通影响

（1）城市原有形态的割裂与整合

城市功能区的调整与变化，往往会带来城市道路网的相应变化，如道路位置的改换或是红线的变化。这些都会使城市的原有形态发生变化，有的居住区由此被割裂，有的商业区面临重新组合，有的对城市原形态起重要作用的单体或群体建筑则被移位或者拆除，但同时对城市新形态的定型起关键作用的新建筑又会产生，这些或消失或新生的建筑无不与城市交通有着紧密的联系。

图5-3-3 由地铁、步行道和车行道构成的三层立体交通系统
资料来源：作者摄.

（2）城市形态的垂直发展与交叉

由于城市二维平面的交通日益不能满足城市运作的需求，立体竖向的交通方式逐渐丰富和发展起来，如地铁、高架、立交等交通方式的出现（图5-3-3）。立体竖向的交通方式不仅改变了城市既有的交通方式，也改变了原有的城市形态，而交通方式与城市建筑的结合又演变成复杂的城市综合体。一般城市不仅包含着不同功能的建筑使用空间，也提供了四通八达的交通枢纽空间，这些城市综合体以其庞大的建筑群体形象改变着城市的固有形态。所以说，城市交通在城市原有形态的垂直发展与交叉联系中发挥着基础性作用。

（3）城市文化形态的破坏与解体

随着城市的发展与人们对现代生活日益的需求，诸多城市开始了对旧城的改造与开发；同时，为充分发挥城市交通的先导及支撑作用，我国各城市纷纷将道路建设作为改变城市面貌与改善投资环境的突破口，却使城市特色与人文资源伴随着道路建设而逐步丧失。比如说：

——临街建筑：旧城道路作为城市的艺术窗口，两侧一般都建有大量的优秀建筑。但由于这些道路往往是全市交通矛盾最复杂的地段，临街建筑往往成为路网完善和道路拓建的牺牲品。

——道路断面：三块板主干路的绿化配置形式业已成为某些旧城的特色，但绿岛与行道树作为城市景观和历史文化的积淀，却会因道路断面的改造而面临着极大的威胁和影响（图5-3-4）。

——河道水系：河道水系不仅具有重要的历史价值，还起着排渍防涝、美化环境的作用。在寸土寸金的旧城区，填河修路由于不存在拆迁问题，常常会使河道成为道路建设的垫脚石。

5.3.2 城市道路的景观组织

除了要承载城市交通输配这一基本职能外，城市道路的视觉景观需求同样重要。当它与城市公共道路、步行街区和运输换乘体系连接时，可直接形成并驾驭城市的活动格局及相关的城市形态特征。

1）城市道路景观的空间属性

城市道路的空间景观除了比例与尺度、韵律与变化、对比与协调等视觉美学上的要求之外，还具有以下空间特性。

（1）空间领域性

有专家认为，领域性强调的是人的社会性及其对空间使用方式作出的本质修改，并常常呈现出明显的空间层次。比如说丹麦建筑大师尤恩·伍重（Jörn Utzon）在其所设计的金戈（Kingo）高档住宅区中，顺应坡地跌落组合，对外形成了"房／院／巷／道路／城市"及其对应的"私有空间／半私有空间／半公共空间／公共空间"层次梯度，同时对内也围合出一片宜人的开敞空间（图5-3-5）。由此可见，城市道路作为个体生活向城市空间领域延伸的主要环节，具有一种外向导引性，而且会因使用方式的不同而呈现出不同的场所领域特征。

（2）空间渗透性

城市道路的空间渗透性主要表现在两个方面：一方面，街道步行空间与建筑空间的渗透。比如说我国南方城市的传统骑楼，还有欧美将商业与城市立体交通换乘枢纽一体化布置的做法，均反映了这种渗透性。在设计手法多样化的今天，完全可以通过公共、半公共、半私密、私密空间的梯度变化来展现一种空间过渡范围的不定性。另一方面，在道路空间内部人与车也存在着相辅相成的依存关系。舒适方便的步行活动需要以完善的车行交通系统作为依托，而再完整的车行系统也需要以步行交通作为连接与补充。

图 5-3-4 南京特色之一：年代久远、长势繁盛的行道树
资料来源：作者摄.

图 5-3-5 丹麦金戈（Kingo）住宅区顺应坡地而形成的空间层次（伍重设计）
资料来源：作者摄.

（3）空间连续性

城市道路的空间连续性是人们感知城市整体意象的基础，而道路可在这条空间线路上充当诸形象要素的组织角色，所以凯文·林奇强调"可识别的道路，应具有连续性"。道路的连续性可以通过道路两侧的绿化、建筑布局、建筑的用途、风格、形式与色彩及道路交通环境设施等的延续设计来实现（图5-3-6）。

2）城市道路景观的功能属性

（1）景观功能

在城市景观中，道路交通环境是重要的构成要素之一。城市道路交通作为城市景观的特征，大致可分为静态景观和动态景观两大方面：

城市道路的静态景观主要指与道路交通有关的相对固定的客观实体系统。如道路线形、路面铺砌、绿化、高架桥、立交桥、人行天桥、街道小品等。作为城市景观的构成要素，它们的造型、色彩等对体现城市的景观特色具有重要意义。

城市道路的动态景观则主要指以城市道路系统为载体的公共活动，它们大多发生于街道及广场。无论是平日里忙忙碌碌上班的人流、商业街上熙熙攘攘的人群，还是节日街头的盛大狂欢、竞技献艺等，均是城市活力与生机的体现，并反映了一个地方的风俗与文化传统；另外，各种交通工具穿行大街小巷所形成的交通流景观，也体现了人类的技术力量与脉动的生命力，它同样是城市动态景观的重要构成（图5-3-7）。

（2）认知功能

城市道路对其他意象要素起着串联和组合作用，是人们感知整个城市意象的关键渠道，同时也是环境定位、环境指认和感知城市特色的重要要素。其特征体现为：

图5-3-6 上海外滩的连续街景
资料来源：王建国.城市设计[M].2版.南京：东南大学出版社，2004：73.

图5-3-7 穿行于老城区的有轨电车
资料来源：作者摄.

方位感：人们在城市中运动及滞留时与空间发生的基本联系。人类行动的方向性通常非常明确，他们把握环境的方式，通常是以自己的立脚点为据点，然后朝着既定目标行进；而道路的方向性，对于人们判断自己的位置、并在城市中保持方位感意义重大。

标识性：人们获得方向感最直接的渠道，包括路面划线、交通换乘标志、交通导向标志等，通过改善文字信息、符号、图形设计及标志设置位置等，形成一个良好的城市标识系统，是事半功倍的措施之一。

整体性：清晰的结构是人们形成城市整体意象的基础，便于人们在把握整体印象的前提下，有序地深入掌握系统结构；而道路的布局对于城市结构的清晰与否起着决定性作用，其布局必须是有规律的和可预见的，结构形式也需清晰明了，否则易导致混乱。

层次性：城市中除了干道系统外，还需有附属于干道系统的各类层次的道路。例如初到上海的人首先经过内环线，看到鳞次栉比的高楼大厦、壮观雄伟的南浦大桥、杨浦大桥，构成了对上海的初步印象；接着外滩、南京路、人民广场等使他对上海的印象得到进一步完善，正是这多重印象的复合构成了上海城市的整体意象。

(3) 社会生活功能

简·雅各布斯在《美国大城市的死与生》中曾写道："城市中道路担负着重要任务，然而路在宏观上是线，在微观上却是很宽的面。街道尤其是人行便道，是城市最重要的公共活动场所，是城市中富有生命力的'器官'。"

城市道路交通空间除了交通功能外，往往还包含了人们日常生息的各类户外活动，如闲聊、老人下棋、儿童嬉戏、街头表演等内容，使街道空间在功能使用上呈现复合共存的特点，这也是社会文化发展的历史延续性得以维系的重要途径（图 5-3-8）。

虽然，由于现代汽车文明的冲击，一些地方的街头文化逐渐趋于萎缩，然而历史是抹不掉的，那些极具个性和主题的道路环境空间已深入居民的日常生活之中。即使今天在城市的某些角落，仍可触摸到它的脉搏，感受到它强大的生命力与蓬勃生机，对此我们应重视并妥加保护。

3) 城市道路景观的组织对策

城市设计对此的要求一般包括：

(1) 道路本身应是积极的环境视觉要素，城市设计要能促进这种环境质量的提升。具体说有四点要求，即：对多余的视觉要素的屏隔和景观处理；道路所要求的开发高度和建筑红线；林荫道和植物以及强化道路中所能看到的自然景观。

(2) 道路应使驾驶员方便识别空间方位和环境特征。常见手法有：沿道路提供强化环境特征的景观；街道小品与照明构成的街景的交织；城市整体的道路设计中的景观体系和

图 5-3-8　路边常见的群众文化生活
资料来源：Jeppe Wikström. Stockholm from above[M]. Bokförlaget Max Ström，2005：115.

标志物的视觉参考；因街景、土地使用而形成的不同道路等级的重要性。

(3) 在上述目标中，各种投资渠道及其投资者应协调一致，要综合考虑经济和社会效益，这在集资修路时问题会比较突出。纽约市布鲁克林路更新设计时采用了"联合开发"途径，获得成功。其经验是建立一个共同的价值尺度，经过协商达成共识，最后由主管部门和专家、官员决策。

5.3.3 城市交通的停车组织

交通停车同样是城市空间环境的重要构成。当它与城市公交运输换乘系统、步行系统、高架轻轨、地铁等的线路选择、站点安排、停车设置组织在一起时，就成为决定城市布局形态的重要控制因素，直接影响到城市的形态和效率。从大的方面看，城市交通主要与城市规划与管理有关；城市设计主要关注的是静态交通和机动车交通路线的视觉景观问题。德国学者普林茨曾运用图解方式，研究了停车方式与城市设计的关系（图5-3-9）。

停车因素对环境质量有两个直接作用：一是对城市形体结构的视觉形态产生影响；二是促进城市地区功能的发展。因此，提供足够的，同时又具有最小视觉干扰的停车场地，是城市设计成功的基本保证，通常可采用五种途径：

其一，在时间维度上建立一项"综合停车"规划。即在每天的不同时间里由不同单位和人交叉使用某一停车场地，使之达到最大效率。如白天使用的办公楼、商店就可和夜晚使用的影剧院、歌舞厅等共用同一停车场。

其二，集中式停车。一个大企业单位或几个单位合并形成停车区（图5-3-10）。

其三，采用城市边缘停车或城市某人流汇集区的外围的边缘停车方式（Edge

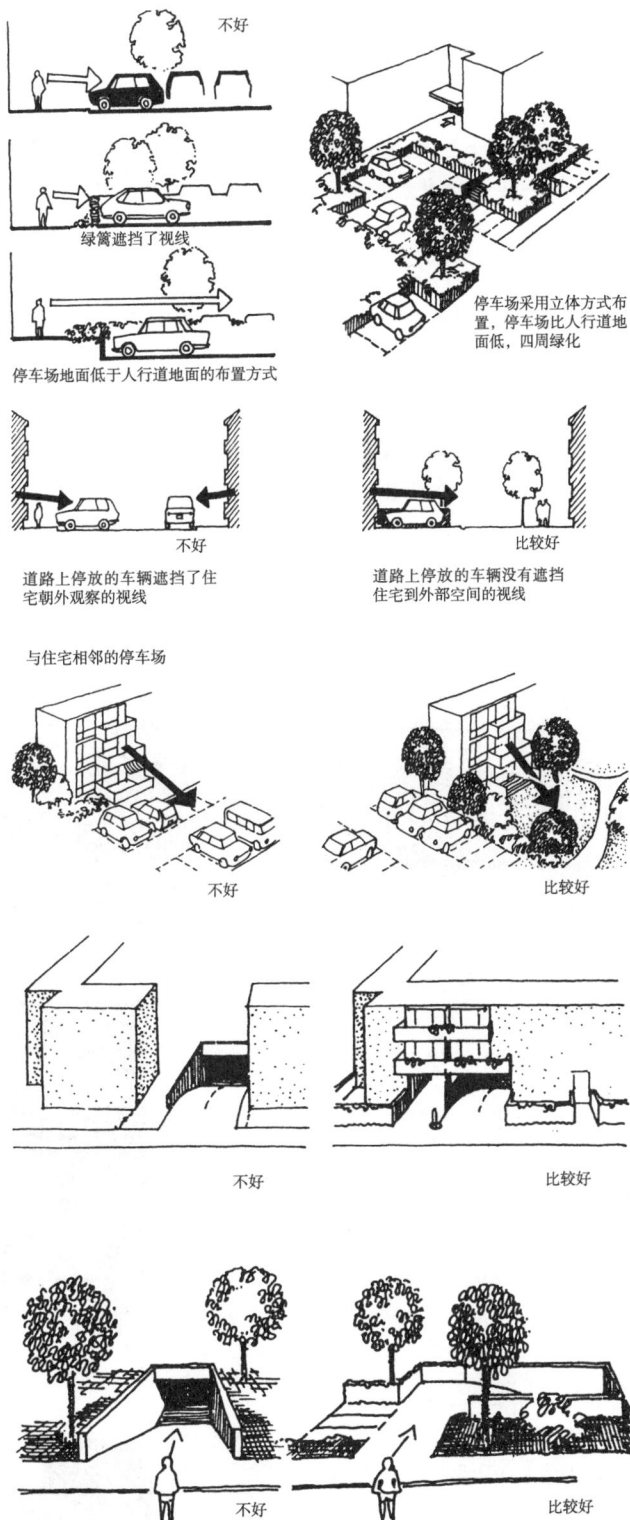

不好

绿篱遮挡了视线

停车场地面低于人行道地面的布置方式

停车场采用立体方式布置，停车场比人行道地面低，四周绿化

不好

比较好

道路上停放的车辆遮挡了住宅朝外观察的视线

道路上停放的车辆没有遮挡住宅到外部空间的视线

与住宅相邻的停车场

不好

比较好

不好

比较好

不好

比较好

图5-3-9 道路停车方式分析
资料来源：普林茨·D.城市景观设计方法 [M].李维荣，译.天津：天津大学出版社，1992：119.

Parking）。如美国明尼阿波利斯市中心及南京夫子庙街区的集中停车设施经城市设计安排到了中心外围环路地区。

其四，在城市核心区用限定停车数量、时间或增加收费等手段作为基本的控制手段。欧美一些国家对此已积累了一些行之有效的经验。

其五，尽可能利用地下空间安排停车，减少对城市地面空间的压力。

我国目前的多层车库还建得较少，但由于节约城市用地，多层车库有很大的发展潜力，上海、南京等城市均开始注意这一点。同时它也直接影响着城市街道景观。澳大利亚的墨尔本城市设计对车库设立了专门的导则，美国爱荷华州的德梅因的一座多层车库还曾获得了美国 AIA 大奖，成为当地的一座标志性建筑。一般来说，多层车库在城市设计中，特别应注意其地面层与城市街的连续性和视觉质量，如有可能需设置一些商店或公共设施（图 5-3-11 ～图 5-3-13）。

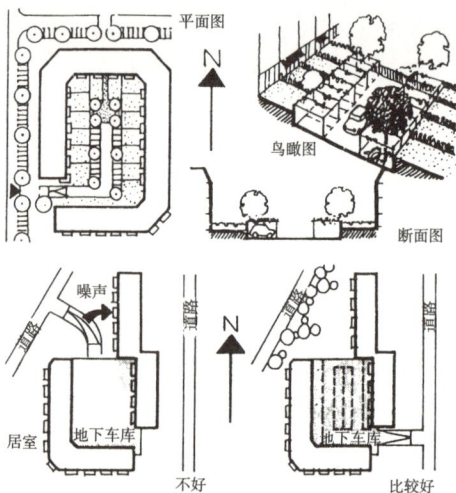

图 5-3-10　集中停车库的城市设计处理
资料来源：普林茨·D. 城市景观设计方法 [M]. 李维荣，译. 天津：天津大学出版社，1992：119.

图 5-3-11　美国德梅因一座获得 AIA 奖的多层停车库

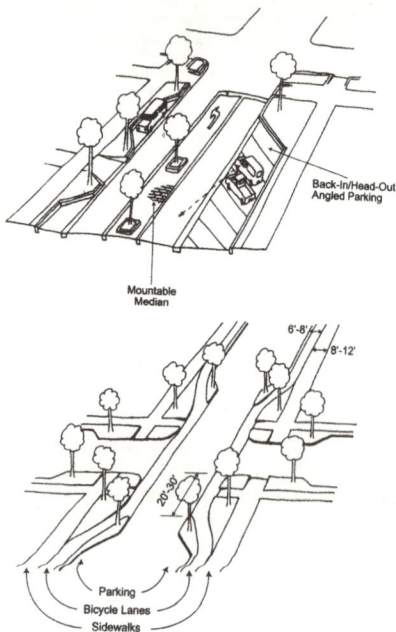

图 5-3-12　街道交通处理示例（左）
资料来源：Donald Watson, Alan Plattus, Robert Shibley. Time-Saver Standard for Urban Design[J]. McGraw-Hill Professional, 2001（7）：2-5.

图 5-3-13　城市交通时常面临的拥塞现象（右）
资料来源：作者摄.

最后，我们再针对城市交通与城市空间格局的关系作一总结——如果说事物的发展规律是以点带线、以线带面的话，城市的发展亦然：依托于交通系统对城市活动的联系和支持，城市由点到线再由线到面而逐步成形；与此同时，城市作为地区或区域政治、经济、文化和商业的中心，又可通过辐射带动周围二级市县的发展，使它们处于一个动态系统之中；而这个系统再通过生长轴（交通系统）使轴上的各级城市通过商品经济的交流而得以发展延伸，从而形成城市带或城市集群——这也是城市设计工作展开的认知基础。

5.4 开放空间

5.4.1 开放空间的定义和职能

关于开放空间（Open Space）概念和范围的界定，国内外却有着不尽相同的诠释：

查宾指出，"开放空间是城市发展中最有价值的待开发空间，它一方面可为未来城市的再成长做准备，另一方面也可为城市居民提供户外游憩场所，且有防灾和景观上的功能"。

凯文·林奇教授也曾描述过开放空间的概念，"只要是任何人可以在其间自由活动的空间就是开放空间。开放空间可分两类：一类是属于城市外缘的自然土地，另一类则属于城市内的户外区域，这些空间由大部分城市居民选择来从事个人或团体的活动"。

艾克伯则指出，"开放空间可分为自然与人为两大类，自然景观包括天然旷地、海洋、山川等，人为景观则包含农场、果园、公园、广场与花园等"。

综上所述，开放空间意指城市的公共外部空间，包括自然风景、硬质景观（如道路等）、公园绿地、娱乐空间等，通常具有四方面的特质（图5-4-1、图5-4-2）：

开放性：即不能将其用围墙或其他方式封闭围合起来；

可达性：即对于人们是可以方便进入到达的；

大众性：服务对象应是社会公众，而非少数人享受；

功能性：开放空间并不仅是供观赏之用，而且要能让人们休憩和日常使用。

开放空间的评价并不在于其是否具有细致完备的设计，有时未经修饰的开放空间，更加具有

图5-4-1 卑尔根市中央公园夕照
资料来源：作者摄.

图5-4-2 桂林市中心杉湖绿地
资料来源：王建国.城市设计[M].2版.南京：东南大学出版社，2004：106.

特殊的场所情境和开拓人们城市生活体验的潜能。城市开放空间主要具备以下职能：

——提供公共活动场所，提高城市生活环境的品质；

——维护、改善生态环境，保存有生态学和景观意义的自然地景，维护人与自然环境的协调，体现环境的可持续性；

——有机组织城市空间和人的行为，行使文化、教育、游憩等职能；

——改善交通，便利运输，并提高城市的防灾能力。

5.4.2　开放空间的特征和构成

大多数开放空间是为满足某种功能而以空间体系存在的，故连续性是其重要显征。凯文·林奇教授在"开放空间的开放性"一文中曾指出，开放空间正因为它开阔的视景才强烈对比出城市中最具特色的区域，它提供了巨大尺度上的连续性，从而有效地将城市环境品质与组织作了很清晰的视觉解释。

通常来说，开放空间在城市结构体系中承担的角色特征大致如下：

边缘：即开放空间的限界。它出现在水面和土地交接或建筑物开发与开敞空间的接壤处。这常是设计最敏感的部分，必须审慎处理。

连接：系指起连接功能的开放空间区段。例如，连接绿地和实用开放空间的道路和街道，它也可以是一个广场和其他组合开放空间体系要素的焦点，在城市尺度上，河道和主干道也可成为主要的起连接功能的开放空间。

绿楔：这是一种真正的城市开发中的"呼吸空间"。它提供自然景观要素与人造环境之间的一种均衡，也是对高密度开发设计的一种变化和对比。

焦点：一种帮助人们组织方向和距离感的场所或标志。在城市中它可能是广场、纪念碑或重要建筑物前的开放空间。

连续体：作为体系的基本特征，这不仅仅是个数的概念，而更多地意味着系统各部分之间的一体化联系，即自然河道、公园绿地、广场空间、水域乃至室内外步道等都可以形成连续系统。它不但可以给整个城市的交通出行方式和日常生活方式带来变化，也将在更大范围内刺激三产和房地产市场的蓬勃发展。

另外，开放空间的构成可以按不同的方式进行解析。就其空间负载的功能属性来看，它可分为两类：单一功能体系和多功能体系。

1）单一功能体系

以一种类别的形体或自然特征为基础形成的空间体系，如河谷；或开发设计的某类专属功能的开放空间，如公园。其中，由城市街道、广场和道路构成的廊式空间体系是最为典型的此类体系。加拿大多伦多滨湖区的河谷廊道开放空间、横滨的大冈川滨水地带、我国合肥和西安的环城公园均属于此类开放空间。

2）多功能体系

大多数开放空间体系其实都是集多功能于一身的，像各类建筑、街道、广场、公园、水域等均可共存于该体系中。像美国在圣安东尼内城的城市改造中，便对流经全城的圣安东尼河（San Antonio River）展开了包括自然生态保护、景观保护和创造、功能调整和基础设施完善在内的综合城市设计，并取得成功。这一项目的焦点虽在城市中心区这一段，但具体设计的着眼点却是整个城市沿河地区的各类建筑与外部空间环境的关系，涉及众多功能要素和专业领域。

就其空间构成的物质要素来看，城市开放空间则主要由二维导向的基面（包括地面的绿化、铺砌及由台阶造成的二度空间向三度空间的转化形式等）和三维结构的环境设施、建筑小品（多表现为标志性或图像性形式，如雕塑、柱灯、告示牌和书报亭）等共同构成。在下面，我们将选择环境设施和建筑小品作为开放空间构成探讨的重点。

5.4.3 开放空间的设施和小品

1) 环境设施与建筑小品的含义和作用

环境设施指城市外部空间中供人们使用、为人们服务的一些设施，其完善在某种程度上体现着城市两个文明建设的成果和社会民主的程度。完善的环境设施会给人们的正常城市生活带来许多便利，给人们提供休息、交往的方便，避免不良气候给人们生活带来的不便。著名景园建筑师劳伦斯·哈普林曾这样描述到，"在城市中，建筑群之间布满了城市生活所需的各种环境陈设，有了这些设施，城市空间才能使用方便。空间就像是包容事件发生的容器；城市，则如一座舞台、一座调节活动功能的器具。如一些活动指标、临时性的棚架、指示牌以及供人休息的设施等，并且还包括了这些设计使用的舒适程度和艺术性。换句话说，它提供了这个小天地所需要的一切。这都是我们经常使用和看到的小尺度构件"。[1]

建筑小品则一般以亭、廊、厅等各种形式存在，或单独设于空间中，或与建筑、植物等组合形成半开敞空间，但同时许多饮料店、百货店、电话亭等又都具有独自的功能（图5-4-3）。

图5-4-3 城市中的环境设施与建筑小品示例

---

① 哈普林.城市[M].许坤荣，译.台北：尚林出版社，2000：51.

城市开放空间中的环境设施与建筑小品虽非决定性要素，但在空间的实际使用中给人们带来的方便和影响却是不容忽视的。其功能作用主要反映在以下几个方面：

（1）休息：为居民提供良好的休息与交往场所，使空间真正成为一种露天的生活空间。为人们创造优美的、轻松的空间环境气氛。

（2）安全：一方面利用一些小品设施和通过对场地的细部构造处理，实施"无障碍设计"，使人们避免发生安全事故；另一方面，则可以利用场地装修、照明和小品设施吸引更多的行人活动，减少犯罪活动。

（3）方便：用水器、废物箱、公厕、邮筒、电话间、行李寄存处、自行车存放处、儿童游戏场、活动场以及露天餐饮设施等，这些都是为了向居民提供方便的公共服务，因之也是城市社会福利事业中一个不可缺少的部分。

（4）遮蔽：如亭、廊、篷、架、公交站点等，在空间中起遮风挡雨、避免烈日曝晒的遮蔽作用。

（5）界定领域：设计中可根据环境心理学的原理，强化那些可能在本空间内发生的活动，界定出公共的、专用的或私有的领域。

同时，广义的城市街道设施、环境建筑小品还包括城市公共艺术（如城市雕塑等）的内容，具有在公共空间中展现艺术构思、文化理念和信息以及美化环境方面的作用，增加空间的场所意义。

2）环境设施与建筑小品的分类和设计

城市环境设施与建筑小品，按其内容和用途一般可分为：休息设施、卫生设施、绿化设施、环境标识、拦阻诱导设施等几大类，而且不同的设施小品有其不同的设计要求（表5-4-1）。

综上所述，城市环境设施与建筑小品的设计要点可归为以下几点。

（1）兼顾装饰性、工艺性、功能性和科学性要求

许多细部构造和小品体量较小，为了引起人们足够的重视，往往要求形象与色彩在空间中表现得强烈突出，并具有一定的装饰性。功能作用也不可忽视，只好看而不实用的东西是没有生命力的。同时，小品布置应符合人的行为心理要求，设计时要注意符合人体尺度要求，使其布置和设计更具科学性。

（2）整体性和系统性的保证

城市设计中应对环境设施和建筑小品进行整体的布局安排、尺度比例、用材设色、主次关系和形象连续等方面的考虑，并形成系统，在变化中求得统一。

（3）具备一定的更新可能性

环境设施和小品使用寿命一般不会像建筑物那么永久，因而除考虑其造型外，还应考虑其使用的年限、日后更新和移动的可能性。

（4）综合化、工业化和标准化

花台、台阶、水池等大多可与凳、椅结合，既清洁美观，又方便人们使用，扩大"供坐能力"；而基于"人体工学"的尺寸模数，又可使设计制造采用工业化、标准化的构件，加快建设速度，节约投资。

类别	内容构成	设计要求
休息设施	座椅桌凳	按不同场地确定形式及围合布置方式，有一定随意性，以舒适典雅为佳
卫生设施	废物箱	造型简洁，易于清扫，抗磨损，多与休息设施结合
	饮水器	功能与装饰相结合，保证视觉洁净感
	公共厕所	宜设于休息场地附近或市场建筑配套部分，最好同交流场所有便捷的联系
公用设施	电话亭	施工精良，装修别致，选择人群聚集场所设置
	磁卡电话	色彩醒目，局部围合，视线通透但隔声性能好
环境标识	指路标	选择人群聚集停留的场所设置，醒目美观，且能反映所在地段的特质
	标志牌	符号含义清晰、醒目、美观，并考虑符号之间保证能见度的适宜间距
	导游图	设于出入口及人群停留场所，清晰
	报时钟	功能与装饰相结合，并与所在的建筑特征相协调
拦阻诱导设施	围栏护柱	围栏要造型简洁，色彩素雅大方；护柱要设置合理，具有灵活性
绿化设施	种植容器	既可以永久设置，也可以具有一定的流动性；形式要活泼多样，抗磨损，可与休息设施结合起来使用
其他设施	灯具	尺度适宜，造型色彩简洁明快，材质选择上可有所创新
	雕塑小品	在考虑城市文脉及场所行为的前提下设计造型

5.4.4　开放空间的体系化设计

在设计实践中，开放空间的规划设计往往比较注重公众的可达性、环境品质和开发的协调性，如瑞典马尔默的 Bo01 展览地区即拥有一个以水为基本要素的，由特色公园、城市空间（广场、廊道与街巷）和水环境共同构成的连续体：其中，西侧为码头周围远观海景的散步道，东侧为纵贯南北的绿色公园轴，环境安全宜人（图 5-4-4）；与此同时，开放空间的设计方式也从传统的注重规划主

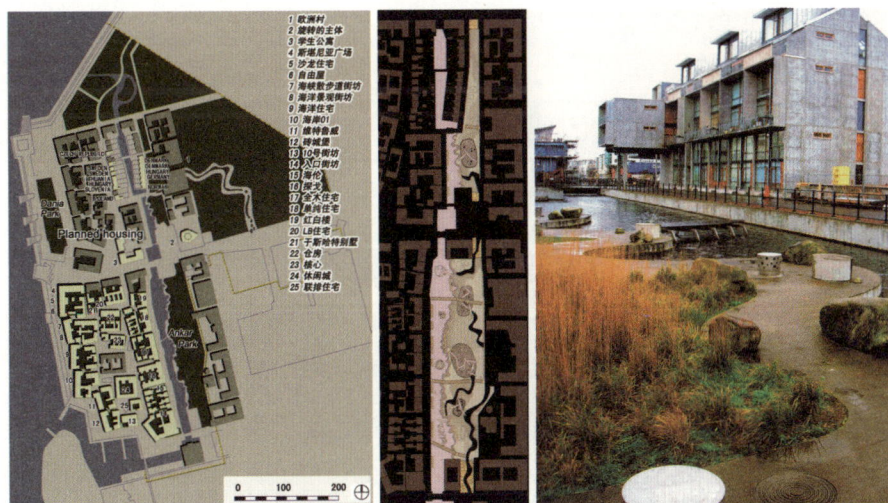

图 5-4-4　马尔默的 Bo01 展览地区及其开放空间与绿地系统规划
资料来源：总平面的图片来源：Bergt Persson. Sustainable City of Tomorrow[J]. Formas，2005：140.

体的效率与经济利益转向重视综合的环境效益。其中有两方面的因素需特别注意。

1) 开放空间在城市范围内的区位选择。这主要涉及两方面的内容:

(1) 场地的自然特性。其中既包括地形地貌、水文地质等状况,也包括周边的环境影响和树、石等自然要素。具体选择时应遵循"是否适合于开发建设"的原则。比如悬崖峭壁地段就不利于开发,不但建设代价大而且过少的平缓地带难以满足大众安全从事各种休闲活动的需求,易形成巨额投资与少量游客之间的矛盾;而地势平缓、地质良好的地带改造开发起来就容易得多,不但可以满足大众的休闲要求,而且易于配建一系列大众接受的配套设施,这就为当地的三产消费和土地开发带来了外在的拉动效应。

(2) 场地的交通条件。这主要体现在了场地相对于周边干道的接近度及其之间的联系路径(亦即"易达性"和"可达性")之上。相对而言,那些邻近交通干道并且与之联系便捷的开放空间,其辐射面往往更易于突破所在地区的局限,在更广的范围内吸引使用者、产生综合效益,从而对整个城市的公共活动及市场行为产生广泛的影响。此外,一个行之有效的选址方式就是征用已遭弃用的空地(交通动脉的交汇地带、码头、货栈、厂区等),直接将其开发成为现有开放空间的一部分。由于这些用地在自然特性和交通条件上所具备的先天优势,往往能大大降低开发建设的难度。

2) 开放空间在城市范围内的"一体化"设计。其原则是:

(1) 将每一部分都纳入系统统一的规划和设计当中,彼此之间以各种路径相连(步行道、自行车道和林荫大道等),形成自身相对独立和完整的道路体系,人们甚至不用离开系统,便可通达系统的每一处。这不但有效地弥补某些部分因区位不当而带来的局部不足,而且通过这个庞大的系统可以将游客与整个城市有机地联系起来。弗雷德里克·劳·奥姆斯特德负责设计的波士顿开放绿地系统——著名的"翡翠项链"就蜿蜒贯穿了大半个城市,人们完全可以借助这一系统与城市的大部分区域和活动联系起来(图5-4-5)。

(2) 系统的各组成部分在相互扶持的基础上,要能支持不同的休闲活动,以反映出各自不同的地形条件、服务范围和休闲特征来。比如说南京市良好的

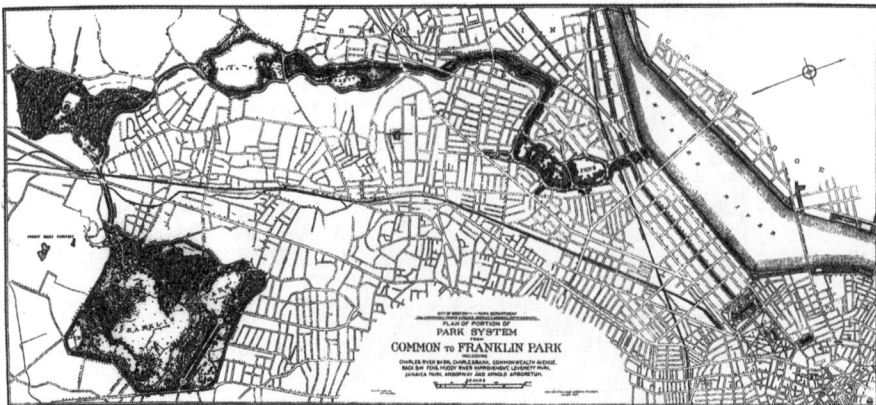

图5-4-5 波士顿著名的"翡翠项链"规划
资料来源: A. Garvin.The American City, What Work, What Doesn't[M]. New York: McGraw-Hill Co., 1996: 58.

城市环境和丰富的城市生活就源自于当地日臻完善的开放空间体系，而且基本上做到了各有分工、各具特色，形成了以"玄武湖上泛舟、珍珠泉边野营、鸡鸣寺内还愿、梅花山中迎春、石象路旁寻秋……"为特征的地方休闲文化，同时也带动旅游业、服务业、交通运输业等相关产业走上了良性发展的道路。

当然，要有效实现"一体化"的设计原则，还需要在开放空间的设计中预先引入"策划"环节，即：根据不同的空间定位来策划和遴选适宜的项目和功能，来系统组织承载不同公共活动的特色片区，并就其功能结构和项目分区作出总体安排，为下一步具体的空间落实和城市设计提供必要的先导依据。比如说在三溪汇流的武夷山国家风景名胜区北入口片区，即是以自然景观为依托，以传统村落为背景，以茶文化及红色文化为纽带，策划和设计形成由崇阳溪／黄柏溪滨水游线串接而成的四个旅游片区：生态湿地探险区、大地茶园体验区、红色赤石追思区、感古怀远畅想区（图 5-4-6）。

历史地看，西方一些国家对于城市开放空间的规划设计一向非常重视，除了景观和美学方面外，对开放空间在生态方面的重要作用认识亦比较早。早在 19 世纪，美国景观建筑师安德鲁·杰克逊·唐宁（A.J. Downing，1815～1852 年）就在纽约报纸上发表文章，指出"城市的公共绿地是城市的肺"的观点，并得到建筑师和园林专业人士的支持。同时，西方还把城市开放空间看作是城市社会民主化进程的物质空间方面的重要标志，甚至把它用法律的形式固定下来，任何人必须遵守，如 1851 年纽约通过的为公众使用的《公园法》。随着时间的推移，城市的建设有了很大的发展，但原先确定的开放空间保留地仍然保存无虞。例如，纽约的总面积达 830 英亩（约 332 万 m²）的中央公园（Central

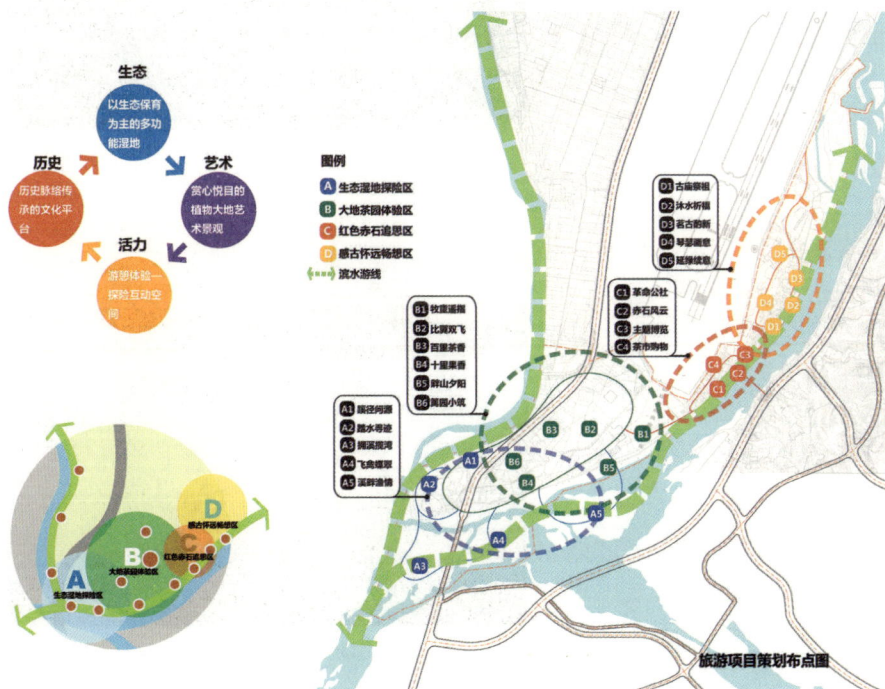

图 5-4-6 武夷山国家风景名胜区北入口片区的开放空间策划
资料来源：东南大学吴晓、高源主持完成的武夷山市赤石村（国家风景名胜区北入口）片区城市设计文本，2012.

Park)、波士顿的中央绿地（Boston Common）、澳大利亚悉尼城市中心的开放空间（The Domain）等（图5-4-7～图5-4-9）。

总的来说，开放空间及其体系是人们从外部认知、体验城市空间，也是呈现城市生活环境品质的主要领域。今天，开放空间已经超越了建筑、土木、景观等专业领域，而与社会整体的关系越来越密切。开放空间的组织需要政策、需要合作，在考虑较大范围的开放空间时，应与城市规划相结合。诚如塔克尔所言，"开放空间的意义不在于它的量而在于如何设计，并处理得与开发相联系"。

5.5 建筑形态

5.5.1 建筑形态与城市空间

建筑作为城市空间构成中最为主要的决定因素之一，其体量、尺度、比例、空间、功能、造型、材料、用色等均会对城市空间环境产生重要的影响。更广泛地说，包括桥梁、水塔、护堤、电视通信塔乃至烟囱等在内的构筑物也可划归其中。城市设计虽然并不是直接设计建筑物，但却在一定程度上决定了建筑形态的组合、结构方式和城市外部空间的优劣，尤其是就视觉这一基本感知途径而言。城市设计直接影响着人们对城市环境的评价。城市空间环境中的建筑形态至少具有以下特征：

——建筑形态与气候、日照、风向、地形地貌、开放空间具有密切关系；

——建筑形态具有支持城市运转的功能；

——建筑形态具有表达特定环境和历史文化特点的美学含义；

——建筑形态与人们的社会和生活活动行为相关；

——建筑形态与环境一样，具有文化的延续性和空间关系的相对稳定性。

通常，建筑只有组成一个有机的群体时才能对城市环境建设作出贡献。弗雷德里克·吉伯德曾指出，"完美的建筑物对创造美的环境是非常重要的，建筑师必须认识到他设计的建筑形式对邻近

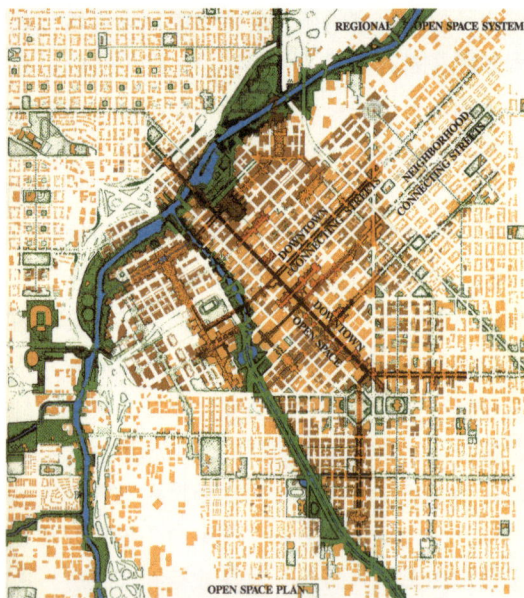

图5-4-7 丹佛市中心区开放空间体系
资料来源：Down Area Plan[Z]. Denver，1986：14. Cameron.Above New York[M]. Cameron and Company，1996：37.

图5-4-8 从波士顿市中心绿地看贝聿铭设计的汉考克大厦
资料来源：作者摄.

图5-4-9 斯德哥尔摩结合水系设立的休闲区和海鸟栖息地
资料来源：作者摄.

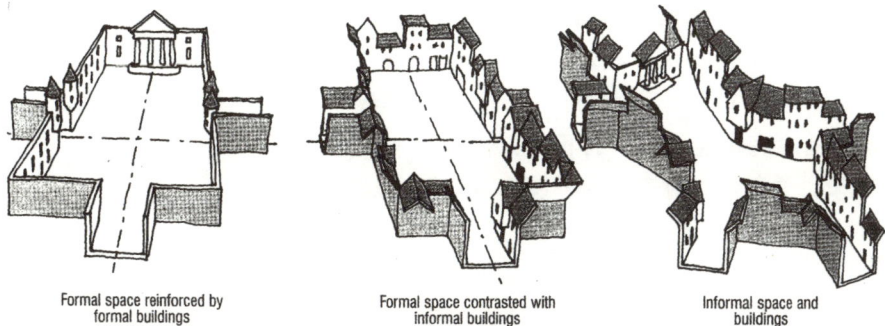

Formal space reinforced by formal buildings

Formal space contrasted with informal buildings

Informal space and buildings

图 5-5-1 建筑形态组合与空间意象
资料来源: Camona Heath, Oc Tiesdell. Public Place-Urban Space[M]// The Dimensions of Urban Design. Architectural Press, 2003: 142.

图 5-5-2 卑尔根统一中有变化的布雷根老城区
资料来源: 作者摄.

图 5-5-3 上海徐家汇地区变化有余、统一不够的城市景观
资料来源: 王建国. 城市设计 [M].2 版. 南京: 东南大学出版社, 2004: 101.

的建筑形式的影响″。″我们必须强调, 城市设计最基本的特征是将不同的物体联合, 使之成为一个新的设计, 设计者不仅必须考虑物体本身的设计, 而且要考虑一个物体与其他物体之间的关系″。① 即我们常讲的整体大于局部。

因此, 建筑形态总的设计原则大致有以下几点:

建筑设计及其相关空间环境的形成, 不但在于成就自身的完整性, 而且在于其是否能对所在地段产生积极的环境影响。

注重建筑物形成与相邻建筑物之间的关系, 基地的内外空间、交通流线、人流活动和城市景观等, 均应与特定的地段环境文脉相协调。

建筑设计还应关注与周边的环境或街景一起, 共同形成整体的环境特色

图 5-5-4 荷兰阿姆斯特丹城市建筑形态是″多样复合″和″有机秩序″的统一
资料来源: 明信片.

(图 5-5-1 ~ 图 5-5-4)。

① 弗雷德里克·吉伯德. 市镇设计 [M]. 程里尧, 译. 北京: 中国建筑工业出版社, 1983: 2.

5.5.2 城市设计对建筑形态及其组合的引导和管理

从管理和控制方面看，城市设计考虑建筑形态和组合的整体性，乃是从一套弹性驾驭城市开发建设的导则（Guidelines）和空间艺术要求入手进行的。导则的具体内容包括建筑体量、高度、容积率、外观、色彩、沿街后退、风格、材料质感等。城市设计导则可以对建筑形态设计明确表达出鼓励什么，不鼓励什么，以及反对什么，同时还要给出可以允许建筑设计所具有的自主性的底线。

例如，埃德蒙·N·培根在主持旧金山的城市设计研究中，首先分析出城市山形主导轮廓的形态空间特征，并为市民和设计者认可，然后据此建立城市界内的建筑高度导则，"指明低建筑物在何处应加强城市的山形（Hill Form），在何处可以提供视景，在何处高大建筑物可以强化城市现存的开发格局"。类似地，建筑体量也可通过导则所建议的方式来反映城市文脉。

然而，这种驾驭不是刚性、僵死的，而是弹性、动态、阶段性的形体开发框架，如南京城东干道设计导则就明确了这样的指导思想："引导建筑师在整体城市设计概念框架的前提下，发挥各自的创意，鼓励多样性"。在有些场合，它还常常结合其他的非形体层面的法规条例加以实施，如结合特定的历史地段或文物建筑的保护条例、环境生态保护条例等。这样就既考虑了形体要素内容，又考虑了该城市设计发生的特定社会、文化、环境和经济的背景，使引导和控制更加全面。

对于建筑形态的引导和管理，除了上述的城市设计导则外，还可以在宏观层面上通过"总体城市设计"一类的策略和手段来实施建设驾驭。如埃德蒙·N·培根提出运用于费城中心区开发设计和实施的"设计结构"（Design Structure）概念（1974年），便为引导建筑设计和所有其他"赋形的表达"提供了地理尺度上"存在的理由"（图5-5-5）；同样在国内，近年来随着南京、杭州、无锡、常州、蓬莱等地在总体城市设计方面的积极实践和探索，已逐步形成了一套相对成熟和完善的理论和方法，同时也为下一步建筑形态的引导和管理提供了总体上的导控依据（图5-5-6）。

此外需要补充的是，对于某些拥有特色价值的重点地段（尤以古镇古村和历史地段为代表）来说，其在建筑形态上往往也有着自身特定的诉求，也更强调传统风貌和特色格局的传承和延续。因此，除了上述导则的图文表引导和总体城市设计的结构性控制以外，这类重点地段还需要更为有效的引导和更为详细的考虑。比如说可以先期引入"传统格局解析"方面的专项研究，通过点、线、面、自然基底等构

图 5-5-5 费城"设计结构"概念
资料来源：埃德蒙·N·培根. 城市设计 [M]. 黄富厢，译. 北京：中国建筑工业出版社，1989：269.

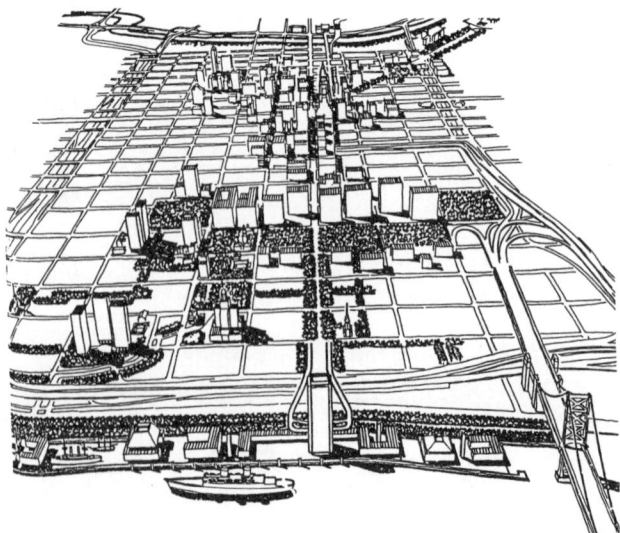

浦口中心城区用地强度分区理想模型

控规地块规划指标
建筑强度
0.00–0.05
0.10–1.00
1.00–2.00
2.00–4.00
4.00 以上

浦口中心城区用地强度优化模型

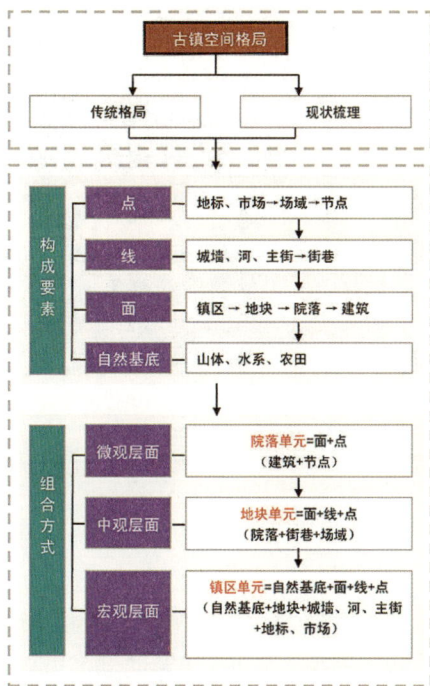

古镇空间格局

传统格局　现状梳理

构成要素

点　地标、市场→场域→节点
线　城墙、河、主街→街巷
面　镇区 → 地块 → 院落 → 建筑
自然基底　山体、水系、农田

组合方式

微观层面　院落单元=面+点
（建筑+节点）

中观层面　地块单元=面+线+点
（院落+街巷+场域）

宏观层面　镇区单元=自然基底+面+线+点
（自然基底+地块+城墙、河、主街
+地标、市场）

图 5-5-6　总体城市设计中对于南京市浦口区用地强度的分片导控（左）
资料来源：东南大学阳建强教授主持完成的南京市浦口中心城区概念性城市设计文本，2009–2010.

图 5-5-7　常州市孟河古镇的传统格局解析框架（右）
资料来源：东南大学吴晓教授主持完成的常州市孟河镇历史文化保护规划文本，2011–2013.

成要素的拆解分析和微观、中观、宏观三个层面的组合分析，来系统把握和深度发掘该地段典型的传统风貌和格局特色，为下一步的空间设计和形态导控提供更为具体到位和行之有效的原型依据及特征模块（图 5-5-7）。

总的来说，现代城市设计与传统城市设计相比，更加注重城市建设实施的可操作性；也更加注重建筑形态及其组合背后隐含着的社会和文化背景。

5.6　城市色彩

城市色彩影响着城市的整体环境和特色风貌，甚至还涉及城市的格调和文化内涵等更深层的领域。现在世界上有不少国家的城市，如德国、瑞士和奥地利都编制了自己的色彩规划，同样在国内也有一些城市（如北京和哈尔滨）确定了城市的主色调，并有许多城市正在酝酿之中。的确，一座有特色的城市尤其是历史文化名城，应该拒绝那种杂乱无序的色彩堆砌，而应找到符合特定身份定位的色彩性格并形成自身的特色。

5.6.1　城市色彩萌生的背景

1）自然色彩的摹拟：早期城市色彩的萌生

从人类文明发展的进程看，早期的色彩主要集中体现于建筑的外部装饰。只不过随着城市的形成和人们被自制的"人工场"所包围，建筑的色彩开始从自然中撷取和描摹原色。由于受到自然风土和传统文化的直接影响，它形成了与之相对应的独特鲜明的色彩样式，诸如大理石构成的雅典卫城、金顶赤壁的

图 5-6-1 金色与红色构成了紫禁城的主色调
资料来源：段进.城市空间发展论 [M].南京：江苏科学技术出版社,1999：彩页.

图 5-6-2 勒·柯布西耶设计的圣玛丽亚－拉土雷特修道院 （Sainte-Marie-de-la-Tourett），通过裸露的混凝土传达出一种原始主义的色彩
资料来源：（英）维基·理查森.新乡土建筑 [M].吴晓,于雷,译.北京：中国建筑工业出版社,2004：13.

紫禁城等（图 5-6-1）。此时的色彩不仅仅代表着祈福与愿望，更象征着神权、等级和阶层。但从城市规划的角度来讲，色彩的运用和影响仍然有限。

2）现代建筑思潮的兴起：城市色彩概念的成形

18 世纪欧洲的工业革命，对城市形态和城市规划产生了巨大影响，而其中影响最显著的首推 20 世纪崛起的国际式现代建筑流派：以柯布西耶、密斯·凡·德·罗等为代表的先驱们紧紧把握着建筑的功能要素，以功能、形式与材料的统一为出发点，在建筑色彩上极力体现建材的本色，高明度低彩度的墙面粉饰、灰色的混凝土墙面等均为其特有的设色风格（图 5-6-2）。随着城市的飞速发展，人们对城市形态开始提出更高的要求，于是城市色彩的概念逐步成形。

3）1960 年代以来：色彩设计开始融入城市规划

色彩对城市设计的真正影响源于 1960 年代，欧美一些国家开始在新城市规划设计中，引入色彩作为改善环境、展现文脉和延续城市特色的重要元素。尤其是大规模的城市设计，更是关注周边的自然环境色或是原城市环境色，并把建立美的色彩环境作为一项社会责任和城市规划的特定内容；甚至在不少发达国家，人们还把是否拥有优秀的城市色彩看作是体现城市风貌以及反映现代物质文明和精神文明的重要标志之一。

5.6.2 城市色彩设计的意义

色彩作为一种视觉形象要素，在城市建设和环境改善中的作用突出。其设计意义如下。

1）城市色彩是城市历史与文化的反映

从北京紫禁城的红墙到皖南民居的粉墙黛瓦，我们可以看到城市色彩所包含的大量历史和文化信息，而建筑便是向未来传承城市历史文化信息的重要载体（图5-6-3）。一旦延续千百年的城市色彩发生变化，就有可能切断信息传递的通路，而这恰恰是历史文化名城建设的大忌。

即使是发展较快的新兴城市，也可通过城市的色彩设计体现区域特质与地方文化。像深圳市便与发展目标相结合，将总体色彩定为绿水蓝天环境映衬下的浅米黄色系列。该色彩在强烈的亚热带阳光照射下，显得鲜明、充满活力且与环境色（绿色）相容，同时还与深圳年轻的现代化城市形象相吻合，较好地展现了其城市魅力。

2）城市色彩可以辅助城市空间的形成

空间不仅是物质的空间，更是色彩的空间。空间色彩的规划不仅要考虑到物质层面，更要考虑其文化层面，国际上的许

图5-6-3　粉墙黛瓦的皖南民居建筑
资料来源：www.ddpic.com/bbs/dispbbs.asp?boardID=I&ID=15965.

多城市都在打造文化品牌，培育城市文化，树立城市精神。建筑界面作为城市空间的限定因素，完全可以通过形体的配合和公共空间周边的色彩协调，来建构城市空间的个性，延续城市的文脉和场所感，并将传统文化、社会经济、地貌环境、风俗习惯等承载其中，从而达到改善城市色彩、空间尺度和空间环境质量的目的。

3）城市色彩对形体的调和是一种重要的补救措施

就整个城市的色彩而言，除了观赏性之外还有适用性，即：将城市的色彩与形体和谐地组合起来。如果说城市的形状产生于理智的控制，色彩则可以使人加深印象。它是连接城市形体的"粘合剂"，尤其是在某些纷杂凌乱的建筑无法拆除的前提下，和谐统一地施色往往可以收到很好的效果，并在一定程度上弥补因城市规划失控而破坏的城市风貌。城市色彩的设计手段，不是把色彩从城市中分离出去，而是使色彩在城市的每一个局部形体中均能揭示城市的整体特性，从而使整体的每一个部分都具有其完美的特征。

5.6.3　城市色彩设计的原则

1）城市色彩设计要体现城市空间结构的整体美

德国哲学家弗里德里希·谢林在《艺术哲学》中指出："……个别的美是不存在的，唯有整体才是美的。"同理，城市的色彩也需从整体上把握，由于建筑群、道路、桥梁、小品、绿地、花卉等各具色彩，通过人工装饰色彩之间、人工装饰色彩与自然色彩之间的关系处理，可以将各类色彩和谐地组合起来。一般来说，城市色彩的首要选择是主色调，然后再在不同的功能区搭配一种或几种适当的辅助色调即可，但色彩的分区要契合城市空间的功能性质与结构特点，以在统一与变化中实现平衡。

2）城市色彩设计要传承文脉，珍视城市现有的色彩特质和历史文化

丰富多彩的民族传统与民俗喜好为人们提供了博大深厚、取之不尽的给养和素材，也造就了各地城市不同的色彩特质及其所承载的历史文化。如果说红墙黄瓦的故宫建筑群掩映在浓绿的树林中，加之青瓦灰墙的四合院民居的鲜明衬托，构成了北方皇城的气势的话；苏州的粉墙黛瓦、石板路石桥的朴素本色、苍绿的古树与倒影灵动的水色，则成就了江南水乡的情致。大体而言，由于历史文化背景上的差异，北方城市的色彩相对明艳，南方城市的色彩则显淡雅。在经济迅速全球化的今天，我们特别要珍视这些城市独特的色彩特质和历史文化特色，来构建有个性的城市。

3）城市色彩设计要考虑城市的气候条件、山水特征，与自然环境相协调

一般来说，在相对寒冷的地区如北欧和我国的北方地区，采用暖色系如红砖清水墙等有助于营造温暖的环境氛围；若在南方地区也大范围采用，炎夏时节则会引起人们的烦躁感。因而南方地区宜采用浅色调，如白色、浅灰色等。

起伏的地形对于色彩设计是一个值得利用的因素。因为在地势平坦地区，建筑之间相互遮挡严重，色彩的呈现少有层次。而在山地、坡地，无论是低处远望还是登高远眺，色彩层次感极强。山体既是整个城市的眺望点，也是城市建筑的背景。水体则往往是城市天际线的最佳展示场所，同时也为滨水建筑提供了倒影效果。

4）城市色彩设计要考虑建筑场所不同的功能性质

不同功能的建筑场所，具有不同的空间氛围，因而对于色彩也有着不同的要求（表5-6-1）。

不同功能性质的建筑场所的设色原则   表5-6-1

建筑场所类型	总体要求	具体选色原则
居住建筑	要求同人们安宁、舒适的心理需求保持一致	大规模建设的住区以恬淡、柔和、愉悦、安全的色调为主；高层住宅则以稳重、和谐、明朗的色调为主
商业建筑	要求尽可能营造热闹、繁荣的氛围，而且由于广告性要求，原则上需要多样化的色彩	满足醒目、明快、舒适、丰富的视觉指向；避免用混沌、纷乱、无序、暧昧及晦暗的低明度色彩
金融商务建筑	要求风格严谨，用色庄重，体现理智、冷静、高效率的形象	主色调应选用稳重、大气的中性或偏冷、灰色为主的复合色
文教建筑	总体要求明净高雅，同其文化品位相映成辉，并根据不同的性质与年龄段分别选色	小学的色彩宜鲜艳松弛；中学的色彩环境应体现温暖、安静、严肃；大学的选色则需冷静、平和、严肃
行政办公建筑	要求风格朴实，用色庄重、严肃	主色调可考虑低彩度的灰色或是明度对比高的冷色
开放空间	"回归自然"成为主流需求，建筑的色彩仅是其中的点缀和陪衬，应根据不同的空间类型确定不同的设色原则	公园、绿地等应以丰富的植物色彩配置为主导，注重冷暖调和季节性搭配，体现宜人、恬淡、宁静的氛围；广场、步行区等除了植物色彩的搭配外，还需注意地面铺砌与周边建筑的协调，并体现地方特色，以体现稳重、大气、典雅的氛围

资料整合于：陈玮，王涛，丛蕾.创建多样和谐的城市色彩环境——武汉城市建筑色彩控制和引导技术 [J]. 城市规划，2004（12）：96.

5.6.4 城市色彩的控制引导

城市色彩主要由两部分构成：其一是建筑色彩，指城市色彩中众多建筑物的群体色感，可分为建筑的主色调（在建筑主体中占有统治性的颜色，如墙面、屋面）和辅色调（建筑门窗、装饰线脚等的色彩）；其二是场所色彩，它相对建筑色彩而言，是与建筑色彩相互补充的环境色（天空、水体、岩石等纯自然色彩除外），包括铺地、街道设施、绿化等的色彩。

在城市设计中，城市色彩的控制引导建议采用主色调统一、辅色调统一与场所色统一三种方法（图5-6-4）：

主色调统一是指在一定的区域范围内，建筑的墙面或屋顶采用相同或相近的色调。

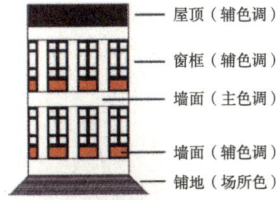

图5-6-4 主色调、辅色调和场所色的控制引导示意

资料来源：阎树鑫，郑正.城市设计中的色彩引导——以温州中心区为例[J].城市规划汇刊，2003（4）：63.

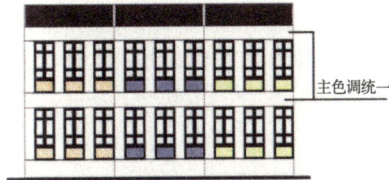

图5-6-5 推荐色谱示例

资料来源：陈玮，王涛，丛蕾.创建多样和谐的城市色彩环境——武汉城市建筑色彩控制和引导技术[J].城市规划，2004（12）：96.

辅色调统一是指在一定的区域范围内，建筑的门窗或装饰线脚采用相同或相近的色调。

场所色统一是指在一定的区域范围内，铺地色彩、街道设施色彩和绿化色彩采用相同或相近的色调。

在城市色彩的设计实践中，首先可依照城市设计的原则将城市进行特色分区；然后分别确定不同分区的目标定位，再据此应用相应的色彩控制引导方法（表5-6-2），像陈玮、王涛等学者便依此思路，为武汉推荐了一套具体色谱与色调搭配（图5-6-5、图5-6-6）。

图5-6-6 推荐色调搭配示例

资料来源：陈玮，王涛，丛蕾.创建多样和谐的城市色彩环境——武汉城市建筑色彩控制和引导技术[J].城市规划，2004（12）：96.

城市色彩的控制引导方法应用 表 5-6-2

总体定位	方法应用
城市色彩与城市发展文脉相协调	主色调统一法
城市色彩与自然气候环境相协调	主色调统一法 场所色统一法
城市色彩与城市空间氛围相协调	主色调统一法 辅色调统一法 场所色统一法

资料来源：阎树鑫，郑正.城市设计中的色彩引导——以温州中心区为例 [J].城市规划汇刊，2003（4）：65.

思考题

1. 城市的空间格局主要包括哪些典型模式？又包括哪些构成要素？

2. 城市交通在道路景观的组织和停车组织方面，各需注意什么问题？

3. 城市开放空间的体系化设计要遵循什么原则？

4. 城市设计应如何针对建筑形态及其组合进行引导和管理？

5. 城市的色彩设计有哪些原则？又如何实现对城市色彩的控制引导？

主要参考书目

[1] （美）凯文·林奇.城市意象 [M].方益萍，何晓军，译.北京：华夏出版社，2001.

[2] J·麦克卢斯基.道路形式与城市景观 [M].张仲一，卢绍曾，译.北京：中国建筑工业出版社，1992.

[3] （英）M·益奇，M·凡登堡.城市硬质景观设计 [M].张仲一，译.北京：中国建筑工业出版社，1986.

[4] （日）芦原义信.街道的美学 [M].尹培桐，译.北京：中国建筑工业出版社，1988.

[5] 王建国.城市设计 [M].2 版.南京：东南大学出版社，2004.

[6] 段进.城市空间发展论 [M].南京：江苏科学技术出版社，1999.

[7] 沈玉麟.外国城市建设史 [M].北京：中国建筑工业出版社，2004.

[8] 陈小丰.建筑灯具与装饰照明手册 [M].北京：中国建筑工业出版社，2000.

[9] 城市规划编制办法（中华人民共和国建设部令第 14 号）[S].1991.

[10] 陈雨露，吴晓，高源，等.城市设计中的项目策划思路框架解析[J].规划师，2013(3).

[11] 王慧，吴晓.运河古镇传统空间格局的图解初探——以常州孟河、万绥为例 [J].新建筑，2013（4）.

[12] Shirvani Hamid.The Urban Design Process[M].New York：Van Nostrand Reinhold Company，1981.

[13] Kevin Lynch.Site Planning[M].Cambridge：MIT Press，1984.

【导读】城市之间千差万别，难以一言蔽之。但是根据不同的功能区分，或是从体验者与城市环境双向作用的意象角度，可以将城市概括为不同类型的空间要素，这些要素通常具有相对围合的边界、性质独立，对城市交通、生活、景观等起着重要的作用，是城市设计关注的核心内容。本章意图构筑起一个典型城市空间类型的框架，具体包括道路、广场、绿地、中心区、大学校园、居住区、建筑综合体和滨水区8种类型，总结设计原则与核心要素，提供可供借鉴的经典案例与具有时代感的近期作品。在这一框架体系中，应掌握不同城市空间类型的设计原则与要素，并结合相关成果与设计作品加以应用与创新。

6.1 城市道路空间

6.1.1 道路的概念与历史发展

道路是一种基本的城市线性开放空间，在大部分城市中占用地总面积的1/4左右。道路的功能主要包括两个方面，其一为交通空间功能，即市民可以安全、迅速、准确地到达目的地的通道与途径；其二为生活空间功能，即市民休息、散步、生活的公共场所。对于交通功能突出的城市通道，人们习惯称其为"道路"，而生活功能突出的道路，人们则习惯称其为"街道"。

事实上，大部分的城市道路兼有"道路"与"街道"的特征，只是在不同情况下各有侧重。一般而言，大部分城市按照道路承担的交通流量将全市道路划分为不同的等级，等级越高（如城市快速路、主干道），道路断面围合感越弱，车行流量越大，步行流量越小，道路特征越显著，街道特征越淡化；反之，道路等级越低（如城市次干道、支路），道路断面围合感越强，车行流量越小，步行流量越大，道路特征越淡化，街道特征越显著。

城市发展的历史表明，不少传统城镇聚落的形成都与线性道路的发展有关。如我国一些江南水乡城镇早先就是以自然河道为基础发展起来的，所谓的"一河一街""一河二街"的空间形态就是城镇沿河线性发展的直接结果。在今天看来，这些早期的城市道路其实就是"街道"的概念。步行曾经是前工业社会人们生活出行的最主要方式，偶有为之的人力或畜力交通工具，如推车、坐轿和马车等，也不足以对步行活动产生威胁，道路是完全属于人的空间。

进入工业时代以后，道路的性质发生了实质性的改变。电车、火车、汽车等现代交通工具促使城市边界不断向外扩张，道路作为联系城市内部各点之间的路径，交通地位日益上升，机动车道与停车场侵占了道路的大部分用地，生活空间则被日益压缩到交通安全岛、人行道等极为有限的区域。诚然，这种从早期"街道"向近现代"道路"的特征转变，是社会发展的一种客观变迁，然而多年以来过度强调道路交通功能、忽视街道生活功能的做法，也导致了许多社会和环境问题。

6.1.2 道路空间设计的要求与原则

1）便捷高效原则

作为城市地区间的联系通道，道路交通的顺畅便捷是基本要求。设计需要在城市各级道路规划的基础上，在完成道路所需的交通任务的前提下，对上位规划的道路作进一步的细化与完善，综合考虑不同道路的性质、人车流疏密与特点，合理确定道路的位置、长度、宽度、断面、线型以及人车交通之间的关系，既方便汽车通行，又不对行人产生干扰，确保城市人行、车行交通的便捷、高效与安全。

2）舒适宜人原则

道路不仅是市民交通的载体，更是生活所需的重要公共场所，无论是车行还是人行都应该从中获得舒适、宜人的空间感受。为此，一方面需要通过对道路沿街建筑高度体量、栽植、交通设施的合理设计，并结合道路断面、线型等要素，形成快速交通行进途中的大尺度优良景观，同时又要通过对建筑底层界面、道路铺装、生活设施等要素的精心布置，界定宜人的非交通空间，形成符合人体尺度的步行区，营造舒适的城市生活氛围。

图6-1-1 哥本哈根市中心自行车租用点
资料来源：（丹麦）扬·盖尔，拉尔斯·吉姆松. 新城市空间 [M]. 2版. 何人可，张卫，丘灿红，译. 北京：中国建筑工业出版社，2003：56.

3）局部步行原则

尽管大部分城市道路兼有车行与人行空间，尽管许多城市通过加宽人行道获得了更多的生活场地，但这些举措无法从根本上消除车行与人行之间的矛盾，满足市民对早期社会"街道"空间的向往。欧美等发达国家的成功经验表明，可以在城市的局部地段，如中心区、商业区、游览观光区等建立步行街（区），实行相对彻底的人车分流。

4）公交优先原则

与其说公交优先是有关道路空间的设计原则，不如说是近年来为许多发达城市所认可的一项城市发展策略，因为它不直接影响道路空间，而是通过优先扶持城市公交系统的建设减少市民对私家车的依赖，缓和人车矛盾。具体措施包括完善公交线路、开设公交专用道、增添电车、轻轨等新型公交工具，有些城市甚至还建立了一系列自行车免费租用点，供市民在特定的城市范围内使用（图6-1-1）。

6.1.3 道路空间设计的相关要素

1）比例

在空间构成的角度，人们对于道路空间的感受很大程度上是通过感知道路宽度（D）与沿街建筑高度（H）之间的比例关系获得的。相关研究表明：当 $D/H<1$ 时，空间具有一定的封闭感；当 $D/H = 1 \sim 3$ 时，存在围合感，且 $D/H>2$ 时产生宽阔感；而当 $D/H>3$ 时，则几乎不存在围合感。

因此，对于大部分城市道路而言，$D/H = 1 \sim 2$ 是比较理想的断面构成比值，此时的空间宽度与高度之间存在着一种均衡、匀称的关系。但对于一些交通流量较大而导致路幅较宽的道路，如城市快速路、主干道等，D/H 常常会达到3以上，为弱化由于路幅过宽而引起的道路空旷感，利用复数列的行道树对道路断面进行细分成为常用的设计手法之一。$D/H<1$ 的断面多用于城市支路、巷道等街道特征相对突出的道路，以创造亲切宜人的生活尺度与氛围（图6-1-2、图6-1-3）。

实际生活中，人们对于道路空间的感受不是静止的，而是在持续行进的过程中逐渐形成的。因此，道路长度（L）及其与道路宽度（D）之间的比值

图 6-1-2　瑞士苏黎世银行大街宽高比约 1.5
资料来源：王建国. 城市设计 [M]. 2 版. 南京：东南大学出版社，
2004：127.

图 6-1-3　上海里弄宽高比约 0.4
资料来源：魏晨摄.

成为体现道路连续性与统一性的重要指标。一般来说，当 D/L 的数值大到一定程度，即路幅宽而长度短时，道路的线性空间感减弱，代之以类似城市节点的广场感受；反之，如果 D/L 数值小，即路幅窄而长度长，则道路的线性空间感增强，步道印象强烈。

2）线型

城市道路的线型大体可以划分为直线型与曲线（折线）型两类。

直线型道路具有明确的方向性与始终如一的平面线型，空间视线通畅，交通流量与速度相对平稳，基础设施与市政管线铺设便捷，因此大部分城市道路，尤其是交通功能突出的宽幅道路，多采用直线型。在景观上，直线型道路多为从起点至终点的长景，所以古往今来的许多城市常常通过道路两侧庄严对称的空间布局，营造庆典、纪念、迎宾等具有特殊意义的城市公共道路，并在道路尽端的中央或一侧设置标志建（构）筑物制造端部对景，形成视觉焦点。为矫正因近大远小的透视关系所带来的视觉误差，端景建筑的体量与尺度往往有所夸张。

意大利佛罗伦萨的乌菲齐大街是一条经典的城市直线型道路，两侧整齐划一的 3 层建筑界面形成道路行进的序列，远处纤秀高耸的市政厅塔楼成为运动的底景，同时也成为从道路空间向广场空间转换的节点。正如芦原义信在《街道的美学》中所写，"在街道中，若尽端什么也没有，街道空间的质量是低劣的，空间由于扩散而难以吸引、留住人。相反，在尽端有目的物或吸引人的内容时，线型空间的中部也容易感动人"（图 6-1-4）。

与视线方向始终如一的直线道路相比，曲线（折线）道路可以通过一次或多次的方向转换创造出景观多变的空间体验，中世纪的欧洲小镇就是这种曲线道路空间的典型代表，许多学者称在这样的道路中行进可以令人持续兴奋，人们总在"期待每个角落的展开或是小巷里难以预料的左右拐弯能带来的画面般的景象 [1]"。

---

① （英）克力夫·芒福汀. 街道与广场 [M]. 2 版. 张永刚，陆卫东，译. 北京：中国建筑工业出版社，2004：157.

图 6-1-4　直线型的佛罗伦萨乌菲齐大街
资料来源：王建国. 城市设计 [M]. 2 版. 南京：东南大学出版社，2004：17.

图 6-1-5　曲线型的英国伦敦摄政街
资料来源：邹德慈. 城市设计概论 [M]. 北京：中国建筑工业出版社，2003：66.

　　曲折的道路可以造就多变的空间与景观，但线型骤变、行车视距小、视野盲区大等因素也在一定程度上影响道路交通的流量与速度。据交管部门统计，道路发生转折的位置常常也是交通事故的多发地段。因此，曲线型道路多应用于以下两种情况：其一为交通功能弱、生活功能强的城市支路、步行街区等窄幅道路，通过路面线型的变化创造丰富趣味的生活空间；其二为有地形需要的场合，如山地、滨水地带等，为保持城市自然地形的原生型，曲折的线型成为惯用的选择，且在有需要的前提下，平面的曲线还会与纵向坡度结合，形成立体的曲线道路系统。特别值得一提的是，曲线型道路（尤其是宽幅道路）的转折处，往往形成类似直线道路尽端的空间效果，因而是设置标志建筑的良好位置，需要特别关注（图 6-1-5）。

　　3）沿街建筑与界面

　　沿街建筑是构成道路空间的垂直界面，对行人空间体验有着重要影响。

　　首先，建筑功能在一定程度上制约着道路氛围的形成。所以，在满足地方各级规划功能的前提下，沿街建筑，尤其是生活特征显著的道路底层建筑功能（多为商业、零售业）宜保持一定的连续性。一方面，相同的功能有利于建筑底部外立面造型的整齐一致，同时行为方式的有效聚集也有利于形成良好的生活氛围。为此，纽约区划特别规定，百老汇大街、第五大道等道路的沿街建筑底层必须安排面向街道的零售业，且类似银行、售票处等非积极性商业不在其内。

　　沿街建筑的屋顶轮廓线是构成道路空间景观的重要因素。古今中外的经典道路实例证明，相对一致的建筑高度易于使人产生规整统一的感受，过多的变化则显得杂乱无序。对于同一道路，除标志性、特殊性建筑以外，其余沿街建筑宜形成一个基本的高度标准，如巴黎、柏林等欧洲名城沿街建筑的高度基本控制在 21m 左右。这一标准不仅反映为建筑的绝对高度，而更指建筑的檐口高度（裙房檐口、塔楼檐口），因为檐口往往是行人所观察到的建筑与天空交接的真实界面。高度一致的塔楼檐口可以给车行人流以规整的空间感受，整齐划一的裙房檐口则可以给步行人流以连续的界面体验。

人们对于道路宽度的感知通常不是通过规划中的道路红线，而是沿街建筑的外墙面。凸凹不一的外墙面往往造成空间的破碎感，不利于道路的整体感受，路幅较宽的交通性道路尤其如此。如深圳深南大道，因缺乏前期规划，道路街面进退不一，有些地方高楼对峙，有些地方则空旷无物。所以，保持建筑外墙位置的基本一致是道路空间

如果沿街布置的建筑物都很细高，那么街道空间给人以很高的印象。
当高层建筑设有一至二层的裙房时，其高度效果则逐级加强。路灯、树木的高度要考虑与裙房的高度保持一定的平衡关系。

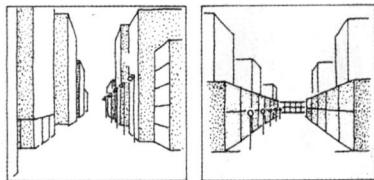

商店、雨篷、树木等成为街道空间的一部分。
这些景物对视觉的高度感觉起到了限制作用，可能引起高度感觉的变化。

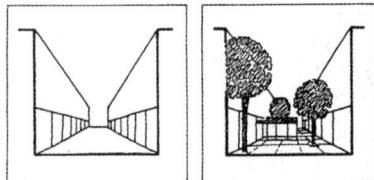

采用联拱柱廊和骑楼形式之后，由于各种屋顶覆盖了街道空间，使得高度效果明显减弱。

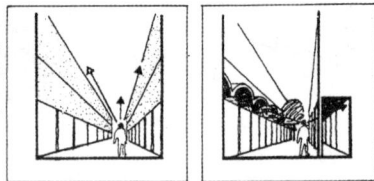

图 6-1-6　道路空间与两侧建筑形态关系示意
资料来源：（德）普林茨.城市景观设计方法 [M].李维荣，等译.天津：天津大学出版社，1989：44.

设计的重要手法。目前，为产生充裕的道路步行空间，许多道路都采用了外墙连续后退的方法，具体方式可分为三类：其一为整个墙面后退，更好地吸纳步行人流，同时为街道设施的布置、绿化的栽植、街头公园广场的形成创造条件；其二为建筑底部一、二层墙面后退形成柱廊，提供室内外过渡的灰空间，为市民提供良好的风雨庇护，这种做法在商业街、步行街的应用十分普遍；其三为建筑塔楼墙面后退，这种方式主要用于路幅较窄的道路，可以通过上部墙面的后退增加道路开放感，获得清新明快的空间感受（图 6-1-6）。

沿街建筑外立面色彩与材料的使用对道路形象也有很大的影响。虽然企图控制每栋建筑的色彩与材料并不现实，但为道路制定一个统一的色调与材质标准，在此基础上由每栋建筑进行灵活变化的方式依然很有必要。如横滨关内地区规定沿街建筑主要以红砖色与茶色为主。此外，对于建筑附属设施，如户外广告、商招、阳台、窗檐、遮阳篷、空调窗机等突出建筑外墙的部分，设计也需要作出统一规定，避免因零碎、杂乱对道路景观造成破坏。

4）铺装、栽植与相关设施

路面是人们步行与车辆通行的基面，其铺装设计对于道路空间的整体效果有着重要的意义。其中，车行道路面的铺装通常由交通部门负责，多采用灰色的沥青与混凝土，为改变车道空间阴暗沉闷的氛围，目前许多城市也采用彩色沥青路面。人行道路面的铺装是城市道路设计的核心，其选材通常要具备一定的强度、透水性与可更换性，同时表面平坦、不追求"广亮化"。在商业氛围浓厚的地区，人行道路面铺装排列宜形成引人注目的纹理，突出图案性与几何感，局部地域可通过不同的色彩、排列、材料表现出重点、引导、逗留等多种路面信号；居住氛围浓厚的地区则宜采用简单、同一的路面铺装，平静朴实的日常生活是设计考虑的第一要素。

在构成道路空间的所有设计要素中，栽植是唯一的生命物体，它不仅直接参与道路空间的构成，形成阴影庇护，提供视觉连续性，还通过地域性植物特有的活力、形态、色彩与季相变化形成独特的街景风格，如南京的林荫道、巴黎的香榭丽舍大道、美国一些城市中的"公园路（Parkway）"等。通常情况下，道路栽植应与道路性质保持一致，一般道路交通等级越高，栽植的高度与规整程度也越高，如银杏、榉树、悬铃木等都是常见的高大行道树；生活功能显著的窄幅道路则宜种植植株偏小、具有花木个性的亚乔木与小乔木，如垂柳、夹竹桃、珊瑚树等，并结合各种灌木形成色彩斑斓的空间层次。此外，由于大多数栽植都有一个成长的过程，设计中需要预留出一定的生长空间，并通过日常的整修工作确保其自然魅力（图6-1-7）。

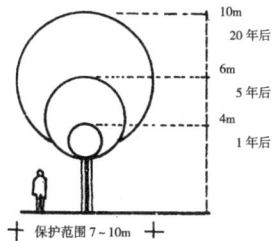

图6-1-7 道路栽植生长空间

资料来源：(德)普林茨.城市景观设计方法 [M]. 李维荣，等译.天津：天津大学出版社，1989：44.

最后，各种相关设施也是道路设计必须考虑的因素之一，如分离设施（护栏、路墩）、交通设施（指示牌、信号灯）、照明设施（路灯）、生活设施（坐凳、电话亭、垃圾箱、候车站）、公益设施（变压器、电线杆）等，它们的缺失与设计不当常常令人感觉空间功能与精致程度的不足。一般情况下，道路相关设施的设计必须通过研究确定适当的数量，避免由于过多的设施数目影响正常的交通与生活功能，另一方面则需要注意各设施之间在色彩、外形等方面的协调统一，增强道路景观的艺术效果。

6.1.4 步行街（区）设计

1）意义与分类

自古以来，步行是市民最普遍的行为活动方式。当步行遭到车行交通的破坏时，人们就产生了人车分离的设想。历史上，罗马大帝凯撒就曾规定日出至日落之间禁止大车和马车进入罗马城,庞贝城的集会广场只允许步行者使用。当然，这种人车之间的冲突在农业社会并不突出，但是工业社会以来，道路空间不断为机动车交通蚕食，步行空间变得危险，空气污染日趋严重，社区场所被人为割裂，基于步行方式的民俗人文活动丧失殆尽。

有鉴于此,荷兰、德国、丹麦等欧洲国家尝试建立起"无车辆交通区"(Traffic Free Zone)。随后，越来越多的国家陆续在城市局部地域，尤其是人口密集的老城区地带实施人车分流，改善城市人文环境和物理环境。所以，所谓步行街（区）是将道路的生活功能从交通功能中独立出来，形成供人徒步行走而不过多受现代化交通工具干扰的特殊道路空间，它是"以人为本"的设计思想在城市道路系统中的集中体现（图6-1-8）。

目前，世界上大大小小的城市根据各自的城市特点与背景，建立起各式各样的步行街，从不同的角度可将其划分为不同的种类。

（1）根据不同的空间位置，步行街可以分为地面、地下、空中三种。地面步行街是最常见的步行街类型，地下、空中步行街则通过人流的立体引导实现与车流的分离。其中，地下步行街多与地下商业中心、地铁站点结合，空中步行街在道路用地有限或气候寒冷的城市应用较多。如美国明尼阿波利斯市中心与中国香港的中环地带，市民可以通过二层步道系统在区内主要公共建筑之间自由穿行（图6-1-9）；加拿大卡尔加里市中心则以"+15"电梯步行系统，即距地面15ft以上的过街天桥系统而著称，该系统共包括41座过街天桥，是世界上规模最大的高架步行系统之一。

（2）根据不同的道路性质，步行街可以分为商业步行街、自然景观步行街与传统文化步行街。商业步行街是将商业活动与步行休闲活动结合在一起的空间类型，在城市发展的历史上，商业和人流是一对相互促进的因子，人流的聚集带动商业发展，商业发展又引起更多的人流汇聚，二者的叠加是提升城市环境效益与经济效益的有效途径，如上海南京路、北京王府井、苏州观前街等都是我国著名的商业步行街。当然，目前的步行街呈现出商业、景观、文化性质彼此融合的趋势，如结合历史街区设置商业活动，商业步行街中引入自然山水景观要素等，南京著名的夫子庙历史街区，即是以学宫、贡院为历史要素，秦淮河为自然风光，结集300多家特色商铺、风味摊点，融商业、文化、服务、旅游于一体的步行街区。

（3）根据人车分离的不同形式，步行街又可分为完全分离式与非完全分离式。顾名思义，完全分离式步行街实行彻底的人车分离，除发生特殊灾情外禁止机动车辆进入，如日本伊势佐木步行街、哈尔滨中央大道步行街等。非完全分离式步行街在一定程度上存在人车共存现象，具体包括以下三种情况：其一，限速／限量步行街，即通过减速路面、路障等特殊道路结构设置或单向行驶、限制载重车等交通管制措施，降低机动车行驶的速度与流量，为人行活动创造条件；其二，限时步行街，即根据不同时段的交通流量对人车分流程度进行调节，

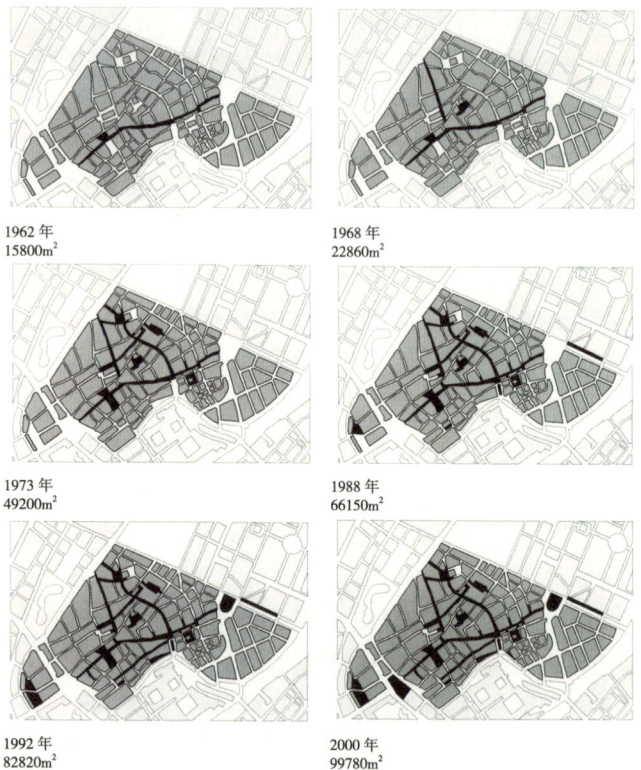

1962年
15800m²

1968年
22860m²

1973年
49200m²

1988年
66150m²

1992年
82820m²

2000年
99780m²

图6-1-8 1962～2000年哥本哈根市中心步行空间分布增长示意
资料来源：（丹麦）扬·盖尔，拉尔斯·吉姆松．新城市空间[M]．2版．何人可，张卫，丘灿红，译．北京：中国建筑工业出版社，2003：57.

图6-1-9 美国明尼阿波利斯城市空中步道
资料来源：作者摄．

通常节假日、晚间等人流高峰时段实行完全的人车分离，其余非高峰时段则允许机动车通行；其三，公交混合步行街，即允许公交车辆通行，为市民的出行、转乘提供便利，公交类型主要包括公共汽车、有轨电车、穿梭巴士等，少数城市也将出租汽车、服务用车列在其中。

当然，每一条步行街的类型并非固定与一成不变，其选择决定于所在街区的城市背景与环境特色。从世界范围看，人车完全分离与公交混合方式的地面商业步行街是目前数量最多的步行街形式。

2）步行街设计

影响步行街设计的要素很多，首要之一是正确的选址。步行街以步行休闲活动为依托，所以一定的人流密度是选址的基本条件。目前，许多步行街都设置在大型居住区附近，这些居民在茶余饭后将以此作为主要的休闲娱乐空间。此外，城市的许多特色地段也可以利用购物、景观等资源优势吸引步行人流，故而城市商业中心区、景观风光区、传统文化保护区等特色地段也是步行街选址的重要场地，如南京新街口正洪路步行街（商业中心）、扬州古运河步行街（滨水景观带）、上海新天地步行街区（历史文化风貌区）等。

其次，成功的步行街设计需要具备良好的交通出行条件。为此，步行街两端往往设有系列的公交点与换乘站，或是直接允许公交车驶入步行街，方便市民进出与换乘。部分步行街还在出入口处设有人行天桥、地下隧道等立体交通系统，将人流从城市主要道路引入步行区域。考虑到我国目前中等城市高达65%的自行车出行率与私家车拥有量急剧上升的发展态势，步行街主要出入口处需要设置或预留足够的自行车与机动车停车场地，历史上许多步行街就曾出现因停车面积不足而侵占步行空间导致环境杂乱、人气不足的情况。此外，如果步行街两侧设有商铺，则宜在商铺背侧增加与步行街平行的支路，形成商铺货运辅道，同时也作为步行街的疏散道路和消防通道。

最后，步行街自身设计主要系解决好尺度与空间的问题。就长度而言，相关研究表明，连续步行500m左右有休息的需要，过长的徒步活动容易引起疲劳，所以步行街长度一般控制在300～1000m，如日本步行街平均长度为540m，美国为670m，欧洲城市为820m。当然，1000m以上的步行街在大城市中也有出现（如上海南京路步行街1033m，北京王府井大街1785m），这些街道需要注意每500m左右设置途中出入口，方便市民及时进出，消除步行厌烦感。步行街宽度一般设定在12～20m，既保证人流的正常移动，同时可以留出充足的休闲娱乐空间。对于传统街区改造成的步行街或位于城市干道的步行街，其宽度可在此基础上适当缩放。步行街沿街建筑高度以2～4层居多，高层建筑以后退为宜。

由于步行街多为平面线型布局，设计中应避免形成单调冗长的空间，而宜通过沿街建筑的退缩、围合以及道路线型的变化形成别致曲折的空间感受。常见的做法为每隔150～200m左右在线型道路中加入一个扩大的"场"空间，形成较大规模的驻足场地，如广场、庭园等，增强环境的舒适度与亲切

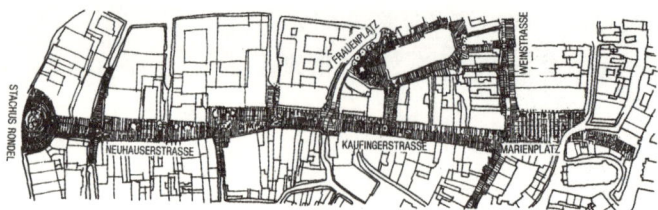

图 6-1-10　德国慕尼黑步行街平面图
资料来源：王建国. 城市设计 [M]. 2 版. 南京：东南大学出版社，2004：110.

图 6-1-11　德国慕尼黑步行街中的放大场空间
资料来源：王建国. 城市设计 [M]. 2 版. 南京：东南大学出版社，2004：110.

感，如德国著名的慕尼黑步行街（即"津森十字"步行街），其最大的场空间宽度达到 40m，可以容纳很多的露天表演和游乐活动。如此通过多个"场"空间的串接，形成高潮起伏的步行街空间序列，保持对市民的持续吸引力（图 6-1-10、图 6-1-11）。

　　对于商业步行街而言，两侧良好的商业功能定位是其今后能否成功运营的关键因素。由于步行街的特定氛围与规模所限，一般情况下其沿线商业设施不以"多""全"为特点，而强调以中小型专业商店为主，结合当地人文资源，形成一种或多种门类的专业街，利用同类商品的聚集效应，增加步行街运营的吸引力，如当地土特产制品街、文房四宝专营街、精品服饰街、儿童用品专卖街等。在提供商业服务的同时，步行街常常还需要配备餐饮、娱乐、休闲健身等其他的服务功能，使人们在简单的购物之余体味到聚会、聊天、吃饭、健身等多层次的社会生活，进一步促使商业功能的提升。

　　最后，环境景观也是步行街设计不可忽视的重要环节。相关调查显示，70% 以上的市民游历步行街的目的并非出于明确的购物、餐饮等功能需要，而是希望从中获取一种自由惬意的休闲感受。因此，设计过程中需要通过对各种环境要素的处理营造宜人的生活氛围，如行道树（适宜地方气候的中小规模乔木树种）、花草坛（良好的季相变化并与休息设施配合）、残疾人坡道（有地面高差的局部区域）、公共厕所（较大规模的驻足节点空间附近）、座椅（围台式、直线式、弧线式、多角式等多种形式结合）、电话亭（偏离行径主线，局部围合隔声）、导游图（出入口及较大规模的驻足节点空间）、雕塑小品（符合地方特色与行为特征）、路面铺装（表面光洁防滑、图案精美）等。当然，过多的环境要素变化常常是导致步行街景观"杂乱"的根源，为此有必要建立一些基本的秩序与风格，如主要

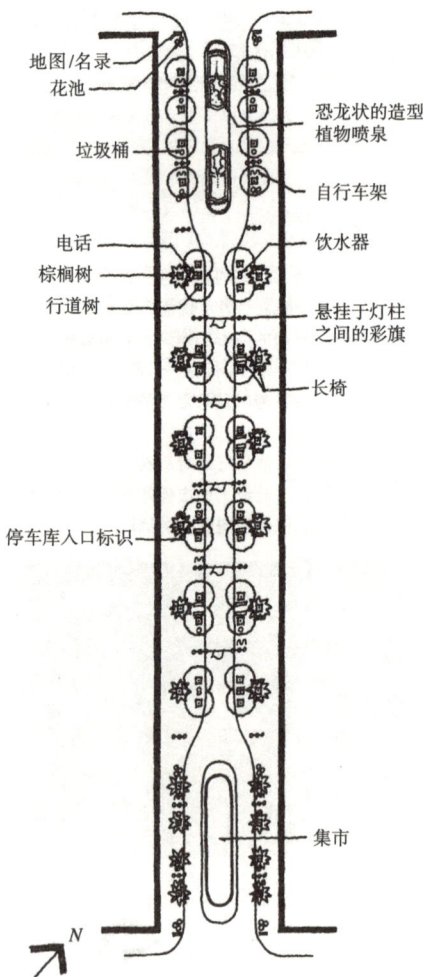

图 6-1-12　美国圣莫妮卡第三步行大街环境设施平面布置图
资料来源：（美）克莱尔·库珀·马库斯，卡罗林·弗朗西斯. 人性场所——城市开放空间设计导则 [M]. 2 版. 俞孔坚，等译. 北京：中国建筑工业出版社，2001：67.

的栽植树种、铺装用材、小品色调等，在此基础上施以变化与处理。最后需要提醒的是，任何条件下的步行街环境要素设置必须注意留出净宽 3～4m 的通行空间，以确保紧急状态下特殊车辆的交通顺畅（图 6-1-12、图 6-1-13）。

6.1.5 案例分析

1）巴黎香榭丽舍（Champs-Elysees）大街改建项目[①]

经过 16～19 世纪近 300 年的建设发展，巴黎香榭丽舍大街被巴黎人毫不谦虚地称为"世界上最美丽的林荫大道"。

香榭丽舍大街呈直线型，东起协和广场，西至星形广场，全长约 2.1km，雄伟庄严的凯旋门（星形广场）与直立高耸的方尖碑（协和广场）是大街两端的视觉中心。大街以圆点广场为界分成两部分：东段以自然风光为主，两侧是高大的梧桐树与平坦的英式草坪，恬静安宁；西段两侧是 6 层左右的高级商业建筑，如特色的时装店、高档化妆品店、餐馆、夜总会等，与其相邻的人行道区域是巴黎最主要的步行空间。

图 6-1-13　南京 1912 步行街区指示牌
资料来源：作者摄.

为改善道路西段的步行环境，香榭丽舍大街于 1992 年进行了改建。大街原有的双向 10 车道路幅保持不变，机动车道两侧 12m 宽的停车道并入人行道空间形成 24m 宽的步行区域。停车功能改为地下，约 5 层 850 个车位。地下停车场入口坡道建于新的人行道中。

新拓宽的人行道路面全长都用简洁、连续的浅色花岗石铺装，中间嵌有深色花岗石作为装饰。花岗石铺地从纵向将人行道分为四个区域。最靠近建筑外墙的是功能区，餐馆可以在 5m 范围内设置玻璃屋为路人提供服务，剩余的部分则被用来提供露天服务。第二个区域是向外侧新拓的步行区。其余两个区域是较窄的带形区，用以设置景观、照明及花坛、坐凳等街道设施。此外，新老人行道之间还种了一排行道树，作为对原有行道树的补充。

川流不息的车辆见证了香榭丽舍大街的交通繁忙，而日常的城市生活又为其增添了一份高贵优雅的气质。有趣的是，虽然道路改建增加了一倍的人行道面积，但仍然被巴黎人挤得满满的，他们在享受城市、街道和生活的乐趣。在这个巴黎的心脏，繁忙的交通与优雅的生活得到完美的统一（图 6-1-14～图 6-1-17）。

[①] 参见：（丹麦）扬·盖尔，拉尔斯·吉姆松. 新城市空间 [M]. 2 版. 何人可，张卫，丘灿红，译.
　北京：中国建筑工业出版社，2003：142.

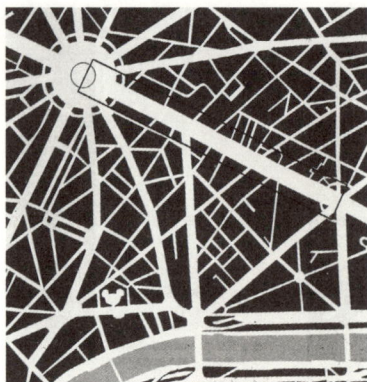

图 6-1-14　巴黎香榭丽舍大街城市位置
资料来源:（丹麦）扬·盖尔，拉尔斯·吉姆松.新城市空间 [M]. 2 版. 何人可，张卫，丘灿红，译. 北京：中国建筑工业出版社，2003：140.

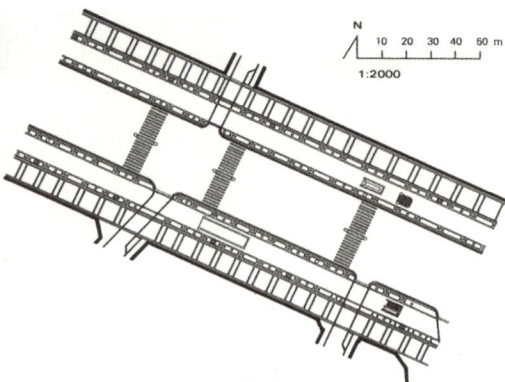

图 6-1-15　巴黎香榭丽舍大街局部平面图
资料来源:（丹麦）扬·盖尔，拉尔斯·吉姆松.新城市空间 [M]. 2 版. 何人可，张卫，丘灿红，译. 北京：中国建筑工业出版社，2003：140.

图 6-1-16　巴黎香榭丽舍大街街景
资料来源:（丹麦）扬·盖尔，拉尔斯·吉姆松.新城市空间 [M]. 2 版. 何人可，张卫，丘灿红，译. 北京：中国建筑工业出版社，2003：142.

图 6-1-17　巴黎香榭丽舍大街鸟瞰
资料来源:（丹麦）扬·盖尔，拉尔斯·吉姆松.新城市空间 [M]. 2 版. 何人可，张卫，丘灿红，译. 北京：中国建筑工业出版社，2003：143.

2）旧金山花街 [①]

旧金山的罗姆巴德大街（Lombard Street）在经过俄罗斯山时，有一段 40° 的陡坡，形成了由八个急转弯组成的蛇形曲线路段。这个路段位于南北走向的海德大街（Hyde Street）与莱温沃斯大街（Leavenworth Street）之间，呈东西走向。配合着弯曲的路形，沿着路的两侧，布置了树篱和花坛，远远望去，整个道路被鲜花和绿丛所充满，行车道被全部隐藏起来，故而，这段街被人们习惯地称为"花街"。

罗姆巴德大街的连续性在这里好像忽然被绿化打断了，路面铺装材料的材质也发生了变化，颜色则变成了暗红色。这种变化使该路段与其他路段之间产生了一种戏剧性的对比效果。整个路段从下往上望去犹如一个意大利式的台

———————————

① 孙成仁. 城市景观设计 [M]. 哈尔滨：黑龙江科学技术出版社，1999：33.

图 6-1-18　旧金山花街街景之一　　　图 6-1-19　旧金山花街街景之二　　　图 6-1-20　旧金山花街街景之三
资料来源：刘迪摄.　　　　　　　　　　资料来源：刘迪摄.　　　　　　　　　　资料来源：刘迪摄.

地园，绿篱所形成的曲线随着道路有韵律地上升。沿道路两侧垂直等高线方向布置了阶梯式人行道，人行道旁种植着低矮的经过修剪的小树冠行道树。汽车在这个路段上不得不减低速度，左拐右拐缓慢行驶，犹如"汽车城"（一种儿童组合玩具）里的汽车玩具。

花街的这种独特景观使其成为旧金山一条有吸引力的标志性街道。到旧金山的游客都要慕名前往，去领略一下这条特别的绿色街道。城市中那些由混凝土和沥青筑成的道路已经使人们感到厌烦，"绿色街道"的设置有助于重新唤起人们对街道景观的关注和喜爱（图 6-1-18～图 6-1-20）。

3）哈尔滨市中央大街城市设计

中央大街是哈尔滨最繁华的欧洲风情商业步行街，始建于 1989 年，1997年被确立为历史保护街道，经过综合整治形成了一条集观光、购物、休闲等多功能于一体的特色步行街。大街北起松花江岸，南至经纬街，全长 1450m。主街部分完全步行，四周分别由尚志大街、通江街、友谊路、经纬街与三条穿过性东西向道路（西十二道街、西五道街和友谊路）构筑起与城市间的交通组织。

大街两侧密集分布着 20 条辅街，其与主街交叉处延长 20～50m 形成辅助休闲空间，布置小型广场、雕塑和景观设施，提供休闲、交流和主题活动功能。由此，步行街空间形成"一线、四段、四点、十一区"[①]的"鱼骨"状结构特征：

"一线"即拥有 90 年历史的方石路步行街主线。"四段"即由南向北的四个商业段落，第一段为次级商业服务段，商业气氛较弱，人流以动态观赏为主，形成对中央大街的初步印象；第二段为中心商业段，商业气氛浓厚，人流以静态停留和休闲娱乐为主；第三段为次级商业服务段，生活气息和文化活动氛围增强；第四段为商业文化交融段，在商业开发的基础上逐步向人文景观和自然景观过渡。"四点"即四个商业段落中的四个核心节点。"十一区"即辅街与主街交叉口的十一处特色休闲区。

中央大街宽约 20m，中间方石路宽约 10m，两侧建筑一般为 2～4 层，高度为 10～20m，空间界面的高宽比在 1：2～1：1 之间，在这一尺度下，

———————————

① 参考：李春梅. 街道与城市——以中央大街为例谈街道在城市景观组织中的作用 [A]// 生态文明视角下的城乡规划——2008 中国城市规划年会论文集，2008.

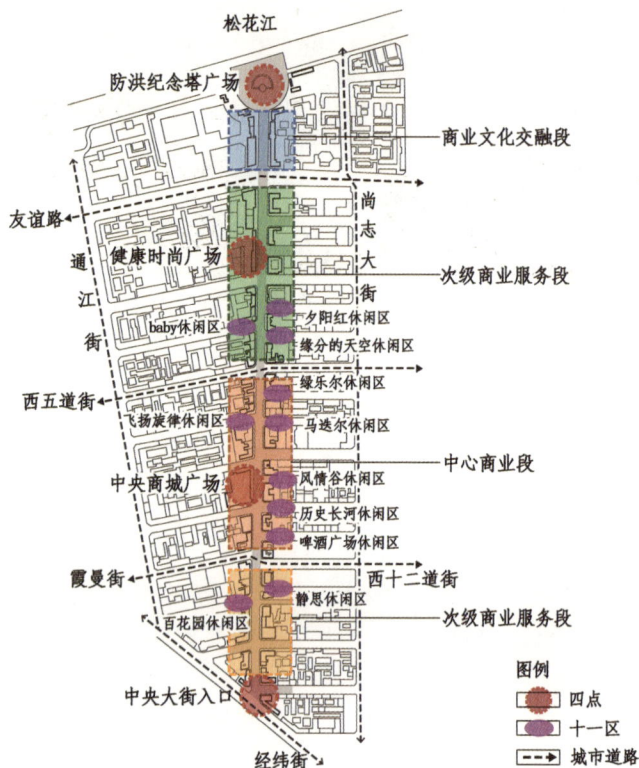

图 6-1-21　中央大街结构示意图
资料来源：作者绘.

图 6-1-22　中央大街经纬街入口
资料来源：肖亚南摄.

图 6-1-23　中央大街主街风貌
资料来源：肖亚南摄.

两侧建筑的檐口、阳台、窗棂、女儿墙、穹顶等细部易于被行人感知。大街两侧分布有 200 多家商铺，这些商铺建筑汇集了文艺复兴时期的多种欧洲建筑风格，是国内罕见的建筑艺术长廊。为统一风貌，街道两侧的长廊座椅、主题雕塑、路牌牌匾以及花盆花架在风格色彩上参照了欧式风格，置身在长街之中可以感受到浓烈的异国文化气息（图 6-1-21 ~ 图 6-1-24）。

图 6-1-24　中央大街与辅街（西八道街）交汇处的啤酒花园
资料来源：肖亚南摄.

6.2　城市广场空间

6.2.1　广场的概念与历史发展

　　城市广场，是"为满足多种城市社会生活需要而建设，以建筑、道路、山水、地形等围合，由多种软、硬质景观构成的，采用步行交通手段，具有一定主题思想与规模的节点型城市户外公共活动空间[①]"。其对于反映城市文明与氛围有着重要的作用。

[①] 王珂，夏健，杨新海. 城市广场设计 [M]. 南京：东南大学出版社，2000：2.

专业界普遍认同，真正意义上的城市广场源于古希腊时代。在浓郁的政治民主气氛与舒适宜人的气候条件下，古希腊人十分喜爱户外活动，因此形成了有利于室外社区交往的城市广场 "Agora"。从此开始，广场成为以欧洲为代表的西方国家城市空间中不可缺少的组成部分，在其后的历史发展中各种思考与实践从未中断（表 6-2-1、图 6-2-1）。

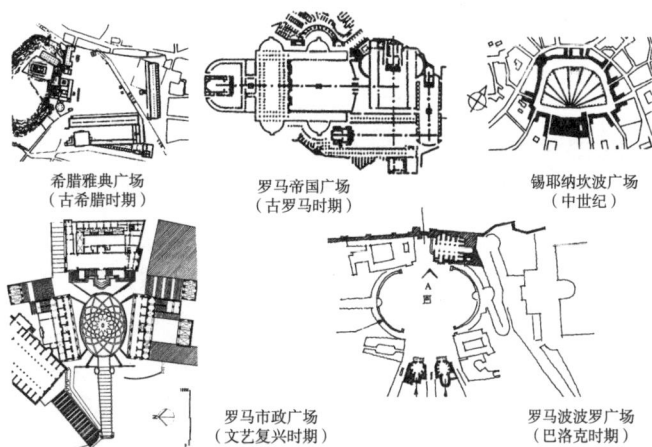

希腊雅典广场
（古希腊时期）

罗马帝国广场
（古罗马时期）

锡耶纳坎波广场
（中世纪）

罗马市政广场
（文艺复兴时期）

罗马波波罗广场
（巴洛克时期）

图 6-2-1　不同时期的典型欧洲广场平面

资料来源：洪亮平. 城市设计历程 [M]. 北京：中国建筑工业出版社，2002：176.

欧洲广场设计历史演进

表 6-2-1

阶段	社会背景指导思想	广场设计的特点	著名案例
古希腊时期	浓厚的人本主义特性，追求自然和谐之美	• 以视觉和谐为基础，建筑群围合为手段形成因地制宜的广场空间，平面多无固定形态 • 信奉人神同性，设计力求体现人体尺度，满足人的使用需求 • 至希腊化时期，受方格网城市规划设计思想影响，广场平面趋向规整，并在四周设统一敞廊形成具有一定气势的柱廊序列	卫城广场；阿索斯广场；普南广场
古罗马时期	注重实践与物质生活，突显强大的政治力量与地位	• 通过严整的空间平面与建筑比例关系突出广场形象，形成空间轴线，营造华丽雄伟的感受，较少考虑人体尺度 • 出现多个广场空间的组织与衔接，借助轴线的延伸、转折与连续柱廊的设置，建立内在的建筑秩序，营造一连串起伏变化的广场空间 • 功能进一步扩展，除集会、市场用途外，审判、庆祝、竞技等职能也囊括其中。至罗马帝国时期，广场更成为帝王贵族的纪念地，人像雕塑和方尖碑频频出现在广场中心	罗马罗曼努姆广场；凯撒广场；奥古斯都广场；图拉真广场
中世纪	强大的教权势力；精神活动与世俗生活的中心	• 多自发形成，位于高度密实的城市或教区中心 • 常常与大小教堂一起承载市民的精神活动与世俗生活，此外也有一些专门的市政厅广场与商业综合广场 • 广场形态回归自然，不刻意追求平面对称规则，教堂、市政厅、雕塑等纪念物位置常避开广场几何中心，以利交通顺畅并提供观赏主体建筑、纪念物的多种角度 • 四周通过建筑形成较好的围合，建筑底层设有柱廊，创造良好的人体尺度与连续、丰富的空间界面	锡耶纳坎波广场；佛罗伦萨市政厅广场；阿西西圣弗朗西斯科广场
文艺复兴与巴洛克时期	强调设计的科学性与理性，追求人为的视觉秩序与艺术效果	• 设计的科学性、理性程度明显增强，通过透视原理、比例法则，思考广场的设计与细部问题。如广场中心的雕像位置宜抬高，便于人们看到高出后部建筑檐口线并以天空为背景的轮廓等 • 尊崇整体美学的艺术法则，强调设计作品是时间进程中集体协调的结果。不同阶段的广场设计与改建均追随前人的设计思想，形成统一协调的广场风貌 • 至巴洛克时期，广场常常与城市路网体系联成整体，有机结合地形与城市道路对景，构筑气势磅礴、连续流动的城市公共空间体系	罗马卡比多广场；威尼斯圣马可广场；罗马波波罗广场；圣彼德广场；纳沃纳广场

工业革命以后，城市规划设计从传统视觉有序的指导思想走向重技术、重经济的新理念。然而，由于过度强调功能分区与机动交通，城市广场空间遭遇了与传统街道空间相同的命运，它们不断丧失公共活动场所的功能，蜕变为为汽车服务的非人性空间。

直至第二次世界大战以后，在城市复苏与更新、环境保护、历史文化保护一系列的社会活动与思潮间接促进下，广场建设作为增强城市活力与促使历史文化内涵与现代生活文明统一的重要手段得到极大的关注，许多城市的广场面积与人们喜爱广场的程度迅速增加。

以哥本哈根为例，在城市总人数保持不变的情况下，1968～1986年间步行街与广场总面积增长了3倍，在这些区域停留的人数也翻了三番。美国也呈现出同样的趋势，1972～1973年间，纽约曼哈顿广场使用者人数增加了30%，一年以后又增长了20%。种种迹象表明，经过一段时间的调整，广场再度成为体现城市文明与社会活力的魅力空间。

6.2.2 广场的级别与分类

按照广场服务的范围，可分为城市级、片区级与社区级三种。城市级广场往往位于城市中心区域，交通复杂，规模较大，能够承载相对大型、重要的公共活动，是体现城市整体风貌与活力的主要场所。片区级广场则服务于城市内部功能相对独立且具有一定环境整体性的局部片区，如南京湖南路广场、汉中门广场。社区级广场的尺度规模往往较小，服务范围限于邻近的社区居民与过往市民，日常所见的许多街头广场多属于这一级别。

广场的分类有多种角度，按照功能，广场可分为市政、交通、商业、纪念、文化休闲五类。其中，市政型广场多修建于城市行政中心所在地，是政府与市民定期对话、组织活动的场所，也是市民参与城市管理的象征，空间氛围庄严稳重，建筑多呈对称布局，标志性建筑位于轴线之上；交通型广场以合理组织交通为主旨，起集散、联系、换乘、停车等作用，可能位于城市多种交通会合转换处，如城市汽车站、火车站站前广场，也有可能位于多条城市交通干道的交会处，如各种交通环岛；商业广场通常位于商业活动相对集中的区域，根据顾客流线与流量确定空间组合，并通过多种生活设施、小品的设置营造舒适而富有生机的购物氛围；纪念广场旨在缅怀一些重要的历史事件与历史人物，由于相对严肃的文化内涵，选址常常避开喧哗的闹市区，广场中心或侧面多以纪念物、纪念性建筑为标志；文化休闲广场是为市民提供休憩、游玩及举行各种娱乐活动的空间，选址灵活、布局多样，场内相关设施齐备、尺度宜人，生活气息浓郁，是目前最普遍也最受市民喜爱的广场类型。

按照平面的组合形式，广场可分为单一型与复合型两类。单一型广场的平面一般呈一个基本的几何形，如方形的巴黎旺多姆广场，梯形的罗马市政广场，圆形的巴黎明星广场，椭圆形的罗马波波罗广场，梭形的四川罗城广场等，单一型广场空间一般严整对称、轴线明晰，纪念性较强；此外，也有一些不规则的单一型广场，如欧洲中世纪许多自发形成的广场，其平面形状按建筑边界自然形成，具有不确定的自由型。复合型广场是由几个单一型广场组合形成的广场群概念，其提供了比单一型广场更为复杂的空间感受与景观，其中有些广场群的组合方式相对有序，轴线的转承、延伸是常用的手法，如法国的南锡广场；有些广场群由于受时间延续过程或自然地形条件的制约，其组合缺乏外显的秩序，主要依靠视觉艺术加以统一，威尼斯圣马可广场就是这类广场的经典案例。

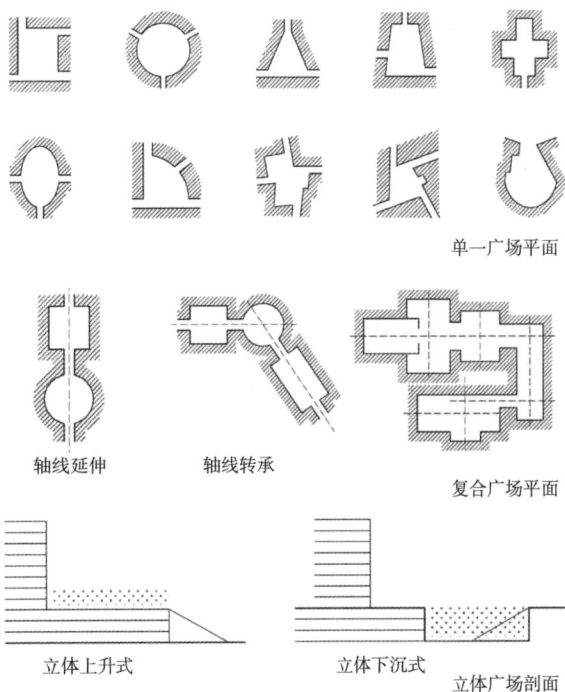

单一广场平面

轴线延伸　　　轴线转承

复合广场平面

按照断面形式，广场可分为平面型与立体型。平面型广场是传统与常见的广场类型，如北京天安门广场、上海人民广场等，其地面标高在垂直方向没有变化或变化较小，与邻近的城市用地处于整体一致的位置，交通人流组织便捷，技术要求一般，建造代价相对较小。

立体上升式　　　　　　　立体下沉式

立体广场剖面

随着科学技术的进步与交通方式的多样化，立体型广场在目前受到越来越多的关注，其利用复合空间的概念，通过广场整体或局部地面相对邻近城市用地地面在垂直方向上升或下沉的位置高差，更好地引导交通分流，创造多层次的空间体验。其中，上升式广场多利用城市道路与建筑的顶部进行建造，下沉式广场则多与地下商业街及地铁站出入口结合，在喧嚣的城市中限定出一方相对静谧安全、围合有致的空间（图6-2-2）。

图6-2-2　不同分类的广场平面与剖面
资料来源：作者绘.

6.2.3　广场空间设计的要求与原则

1）多样性原则

广场首先应满足设置时的基本功能要求，也称为主导功能，如城市纪念性广场、城市门户的交通集散广场、城市公共中心的公共活动广场等。虽然传统广场都有一定的主导功能，但在高效便捷的现代生活背景下，除大规模的交通型广场外，其余性质的广场正在向以文化休闲功能为主，纪念性、艺术性、娱乐性、政治性兼而有之的复合型市民广场发展，以利于不同年龄层次、社会需求与文化背景的市民进行多种活动，甚至我国首都北京的政治文化中心天安门广场，如今也在通过绿化、设施的布置改变以往那种空旷生硬的形象而更加贴近市民生活。

2）整体性原则

在空间维度上，广场只是城市中的一个特殊地段，如果缺乏一个全局性的思考将导致对城市景观的不利，所以设计中需要对广场用地与周围城市用地作出整体的思考与部署。在时间维度上，城市发展进程中的局部空间改造与更新在所难免，南京鼓楼广场从1990年代至今先后三次进行了大规模的扩建更新，对于这一类广场，设计需要妥善处理好新老建筑的主从关系、历史文化内涵的传承和时空接续问题，取得统一的环境整体效果。

3）宜人性原则

这是对以步行活动为主的城市公共空间提出的基本要求，即能够根据人在户外活动的环境心理和行为特征进行广场设计。具体包括形成良好的广场规模、尺度与围合，通过多种限定手法创造适应不同时间、性质与方式的户外活动，同时加强广场的文化内涵建设，让广场成为展示地方历史文化与社会习俗的重要场所。此外，广场空间中的各种环境要素，包括绿化、水体、铺装、生活设施等，也应体现出功能性与艺术性的统一。

4）生态性原则

广场是整个城市开放空间体系中的一部分，与城市整体的生态环境联系紧密。一方面，设计在确定选址、围合方式、尺度规模等基本要素的过程中，需要充分考虑日照、风向等广场布局的生态合理性，趋利避害。另一方面，在绿化植被的选择上，宜多采用符合当地生态条件、景观效益良好、生命力顽强的品种，反对不顾环境气候特点，一味利用大面积草坪提升视觉效果导致维护费用上升、生态效果下降的做法。

6.2.4 广场空间设计的相关要素

1）选址与布局

广场在城市中的选址非常广泛，概括而言有以下特点：

（1）城市重要、特殊的公共建筑或区域，如政府建筑、剧场建筑、体育场馆、历史区、商业区，以及历史事件发生地附近。

（2）某些空间序列的节点位置，如城市轴线道路广场、步行街空间序列广场等。

（3）城市入口门户，此位置的广场多为火车站、汽车站、轮渡站等大型交通枢纽的站前广场。

（4）自然体边缘，位于溪流、江河、山岳、林地等自然景观资源附近的广场往往景色优美、生态价值突显，是市民最为喜爱的广场用地。

（5）交通可达性良好，临近承载一定人口密度的沿街空间，大多数的城市社区广场多位于此。

虽然广场的选址范围宽泛但抉择并不随意，其布局需要根据城市规模、人口数量、广场级别进行综合研究。通常情况下，城市规模越大，人口密度越高，广场的数量越多。同时，广场的级别越高，在城市中分布的数量往往越少，级别越低，分布数量越多，从而形成以城市级广场为核心、片区级广场为骨架、社区级广场为依托的均衡网络结构。为满足全体市民对城市广场就近参与的要求，一般市民徒步出行至邻近广场的距离不宜超过1000m。

另外，所选用地的生态特征也是广场选址不可忽视的因素之一。通常情况下，日照是维持市民户外活动的首要因素，所以广场选址应尽可能位于建筑阴影区以外，以延长户外活动的时间。当然，对于夏季非常炎热的地区，还需要进行一定的遮荫处理，如树木、亭伞等。此外，广场选址还需要具备一定的背风环境，因为即使在温度适宜的环境中，过大的风速常常令使用者感到不悦，衣服、头发被吹乱，阅读材料被吹走等。所以，广场应尽量避免位于可能频繁产生近地高风速的高层建筑裙房位置，寒地广场尤其如此（图6-2-3）。

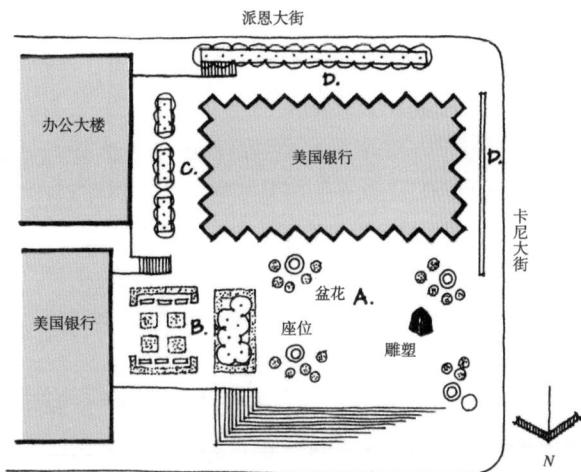

2）规模与特色

广场的规模需要依据其功能、级别、位置等因素合理确定，一般广场级别越高，政治文化、交通等专项功能越显著，服务人数越多，规模越大。就我国目前广场建设而言，其规模普遍存在着盲目求大以致人气不足、资源浪费的情况，对比世界范围内那些享誉盛名的西方城市广场，面积常常超出数倍有余（表6-2-2）。

图6-2-3 旧金山吉安尼尼广场平面，其中面积最大的A区因常年位于建筑阴影中而无人问津，B、C、D三区使用频率相对较高

资料来源：（美）克莱尔·库珀·马库斯，卡罗林·弗朗西斯.人性场所——城市开放空间设计导则[M].2版.俞孔坚，等译.北京：中国建筑工业出版社，2001：58.

中外部分城市广场面积比较　　　　表6-2-2

名称	面积（hm²）	名称	面积（hm²）
纽约佩雷广场	0.04	西单文化广场	1.5
洛克菲勒中心广场	0.2	天津海河广场	1.6
庞培中心广场	0.4	南京汉中门广场	2.2
佛罗伦萨市政厅广场	0.5	西安钟鼓楼广场	2.2
威尼斯圣马可广场	1.3	南昌八一广场	5.0
锡耶纳坎波广场	1.4	唐山抗震纪念广场	5.4
波士顿市政广场	2.9	太原五一广场	6.3
巴黎协和广场	4.3	大连人民广场	7.9
莫斯科红场	5.0	江阴市政广场	14.2

作为人类活动而存在的空间，广场特色无法离开特定地域文化的表达。为此，设计需要通过现代空间、理念、技术、感受与诸多历史要素的结合，让市民在休闲中了解历史、畅想未来，如南京汉中门广场以南唐古城墙为主题向古今双向延伸，重其神而轻其形，以现代设计的手法与工艺设置了记事碑、石灯笼、石鼓凳、方格图案、辟邪图案等一系列环境暗喻，营造出凝重深厚的历史体验。

另一方面，设计可以有意识地赋予广场一些特定的活动功能，以增强社会文化的延续，所以世界范围内许多著名的广场都定时定期承办一些民俗活动，如意大利锡耶纳坎波广场的赛马节、佛罗伦萨市政厅广场的足球赛、德国科隆广场的狂欢节、威尼斯圣马可广场的船舟赛等。

3）尺度与围合

曾有一位景观学者说，"广场既然是一个让生活发生的场所，都市空间的尺度与包被程度便成了广场存在与否的先决条件。都市空间的基面过宽，周界又不够高，将显得空空荡荡，毫无广场的亲切感；反之，若基面狭隘，界面高筑，则又变成闭塞局促的天井[①]"。

很明显，广场尺度是一个涉及关系相对性的问题，其包括平面维度上的广场形态关系与空间纬度上的广场垂直界面与水平距离之间的关系。如果将每个广场空间的平面形态都简化为一个大致的矩形，以 L 代表矩形的长度，D 代表矩形的宽度，历史上的广场经验数据表明，L/D 以小于 3 为宜，以确保广场不致从节点型空间变为细长的线型空间。同样如果再以 H 代表矩形周边垂直界面的平均高度，D/H 也有比例上的要求，以确保广场空间产生向心内聚而不离散的围合感。

广场周边的垂直界面不仅可以通过高度变化影响广场的围合感，也可以通过在水平方向的连续性变化形成不同的围合方式，影响空间体验。

四面围合、三面围合、两面围合与单面围合是广场围合的主要方式。其中，四面围合和三面围合的空间封闭感相对较好，向心性强，是传统与常见的围合形式。当然，也有学者指出三面围合的广场更加宜人，因为一侧广场的打开便于让行人看到与进入，同时使其产生一种受到欢迎的心理暗示。相比之下，两面围合的广场领域感稍弱，它们常常位于道路转角处，空间有一定的流动性，易于配合现代城市建筑形成平面"L"形的街头广场。单面围合的广场封闭性较差，容易使使用者在心理上产生不安定感，缩短在广场的停留时间，所以一般情况下较大规模的单面围合广场会利用局部下沉等二次空间限定方式，增强空间围合感。

进行广场围合的垂直界面类型主要包括建筑、树木、柱廊、有高差的特定地形等，其中以建筑应用最为广泛，其既是空间限定的要素，也是各种广场活动的布景。由于建筑建造常常分属不同的单位或年代，杂乱无章、不相协调的围合界面常常出现，因此设计有必要预先设置相关的界面标准，确保视觉效果的延续性。此外，各种活力要素也是建筑界面设计不可忽视的内容，它们将直接影响到广场的人气与感受，具体包括[②]：

（1）界面材料：质感、颜色、图案与岁月留下的种种痕迹。（2）界面记号：

---

① 转引自：王维洁. 南欧广场探索——由古希腊至文艺复兴 [M]. 台北：台湾田园城市文化事业有限公司，1999：146.

② 王维洁. 南欧广场探索——由古希腊至文艺复兴 [M]. 台北：台湾田园城市文化事业有限公司，1999：133.

图徽、铭刻、浮雕。(3) 界面附加物：阳光、阴影、爬藤、植栽、招牌、旗帜。(4) 界面功能：①立面——阳台、门窗、遮阳、拱廊、栏杆的形式、比例、尺度与细部；②剖面——骑楼、拱廊、台阶、矮墙等一切可供人进出或驻足的空间；③功能——商店、餐厅、娱乐等服务业功能的界面活力远高于住宅、仓库等非服务业功能，同时营业时间的长短也与界面活力成正比 (图 6-2-4)。

图 6-2-4　富有活力的圣马可广场公爵府立面
资料来源：王维洁.南欧广场探索——由古希腊至文艺复兴 [M].台北：台湾田园城市文化事业有限公司，1999：83.

4) 空间层次

随着市民室外公共活动需求的不断多样，广场空间日益呈现出层次化的特征，各种多层立体式广场在现代城市频繁出现。它们打破了只在一个平面上做设计的概念，通过地上、地面、地下、空中等不同水平层面的活动场所设置，实现空间的分离与整合，形成丰富多变的广场景观。

相对大部分平面型广场，或是立体型广场的某一个水平层而言，广场空间的层次化主要体现为空间的领域化，即根据人们环境行为的需要，在同一标高或近似标高的广场平面上，通过植物、小品、台阶、铺地等多种手法划分出不同的空间领域。这些空间领域的性质常常形成一定的级差：如面积级差，从用于集会、观演的大空间，供人下棋晨练的中等规模空间，到仅供少数人交往的小空间；私密级差，从不易为他人打扰的私密空间，程度中等的半公共空间，到完全开放的公共空间；氛围级差，从喧闹嘈杂的动态空间，动静结合的黏滞空间，到安详平稳的静态空间。一般情况下，空间领域的面积越大、开放等级越高，氛围越热烈嘈杂，反之面积越小，空间越私密，氛围也越宁静。

相关调查显示，广场中最受欢迎的逗留区域一般是沿广场边界区以及不同空间领域之间的过渡区。这是因为边界区与过渡区一般设置有一定形式的垂直界面与要素，如建筑、台阶、矮墙、坐凳、树木等，这些垂直界面与要素的存在为停留活动造成一种具有安全性的心理暗示。因此，较大规模的开放领域常常位于广场的中心位置，这是人们喜爱观赏而不愿过多停留的活动区域；而中小规模的私密、半私密空间则宜布置于广场周边与过渡区位置，以利市民的休憩与交往。以美国波特兰先锋法庭广场 (Pioneer Courthouse Square) 为例，广场中央是市民集会与活动的主要功能区，四周布置有不同形式的坐凳供人们聊天与候车，西南侧设有咖啡区、书店等静态空间，静态领域与中央活动区之间形成一个弧形的过渡区，精心设置的台阶与坡道成为最受使用者喜爱的半公共空间 (图 6-2-5、图 6-2-6)。

5) 环境设计

广场空间的环境设计可以从绿化、水体、铺装与设施四方面加以探讨。

作为软质景观，绿化在现代城市广场中起着重要的生态、防灾、造景等

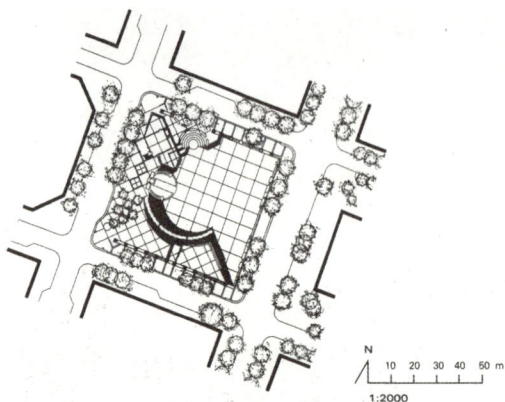

图 6-2-5　美国先锋广场平面图
资料来源：（丹麦）扬·盖尔，拉尔斯·吉姆松.新城市空间 [M].
2 版.何人可，张卫，丘灿红，译.北京：中国建筑工业出版社，
2003：232.

图 6-2-6　美国先锋广场鸟瞰
资料来源：（丹麦）扬·盖尔，拉尔斯·吉姆松.新城市空间 [M]. 2 版.何人可，
张卫，丘灿红，译.北京：中国建筑工业出版社，2003：233.

作用，设计中需要特别注意以下两方面问题。其一为讲求绿化栽植的艺术性，即根据景观立意与空间布局要求，结合地形地貌因素，形成背景、主景、前景层次分明的绿化景观；同时，利用观叶、观花、观果等不同植物种类及观赏期的巧妙组合，形成多种组团式的色彩构图，营造富于季相变化的植物观赏效果。其二为注重绿化栽植的科学性，即充分考虑广场植物的生态习性与后期维护，多选择对环境污染等不利因素适应性强、养护管理方便的乡土植

图 6-2-7　南京大行宫广场前景绿化
资料来源：作者摄.

物品种；同时，根据各地气候等实际因素，加强乔木、灌木、花卉、草坪等不同植物品种之间的搭配，形成良好的植物群落生态效应（图 6-2-7）。

在气候条件并非十分寒冷的城市，水体往往是重要的户外空间环境因素。从古至今，人们对于水体似乎有着与生俱来的亲切感，它的静止、流动、喷发、跌落都会成为引人注目的景观焦点，所以古今中外以水体为主题或点缀的广场空间屡见不鲜。历史上，水体往往只是人们静态观赏的对象，如喷泉、水池、水墙等。随着科学技术的进步，各种旱式喷泉的出现实现了广场上人与水的共戏。当喷泉关闭时，地面可作为普通的硬地表面供人行走交往，喷泉开启时，一串串水柱从铺装孔中拔地而起，孩子与成人情不自禁地在其中穿梭嬉戏，形成广场的欢乐之源（图 6-2-8）。

正常情况下，人的水平视野大于垂直视野，且水平视野中向下视野范围是向上视野范围的约 1.5 倍，所以在水平视野相对开敞的城市广场空间中，地面铺装是重要的设计要素之一。在选材上，铺装需要具备一定的强度、透水性

图 6-2-8 法国沃土
广场人水共戏场景
资料来源:(丹麦)扬·盖
尔,拉尔斯·吉姆松.新
城市空间 [M]. 2 版. 何人
可,张卫,丘灿红,译.北
京:中国建筑工业出版社,
2003:160.

与可更换性,同时表面平坦、不易打滑。在图案上,铺装处理通常有整体设计、片区差异、边缘处理三种手法:整体设计指形成大规模的整体图案,将广场的多种空间整合起来;片区差异指根据不同的空间功能使用不同的铺装图案,相同空间内部则采用某标准图案的反复使用形成韵律感;边缘处理则指在广场空间的各种交界位置设置不同图案的铺装,使广场的界线更加清晰。具体设计时,三种手法常常结合使用,形成变化而不杂乱、清晰而不单调的视觉效果。

此外,广场设施主要指花坛、坐凳、售货亭、灯具、时钟、垃圾桶、指示牌、雕塑、廊架、厕所等附属设施与环境小品。它们为市民提供识别、休憩、洁净等功能价值,同时也具有点缀烘托环境气氛的人文价值,其设计应与整体广场空间保持协调,体现生活性、趣味性与观赏性,具体可参见道路空间系统的设施设计。

6.2.5 案例分析

1) 纽约佩雷 (Paley) 广场 [①]

纽约市中心区的佩雷广场,面积仅为 30.5m×12.8m,专供成年人休息用。它一面临街,三面由相邻建筑的墙面包围;广场在左右两侧的墙面以绿色攀缘植物装点。作为广场主要视景的端墙,成功地设计成水墙,沥沥的水瀑,顺墙而下,并发出潺潺流水声,淹没大街上的交通噪声。在广场的主空间,交叉种植了间距 4.5m 的 12 棵乔木,夏秋季节,树冠交织,形成了室外空间的绿色顶棚,使人们虽身居闹市而又享受到大自然的景色。

佩雷广场的设计充分体现了自然生态的原则,深受周围市民的喜爱,使用率极高。建筑界也给予较高的评价:"城市中心地区每个街区都应有一个与佩雷小广场相仿的活动空间。"(图 6-2-9、图 6-2-10)

2) 洛杉矶珀欣广场

珀欣广场 (Purshing Square) 位于洛杉矶第 50 大街与第 60 大街之间,以自然与秩序并重的城市设计手法,表现了作为场所精神存在的空间环境。

设计采用了正交关系线组织,顺应了城市的原有脉络。粉色混凝土铺地上耸立起了一座 10 层楼高的紫色钟塔,与此相连的导水墙也是紫色的,墙上

---

① 王珂,夏健,杨新海.城市广场设计 [M].南京:东南大学出版社,2000:43.

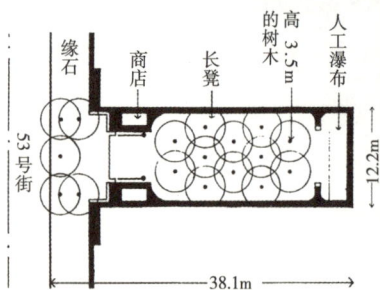

图 6-2-9　纽约佩雷广场平面图
资料来源:（日）土木学会. 道路景观设计 [M].
张俊华, 陆伟, 雷芸, 译. 北京: 中国建筑工
业出版社, 2003: 130.

图 6-2-10　纽约佩雷广场景观
资料来源: 王建国. 城市设计 [M]. 2 版. 南京: 东南大学出版
社, 2004: 137.

开了方的窗洞, 成为从广场看毗邻花园的景窗。

　　广场的另一边有一座鲜黄色的咖啡馆和一个三角形的交通站点, 后者背靠另一堵紫色的墙。在广场四个角上则安排了四个步行入口。两三棵树并排的树列限定了广场的边界。高大成组的树列减弱了环绕广场的车行路的影响, 但却能保留广场与周边建筑的联系。在广场东边, 对着希尔大街, 由老公园移植过来的 48 棵高大的棕榈树在钟塔边形成了一个棕榈树庭。

　　圆形的水池和正方形下沉剧场是公园中的规则几何元素。水池边的铺地用灰色鹅卵石铺成并与周围铺地齐平, 并有意做成像碟子的圆边, 匠心独具。在水池边缘, 从导水墙喷起的水落入水池中央并起起落落, 模仿潮汐涨落的规律, 每 8min 一个循环。水池中央还有一条模仿地震裂缝的齿状裂缝。可容纳 2000 人的露天剧场地面植以草皮, 踏步则用粉色混凝土。舞台的标志是四棵棕榈树, 同水池一样, 它们是对称布置的。广场的出色之处在于, 设计中运用了对称的平面, 但是被不对称却整体均衡的竖向元素打破, 如塔、墙、咖啡店（图 6-2-11 ～图 6-2-13）。

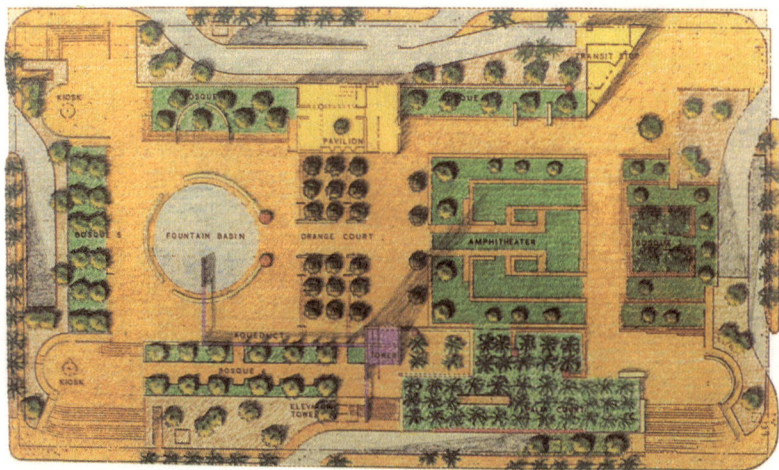

图 6-2-11　洛杉矶珀欣广场平面图
资料来源: 王建国. 城市设计 [M]. 2 版. 南京: 东南大学出版社, 2004: 144.

图 6-2-12　洛杉矶珀欣广场鸟瞰
资料来源：王建国.城市设计[M].2版.南京：东南大学出版社，
2004：145.

图 6-2-13　洛杉矶珀欣广场西南向景观
资料来源：王建国.城市设计[M].2版.南京：东南大学出版社，2004：
145.

3）南京大行宫市民广场

大行宫市民广场位于南京市商务办公中心与公共文化中心——大行宫地区，占地面积约为 1.5hm²，是一处与市民生活、休闲、文化息息相关的城市开放空间。广场周边人文资源丰富，与总统府（现称中国近代历史博物馆）、南京市图书馆、江苏省美术新馆等重要的城市文化建筑毗邻。

广场用地由于美术新馆占据东南角呈"L"形，并自然划分成南北两个区域。北区与总统府仅一街之隔，设计利用大片规则的低矮灌木构筑了与总统府的视觉联系，同时将总统府的轴线延伸到中央饭店；南区正对南京市图书馆东向主要出入口，两者间以步行道衔接，广场临近处布置有休憩座椅，为阅读者提供了户外阅读空间；两区交汇处以旱喷广场构成空间核心，喷泉在重要的节假日里向市民开放，塑造了清爽活跃的水体景观。

广场临近南京地下轨道交通 2 号、3 号线的大行宫站，周边设有多处公共汽车站点，是大行宫地区重要的交通换乘场所。广场地下设有大型机动车、机动车停车场和大型超市，因此广场上除了常规的休闲绿化空间外还布置有多处地下出入口，成为通往地下空间的重要垂直交通转换地。

大行宫广场周边建筑风格多元，传统和现代混杂，为了与其协调，广场的地面铺装多为青砖、青石板和素混凝土材料，小品设施的造型和用材也相对朴素，局部结合了民国元素，因此广场在新旧建筑之中并不突兀，而是提供了一方供人们观察不同风格建筑的休闲场所。

广场的绿化率很高，设计在保留基地原有的大型乔木的基础上，配以种类丰富的灌木和中小型乔木，创造了不同的绿化层次，同时对广场上众多的地下出入口和通风口也起到了一定的遮蔽和美化作用。广场周边建筑体量较大，空间限定感较强，较高的绿化率弱化了建筑对广场的压迫感，在林立的高楼中塑造了一方充满活力的城市绿化空间（图 6-2-14～图 6-2-17）。

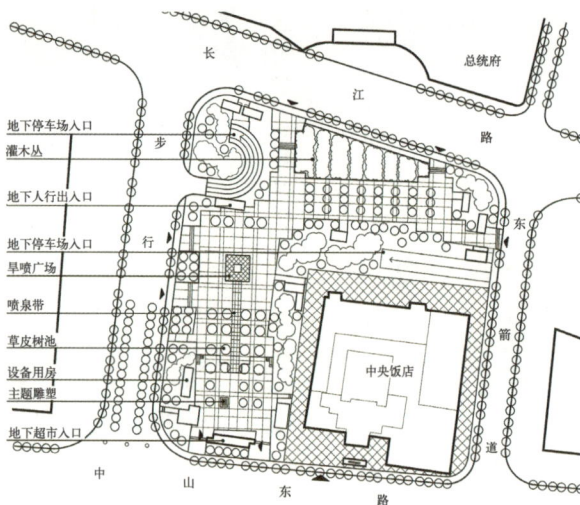

图 6-2-14　大行宫市民广场平面图
资料来源：作者绘．

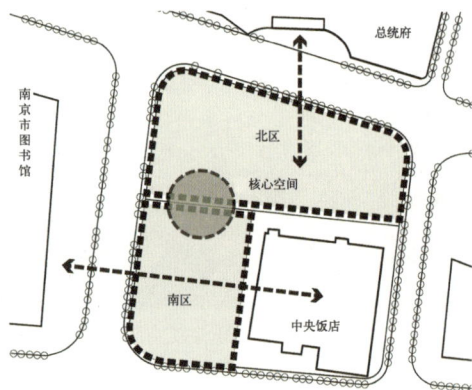

图 6-2-15　大行宫市民广场结构分析图
资料来源：作者绘．

图 6-2-16　大行宫市民广场景观之一
资料来源：张春叶摄．

图 6-2-17　大行宫市民广场景观之二
资料来源：肖亚南摄．

6.3　城市绿地

6.3.1　城市绿地的概念与历史发展

　　作为城市设计典型空间类型的绿地空间，是指以全体社会公众为服务对象，便于市民到达并进入，以自然植被和人工植被作为主要存在形态，可满足市民观赏、休闲需要的城市空间，人们也常常称之为公园或游园。

　　在某些情况下，绿地空间与广场空间的概念界定不甚清晰，因为两者同属城市开放空间体系，且广场中有绿地因素，绿地中往往也含有广场硬地的成分，所以一些空间同时兼有绿地公园与城市广场两种名称，如上文中的纽约佩雷广场常常被称为佩雷游园，南京鼓楼市民广场也常常被市民称为鼓楼市民公园。因此，一些专业书籍建议以绿化率作为参考衡量标准，绿化占地比值大于 65% 者称为绿地或公园，小于 65% 者则称为广场。

农业社会，城市规模相对较小，环境污染问题也不突出，各种天然绿地开放空间的原生性保持良好。此外，许多国家还通过各种造园方式进一步满足贵族、市民对绿色休闲空间的需求，如古巴比伦的空中花园、欧洲中世纪的城堡，法国的古典主义园林、中国的自然山水园等。城市与自然之间在总体上保持着良好的平衡关系。

随着工业社会的来临，城市规模与数量急剧扩大，各种环境污染问题日趋严重，大面积的城市绿地遭到侵占与破坏，城市中充斥着浓烟、瘟疫与密集的建筑，市民生活的舒适程度急剧下降，公园建设成为缓解城市环境问题的重要举措。20 世纪中叶，借着战后欧亚许多国家迫切需要开展大规模的城市建设的契机，有关绿地开放空间的理论从兴建公园这一城市局部空间的构想转向对以田园城市、卫星城、广亩城市等为代表的整体城市结构的规划，并在苏联首都莫斯科、英国伦敦、波兰华沙等一批城市得以良好的实践（图 6-3-1 ～图 6-3-3）。

1972 年斯德哥尔摩联合国人类环境会议后，全球环境保护运动更加扩大与深入，欧美等西方发达国家掀起"绿色城市"运动，力图将城市绿地的景观建设与生态建设、地方文化、经济发展、现代技术等多方面内容有机结合起来，营造可持续发展的城市环境。

6.3.2　绿地设计的要求与原则

1）整体结构原则

将绿地设计纳入城市生态系统加以考虑：充分利用区域开放空间，加强绿地开放空间的整体性；依托城市自然脉络，通过绿楔、绿廊的设计将自然引入城市；加强绿地间的联系，运用绿道等建立网络化的绿地开放空间体系。

2）便利舒适原则

根据服务半径、人口密度等综合因素，将绿地开放空间均匀分布于各个片区，避免服务盲区的存在。依据使用者的情况与需求将绿地空间划分为尺度、形状、私密程度等方面都相对适宜的各种场地。此外，花坛、坐凳、灯具、垃圾桶、指示牌等附属设施与生活设施也是绿地空间使用过程中不可缺少的重要内容，设计时需要结合心理学、行为学、人体工程学的相关原理，为活动提供行为支持（图 6-3-4）。

图 6-3-1　莫斯科城市绿地空间示意
资料来源：刘骏，蒲蔚然. 城市绿地系统规划与设计 [M]. 北京：中国建筑工业出版社，2004：4.

图 6-3-2　波兰华沙绿地空间示意
资料来源：刘骏，蒲蔚然. 城市绿地系统规划与设计 [M]. 北京：中国建筑工业出版社，2004：3.

图 6-3-3　哈罗新城绿地空间示意
资料来源：刘骏，蒲蔚然. 城市绿地系统规划与设计 [M]. 北京：中国建筑工业出版社，2004：3.

3) 景观丰富原则

绿地开放空间的景观要素主要包括地形、植物、休闲建筑三种。

地形指地球表面三度空间的起伏变化：平地是最简明稳定的地形，便于站立、聚会等大多数休憩活动；凸地具有开敞性与动力感，是布置具有垂直特征景观的理想场所；凹地具有内向性与私密感，常常作为露天观演场所或形成湖泊、池塘等水体空间；脊地往往呈线状分布，具有导向性与动势感，是布置道路的理想地形。

植物是绿地空间最主要的景观要素，设计需要针对其外形特征，结合时间演替以及多株、多种植物的聚集搭配效果，形成丰富的植物景观（图6-3-5）。

休闲建筑（亭、廊、榭、舫等），在绿地空间中的占地面积往往只有1%～3%，但它们的存在可以为各种休闲活动提供风雨庇护，营造出别致的空间感受。同时，掩映在大量自然景观中的人工休闲建筑，常常也起到画龙点睛的景观效果。

4) 生态效益原则

生态功能是绿地空间对城市环境的主要贡献，设计时应保证其生态效益的充分发挥。研究表明，绿色植物生态效益的高低直接取决于绿化三维量，即绿色植物所占的空间体积。通常情况下，由乔木、灌木、草本建构的复层结构植物群落易于形成稳定的生态系统，三维绿量高，抗污染、病虫害能力强，维护方便，是推荐采用的绿地空间植物群落单元模式。我国相关专家曾建议"1：6：20：29的乔木／灌木／草地／绿地配置比例，即在29m² 的绿地上应种植1株乔木，6株灌木，20m² 草坪[①]"。1990年代，我国许多城市都出现过一味追求视觉效果纯粹使用草坪的种植做法。事实证明，单层草坪的生态效益仅为复层植物群落生态效益的1/4～1/5，维护费用却提高了2～3倍，且由于草坪一般不许踩踏，客观上减少了游人的休闲空间。所以，在城市生态角度，绿地空间不宜盲目使用过多的草坪，而建议采用相对复式的配植结构（图6-3-6）。

图6-3-4　纽约街头绿地中的游乐活动
资料来源：孙成仁. 城市景观设计 [M]. 哈尔滨：黑龙江科学技术出版社，1999：217.

图6-3-5　荷兰郁金香公园斑斓的植物色彩
资料来源：王祥荣. 国外城市绿地景观评析 [M]. 南京：东南大学出版社，2003：85.

图6-3-6　英国伦敦皇家公园摄政园植物群落
资料来源：王祥荣. 国外城市绿地景观评析 [M]. 南京：东南大学出版社，2003：36.

① 刘骏，蒲蔚然.城市绿地系统规划与设计 [M]. 北京：中国建筑工业出版社，2004：79.

6.3.3 绿地空间的发展趋势

1）公共开放化趋势

目前，国外大部分的绿地空间都采用公共开放形式，而我国还存在着相当一批收费形式的绿地公园。这种价格门槛的设置无形中降低了绿地空间的开放程度，弱化了其应有的生态休闲功能。

为改变这一状况以更好地满足市民对绿地开放空间的需求，1990 年代开始越来越多的中国城市逐步实施了公园免费化的政策，海口人民公园、上海静安公园、莱芜红石公园、南京玄武湖公园部分地区等众多著名绿地公园陆续向市民无偿开放，做到真正意义上的"还民以绿"。到目前为止，上海市的免费公园已占全市公园总数的 80%，福建省则达到 90% 以上。

2）室内化、立体化趋势

现代城市空间结构愈发复杂与多样，土地的平面划分已不能满足多种职能共存的需要，庞大的交通设施与高密度的建筑物挤占了大量的城市地面空间，城市开放绿地亦呈现出室内化、立体化的发展趋势。

室内绿地主要指中庭等建筑内部空间以及建筑底部架空形成的半室内空间。在公共属性上，这些空间已不再是从属自身建筑的私有空间，而成为城市开放空间的有益延伸。它们的出现较好地弥补了城市土地面积不足的缺陷，同时与普通绿地空间相比，也可以为市民提供更多的风雨庇护。值得一提的是，许多室内绿地空间由于大面积的玻璃立面与顶棚形成类似温室的环境氛围，体现出室内空间室外化的特点，同时也为一些名贵植物的生长提供了良好的生存条件。

随着科学技术的发展进步，各种立体绿化的形式与潜能也得以挖掘。据上海市相关科研成果显示，在一座充分利用建筑空间进行绿化的小区中，立体绿化面积可以达到地面绿化用地面积的 15 倍。目前，日本、德国、瑞典、中国等许多国家的城市都进行了立体绿化空间的建设尝试（图 6-3-7）。

3）产业类历史建筑用地改造的绿地化趋势

产业类建筑用地，主要指工业革命以及工业大发展时期以机械动力作为生产媒介的用地。随着城市经济与产业结构的调整，该类用地开始衰退。由于产业类建筑普遍结构坚固，物质寿命长，空间自由宽敞，改造适应性强；加之在社会文化方面象征着一种退化的历史片断，是城市文明进程中的一种见证，20 世纪下半叶，伴随社会生态环境意识的兴起，世界各地掀起一场声势浩大的产业类历史建筑用地改造热潮，城市绿地即是其中改造更新的模式之一。

德国鲁尔区的北杜伊斯堡景观公园 (Duisburg-North Landscape Park)、美国纽约构台

图 6-3-7　瑞典皇家工学院建筑立体绿化
资料来源：作者摄.

州立公园（Gantry Plaza State Park）、我国广东中山市岐江公园都是该类项目改造的优秀案例。改造后的场地提供了一方舒适惬意的休闲空间，让游客和市民们感受到一种产业景观之美（图6-3-8）。

4）绿道规划趋势[①]

绿道是为了多种用途（包括与可持续土地利用相一致的生态、休闲、文化、美学和其他用途等）而规划、设计和管理的，由线性要素组成的土地网络。绿道以连接为主要特征，具备生态、休闲、游憩、经济、文化、美学等多种功能。

绿道的思想源于波士顿公园系统规划，经过一个多世纪的发展，于1990年代成为生物学、景观生态学、城市规划等多个学科交叉的研究热点和前沿。目前绿道建设已进入国际化的运动阶段，世界上涌现出数千个国际、国家和区域层次的项目，我国目前的绿道实践主要体现为国土绿化和各个地区所进行的绿地系统规划。

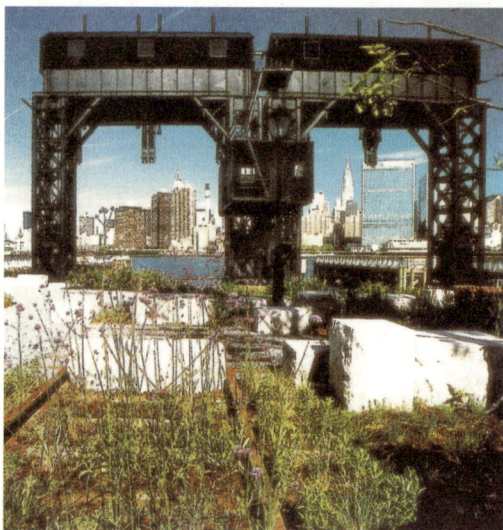

图6-3-8 纽约构台州立公园致力表达的历史主题
资料来源：Gantry Plaza State Park, New York, USA[J]. Architectural Record, 2000（3）：106-109.

6.3.4 案例分析

1）纽约中央公园（Central Park）[②]

中央公园位于曼哈顿东区，东西向从59街至110街纵贯50个街区，南北自第五大道至第八大道，横跨三个街区，占地344hm²。由景观建筑学的创始人奥姆斯特德（Olmsted）及其合作者沃克斯（Vaux）于1858年合作设计。

之所以要划定这么大的范围建设公园，是基于对城市未来的长远考虑，即城市建筑的蔓延呈加速趋势，公园应能满足未来城市居民享受大自然的景色和乡村气息的需要。奥姆斯特德曾预言，总有一天，公园会被一堵由城市建筑所构成的人造墙体所包围……对此，他要在这块较大面积的公园用地上，创造出乡村景色的片断，并把预想中的建筑实体隐蔽在园界之外，为那些无法去乡村度假的市民提供理想的场所。

中央公园规划采用自然式布局，园内道路被划分为五个相互独立又彼此联系的系统：穿越公园的通道；公园内部使用的交通道；步行小道；骑马的道路；自行车道。其中，穿越公园的道路与城市道路立体交叉相连，解决了公园对城市的切割，其他道路则采用回游式环路使之与城市交通互不干扰。公园中还创造了大尺度的草坪、湖泊、溪流、林地和山岩等自然景观，建设了许多游乐设施和体育活动设施。在公园中漫步，游人几乎感觉不到自己是在城市之中。

中央公园的建设，传播了城市公园的观念，它是美国景观建筑学发展史

---

① 周年兴，俞孔坚，黄震. 绿道及其研究进展[J]. 生态学报，2006（9）：3108-3116.
② 孙成仁. 城市景观设计[M]. 哈尔滨：黑龙江科学技术出版社，1999：54.

上一个具有象征意义的里程碑。美国是第一个提出"城市开放空间"概念的国家,并且 1851 年就有了《公园法》,但直到中央公园的建成,才真正掀起了一场城市公园运动。正如后来美国著名城市研究学者芒福德(Mumford)所说:"奥姆斯特德所做的不仅是设计了一座公园……更重要的是他带来了一种新思想,这就是创造性地利用风景,使城市环境变得自然而适于居住"(图 6-3-9、图 6-3-10)。

2)洛杉矶海军码头水晶花园(Crystal Garden)[1]

水晶花园位于洛杉矶海军码头娱乐区内,为封闭式全天候室内花园。用钢架和玻璃修建,太阳光不受阻挡可直接照到室内。室内种植着棕榈树,布置着木制花坛,有的花坛还设有水池。水从一个水池中喷出,射入另一个池中,在空中形成优美的水线。花坛和树池之间,摆放着桌椅和阳伞。花园的一角还有一个小型的乐队,乐队演奏着浪漫舒缓的世界名曲。

人们在这里休息、停留,呈现着一派温馨的景象。花园的营造采用的是室外空间室内化抑或室内空间室外化的营建理念。它增加了人们接触自然的机会,创造了一种独特的"室内风景",给人以崭新的感受。使人们能在一个习惯了的室内环境中享受自然的恩惠(图 6-3-11 ~ 图 6-3-13)。

图 6-3-9　纽约中央公园自然风光
资料来源:孙成仁. 城市景观设计 [M]. 哈尔滨:黑龙江科学技术出版社,1999:56.

图 6-3-10　纽约中央公园中的林地
资料来源:孙成仁. 城市景观设计 [M]. 哈尔滨:黑龙江科学技术出版社,1999:56.

图 6-3-11　海军码头水晶花园景观之一
资料来源:孙成仁. 城市景观设计 [M]. 哈尔滨:黑龙江科学技术出版社,1999:116.

图 6-3-12　海军码头水晶花园景观之二
资料来源:孙成仁. 城市景观设计 [M]. 哈尔滨:黑龙江科学技术出版社,1999:116.

图 6-3-13　海军码头水晶花园乐队演奏
资料来源:孙成仁. 城市景观设计 [M]. 哈尔滨:黑龙江科学技术出版社,1999:116.

---

[1] 孙成仁. 城市景观设计 [M]. 哈尔滨:黑龙江科学技术出版社,1999:116.

3）北杜伊斯堡景观公园（Duisburg–North Landscape Park）[1]

北杜伊斯堡公园由杜伊斯堡市北部一个废弃的钢铁厂改造而成，从属于德国鲁尔区工业遗产旅游开发计划的一部分，是一个占地约 200hm^2 的巨大绿地开放空间。

公园设计的主要思想在于紧密结合多种文化、娱乐设施，合理保护利用工业建筑遗存，让各种植物自然生长。所以，设计没有对钢铁厂进行大规模的彻底改造，而是从艺术审美角度将其进行重新组织，并用废料加工成各种颜色，使之成为具有游憩功能的景观艺术品。如在铁路道床上铺种草坪，将其改造为一种地形艺术品，参观者可以在此漫步，环顾四周景色。钢铁厂的炼钢炉、鼓风机等高大的建筑物被保留下来改造为一种安全的攀缘设施，供游人和登山俱乐部会员攀爬，厂区中原有的材料也得到了合理的利用。如铸件车间的铁砖被用来铺设"金属"广场。废弃的小型铸铁则被用来与植物一起构成了精美的花园。设计师还将遗留下来的焦炭、矿渣和矿物加工成了植物栽培的介质。

公园内遍布多种多样的休闲娱乐设施，各种步道、车道对步行者和汽车驾驶员来说十分诱人，攀登者可以自由攀爬古老的建筑，大而空旷的空间以及农耕中心对孩子来说十分适合，炼钢厂炉渣堆则成为音乐团体举办演出的布景与舞台。在这里，昔日庞大的钢铁厂正在向充满生机的公园逐步演化（图6-3-14～图6-3-17）。

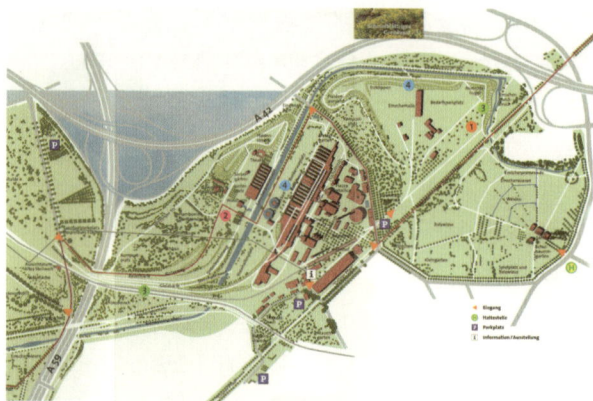

图6-3-14　北杜伊斯堡公园平面图

资料来源：贝思出版有限公司. 城市景观设计 [M]. 南昌：江西科学技术出版社，2002：132.

图6-3-15　北杜伊斯堡公园保留的工业建筑

资料来源：贝思出版有限公司. 城市景观设计 [M]. 南昌：江西科学技术出版社，2002：137.

图6-3-16　北杜伊斯堡公园金属广场

资料来源：贝思出版有限公司. 城市景观设计 [M]. 南昌：江西科学技术出版社，2002：137.

图6-3-17　北杜伊斯堡公园攀岩区

资料来源：贝思出版有限公司. 城市景观设计 [M]. 南昌：江西科学技术出版社，2002：137.

---

[1] 贝思出版有限公司. 城市景观设计 [M]. 南昌：江西科学技术出版社，2002：130-137；封云，林磊. 公园绿地规划设计 [M]. 北京：中国林业出版社，2004：56.

4) 深圳市绿道网 [1]

2010年，广东省推动了"珠三角绿道网"规划建设，深圳市以此为契机展开绿道网规划建设，用以保护生物栖息地，缓解热岛效应；提供户外运动场地，促进健康城市生活；增加旅游收入，带动地区的商业繁荣；美化城市，联系城市与历史遗存。

深圳市绿道网可分为区域绿道、城市绿道和社区绿道三个层级，其中区域绿道与珠三角各城市相连接，推动区域生态环境保护和生态支撑系统的建设；城市绿道连接城市公共空间，辅助城市交通，加强城市组团间游览及联系；社区绿道连通社区内公园、小游园、绿地等主要开放空间及文化、商业、体育等公共服务设施，为居民提供近距离便捷的休闲场所。

在结构上，深圳绿道网形成"四横八环"的组团网络，具体包括2条区域绿道，1条都市活力绿道、2条滨海风情绿道、6条滨河休闲绿道及16条山海风光绿道，共27条城市绿道，总长度约500km。

以城市绿道2号线——大鹏湾滨海风情线为例，该绿道西起小梧桐山盐田与罗湖交界处，经深盐路、盐葵公路、大梅沙海滨栈道至仔角检查站，远期与香港特别行政区的郊野公园连接。

规划建议绿道东段依托条件优越的盐田、大梅沙海滨栈道的建设基础，为游客提供摄影、观海、野餐等休憩活动空间和教育展示空间。绿道西段背山面海，环境优美，宜充分发挥自然景观优势为附近居民提供休闲运动、远眺观海、滨海自行车道等户外活动空间。绿道全段植物配置应以防风林和棕榈科植物为主，既有效预防台风，又营造亚热带滨海风情（图6-3-18 ~ 图6-3-20，表6-3-1）。

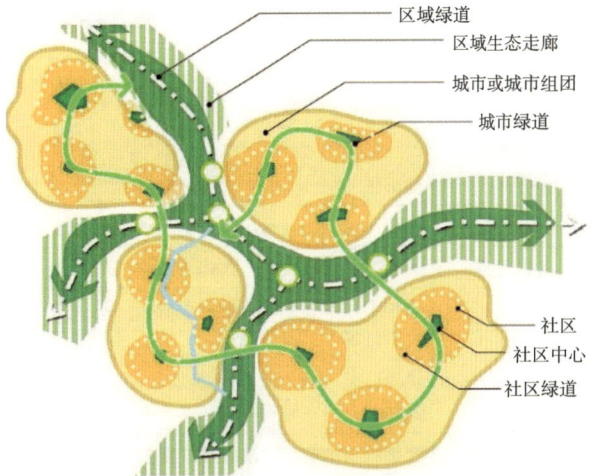

图6-3-18 绿道网结构图
资料来源：深圳市规划设计研究院.广东深圳市绿道网设计[Z].2011.

图6-3-19 深圳市绿道网结构图
资料来源：深圳市规划设计研究院.广东深圳市绿道网设计[Z].2011.

图6-3-20 深圳市绿道网规划图
资料来源：深圳市规划设计研究院.广东深圳市绿道网设计[Z].2011.

---

[1] 深圳市规划设计研究院.广东深圳市绿道网设计[Z].2011.

代码	CS-02
绿道名称	城市绿道2号线——大鹏湾滨海风情线
游径长度	37.7km
途经区域	盐田区
起讫点	西起小梧桐山盐田与罗湖交界处，东至仔角检查站
游径走向	深盐路、盐葵公路、大梅沙海滨栈道
沿途主要兴趣点	梧桐山风景名胜区、明斯克航母、沙头角中英街、沙栏吓村天后宫、盐田港、盐田墟镇海鲜街、大梅沙古遗址等
服务设施及节点	洪湖公园、梧桐山、明斯克航母设立二级服务节点，提供信息咨询、休息、游戏、露营、售卖、医疗、治安、消防、自行车租赁等服务
基础设施	连接城市给水与污水管网，设置公共厕所、垃圾箱等
标识系统	在绿道入口、交叉口、停车场和公众聚集的地方设置信息标识，在绿道邻近的公交站点、入口、主要交叉口处设置指向标识，并在必要路段设置规章、警示、活动、安全、教育标识

资料来源：深圳市规划设计研究院.广东深圳市绿道网设计[Z].2011.

6.4 城市中心区

6.4.1 中心区的概念与历史发展

城市中心区是城市结构的核心地区，在城市政治、经济、文化、生活等功能方面承担中心角色，在物质与经济形态上常常是公共建筑和第三产业的集中地域。

古代的城市中心通常位于城市道路系统的中心位置，并具有紧凑复合化的土地使用方式。良好的交通可达性与生活多样积聚性的特征，使得传统城市中心区自然成为社会政治、文化和生活的焦点，宗教、商业、娱乐活动普遍。

然而，伴随工业革命的兴起，交通方式、社会经济、人口结构和生活方式的变革使得城市中心普遍从繁荣走向衰败。一方面，中心区的空间尺度和围合产生巨大变化，土地使用强度增加，交通拥堵与噪声污染严重，人居环境恶化；另一方面，居住业、零售业等传统活动的迁出导致地区财政税收减少，政府对中心区的改造投资失去信心，中心区发展陷入恶性循环。

1970年代以来，城市中心区在经历了一系列风风雨雨以后，进入了调整、改造和更新的发展阶段。家庭和人口结构的改变、市郊住宅价格的上涨和新型大众捷运系统的完善及信息时代的初露端倪都成为促进城市中心区复兴的新因素，人们对于市中心在吸引人群和投资方面的潜能和特质等有了较以前更深的了解，传统的经验亦为旧市区复兴目标的制订提供了重要的参考。在这种背景下，世界各地都成功实施了一系列中心区城市设计和再开发案例。其中，公共空间和步道系统的建设、旧城中心历史地段及建筑保护和新型城市管理方式的实施，都直接促进了城市旅游观光和文化娱乐事业的蓬勃发展，给城市中心区注入了全新的活力（图6-4-1、图6-4-2）。

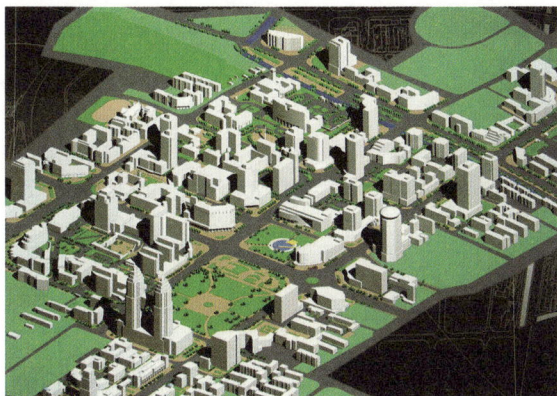

图 6-4-1　徐州中心区城市设计
资料来源：王建国，等.徐州中心区及中山路城市设计 [Z].
1999.

图 6-4-2　常熟新中心概念性城市设计
资料来源：王建国，阳建强，等.常熟新中心概念性城市设计 [Z].
2002.

6.4.2　城市中心区设计的要求与原则

在《成功的市中心设计》一书中，美国学者波米耶（Paumier）曾论及城市中心区开发的原则，现概要引述评介如下。

1）土地使用多样性原则

城市中心区土地使用布置应尽可能做到多样化。有各种互为补充的功能，是古往今来城市中心存在的基本条件。设计可以整合办公、商店零售业、酒店、住宅、文化娱乐设施及一些特别的节庆或商业促销活动等多种功能，发挥中心区的多元性市场综合效益，如瑞典斯德哥尔摩市中心豪德格特（Hotogel）在扩建时，将行政办公建筑布置在商业和娱乐设施之上，既突出了城市中心的形象，也满足了多样性的要求。

2）提升土地开发强度原则

无论从经济的角度看，还是就市中心在城市社区中所起的作用而言，城市中心区都应具有较高密度和商业性较强的开发，只是需注意不要对城市个性和市场潜能造成过大的压力，同时对交通和停车要求也应有周详的考虑。中心区中最常见的高楼大厦被大片地面停车场所环绕，这种做法是不可取的。应该认识到，高强度的开发未必就是建高层建筑。此外，城市土地的综合利用也是保证土地开发强度的一种有效方式。在设计这些空间关系和品质时，应特别关注沿街建筑在水平方向的连续性和建筑对空间的围合作用。

3）提供便利交通原则

车辆和行人对于街道的使用应保持一个恰当的平衡关系。对于大多数中心区来说，应鼓励步行系统和街面的活动，如鼓励人们使用公交运输方式，并在步行区外围的适当位置设计安排交通工具换乘空间节点等，有条件的场合尽量采用多层停车场，并在停车场的底层布置商店及娱乐设施等，一些大城市常常在中心区设置大规模的地下停车场，如日本的名古屋、法国的巴黎、美国的波士顿等。

4) 创造方便有效的联系原则

即在空间安排上考虑使用的连续性，使人们采取步行方式就能够便捷地穿梭活动于城市中心区各主要场所之间。如美国明尼阿波利斯、中国香港等城市中心区的空中步道，它们联系了大部分的活动场所，构筑起一个完整的中心区步行体系。

5) 建立正面意象原则

即让城市中心区具有令人向往、舒心愉悦的积极意义，如精心规划布置中心区的标志性建筑物，设置生活设施和环境小品，以建立一个安全、稳定、品位高雅的环境形象。

总之，城市中心区应是城市复合功能、地域风貌、艺术特色等集中表现的场所，具有特定的历史文化内涵，同时，它又常常是市民"家园感"和心理认同的归宿所在，是驾驭城市形体结构和肌理组织的决定性空间要素之一。

6.4.3 城市中心区设计的相关要素

1) 形态功能

传统的城市中心区空间多为单核形式，即一个城市拥有一个中心区。然而，随着城市的不断发展，中心区的功能不断集中膨胀并超出能够承受的容量，从而引发功能混杂、交通拥堵、建筑形象混乱等一系列问题。因此，20世纪的城市中心区建设呈现出一种功能复合化与逐步分级的发展趋势，即城市中心的功能多元共存。在规模较大的城市中，可以有行政管理、商业服务、文化娱乐等多个以单一职能为主的中心区分散在较大的中心地区范围内，或是依据城市规模形成层次不同且功能互补的复合职能中心，如为全市服务的市中心、分区中心、居住社区中心等。

在形态上，城市中心是一种具有某种围合效果的开放空间，通常显示为块状与带状。所谓块状布局是指城市中心采用街区式布局，各功能在道路围合的街区内进行组织，带状布局主要指城市中心沿街道线性扩展而成。与带状布局相比，块状布局的优势在于较好地满足了城市交通与公共活动的相对独立，区内易于形成安全、丰富多变的步行空间（图6-4-3）。

作为城市政治、经济、文化等社会活动的集中地，中心区的功能强调复合多元，这一方面有利于丰富市民生活，发挥多元性市场综合效益，同时也有助于平衡白天与夜晚的区内活动。在20世纪末以"提高城市中心区吸引力"为题的美国第五届城市土地研究会市长论坛上，与会者提出了21世纪城市中心区功能与活动的典型构成：①一些高级教育和研究机构；②2个博物馆；③1个表演艺术

图6-4-3 《城市艺术》书中总结的城市中心区空间组织经典方式
资料来源：王建国.城市设计[M].2版.南京：东南大学出版社，2004：147.

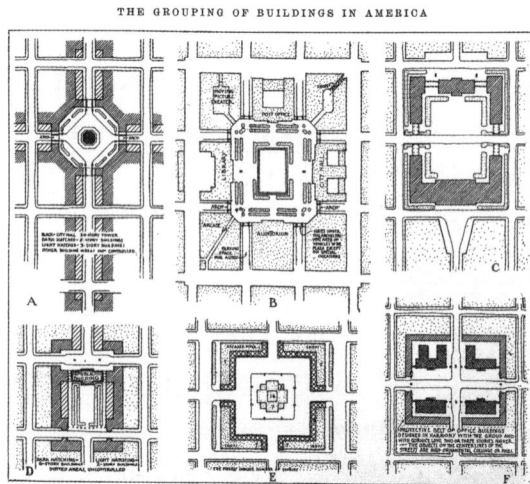

THE GROUPING OF BUILDINGS IN AMERICA

FIGS. 618-23—SIX PLANS FOR CIVIC CENTER GROUPS
These studies, by the authors, illustrate the adaptation of various Renaissance motives to modern conditions and gridiron street plans.
For visualizations of these plans see Figs. 626-31.

中心；④1个公共图书馆；⑤4家近2年比较流行的新式餐馆；⑥居住小区较5年前有所增长；⑦1处大型公园；⑧1家大医院；⑨政府机构集中；⑩至少拥有1种专业运动项目的举办权；⑪至少每年举办3次重要的群众性活动。

值得一提的是，中心区的功能布局较之其他区域更注重空间的紧密性，即将功能相近的设施，尤其是商业、服务业集中在一起，这不仅对这些设施本身的运营有利，也有助于人们活动的连续性。因为功能的不连续，哪怕是一小段，都会打断人流活动的连续性，并减低不同用途之间的互补作用。城市设计中最常用的就是采用"连"和"填"的建筑布置办法，填补城市形体架构中原有的空缺，如美国纽约中心街区城市设计中制定的街道界面连续性的规定（图6-4-4）。

2）交通系统

作为功能与地理位置的核心，城市中心区的建筑、人口相对密集，道路面积相对有限，交通压力成为中心区良好运行面临的严峻挑战。为解决这一问题，可以从以下方面考虑。

（1）合理处置过境交通

中心区过境交通指不以中心区为起始、目的地而仅作为经过地的交通。这样的交通进入中心区，会增加交通负担，引起交通事故，所以需要将其合理地疏解出去。例如在中心区外围设置快速交通环路，既满足中心区与对外交通的有序连接，又有效地将城市交通截流于中心区外围。发达国家也采用"可协调的适应性交通系统"，根据现场需要和系统容量由计算机及时调整交通信号，最大程度地发挥城市道路的作用。

（2）建立多层次的立体交通网络

鉴于中心区巨大的交通流量，建立多层次的立体交通网络是关键。在我国北京、上海、南京等大城市，由于市中心交通用地极为紧张，近年来在相继发展高架道路的同时，又竞相发展地下交通，形成地下铁路、地面交通、空中轨道的多层次立体交通体系，缓解地面层交通的压力（图6-4-5）。当然，在兴建立体交通网络的同时，停车设施的配建至关重要，目前世界大部分的城市中心区都存在着停车场地缺乏的问题，大规模的地下停车场、屋顶停车场与立体停车楼是建设的主要趋势。

（3）公交优先策略

根据国际经验，如果对大城市中心区内的小汽车发展不加限制，再大的交通投资也于事无补。所以，为了从根本上解决中心区交通压力过大的问题，弱化由于私家车数量不断上升带来的负面影响，建立一个迅速、准点、方便、舒适的公共交通系统是明智的

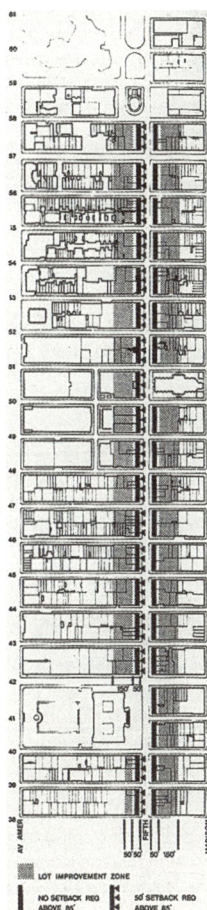

图6-4-4 纽约中心区街道界面连续性规定

资料来源：Barnett J.An Introduction to Urban Design[M]. New York：Harper & Row Publishers，1982：82.

图6-4-5 香港中环二层步道

资料来源：王建国.城市设计[M].2版.南京：东南大学出版社，2004：129.

选择。目前与城市中心区连接的公交方式主要为巴士、轻轨与地铁，区内交通则主要为电车（图6-4-6）。

（4）注重步行环境的改善

考虑到城市中心区拥有大规模的商业零售和娱乐服务建筑，人们的活动以步行为主，中心区设计应注重步行环境的改善。在一些大型建筑设施之间可以设置空中步道，增强行为的安全感与便捷性。而在行人活动密集的区域则宜开辟步行街区，做到彻底的人车分流。如澳大利亚从1980年代末开始就在中心区有针对性地设置了系列步行街与允许少量机动车通行的半步行街，辅以绿化、水体、售货亭、咖啡座、商招、标识等的设置，营造出充满生机与活力的中心区环境。

3）自然与人文环境

形成与塑造美好的城市中心区特色，需要合理挖掘并利用富有地方特色的自然要素，在顺应尊重的基础上加以提炼与升华。具体如利用山地丘陵作为城市中心区的背景，创造丰富的空间层次，借助水体缓和中心区密实的空间氛围并突显地方特点等。

图6-4-6 欧洲斯特拉斯堡老城中心区轻轨电车

资料来源：（丹麦）扬·盖尔，拉尔斯·吉姆松. 新城市空间 [M]. 2版. 何人可，张卫，丘灿红，译. 北京：中国建筑工业出版社，2003：42.

除与自然环境结合外，人文传统也是构成中心区特色的重要元素。历史上，城市中心区往往是文化内涵最密集的地区，其间记载着不同时期的社会风尚、情趣，充斥着特定历史阶段的街道、建筑和文物。中心区建设中需要对此进行合理的保护与利用。为此，一些古老的欧洲城市，将历史上形成的核心区，甚至整座城市视为文化遗产进行保护（图6-4-7）。

当然，除了上述完全保护性质的中心区外，更多城市中心区面临着的是如何适应现代化生产生活方式的问题。在建设发展与历史保护这组矛盾面前，"保持传统风格，新旧结合，协调统一，保持历史文脉的延续性"是目前世界的共识。如哈尔滨市中心区建设发展中合理保留与修复了以圣·索菲亚教堂为代表的欧式建筑，"东方小巴黎"的美誉重新展现。

1972年，国际纪念物、纪念遗迹会议第三次会议提出："在具有丰富历史文化建筑群的城市中，建造新的现代建筑不能单纯模仿过去的样式，而应该用现代最先进的科学技术、最优质的建筑材料建造"。所以，为了更好地保护历史环境，促进历史建筑的新生，保持传统建筑外貌前提下的内部改造也是目前常用的手法之一。位于南京大行宫中心区的1912地段就是通过历史建筑的内部功能置换形成的一处成功案例（图6-4-8）。

4）形象与高层建筑

中心区是市民生活的聚集地，其形象常常也是重要的城市缩影。在其形象的具体构成中，高层建筑以超出一般的高度和巨大的体量成为最显著的要素，长期占据人们的心理。

伴随地理、经济、社会、政治、技术等多方面的原因，高层建筑在城市中心区的数量越来越多。我国更是如此，1990年代仅上海地区的高层建筑新

图 6-4-7 意大利威尼斯中心区
资料来源：(丹麦)扬·盖尔，拉尔斯·吉姆松. 新城市空间 [M]. 2 版.
何人可，张卫，丘灿红，译. 北京：中国建筑工业出版社，2003：12.

图 6-4-8 南京大行宫中心 1912 历史地段改造
资料来源：作者摄.

建量业已达到欧洲地区所有国家高层新建量的总和，并因此引发了一系列的中心区形象问题，传统的城市天际线与景观遭到严重破坏。

　　如何利用高层建筑塑造良好的中心区形象，《天际线——城市轮廓的理解与铸造》一书中的见解值得借鉴。

　　（1）和谐

　　即人工建筑物与自然地形的和谐共处，获得这种融洽关系的关键在于加强已有的自然形体，而非与其形成尖锐的对照。例如，为了保护维多利亚港两岸的山体，香港地区相关城市设计导则中规定普通高层建筑必须低于山脊线一定高度，形成一定的低开发强度区，特殊的标志性建筑可适当突破（图 6-4-9）。

　　（2）韵律

　　典型天际线的韵律是"实—空—实—空"的变换，"实"指建筑实体，有高低变化，"空"指建筑之间的空隙，有长狭之分。相应地，中心区的高层适宜成组成团的布局，彼此之间保持距离或以开放空间隔开。否则"见缝插屋"式地分散布局易于导致空间秩序的混乱，大片的建筑阴影也使城市中心区丧失了舒适的生活环境。

　　（3）标点

　　即通过一座巨大的建筑物起到重音和强烈符号的作用，吸引和凝聚人们的注意力，将零散的部分聚成整体。以纽约下曼哈顿为例，相关调查显示，普通市民与专业人士都认为城市中心区形象在"9·11"事件后不如以往，究其原因就在于原本起到统摄作用的世界贸易中心建筑在恐怖事件中毁于一旦。

图 6-4-9 香港维多利亚港湾城市天际线引导
资料来源：作者绘.

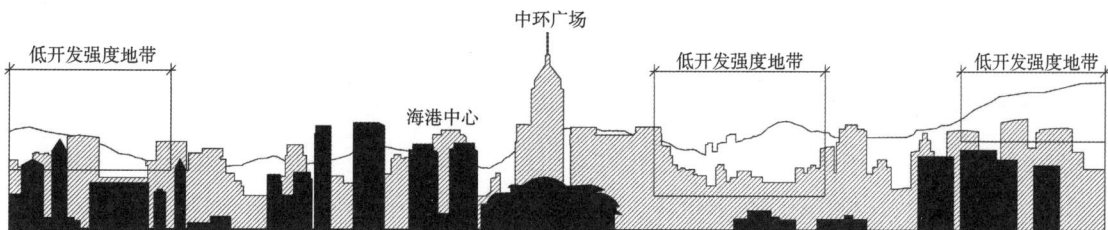

(4) 层次

即强调建筑景观的层级，通过远、中、近景的合理布局与映衬收取效果。例如，上海浦东陆家嘴的建筑形象大致可分为三个层次：远景的"一波三峰"，即东方明珠电视塔（456m）与背景标志的三幢超高层建筑（400m），中间层次的弧形高层建筑群（160~180m），以及作为前景的滨江建筑群（40~60m），三个层次的建筑布局疏密有致，高低起伏，成就了著名的上海浦东天际线形象。

6.4.4 案例分析

1）法国巴黎德方斯副中心规划设计

巴黎是一座历史悠久的世界都城，迄今仍保持着较为完整的历史风貌。然而，巴黎城市建设在现代化进程中，也面临着发展的巨大压力。事实上，要使巴黎适应高效率的现代都市的需求，仅靠旧区改建是不可能的，因为这种改建肯定会不同程度地影响其历史风貌的完整性。1960 年代，政府决定在巴黎东西向城市发展轴线的西部延长线上，即凯旋路延伸到诺特路的德方斯地区，开发建设面积约 750hm² 的城市副中心。

德方斯交通系统规划参照了柯布西耶的城市设计理念和原则，人车完全分离。地面层是一块长 900m，面积 48hm² 的钢筋混凝土板块，将过境交通全部覆盖起来。板块上面为人行道和居民活动场所，板块下部是公路，再往下是地下铁道，在与城市干道垂直的方向，在公路和地铁标高之间安排铁路。三种交通互不干扰，畅通无阻。凡需进入德方斯的汽车，先驶入街区周边的高架单行环形公路，通过几组立交经几条放射形的公路进入板块下部。由于将机动车道路全部掩埋于地下，因而保持了新市区街面的完整性。同时，还便于利用地面的自然坡度铺设出行人路面。道路和停车场则设在一块能将各个建筑物相互连接起来的面积达 40hm²，停车量达 32000 辆的地下层。为了使上下班的人们和这些楼房群中的居民交通便利，规划设计还考虑了小型电车和传送带。

在功能布置上，德方斯则采取了与现代主义功能分区所不同的方法。高层写字楼与低屋的住宅彼此毗邻，使得这个新市区昼夜一样充满生气。在白天商业贸易的繁忙喧闹之后，晚上主要是文娱社交活动。在这里人们可以找到城市中通常所见的各类建筑，如电影院、药房、旅馆、游泳池等；也包括其他各种新的设施，如艺术中心和业余活动中心、区域性商业中心、展览馆等（图 6-4-10~图 6-4-13）。

2）英国曼彻斯特市中心重建 [①]

1996 年 6 月 15 日，一枚炸弹在曼彻斯特市中心爆炸，造成了 220 人死伤及巨大的社会经济损失，中心区约 4.9hm² 的零售卖场和 5.7hm² 的办公区毁于一旦。

曼彻斯特市中心的重建受到公众的广泛关注，当地居民期盼看到被炸后城市中心再现往日的辉煌。所以总体规划和其他优先策略很大程度上是以恢复

---

① Jason Prior. 英国曼彻斯特市中心重建 [J]. 常色，译. 城市环境设计，2007（2）：76-78.

城市骄傲和信心、建造一个活力四射的城市为目标的，其具体战略如下：

（1）零售业中心地位的恢复和增强。尽快重建由于爆炸毁于一旦的商业空间，创造良好的购物机会，稳固曼彻斯特市中心地区零售业中心的地位。

（2）城市经济基础的激励和多样化。这一目标是为保证投资、休闲与文化活动的顺利发展，加大市中心的投资吸引力。具体可以通过直接创造就业机会增强地区的经济活力，并保证当地居民能够得到这样的机会。

（3）交通系统整合发展。整合的交通系统是形成一个良好城市中心的关键，首要的目标是通过整合策略提供一个对所有人都有效的便捷系统，在自驾车与鼓励更多人使用公交车之间取得平衡。

（4）创建高质量的城市中心，通过高效、安全的全天候公众环境以吸引人们停留驻足。

（5）建造一个鲜活的城市。促进城市人口的再生与创造足以留住附近居民的生活环境。

（6）结合城市中心多年的历史积淀，营造一个风格独特的千禧地。

建筑设计方面，首要的任务是同遗产学家紧密合作，细致准确地修复5处被炸毁的重点建筑，这些历史建筑对于市中心的意义毋庸置疑。此外，在修复和改造现存建筑上，设计为激发现代建筑的创新灵感设定了基本架构。如新建的马莎百货旗舰店（Marks and Spencer Store）、新千禧文化中心和公司街（Corporation Street）都具备商业运作和文化活动的双重作用，以为新城带来崭新的面貌。

设计进行6年以后（2002年），有关公共领域的问题浮出水面。城市新公众地带的城市规划包括一个简单的十字形路线——呈东西和南北走向穿越布满街区和广场的市中心地带，并经过铁路的主要车站和购物中心。利用这一结构，中心区内一些街道和建筑之间的空间可以成为许多活动的良好场所。这一策略需要涉及三个公共开放空间，其中之一是传统的城市中心——皮克迪利花田的重建，其前身是种满了观赏植物和樱桃树的花园，后期由于人迹罕至沦为毒贩经常出没的地方，其余两者为新建项目。

图6-4-10　巴黎德方斯与城市中轴线
资料来源：王建国.城市设计[M].2版.南京：东南大学出版社，2004：151.

图6-4-11　从巴黎老城区远眺德方斯之一
资料来源：作者摄.

图6-4-12　从巴黎老城区远眺德方斯之二
资料来源：作者摄.

图6-4-13　巴黎德方斯广场
资料来源：作者摄.

图 6-4-14 英国曼彻斯特中心区总平面（左上）
资料来源：Jason Prior. 英国曼彻斯特市中心重建 [J]. 常色，译. 城市环境设计，2007（2）: 76-78.

图 6-4-15 英国曼彻斯特中心区交易所广场（右上）
资料来源：Jason Prior. 英国曼彻斯特市中心重建 [J]. 常色，译. 城市环境设计，2007（2）: 76-78.

图 6-4-16 英国曼彻斯特中心区圣安妮广场与教堂之间的步行道（左下）
资料来源：Jason Prior. 英国曼彻斯特市中心重建 [J]. 常色，译. 城市环境设计，2007（2）: 76-78.

图 6-4-17 英国曼彻斯特中心区内设置的农贸集市（右下）
资料来源：Jason Prior. 英国曼彻斯特市中心重建 [J]. 常色，译. 城市环境设计，2007（2）: 76-78.

其中，在车道星罗棋布的中心区地段建立交易所广场（Exchange Square）是设计的核心。设计的目的在于建立一个充满活力的积极空间，结果不仅达到目的甚至超过预期，该广场成为上班族、滑板少年、购物者和旅行者的汇聚之地，目前的挑战转为面对公共场所的过度使用制定相应的调整策略。

另一个新建项目为与教堂、厄比斯文化中心（Urbis Culture Centre）、切特汉音乐学院（Cheetham School of Music）毗邻的城市公园，这是一处距离交易所广场几百米之遥的静谧所在。设计后的公园涵盖了原来用于停车场的空地，延伸了现存的教堂花园，遍布的草坪、雕塑、植物和艺术品烘托出中心的现代气息与休闲氛围，并对教堂附近的地块潜能开发提供了可能（图 6-4-14 ～ 图 6-4-17）。

3）南京浦口中心地区设计整合方案 [①]

南京是我国沿江重要的港口城市，在新世纪跨江发展战略的指引下，作为江北连接江南地区的浦口中心地区极具战略地位。2005 ～ 2006 年，政府部门组织"浦口中心地区概念规划方案国际征集"工作。设计范围北至现状道路沿山大道，西边以七里河为边界，东侧以定向河为界，南侧为长江，总用地约 13km²；影响范围北至老山山脉，西至过江隧道，东至津浦铁路，南至长江，面积约为 53km²。

为吸取方案优势特点，整合深化工作随之展开。6 个征集方案都较好地遵循了上位规划的指导，强调了生态环境的塑造，在发展模式和空间布局上提供

---

① 杨俊宴，阳建强，周慧. 国际方案征集后的设计整合——以南京浦口中心地区为例 [J]. 现代城市研究，2010（10）: 33-39.

了多种可能性；但在对地区的功能定位、空间布局和规模等问题的分析研究上存在着不深入、不合理的问题。基于此，整合工作遵循"方案模式分解总结－重大问题研究判断－空间形态整合创新"的思路展开。

首先将6个征集方案各自分解成"功能规模、空间布局、综合交通、滨水规划、开发实施"五个方面，置入评委意见，分析规划优缺点，形成借鉴经验。进而根据不同尺度的层次要求，构建浦口中心地区重大问题的研究框架，包括总体定位与功能组成、规模测算与发展阶段、区位选址与城市形象、空间组织与街区模数、开发策略与启动项目等，构筑基本判断与设计理念。最后，在此基础上提出"一核三轴八区，弹性结合预留"的空间布局结构——

一核：中心核心区面江布置，由中心湖开敞空间及周边公共活动设施组成。核心商业金融区、文化娱乐区等与中心湖开敞空间交相辉映，相互渗透，创造出形态独特、景观宜人的空间形态。

三轴：包括中央复合功能轴、商务轴及特色轴，分别对应三条跨江景观视廊。中央复合功能轴位于基地中央，是联系山、城、江的空间廊道，也是服务于整个中心地区的公共活动区。商务轴是由中心湖发散斜向穿越商务办公区的开敞空间带，既是空间景观轴线，也是为地铁斜向穿越预留的交通走廊。特色轴是发自中心湖由北向南、穿过胜利圩地区的水绿轴。

八区：沿山大道与浦珠路之间的科研型产业片区、沿中央大道的公共设施片区、中心湖西北侧的文化娱乐片区、丰字河路以南的商业片区、中心湖以南及滨江的商务片区和胜利圩、浦珠路与丰字河路之间的现代化居住片区等（表6-4-1、表6-4-2、图6-4-18、图6-4-19）。

浦口中心地区国际征集方案空间布局与设计意向分析汇总表　　　表6-4-1

方案编号	布局结构	核心部分与江的关系	江与山的关系	开敞空间比例	可借鉴优点
一号方案	"C"字形自然景观带；沿丰字河路两侧，依托交通枢纽的商务办公；"C"字形空间的中间部分形成中高档的居住社区	不滨江	没有景观轴线关系	约50%	—
二号方案	一核：核心区；两轴：山城江景观轴、带状城市发展轴；两带：北部老山山地景观带、南部长江风光带	滨江	150m的中央绿带形成视廊	约46.5%	—
三号方案	"一心四轴十区"多组团布局结构	滨江	强调山、江景观联系，通过绿色廊道相连	约50%	布局结构较清晰，中心区滨江
四号方案	一心：商业文化核心区；两带：滨江旅游休闲带、沿河复合游憩带；二轴：城市生活轴、中央复合生活轴	滨江	设立中央复合轴，建立基地、老山与长江之间的联系	约36%	—
五号方案	一带两核三点四分区	不滨江	通过沿河绿带建立"山、水、江"的联系	约52%	—
六号方案	生态优先的弹性规划布局；圈层式的中心区功能结构，"双核、四带、五区的布局"	不滨江	通过沿河"生态绿廊"与中间"功能绿轴"建立山与江的关系	约40%	设置了混合用地，考虑了土地的弹性开发和地下空间的利用

资料来源：杨俊宴，阳建强，周慧．国际方案征集后的设计整合——以南京浦口中心地区为例 [J]．现代城市研究，2010（10）：33-39．

浦口中心地区国际征集方案特征分解汇总表　　　　　　　　　　表6-4-2

	征集方案优点	专家共同意见
功能规模	通过专题研究，多层次论证中心区核心功能定位	• 作为南京江北相对独立的城市中心，要充分考虑其对外辐射，功能定位应量化分析 • 中心区的开发要选择合适的时机，既要考虑开发的长期性，又要考虑阶段性，并有足够弹性
空间布局	布局结构较清晰，中心区滨江；设置混合用地，考虑了土地弹性开发，充分考虑了地下空间的利用	• 核心区应坚持紧凑布局的原则 • 在总体布局上，应充分重视和利用长江这一最大的特色资源，宜采取面江发展的模式 • 核心区用地功能应力求混合，具有弹性 • 处理好开敞空间和建设用地的比例，保持合理的开发密度和强度 • 塑造特色场所，成为富有繁华氛围和吸引力的滨江中心
综合交通	公交线路连通核心区与周边地区；交通可达性分析；静态交通规模的分析和安排；提出BRT系统	• 在已确定外部交通条件下，可结合布局对规划交通走向及站点设置进行调整，并考虑水上交通和BRT • TOD开发模式要真正体现在轨道交通站点和公交站点周边土地开发强度和人口密度的梯度分布，处理好区域内外交通的换乘关系 • 中心区应采取高密度、小尺度路网，充分考虑可达性，尤其是核心区路网的密度要高
滨水规划	在滨江带构筑防洪堤形成江面上的两个"内湖"，使核心区与长江建立关系；强调了生态的保护和中心区水特色的塑造	• 要将长江、七里河、定向河作为利用的资源和整合空间的要素来处理，而不仅仅是边界 • 滨江是该地区最大和最有特色的资源，要从多方面认识和考虑 • 合理解决滨江快速路、长江防洪大堤对中心区和长江的阻隔问题，处理好亲水性和可达性
实施策略	建议胜利圩区域发展成居住、办公、商业、休闲娱乐多种功能的综合区域；提出复合旅游地产模式；进行了中心区启动模式的分析，提出了启动项目建议，进行了投入产出的初步测算	• 重视土地经济价值，合理利用每一寸土地 • 依托浦珠路启动较为合适；如果胜利圩先期启动，在考虑交通等启动条件及项目经济性的同时，要考虑对中心区的带动 • 要深入研究开发时序，采取可行的分期方案

资料来源：杨俊宴，阳建强，周慧. 国际方案征集后的设计整合——以南京浦口中心地区为例[J]. 现代城市研究，2010（10）：33-39.

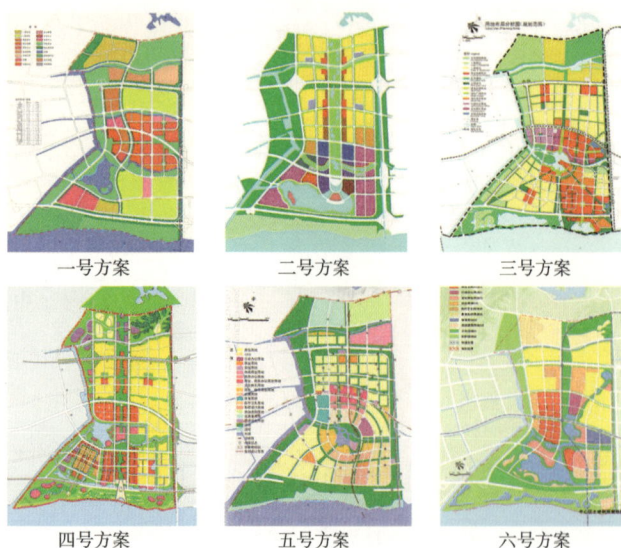

一号方案　　　二号方案　　　三号方案

四号方案　　　五号方案　　　六号方案

图6-4-18　浦口中心地区国际征集方案总平面
资料来源：杨俊宴，阳建强，周慧. 国际方案征集后的设计整合——以南京浦口中心地区为例[J]. 现代城市研究，2010（10）：33-39.

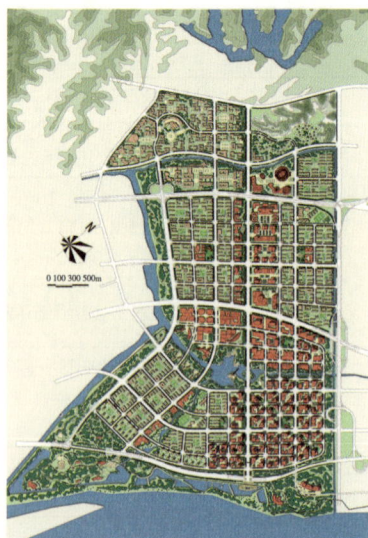

0 100 300 500m

图6-4-19　浦口中心地区设计整合方案总平面
资料来源：杨俊宴，阳建强，周慧. 国际方案征集后的设计整合——以南京浦口中心地区为例[J]. 现代城市研究，2010（10）：33-39.

6.5　大学校园

6.5.1　大学校园空间的历史发展

  历史上较早的大学校园空间可以追溯至欧洲中世纪的"大学街"。即没有固定的场所，而是由教师在街头住所或临时租赁的房间内向学生传授知识。在大学街的基础上，教学场地与设施沿街区周边继续发展并开始围合，于是在中世纪中后期出现了中庭式的大学院落。在神权统治之下，这种院落式大学空间多具有强烈的封闭特征，四周围合的院落围墙将校园与社会隔离开，教学的全部内容，包括师生的工作、学习与生活全都容纳在围合式的院落内。英国牛津大学与剑桥大学的早期学院，就是这种封闭式院落大学的典型代表。

  19世纪前后，工业革命的兴起与科学技术的发展，使得自然科学与专业技术的划分达到相当精细的程度。对应广泛的社会需求，大学从以往只培养少数特权阶级的场所转变为培养大批科学技术人才的国家公共机构。为与高等教育的结构变化相适应，大学校园空间的规模走向分散扩大，形态上具有明显的开放性。

  第二次世界大战以后，综合的趋势逐步占据主导地位，这要求高校教育能够有意识地加强不同学科之间的渗透与联系。在这种背景下，校园设计从单纯的空间扩张分散向着整合开放的方向继续发展。主要特点为：其一，在各学科单独设置教学楼的基础上，建立教学综合区，以一组或几组公共教学楼维系不同专业、学科师生之间的联系。其二，校园内部功能相近的建筑布局日趋集中，整体功能分区愈发明确，且可以向社会开放的设施布置于学校入口与周边地区，更好地发挥大学校园服务社会的功能。其三，在现代城市设计方法体系不断健全完善以及关注历史、关注生态等世界共识的影响下，便捷的交通组织、浓郁的人文特色、合理的生态布局等现代城市建设所关注的问题都被整合到设计中去，成为现代大学校园空间设计关注的焦点与核心。

6.5.2　大学校园空间设计的要求与原则

  1）人性化原则

  以人的行为活动规律与需要为标准进行校园设计。功能分区中不应因为过分追求区域划分的简单明确而造成分区之间距离过远，以致交通不便；交通设计中也宜根据实际流量需要与高校交通的特点决定路网的走向、位置与密度，在确保交通效率的前提下，提倡适度的人车分离。

  在注重物质需求的同时关注人的精神生活，综合考察高校办学理念、人文精神、专业设置、地域文化、自然环境、历史文脉等众多因素，将其巧妙地融入校园环境，力求在历史发展的长河中逐步形成、延续、强化独特而浓郁的校园场所氛围。

  2）社会化原则

  随着科技信息时代的到来，大学校园与社会的关系愈发密切，其承担的地区文化资源中心作用相对突出，故而图书馆、体育场馆等社会性较强的设施提倡向社区适度开放，实现文化资源共享；同时，为促进科研成果的快捷转化，校园也需要加强与相关企业的合作，收获更多的社会效益。

另一方面，为适应我国社会主义市场经济的发展，大学校园后勤管理的社会化已成为一个普遍的趋势。即在兼顾师生的经济承受能力、开发商的经济利益以及学校管理难易程度的条件下，适当吸收、引进社会力量参与相关建设与管理，如教工住宅商品化，活动中心、食堂市场化，学生宿舍公寓化等。

3）生态化原则

立足于环境保护、持续发展的立场，将校园环境视为整个城市生态系统的一部分，科学分析、合理选址、适度开发，尽可能地维持自然环境的原生性，并力求通过校园建设对原有环境进行修复与改善。对于校园内部的环境塑造，则可以自然生态环境为基础，综合水流、广场、树木、绿地等多种景观元素，灵活多变，形式不拘，将自然的人化与人化的自然有机融合在一起，创造出丰富多彩的视觉空间与自然协调的环境氛围。

6.5.3 大学校园空间设计的相关要素

1）功能分区

大学校园的传统功能布局主要由教学区、学生宿舍区、体育运动区及教师生活区构成。随着社会的改革发展，大学的办学理念，从填鸭式的知识灌输，转向学生综合能力的培养，学习的形式与场所不再局限于教室与课堂，而扩展至整个校园乃至社会之中。校园与城市以及校园内部各区之间在不同程度上出现空间交叉与渗透，现在大学校园的功能分区呈现出区域互动的新特点。

（1）与校园外部空间的互动

作为先进知识传承的重要场所，大学校园在现代社会中所承担的地区文化资源中心的作用越来越突出，同时为促使科研成果的转化，校园也需要加强与社会的交流，以获得更多的社会支持。所以，现代大学校园与社会之间往往具有很高的开放度。如将体育运动区、图书资讯中心等设置在校园周边邻近城市道路的位置，并开设单独的出入口，以利邻近社区群众共享文化资源。再如科技产业是社会从大学教育中受益，同时大学理论又在社会实践中接受检验的重要功能区，设计时需要考虑其位置便于社会交流，同时在面积规模上还应留出一定的预留用地，便于今后的进一步发展。

（2）校园内部的区域互动

如果说校园早期的内部功能划分关注的是在各自区域内部完成既定功能，那么现代立体式教育体系下的设计则更强调从彼此联系的眼光看待各分区，注重布局的综合化、组团化、人性化。[①]

①综合化：打破传统各院系相对独立的关系，通过教学科研设备的共享，

---

① 何镜堂. 理念·实践·展望——当代大学校园规划与设计 [J]. 中国科技论文在线，2010（7）：489-493.

实现多学科的交叉与交流，拓宽学生的知识涉猎范围，有利于学科群的建立。

②组团化：将建筑群体按照某种方式组织成体系集中布置，并采用连廊等手段联系群体内各建筑，形成独立成组群的布局模式，缩短交通流线，同时有利于在组团间留设生态用地，实现土地的集约化应用。

③人性化：从使用者（学生和老师）心理、行为方式、知觉经验等出发进行设计，增加多元交往空间，提高交流质量，如室外增设庭院、室内扩大公共廊道布置展览、查阅等公共功能，灰空间添加架空层、平台等（图6-5-1、图6-5-2）。

2）交通组织

现代大学校园的交通流线比较复杂，其中包括上课、休息等师生员工相对短途的步行流线，以学生往返于住宿区与教学区两地为主的自行车流线，同时，随着生活物质水平的提升以及大学校园与社会外界联系的日益紧密，机动车流也成为重要的交通流线之一。为了将这三种流线进行合理的安排，现代城市设计中"步行优先、人车分离"的思想被引入进来，具体做法为：将校园主体、建筑群和核心区安排为步行优先区，自行车流作限制通行，机动车交通和停车则安排在人流相对集中的核心区外围，形成一个安静、安全、充满校园学术氛围的环境。国外的许多知名大学如美国加利福尼亚大学 IRVINE 分校，哈佛大学商学院以及我国近期建设完成的一系列大学校园大都采取了这样的交通组织形式。

大学校园的交通组织不仅讲求安全高效，而且强调通过合适的路网结构实现各种人流的快速传送，多样化的景观视觉效果逐步成为设计关注的焦点。为此，现代大学校园的路网结构常常突破传统校园横平竖直的棋盘格局，而通过道路类型上的点（广场）线（道路）结合，线型上的曲直变化，避免路网架构单纯的交通功能，形成丰富的景观体验（图6-5-3）。因此，有学者为现代大学校园的路网体系制定了如下三条标准：[①]

（1）交通便捷、顺畅、可达率高，机动车能形成环路，人车能分流，最好还能形成步行区；

（2）合理划分出功能分区，且各功能用地比例和谐；

（3）形成若干校园景区及景观带。

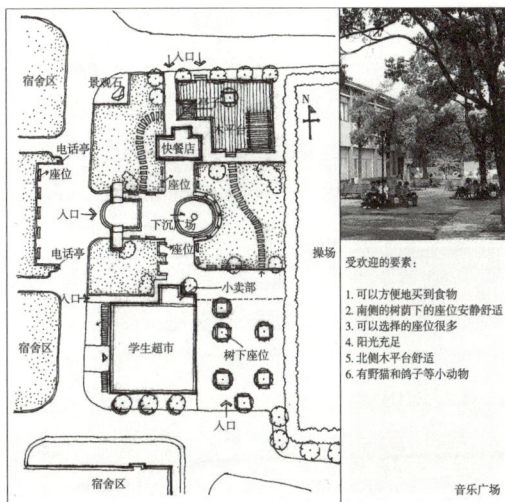

图6-5-1　同济大学深受师生喜爱的音乐广场
资料来源：王伯伟.高密度校园中的变异空间 [A]// 第七届海峡两岸大学的校园学术研讨会论文集.2007：143-151.

图6-5-2　哈尔滨工业大学建筑学院公共走廊交往空间
资料来源：作者摄.

---

① 高冀生.中国高校校园规划的思考与再认识 [J].世界建筑，2004（9）：76-79.

由于近年来我国组织规划实施的大学（城）校园规模与绝对尺度越来越大，许多高校校址都选择在了用地相对宽松的城市郊区。而偏远的地理位置又给这些高校与主城区之间的联系造成极大的不便。对于这一问题，将城市大众捷运系统与校园连接起来是较为理想的解决措施。如国外许多高校附近都设有汽车、地铁、轻轨等城市公共交通线，有些甚至将公交线路穿过校园园区，并根据园区规模大小，在高校内部设置一至几个站点，既增强高校师生与主城区之间的联系，同时也有效缓解了因机动车数量上涨而引起的校园内部交通不畅（图6-5-4）。

静态交通中，自行车与机动车停放是需要关注的两个因素。由于高校学生学习生活的特殊性，校园自行车交通呈现出上、下课时分教室与宿舍之间明显的钟摆特征，从而导致停车场地不足，自行车随意侵占人行道与机动车道阻碍交通的现象。为此，设计应确保学生生活区与教学区之间的距离不宜过远，且两者间宜设置多条通道，做好高峰时段集中人流的疏导工作；另一方面则要根据实际情况在教学区与宿舍区设置平地式、楼房底层架空式、地形高差式等多种自行车专用停放场地。为加强校园的生态绿化效果，也可以广植阔叶林，形成占天不占地的停车场，或是在专用自行车道路的一侧加宽2m左右，形成存取便捷的临时停车带。

校园机动车使用者多为教职工、短训班中高层管理人员以及外来协作者。通常情况下，机动车停车场地应根据校园整体交通规划中人车分离的原则，位于外围车行道附近，并力求分散接近于各院系教学区外围道路。校园用地紧张情况下可兴建部分地下停车库解决停车场地不足的问题。

3）生态设计

20世纪，随着我国高等教育的连续扩展，大学校园建设活动蓬勃兴起，并在城市用地紧张的制约条件下呈现出向郊区化转移的趋向。而城郊地区多属生态过渡性地带，自然条件复杂，在物流、能流上较之城市具有更高的生态敏感性。因此，在生态保护日益成为世界共识的今天，生态设计已然成为现代大学校园规划的关注焦点。

校园生态设计并非简单堆座山、挖个湖、栽几棵树等造景做法，而是要

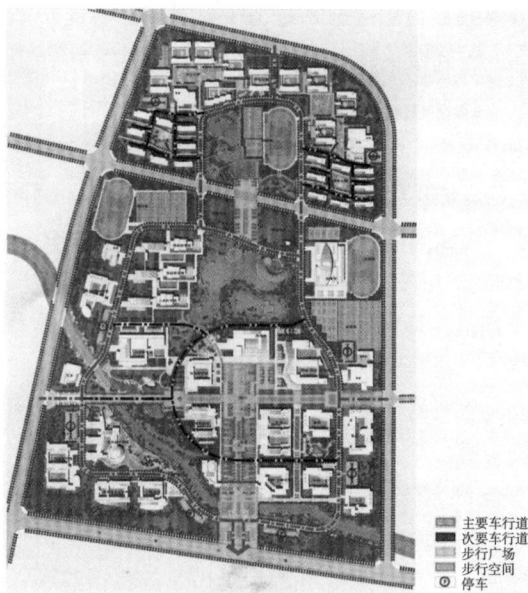

图6-5-3　山东轻工业学院长清校区交通分析图
资料来源：江浩波，等.培育健康的"树"——山东轻工业学院长清校区规划设计[J].理想空间，2005（4）：21-33.

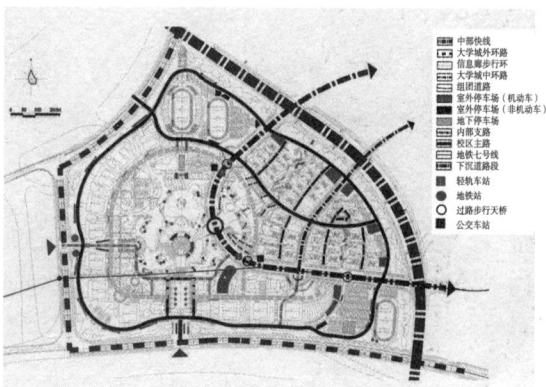

图6-5-4　广州大学交通分析图
资料来源：广州大学城建设指挥部.广州大学城规划设计成果汇编[Z].2003：44.

求能够充分考虑地方自然特征，并结合建设开发的需求，合理选址、适度开发，尽可能多地保持自然环境的原生性。如同 21 世纪以来扩展至全球 21 个国家的"绿色学校"计划倡导的那样，"让校园环境由人工景观环境为主，兼有部分自然环境向很多本地、非人类物种繁茂生长的场所转变"。当然，在不破坏原有生态环境的前提下，还应力求利用校园建设对原有环境进行合理的修复与改善，以期对城市整体生态系统起到积极的促进作用（图6-5-5、图6-5-6）。校园设计也可以通过系列水体处理手法，并结合校园生态公园，向城市补充地下水；同时对于山体上拆除建筑后留出的用地也分期进行了绿化覆盖与植被恢复工作（图6-5-7）。

图6-5-5　四川大学双流新校区生态景观
资料来源：杨世杰，等. 数字化校园的物化空间 [J]. 理想空间，2005（4）：50-54.

参照我国著名高校规划设计专家何镜堂院士的分析，校园内部的生态环境塑造可以从三方面入手。

（1）校园中心生态区

该区是校园中规模相对较大且最具有自然环境代表性的生态区域，通常以保护或局部改造的自然山丘、水系原貌为主体，穿插以广场、步道等人工景点，构成校园生态环境的主场所。

（2）群体组团生态区

这主要指建筑物（群）之间的庭院空间，应在保留树木、水体的基础上，根据建筑物的相对位置与围合方式加以布局，增设草地、花坛、坐凳、楼阁等景观元素，形成校园中相对静谧且具有院系所属性质的生态次空间。

（3）建筑内部生态空间

该部分环境隶属于建筑内部与表面，几乎全部由人工景观构成，旨在通过室内环境的室外化，使师生充分感受到自然的亲切与舒适，具体如中庭绿化、屋顶绿化、平台绿化、廊道绿化等。

图6-5-6　重庆工商大学建筑与地形的契合
资料来源：郭剑峰. 论山地大学校园构成的人文品质研究 [A]// 第七届海峡两岸大学的校园学术研讨会论文集，2007：189-198.

图6-5-7　西南师范大学依山就势的设计总平面
资料来源：张力，等. 特色校园规划设计的思路与策略——六所大学新校区校园特色评述 [J]. 理想空间，2005（4）：80-87.

4）建筑设计的特殊性与校园环境场所感的创造

近年来，校园规模的扩大引发高校建筑面积的急剧增长，为保护校园环境，为可持续发展建设提供可能，校园建筑开发的指导原则从早期的"低层、高密"逐步向"低密、高容、立体化"方向发展，力图通过建筑容积率的增加，提高土地利用率。有学者在综合考察我国校园建筑特点后提出如下经验数据，即国内普通高校校园建筑的密度宜控制在20%～25%，容积率不宜超过0.5。具体而言，高校教学楼、实验楼以5、6层为主，学生宿舍、公寓、行政楼、科研楼等可视实际情况需要建成高层与小高层。

高校建筑不仅构成了校园的物质空间，同时也构筑起特定的校园人文环境（图6-5-8）。这种环境，也常常被称为是"赋予特定校园意义，并对其使用者产生一定价值与影响的场所精神。"长期以来，学子们都期望到名校求学，其原因一方面因为名校师资力量雄厚，另一方面正是缘于名校悠久的文化积淀与浓郁的环境氛围，其可以使学生的心灵与意志得到很好的陶冶与磨炼。如我国清华大学的"红区"，其既是学校标志性的区域，同时也是全校师生最喜爱的聚会与交流场所。

对于历史沉淀相对缺乏的新建校园，建筑创造也不应一味寻求现代时尚的造型与材料，而是从实际的办学方针、办学理念、管理方式、面向对象、所处地域的地理文化背景出发，充分挖掘、塑造其内在的场所精神，如著名的剑桥大学，即是从"让不同国籍、专业、年级学生的思维相交织，价值观相碰撞"的办学理念出发，形成了建筑空间与形式各具特色，颇具浪漫主义情趣的场所氛围（图6-5-9）。

事实上，除了建筑元素以外，几乎校园中的所有要素都有助于场所感的形成。如树木，其斑驳的树皮、茂密的枝叶，自然朴素地讲述着学校的历史与文化。在近期对我国部分高校学生的相关调查显示，大部分学生认为新校区的场所感不如老校区，究其原因就在于缺乏一定数量的参天大树。草坪也是构成校园场所感的积极要素，明媚的阳光下，一方大小合适的草地上总是熙熙攘攘充满了学生，他们行、卧、立、谈天、看书、休息、争辩，直至日落西山、暮霭沉沉。如果运用得当，各种环境小品也可以成为不错的文化传递者。如一些学校将校训制成横幅、旗帜，并与路灯、坐凳等结合起来；有些学校则将校园中曾经发生过的事件与出现的人物浓缩成纪念碑与雕塑，通过它们传达校园的历史与传统。所以，校园场所感的创造不是空洞、抽象的说教，其需要将单纯的物质设计与人的行为活动、精神生活联系起来，综合把握，细部推敲，以获得充满活力与关怀的大学校园场所精神（图6-5-10、图6-5-11）。

图6-5-8　墨西哥大学极具印第安民族风情的图书馆建筑
资料来源：沈国尧摄.

图6-5-9　剑桥大学各具特色的学院建筑风格
资料来源：http://www.mtku.com/，2007-10-30.

图 6-5-10 宾夕法尼亚大学草坪
资料来源：欧林事务所.宾夕法尼亚大学校园发展规划[J].世界建筑，2005（5）：69-71.

图 6-5-11 哈佛大学哈佛铜像
资料来源：http://post.baidu.com，2007-10-30.

6.5.4 案例分析

1）香港大学 [①]

香港大学是香港历史最悠久的一所大学，在 100 多年漫长的发展过程中，学校不断向北部山地延伸扩建，每次扩建都力图保留原有校区的建筑布局和环境格局，并充分考虑新校区在建筑、交通、景观、绿化等方面与老校区的衔接。

早期的建筑主要在缓坡上建造，采用传统的古典主义建筑形式和庭院围合式，本部大楼是典型代表：左右完全对称的建筑形式、红白相间的建筑色彩、三段式的立面、高耸的钟楼，为校园带来了严肃和庄重的气氛，而由回廊围合的庭院空间形成了四个宁静的阅读学习场所。

近年来校园建设因为地势落差的不断加剧，建筑和景观设计开始积极寻找山地生活场景的线索和灵感，建筑形式不断丰富并逐渐显现出浓郁的山地特色。中山阶北部的邵逸夫楼利用架空的底层廊道，形成校园信息交流枢纽，学生能够在这里得到最新的学术信息；中心花园西侧的庄月明文娱中心是港大学生进行学术演讲和各种社团活动的中心，也是最具山地特征的建筑，通过大空间的层层退台，形成丰富的半室外活动场所和建筑形态；建筑的交通空间随山势与等高线垂直而建，台阶和平台不仅是交通的建构元素，也成为同学们在活动间隙里重要的交流场所，热闹的活动场面和交流气氛透出了浓郁的文化气息。

香港大学的车行交通组织，可以用"过渡自然，使用方便"来概括。车行系统尽量与等高线协调，围绕本部大楼和图书馆修建了一个环路，沿环路陡坡段上行后，利用建筑与道路之间的高差关系，机动车可以直接进入图书馆楼底层的停车库，完成动态交通到静态交通、机动车行向步行的自然过渡。和国外许多大学有类似的是，香港大学有大学入口的提示标志却没有特别醒目的大门或是入口，也不强调城市道路和大学道路的明确界限，所以机动车道在校区内部并没有完全连通，很多是在校区外部通过城市道路网联系在一起的。而步

---

① 姚存卓.体验香港大学[J].理想空间，2005（2）：99-102.

行系统基本垂直等高线展开，建筑将内部环境与室外空间相互渗透，并紧密结合到步行空间系统中。

山地上的建筑则利用舒缓斜坡和台阶将步行空间内的人流自然导入柏立基学院的庭院。继续拾级而下，穿过机动车道，通过长长的坡道转到一个下沉式广场，这个下沉广场是由邵逸夫楼与历树雄科学馆底层架空的空间向外延伸形成的，非常安静，是看书休息的好地方。从小广场向西南一转，人顿时多了起来，这里是港大的中心，中山阶、中心花园和中山广场以及周边建筑共同组成了一个高低错落的台地空间，人们有的忙着上课或是参加各类社团和讲座活动；有的正在中山阶边上露天咖啡馆里享受着午后美妙的时光；有的正闲坐在大草坪上聊天（图6-5-12～图6-5-15）。

2）浙江大学紫金港校区（东区）[①]

紫金港校区（东区）的用地为东西宽1km，南北长2km，规划中有一条城市道路穿越，将用地南北一分为二。如此布局一方面可以保证教学区的完整，另一方面为顺应学生生活区走社会化道路的需求，因为除非建设一个完全社会化的校园，否则生活区与教学区分开是必然的选择。

在东区建设中，校园城市设计策略的引入在下述三点上是成功的：

园林化策略。设计没有采取常见的轴线空间序列的手法，而是以学科群建筑组团的构成方式，营造出不同的情感空间，或在不同的教学区采用鱼骨式的布局，用宽敞的长廊将教室连接起来，

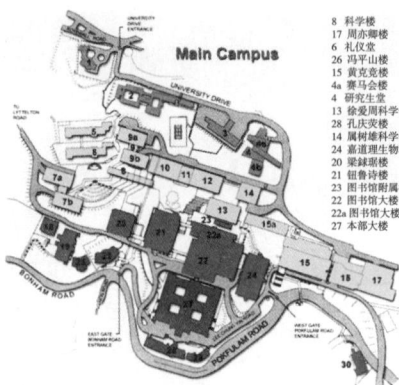

图6-5-12　香港大学总平面示意
资料来源：姚存卓.体验香港大学 [J]. 理想空间，2005（2）：99-102.

8 科学楼	5 梅堂
17 周亦卿楼	9 明华综合楼
25 礼仪堂	29 包兆龙楼
26 冯平山楼	11 黄丽松讲堂
15 黄克竞楼	2 柏立基学院
4a 赛马会楼	10 邵仁枚楼
4 研究生堂	5 邵逸夫楼
13 徐爱周科学馆	16 李国贤堂及徐朗星文娱中心
12 孔庆荧堂	19 太古楼一方树泉文娱中心及太古堂
14 厉树雄科学大楼	18 邓志昂楼
20 梁銶琚楼	25 徐展堂楼大学美术博物馆
21 钮鲁诗楼	15a 创新科技培训馆
23 图书馆附属楼	3 大学道一
22 图书馆大楼（新版）	1 大学道二号
22a 图书馆大楼（旧版）	9b 黄庄明楼
27 本部大楼	9a 黄庄丽华楼
	9b 黄子明楼
	30 任白楼
	7a 庄月明化学楼
	7b 庄月明物理楼
	4b 王广武讲堂

图6-5-13　香港大学西入口
资料来源：http://www.mtku.com/，2007-10-7.

图6-5-14　香港大学露天咖啡座
资料来源：姚存卓.体验香港大学 [J]. 理想空间，2005（2）：99-102.

图6-5-15　香港大学柏立基学院
资料来源：姚存卓.体验香港大学 [J]. 理想空间，2005（2）：99-102.

① 参见：沈济黄，陆激.大学校园的城市设计策略 [J]. 新建筑，2004（2）：6-9.

形成社会活动交流的场所。大学园林概念因此得到具体的表达，非几何化的中国园林构图意趣十分鲜明。

多元化策略。建筑风格因学科群不同而有别。在总体规划确定之后，不同的建筑群体邀请著名建筑师分别设计，体现了浙江大学"海纳百川"的校训。同时各建筑群之间形成不同风格的对比，产生对环境的冲击，形成新的校园文化。

生态化策略。利用得天独厚的自然条件，构成不同的绿化空间，辅以精巧的竹林设置，乔木灌木的搭配，水体的合理安排，校园环境优雅别致。此外，从设计到建设过程中调整保留下来的一片湿地，现已成为校园中的一大亮点。

综合而言，浙江大学紫金港校区东区的特点在于：空间丰富而有序，建筑形象各异；总体布局无官气；大学园林意趣初现（图6-5-16～图6-5-19）。

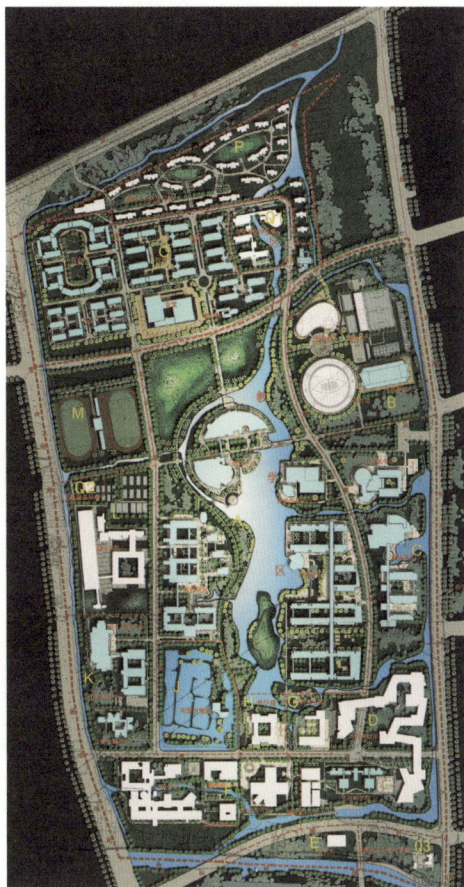

图6-5-16 浙江大学紫金港东区总平面
资料来源：http://www.zju.edu.cn/，2007-9-30.

图6-5-17 浙江大学紫金港东区局部鸟瞰
资料来源：http://www.zju.edu.cn/，2007-9-30.

图6-5-18 浙江大学紫金港东区教学楼（左）
资料来源：http://www.zju.edu.cn/，2007-9-30.

图6-5-19 浙江大学紫金港东区化学实验中心（右）
资料来源：http://www.zju.edu.cn/，2007-9-30.

3）厦门大学翔安新校区 [①]

为改善校园环境、增强学校竞争力，厦门大学在原有校本部及漳州校区的基础上，于翔安区东南侧新建翔安新校区，占地面积约 2.43km²。规划设计以"生态优先、文化传承"为核心理念，体现了对自然山水环境的尊重及"嘉庚建筑"风格的延续。

在结构上，翔安校区形成"山水为脉、一核、一带、多中心"的总体结构，其中"山水为脉"即通过自然山水构建生态框架，利用生态廊道将现状山体及水系汇入生态核心区，治山理水，形成山水相连的生态格局。"一带"为沿东西向长轴形成的以公共服务设施和广场步行道为主的休闲共享带，其中公共教学组团布置于校园中心，餐厅、商业等公共服务设施布置于学院区和生活区之间，实现生态景观、公共设施的共享。"多中心"为行政楼、公共教学楼、图书馆等主要建筑共同构成的校园中心区，以及各院系以院落形式聚组成群，围绕生态核心形成中心节点。

组团布局改变各专业院系封闭独立的传统布局模式，而以组为单位，围绕中心聚合成群，各组团之间以山水相隔，并注重空间的人性化尺度，以步行5～6min的距离（400～500m）控制组群规模。整个平面布局由公共教学组团、学院组团及生活组团构成，公共教学组团位于校园中心，便于全校师生便捷到达；学院组团以各相近院系为单位，成组布置，其中孔子学院相对独立，围绕西侧山丘依山而建，设有直接对外的出入口；生活组团包括了学生宿舍、学生街等设施，其中学生宿舍成指状布局，内部形成各自的学生街。

主体建筑群采用了厦门大学传统"一主四从"的布局模式，设置红色的传统屋顶，墙面设计简洁，底部沿用可避风雨的长外廊式。建筑组群中心重视建筑内外空间环境的渗透，留设生态景观、公共设施等共享空间，为师生交流和活动创造多元场所（图6-5-20、图6-5-21）。

图6-5-20 厦门大学总平面规划图（左）
资料来源：厦门大学翔安校区校园规划，http://xaxq.xmu.edu.cn，2014-04-22.

图6-5-21 结构分析图（右）
资料来源：作者绘，设计底图源自厦门大学翔安校区校园规划，http://xaxq.xmu.edu.cn，2014-04-22.

---

① 参考：薛菊. 生态优先与文化传承——厦门大学翔安校区规划设计探讨 [J]. 规划师，2010（12）：92-96.

6.6 城市居住区

6.6.1 国内居住区规划的历史发展

居住区是城市中以居住需求为主导目标的城市功能区。在居住区规划的理论与实践上，我国曾经历了一个曲折多变的演化过程：从采纳传统的大街——里弄结构，到借鉴西方的邻里概念，从引介苏联居住街坊的布局方式到小区规划理论的应用推广，再到近年倡导的试点小区、小康示范工程等一系列探索，已呈现出多样化、特色化、立体化、均好化的发展新趋向（部分阶段会在时间上有所重叠）（表6-6-1）。

我国居住区规划的理论与实践发展简表　　　　表6-6-1

阶段	时间	主要阶段性进展	典型案例
1	中华人民共和国成立初期	采纳传统的大街—里弄结构	—
2	1950年代初期	借鉴西方的邻里概念	上海曹杨新村 北京复兴门外住宅区
3	1950年代中期	引介苏联居住街坊的布局方式	北京百万庄住宅区 北京国棉二厂职工住宅区
4	1950年代以后	小区的规划理论开始得以应用和推广	北京1950年代夕照寺小区 广州1960年代滨江新村 天津1970年代贵阳路小区 深圳1980年代圆岭联合小区
5	1980~1990年代	建设部推出三批住宅试点小区	无锡1980年代的沁园新村 天津1980年代的川府里小区 北京1990年代的恩济里小区 成都1990年代的棕北小区
6	1990年代以后	建设部推出小康示范工程	成都锦城苑 广东中山翠亨槟榔小区 苏州狮子林小区
7	1990年代后期	建设部推出康居示范工程	北京回龙观居住区 深圳中城康桥

6.6.2 城市居住区空间设计的基本原则与相关要素

一般来说，居住区城市设计的重点内容在于：居住区的总体布局和空间结构、道路系统与交通设施、环境景观规划与设计、住宅建筑组合及其风格等，处理好这些要素的关系是居住区城市设计的关键所在。

1）空间布局

居住区的空间组合和结构布局是城市设计的基础内容和核心对象。比较典型的空间布局，归纳起来大体有如图6-6-1、表6-6-2所示的几种。

当然，居住区的空间布局手法还有很多，一个优秀的居住区设计往往综合运用了上述多种方法，这就要求居住区的城市设计要善于创造，推陈出新。

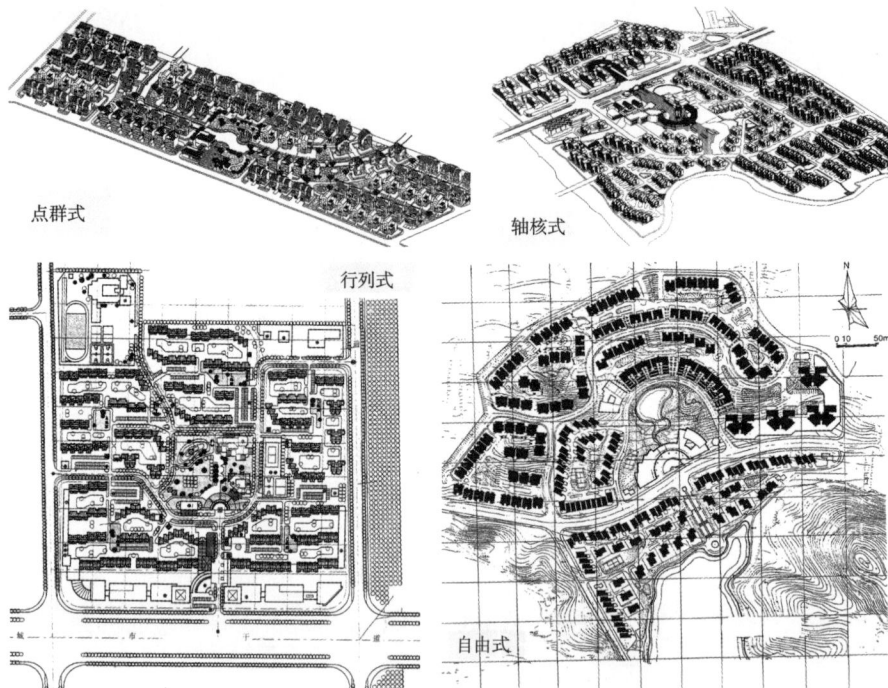

图 6-6-1 居住区规划中常见的几种空间格局

资料来源: 建设部科学技术司. 中国小康住宅示范工程集萃 [M]. 北京: 中国建筑工业出版社, 1997: 46, 94, 159, 168.

点群式

轴核式

行列式

自由式

居住区规划中常见的空间布局分析   表 6-6-2

空间布局类型	空间布局特点	空间布局评析	典型案例
行列式	基本上面向南北成行成列地排布, 彼此间可能会有所错位和进退, 以形成错接、斜接或是弧接关系	在整体秩序与景观朝向上保持得不错; 空间组织单一有序, 缺少层次变化, 易造成建筑空间识别性的缺失	株洲的家园小区和淄博的金茵住宅小区
轴核式	将城市步行街的设计方法应用于居住区规划之中——以轴作为建筑布置的骨架, 可直可曲, 可多轴转换, 并沿线营建绿化、步道、休闲广场、小品等景观要素; 以核作为各类空间组合的重点与节点, 形成空间序列的节奏变化和空间收放	结构等级清晰且方向性强, 居民到中心绿化的可达性较强; 可通过轴线的延伸和节点的变化产生丰富的景观层次和视觉效果	上海的"嘉茵苑"和苏州的"雅阁花园"
点群式	建筑往往沿着道路、广场或是山势、水泊散点布置, 既可以沿线"一"字展开, 也可以三五成群地组合排列	通常用于城市别墅区或是农村聚落的规划设计, 低密度且景观朝向不错, 居住档次较高	南京江宁的"百家湖"别墅区和绍兴寺桥村居住小区
环形放射式	建筑系统、道路系统与绿化景观系统大多围绕着一个或多个中心, 呈放射状或同心圆式排布	整体有序, 向心性强, 可视作轴核式布局的一种特例	上海的"三林苑"和南京的"华润城"
周边式	建筑往往沿着每一地块的周边布置, 在沿街形成连续闭合界面的同时, 也在内部围成向心性的活动空间	易于形成自我保护性极强的内聚性空间; 有部分住宅不免存在着朝向、通风的问题	—
自由式	布局结合地形山水, 因地制宜, 强调道路线型的柔和顺畅和建筑布置的自由活泼	规划平面生动自然, 建筑布置高低错落, 环境景观富于变化, 将人行活动路线和绿化景观有机地糅合在一起	上海的"万科花园"和成都的"交大花园"

2）交通组织

道路交通与停车设施作为动态交通与静态交通组织的重点，同时也为居住区的城市设计提供了基本构架和重要前提。其关注内容包括以下方面。

（1）道路格局

居住区的各级道路作为居住环境的基本骨架，在满足必须的交通输配要求的同时，还可成为居住区的活力支撑和特征所在。按照等级尺寸上的差异，其可分为居住区级路、小区级路、组团级路和宅间入户路等，而不同的道路应各具特色——居住区级路和小区级路应立足于以车行为主导的通行输配职能，线型要求顺畅，且充满动感特征；组团级路和宅间入户路应多强调以步行为主导的生活气息与宜人尺度，空间多变，构成丰富。

根据主要道路的布局走向和整体特征，居住区道路可划分为网格式、交叉式、线型路、环形路等多种格局。其中，网格式路网更加均质和规整，线性道路比较适用于狭长用地的串接，大外环格局则利于区内的人车分流组织，我们可以根据用地的规模走向、城市肌理、自然条件等实际情况选择合适的道路布局（图6-6-2）。

（2）入口处理

在现代居住区的设计中，入口空间的限定和标志作用同样重要。

一方面是交通集散和管理的功能要求。主入口作为城市道路与居住区道路的交接和缓冲地段，需要从使用要求出发，将主入口的道路红线足够放宽，最好还能结合适宜的地面停车转换，设置一定规模的入口广场及相关配套设施。

另一方面是空间景观和对外形象的要求。它作为人们接触、认识居住区的第一起点，还需要从景观形象上强调构成节点的建筑风格、材质色彩、形体组合、广场空间等居住区特色的集合体现，真正发挥居住区的"门户"作用。比如说在入口两旁设置适宜高度的建筑，在限定入口空间的同时又能形成富有特色的绿化景观。

（3）停车设施

从停车规模及布局上看，居住区的停车主要采取以下几种方式：

地面停车场主要用于机动车的露天停放，占地不大且可以使用漏草砖或石材拼花进行铺装；地下停车库通常结合中高层和活动场所的地下空间集中设置，以坡道相连，建设成本较高；底层停车一般架空底层，南面的大开间用以停放小汽车，北面小开间停放自行车、摩托车等（图6-6-3）；道路停车则在道路旁或边角地辟出停车场，一般呈线性排列，规模较小。

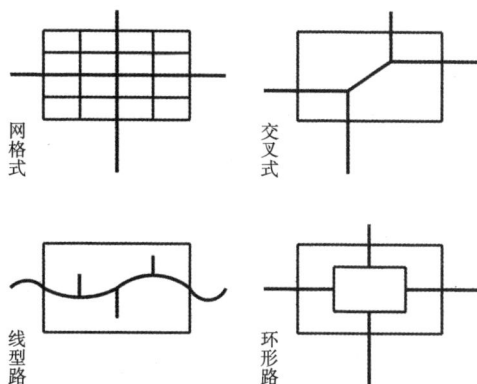

图6-6-2 居住区规划中常见的道路格局示意
资料来源：作者绘．

图6-6-3 二层平台的步行区与地面层的停车区在垂直方向上分离
资料来源：黄汇．事在人为，路在脚下——绿色生态环境创作迈出了第一步 [J]．建筑师，2000（4）；彩页．

停车场的设置则需注意几点：其出入口与居住区内外交通的衔接是否顺畅，布点是否均衡，居住点与停车点的空间联系是否便捷，是否影响居住区的景观环境，是否阻碍住民的视野等。

3) 绿地景观

营造一种具有开放性、可达性、大众性和功能性的景观环境既是开发商的共识，也是居住区城市设计的必备构成。在遵循因地制宜、整体为先、风格协调等原则的基础上，可着眼于下述内容的设计（图6-6-4）。

（1）核心空间的重点设计

中心绿地和广场作为居住区内最具魅力，同时也是居民日常集中活动、游憩交往的节点空间，往往会直接影响着居民的生活互动方式和区域的环境品质。这类核心空间一般占地规模较大，而且集中了不少居住区级的配套服务设施，在公共环境设计上要遵循几点原则：

充分利用自然地貌、山水环境、气候特征，对地势的利用、对水系的改造、对树木的保留要因势利导、顺应天然，创造独具特色的环境空间。

合理搭配硬质景观（建筑、道路、广场铺地等）与软质景观（树木、花卉、水体等），对空间设计的主题与气质有一个总体把握，确保环境景观的高品质和持久性。

综合调配乔木、灌木、草本植物，强化水平与垂直绿化，以绿化为主体形成景观带，使景观绿化空间成为丰富视觉景观的重要元素。

图6-6-4 居住区核心空间与邻里院落的绿地景观设计
资料来源：建设部科学技术司.中国小康住宅示范工程集萃[M].北京：中国建筑工业出版社，1997：27. 96 上海住宅设计国际交流活动组委会.上海住宅设计国际竞赛获奖作品集[M].北京：中国建筑工业出版社，1997：19.

精心设计环境的小品设施，如河道驳岸、桥梁、围墙、扶手、踏步、花坛、铺地、喷泉、跌水、座椅、亭廊、指示牌、垃圾桶、环境雕塑、儿童游戏场地等，要在整体的设计策划下创造尺度宜人、富有现代感的居住区环境。

（2）开放空间的一体化设计

以居住区空间的等级结构和自然要素为对应，而建构的各级开放空间共同构成了居住区的开放空间系统。因此，除了上述原则外，首先要有一个整合设计的理念，这包括两个层面的要求：

其一，将每一部分都纳入系统的规划和设计当中，彼此之间以各种路径相连（步行道、自行车道和林荫大道等），形成自身相对独立和完整的体系；其二，系统的各组成部分在相互扶持的基础上，最好能吸引和支持不同特征的休闲活动，真正做到"互补互助、相辅相成"。不同层级的开放空间有着不同

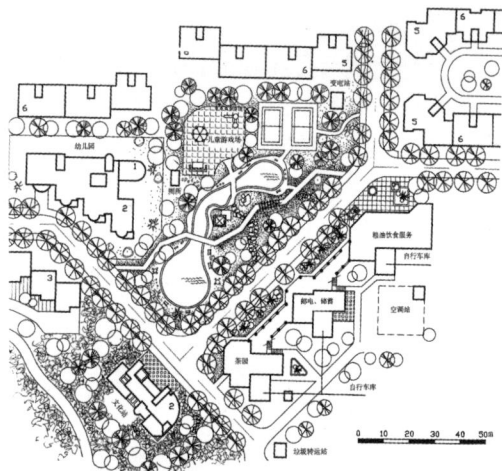

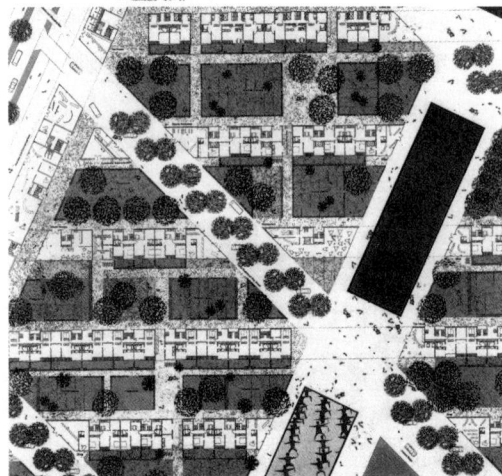

的地形条件、用地规模和服务范围，可以在整体立意下分别打造特色景观和休闲区段。比如说中心广场的健身群舞、滨水区的戏水垂钓、绿荫树阵下的静思阅读、花架长廊下的棋牌大战等，共同丰富和推动社区文化和休闲生活走上健康发展的道路。

4）建筑形态

住宅建筑是居住区环境的主体，它不同于写字楼、商场等其他公共建筑，风格易流于单调机械，需在建筑形态的创造方面树立以下思想。

（1）住宅设计的多元化

住宅由于同人类的起居生活密切相关，设计起来限制与难度颇大，应"以人为本"，在外观形象与户型空间完美结合的基础上打造自身特色。

一方面，在户型空间的设计上，要强调服务的多元性与适应性。可以根据居住区中不同年龄段、不同生活方式甚至不同阶层背景的居民需求和混居思想，在社区内布置包括独立住宅、联排住宅、公寓、别墅等在内的多种户型，其面积、标准和价位也宜多样化，以适应青年和老人、单身和家庭、低收入和高收入人群的不同需求和经济地位。这种居民构成的多元化特征有助于社区的活力维系和良性发展（图6-6-5、图6-6-6）。

另一方面，在外观形象上，要结合中国的实际情况，创作出具有我国多元文化地域特征的住宅风格。曾经出现过的"欧陆风格""澳洲风格""新加坡风格"等，无论实际效果如何，其实都是针对建筑形态和住宅样式的多元尝试，是针对世界上各类优秀住宅模式的一种借鉴，但要避免简单的模仿和抄袭。

（2）居住区边界的特色化

对于城市居住区而言，首先要兼顾界面的整体性与识别性。沿街可以通过特征相似的建筑物的连续布置，有效地界定本居住区边界的整体特色和尺度；而不同居住区的街道空间则可以通过不同特征建筑的合理布置，保障其不同的识别性。这种布局手法对内可以保障居住区自身特征的统一，而不会在空间、布局、尺度上形成过大的反差和对比，对外则可以通过不同居住区的组合来丰富城市的景观形象。

图6-6-5　北京兴涛小区的居住建筑形态
资料来源：李兴钢. 小区规划的结构设计方法探讨 [J]. 建筑师，2000（4）：彩页.

图6-6-6　深圳万科十七英里滨海住宅群形态
资料来源：作者摄.

其次，要在设计上做到刚柔并济。居住区的边界根据界定的方式，可分为"刚性"与"柔性"两种，因此在设计中，要综合运用强调内聚性的刚性边界和强调相容性、开放性的柔性边界，既通过前者给居民带来一种内向型的自我保护，又可以通过后者表现出一种外向型的包容和双向交流，给人以友善平易的感受。

(3) 空间围合的模式化

空间的围合与塑造，依然是居住区设计的核心任务所在。户型设计的多样性与单元拼接的灵活性和住栋间呼应关系的不同，都会给建筑群体的空间围合带来丰富多元的一面。在具体的设计中，可以结合规划用地的实际状况和各方需求，从中遴选适宜的几种围合拼接类型和模式，呈一定规模和韵律地加以组合运用。这种基于有限户型的模式组合，可以在很大程度上确保居住区设计的整体性；而彼此间不同的模式组合，又会给设计带来精妙的变化与韵味。

6.6.3 案例分析

1) 基于新城市主义的西方社区城市设计

新城市主义运动始于 1980 年代，是"二战"以来试图以设计力量反思郊区生活，并进而影响建造环境的一次重大努力。尤其是其"新传统市镇"(New Traditional Town) 的设计手法，对社区的合理性和人性化设计作出了独到诠释。新城市主义的核心主张在于：继承传统居住区习惯，以人为基本尺度，改善社区的人文环境和生活质量，增强社区的安全性。其基本原则如下：[①]

原则一：邻里社区需要一个明确的社区中心及其边界，以强化社区感。社区中心作为社区内最具魅力的区域，通常也是居民日常集中活动、游憩交往的场所；它可以是一个广场或绿地，或是繁忙的街道交叉口，汽车站也可布置在这个中心，而且发展社区中心的公共交通已成为一个成功社区规划所不可或缺的因素，它可以在保障人们便捷搭乘公共汽车、无轨电车和轻轨交通的同时，促进自由的交流，增强人情味。

原则二：社区附近的重要地段应予以保留，作为城市的公共建筑备用地。对于既定规划中确定的公共建筑用地和公共开敞空间严格加以控制，轻易不予出售和功能转换，以作为街道理想的远景发展用地和标志性建筑用地。这对于满足社区必要的公共设施需求和培养市民的自豪感，都可起到一定的作用。

原则三：尽可能将社区中心建筑安排在临近街道的地段，以创造强烈的空间感与场所感。同一社区的建筑物以特征相似的正面朝向街道布置，可以有效地定义熟悉的街道空间；而不同社区的街道空间则可以通过不同的合理布置，保障其不同的识别性。这种布局手法既可以丰富城市的形象，使街道形式、空间肌理及建筑细节富有情趣和特色，让行人获取不同的空间感受，同时又不会在空间、布局、尺度上形成过大的反差和对比。

---

① 李钑，周均清.新城市主义及其关键性社区设计理念 [J]. 中外建筑，2001（5）：33-35.

原则四：大多数住宅接受社区服务的步行距离宜控制在 5min 路程内。国外统计数据表明：社区中心的最佳服务半径控制在 1/4mile（约 400m）之内，将非常适合于步行出行活动。因此，他们针对社区不同年龄层次的居民行为特点，控制出行距离，设定不同的交通模式，使其能够便捷地接受社区服务，成为社区活动和大家交流的参与者。

原则五：社区内的住房类型力求多样化。新城市主义者认为，社区内阶层背景和经济差异的存在有助于社区的发展，并坚信成功的开发在于对来自不同社会经济阶层的购买者的永久吸引。根据这种不同于现代居住区开发中社会分异导向的混居思想，社区内应该布置包括独立住宅、联排住宅、公寓、别墅等在内的多种户型，其面积、标准和价位也宜多样化，以适应青年和老人、单身和家庭、低收入和高收入人群的不同需求和经济地位。

原则六：允许在每幢房子的后院修建一个附属建筑。这个附属建筑可以用作一个出租单元或是作为手工作坊，并结合临街的建筑物外廊进行重点考虑，这或许比传统的允许修建两个车库更为重要。新城市主义者认为，这个外廊可以给住户提供一个多变的交往过渡空间，有助于鼓励人们多走路，少坐车，实现邻里的沟通，并减少各种各样的社会问题。

原则七：每幢住宅附近都有一个小广场，之间只能通过步行或自行车相连。广场和公园可均布于整个社区，旨在为大人、孩子创造一个非正式的社交活动、大型娱乐和市民聚会的场所。其中，将建筑同广场的距离限定在 1/8mile 内，可以让大人随时注意到孩子们的活动；提倡步行和骑自行车，则是为了让孩子们在该区域内安全玩耍。这些活动场地可以创造一种场所聚合感，并反映一个社区的文化生活水平。

原则八：社区内应有一个可以让大多数孩子步行上学的小规模学校，其间距离不宜超过 1mile。根据美国教育部门的调查显示，小学校的最佳规模是不超过 500 名学生（父母均为在职人员），最佳选址是位于 2～3 个邻里的中心地段，通过绿化带和林荫道把学校与社区相连。这种规模和布局不但可以控制一个良好的师生比例，也能更好地培养孩子的独立生活能力，创造高效率的学习和独立生活环境。

原则九：社区内部应提供一个相互连通的格网道路系统。新城市主义者基于鼓励步行的根本策略，在道路设计中给行人带来了诸多"捷径"，同时为司机开车穿街越坊制造障碍。因为成功的社区目标是：居民在相同的距离内完成相同的任务时，开车还不如步行快，从而把设计的基本点由汽车转移到人身上。

原则十：街道要相对狭窄且最好是林荫道。通过增加步行道、林荫道、步行环廊、窄巷以及离房子不远的商业、娱乐、职教和宗教服务区域，设计者可以减缓车辆的通行速度，将居民的步行交通提升到正常的日常事务中；在行人和危险因素之间设置适当的隔离设施，则可以为行人和自行车创造安全良好的步行环境；而对树木、光线和停车场等要素恰到好处的运用，又可以增加人们对于步行的兴趣。

原则十一：停车场和车库门要尽量少对着街道，停车场可藏到建筑物的后面以小巷相连。根据行人的体验，可以将住宅的车库和商业区的停车场移藏到背面，或是一侧的附属性建筑中，同时将原来的停车位替换为公共走廊，或是户外广场和景观带。

原则十二：在社区的中心和边缘地段设置商店与办公室。这些商业除了满足居民不必开车就能采购到各种生活必需品的要求外，还可以对社区的经济发展和可持续建设产生重要的推动作用，并提供一定的就业机会和产品。

原则十三：邻里社区能够组织起来实行自治。邻里社区内的事务尽管由一个高级的管理机构共同管辖，但居民如果能在社区中也承担一个角色，就能在自己的社区中更好地担负起责任，因为主人翁的责任感能够对社区的发展和群体的安全产生很好的保障作用。

上述十三条是新城市主义者在社区城市设计中所提出的关键性理念，并在美国得到了充分重视与运用。如在迈阿密，DPZ事务所就发展了一套"传统邻里设计"思想（TND），包括总图、街道、网络、步行网络、街道剖面、控制平面图、公共建筑与广场等法则，其代表作品有佛罗里达州的滨海镇（Seaside，Florida）和温莎镇（Windsor，Florida）、马里兰州的肯特兰镇（Kentlands，Maryland）等（图6-6-7~图6-6-9）。

可见，新城市主义是一种基于传统城镇设计原则创造新城镇邻里社区的建筑和规划运动，它注重创造基于人的尺度的舒适社区，希望通过立法手段来控制建筑密度、车行交通方式、区划及其他关键性要素，旨在寻求解决城市扩张和现代城市郊区化问题的方法。

2）国内居住区规划设计的探索实例

改革开放以来，为了在居住区的规划设计方面作出更多的理论探讨和实践创新，国内业界人士与有关部门主要通过两种途径作出努力与探索。

（1）组办和参与国际国内的居住区规划设计竞赛

近年来，不仅国内的专业人士和学生积极参与国际建筑师协会（UIA）、国外财团等组办的国际性竞赛，中国的建筑学会、地方政府及企业集团也多次承办组织居住区规划设计的竞赛或是投标，如2002年的全国经济适用住宅设计竞赛和2004年的"新江南水乡"概念性

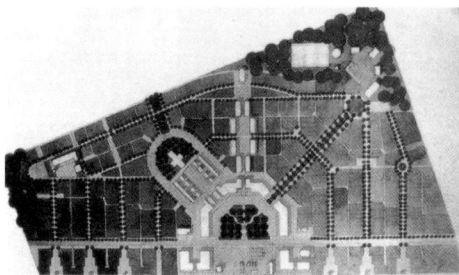

图6-6-7 DPZ设计的滨海镇社区平面
资料来源：单皓.美国新城市主义 [J].建筑师，2003（3）：6.

图6-6-8 DPZ设计的温莎镇带侧院住宅
资料来源：要威，夏海山.新城市主义的住宅类型研究 [J].建筑师，2003（3）：31.

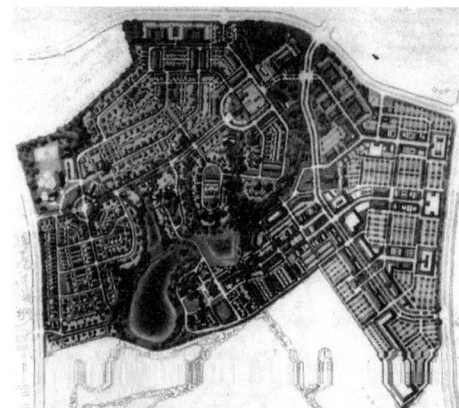

图6-6-9 DPZ设计的肯特兰镇社区平面
资料来源：要威，夏海山.新城市主义的住宅类型研究 [J].建筑师，2003（3）：30.

规划竞赛等。其中，1996年由上海主办的住宅设计国际竞赛更是在国内外引起了较大的反响，最终清华大学建筑学院以"绿野·里弄构想"方案获得竞赛一等奖。

总体而言，它在城市设计的层面上较好地实现了以下特色理念：

空间结构方面——该方案主要结合面、线、点三类要素构成了"小区级／邻里级"两级空间："面"指以上海典型居住文化的载体为原型，由条条通绿野的弄堂构成的新里弄组团，它以行列式布局为主；"线"指采取自由式布局、蜿蜒迁行、怀抱绿野的高层板式楼；"点"则指采取点群式布局点缀绿野之间的高层塔楼。三者共拥大片绿野（核心空间），总体结构清晰，体态对比鲜明（图6-6-10、图6-6-11）。

交通组织方面——该方案主要道路采取的格局是：结合三角用地与城市干道相连的主要人流方向，在大外环的基础上套设内环，以保障用地内部车行交通的均衡输配；住宅之间及建筑与核心空间之间均以步行天桥或连廊相接，加之底层的步行里弄空间和住宅的跨路架空处理，最大限度地化解了车行环道的分割阻隔，保证了立体化步行体系的便达和完整（图6-6-12、图6-6-13）。

绿地景观方面——该方案通过绿野和里弄空间的水乳交融，还有行云流水般的中式园林布局，在人与自然之间形成对话，从而在上海这样的人

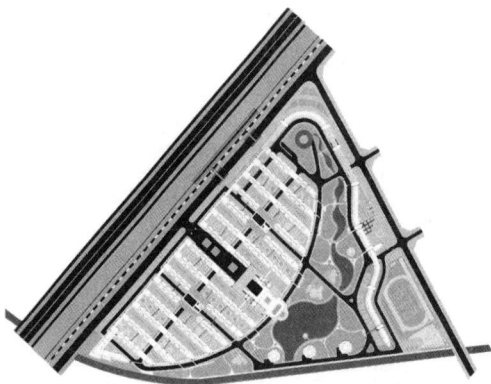

图6-6-10 "绿野·里弄构想"方案的总平面

图6-6-11 "绿野·里弄构想"方案的里弄空间意象
资料来源：96上海住宅设计国际交流活动组委会.上海住宅设计国际竞赛获奖作品集[M].北京：中国建筑工业出版社，1997：7-8.

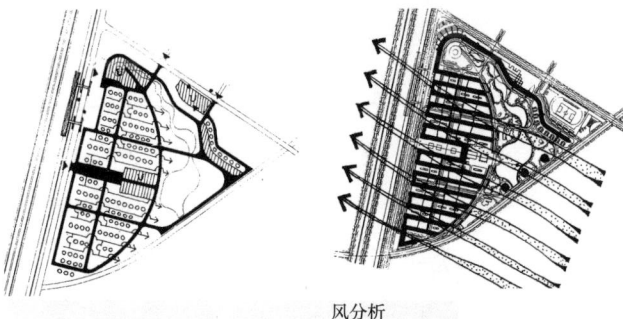

风分析

图6-6-12 "绿野·里弄构想"方案的相关分析

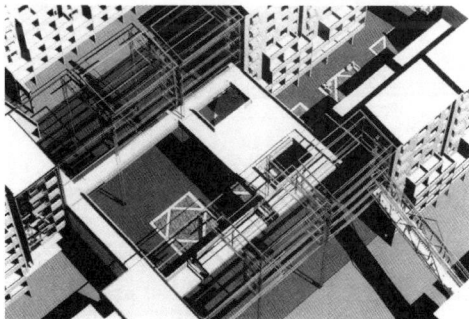

图6-6-13 "绿野·里弄构想"方案的立体步行体系
资料来源：96上海住宅设计国际交流活动组委会.上海住宅设计国际竞赛获奖作品集[M].北京：中国建筑工业出版社，1997：9-10.

口密集大都市营造一种"堂虚绿野犹开，花隐重门约掩"的意境。

建筑形态方面——该方案实验性地融入了生态的理念：多层的里弄组团不但空间特征鲜明、生活气息浓郁，还可充分引入弄堂风、穿堂风，改善微观环境，并满足集约用地和日照的要求；高层设计则通过在竖向上设置空中庭院和绿化平台，来加强居民内部交往、美化环境、调节气候，同时生成凹凸有致、轮廓丰富的群体形象（图6-6-14～图6-6-16）。

（2）推广试点小区、小康示范工程、康居示范工程等具有示范意义的居住区实践项目

1980年代以来，建设部开始在居住区实践方面作出一系列的尝试和革新，陆续推出了试点小区、小康示范工程、康居示范工程等具有探索性的项目。于是不少优秀的规划设计项目从中脱颖而出，成都的锦城苑小区便是小康示范工程中的典型一例。其主要特点如下：

空间结构方面——该方案在总体上通过轴核式布局构成传统清晰的三级空间，以斜向的步行绿化廊道将各组团、公建和核心空间有机串接起来，提高了小区品位；各组团内部则由几组"C"形邻里单元沿周边围合成片，形成丰富素雅、灵活多变的组团及邻里空间（图6-6-17）。

交通组织方面——该方案的主要道路采取以半环为主的交叉格局，将三大组团与公共设施联系起来，主次入口设置合理且框架简洁明了；机动车的停车则主要结合"C"形单元的半地下空间和各组团入口区域加以解决，以避免

图6-6-14 "绿野·里弄构想"方案的高层造型（左）

图6-6-15 "绿野·里弄构想"方案的群体形象（右上）

图6-6-16 "绿野·里弄构想"方案的整体形态（右下）

资料来源：96上海住宅设计国际交流活动组委会. 上海住宅设计国际竞赛获奖作品集[M]. 北京：中国建筑工业出版社，1997：6-13.

机动车进入组团纵深，形成对内对外两套出行流线（图6-6-18、图6-6-19）。

建筑形态方面——该方案在住宅设计上沿用传统坡顶形式，注重屋顶的层次变化与外观墙体的凹凸处理，并利用楼梯形成半层跌落，在巧妙解决停车问题的同时，也形成了错落有致、尺度宜人、生活气息浓郁的空间景观（图6-6-20）。

不足的是，需适当改善组团内的视线干扰与西晒问题，调整减少西晒住宅的比例。

在经济体制转轨的大背景下，我国居住区正面临诸多问题和人们居住需求、生活方式的不断变化，我们一方面要关注生活，不断创新，另一方面要积极拓宽居住区规划中城市设计的思路方法，创造出更具中国特色的人居环境。

本节从空间格局、交通组织、开放空间、建筑形态等方面入手，试图探讨和建立一个相对体系化的居住区城市设计的内容框架；至于最终的成果编制，则可根据城市设计的要求和特点，在居住区规划中适当强化和扩展建筑群体空间设计、公共环境设计、色彩与风格控制导则、重点小品设施设计等方面的内容。

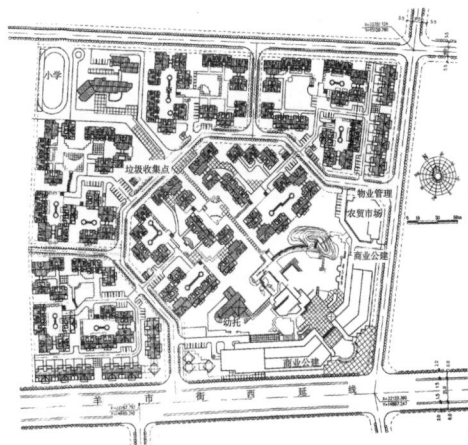

图6-6-17 锦城苑小区的总平面
资料来源：建设部科学技术司.中国小康住宅示范工程集萃[M].北京：中国建筑工业出版社，1997：28.

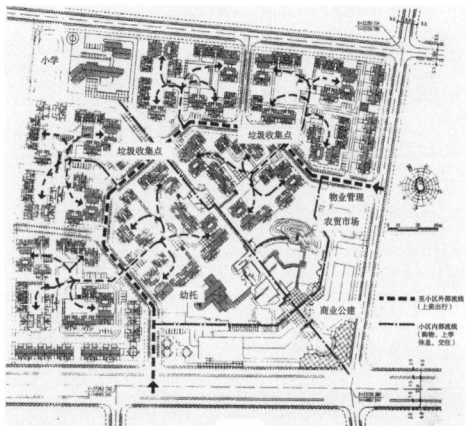

图6-6-18 锦城苑小区的出行流线分析

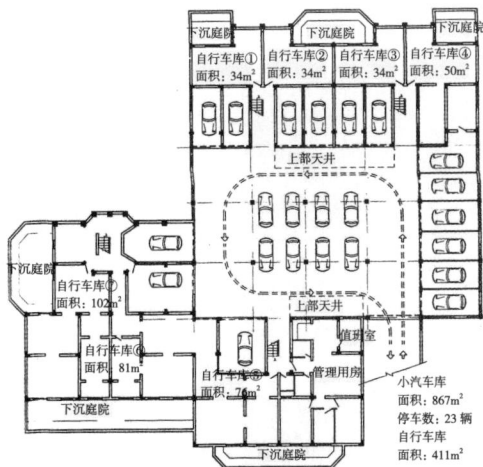

图6-6-19 锦城苑小区的半地下停车库示意
资料来源：建设部科学技术司.中国小康住宅示范工程集萃[M].北京：中国建筑工业出版社，1997：30-31.

图6-6-20 锦城苑小区的整体形态
资料来源：建设部科学技术司.中国小康住宅示范工程集萃[M].北京：中国建筑工业出版社，1997：28.

6.7 城市建筑综合体

6.7.1 建筑综合体的概念

虽然城市设计"只设计城市，不设计建筑"，但现代城市中建筑所涉及的空间领域也越来越向城市靠拢，彼此交织，关系越来越密切。正如"小组 10"所言，在当代，"城市将越来越像一座巨大的建筑，而建筑本身也越来越像一座城市"。建筑周边环境乃至部分内部空间的设计都越来越多地渗透着城市环境的要求，城市建筑综合体（Complex）就是对此类建筑的一种概念描述，它同样已经成为现代城市设计需要关注的对象和内容。

1970 年代以来，随着现代科学技术与工业生产的高度发展，城市功能与社会需求发生了巨大变化，大城市中心区更新和综合再开发的需求应运而生。同时，对建筑功能也提出综合性和灵活性的要求。城市、建筑、交通一体化成为当代城市设计和建设的一种新趋向，并出现了一种占地规模达整个街区乃至数个街区的超大构筑（Mega-structure），中国亦开始出现这样的开发案例，如北京王府井的东方广场、南京江宁区的欧尚商业中心等。这种多功能、复合性的建筑综合体，可说是适应社会需求、经济发展和城市土地集约使用的必然产物，它集中地体现了城市更新的面貌，并形成了城市全新的各项社会和经济活动中心。

建筑综合体通常由城市中不同性质、不同用途的社会生活空间组成，如居住、办公、出行、购物、文娱、社交、游憩等。把各个分散的空间综合组织在一个完整的街区，或一座巨型的综合大楼，或一组紧凑的建筑群体中，有利于发挥建筑空间的协同作用，这种在有限的城市用地上，高度集中各项城市功能的做法，对调整城市空间结构，减少城市交通负荷，提高工作效率，改善工作和生活环境质量，都具有一定的作用。同时，对有效使用城市土地，节省市政、公用设施投资，减少城市经营管理费用及改善城市景观等，也具有很好的综合经济效益。著名案例有法国巴黎蓬皮杜文化艺术中心，日本大阪新梅田中心、京都铁路旅客站，斯德哥尔摩的 KISTA 新城中心综合体等（图 6-7-1 ～图 6-7-4）。

城市建筑综合体成功地将城市环境、建筑空间和基础设施有机地结合在一起，使城市建筑向空间、地面、地下三向度空间发展，构成一个流动的、连续的空间体系（图 6-7-5、图 6-7-6）。建筑师在设计中往往把城市设计作为建筑设计的基础，亦即，首先考虑的是"整体性""关联性"或"耦合性"，其次才是建筑物本身。他们以巧妙的构思和丰富的想象力，将城市建筑形体空间有效地组织起来，采用人车交通垂直分离的建筑手段，将城市建筑空间

图 6-7-1　日本大阪新梅田中心地面环境
资料来源：王建国. 城市设计 [M]. 南京：东南大学出版社，1999：181-182.

与立体交通统一设计、建设。它是大城市走向
高度集中的一种建筑新型模式，也是大城市旧
城综合再开发的主要途径之一。

　　同时，国外大城市的现代室内购物街也是
一种建筑综合体的形式，人们称之为"城中之城"
或"散步采购"的游憩街道。它不仅满足人们
日常生活采购的需求，也是人们增加社会见闻
和活跃社交的场所。其主要特点是整条购物街
道都在玻璃顶棚或拱廊覆盖之下，顾客可以免
受气候条件的影响，且避开令人讨厌的来往车
辆，形成一个安适的全天候的步行世界。如意
大利米兰教堂广场的室内购物街，设有大小一千多家形形色色的零售商店，竞
相招揽顾客，高大、明朗、宽敞、整洁的圆拱廊步行街，环境十分舒适，亲切
动人。这种商业性的建筑综合体中心部分多设有高大开敞的中庭：它既是人流
交通的枢纽，又是人们的活动中心，具有多功能的特点。大空间与周边的多层
小空间相互穿插，上下渗透，许多商场、零售商店及游憩设施连接在一起，设
有宽阔的楼梯、电动扶梯或露明观光电梯，整个购物环境充满着一片愉悦、轻
松、欢快的气氛。例如，澳大利亚悉尼的"女王大厦"、日本福冈的博多水城
和德国汉堡的"汉莎走廊"室内购物街以及美国各大城市市郊的室内步行商业
街，都是典型的也是比较成功的商业性建筑综合体的案例。

图 6-7-2　日本大阪
新梅田中心鸟瞰
资料来源：王建国．城市
设计 [M]．南京：东南大学
出版社，1999：181-182.

图 6-7-3　斯德哥尔
摩的 KISTA 新城中心
综合体内景（左）
资料来源：作者摄．

图 6-7-4　斯德哥尔
摩的 KISTA 新城中心
综合体外观（右）
资料来源：作者摄．

图 6-7-5　上海人民
广场地下商业街入口
图（左）
资料来源：王建国．城市
设计 [M]．南京：东南大学
出版社，1999：182-183.

图 6-7-6　上海人民
广场地下商业街内景
（右）
资料来源：王建国．城市
设计 [M]．南京：东南大学
出版社，1999：182-183.

6.7.2　建筑综合体设计的相关要素

1）土地利用

一般来说，城市建筑综合体通常位于城市中心区或者城市轨道交通沿线。城市中心区交通便利，配套设施齐全，服务辐射范围广，特别是近年来城市化速度加快，大城市新的城市中心正在蕴育和成长，更是城市建筑综合体建设的理想地区。新城市中心地区代表城市新的发展方向，有很好的发展条件和前景，又没有旧城区房屋密集、拆迁费用高、地价昂贵、交通拥挤的问题，是以建筑综合体为代表的混合用地类型的集中地区。

以地铁为代表的大城市轨道交通建设是解决城市交通问题的最佳手段，轨道交通沿线特别是站点附近地区是建设城市建筑综合体的又一热点，这种综合体一般能够很好地整合城市交通，如轨道交通、机动车交通、步行交通等，形成各种服务于大众的公共空间，并进一步促进这一地段的开发和建设。

2）公共空间系统

建筑综合体容量大，各种功能兼备，将各种城市因素融为一体，其核心就是起组织和协调作用的建筑综合公共空间。

这种公共空间一般位于建筑综合体各功能块的交汇处，建筑综合体容量大、功能多的特点，使得交汇空间所起的辐射作用并不仅仅限于本身，它以大尺度的空间体与城市多元生活进行对话，成为城市区域社交中心，接纳来自附近街区的人流，但是它又与单纯的城市广场有所区别，城市广场的三要素为：主题、标志围合以及公共活动场地，而建筑综合体公共空间从本质上来说还是服务于建筑本身，合理地起着一个大门厅的作用。它的基本内涵就是综合功能和共享环境两个要素。这两个要素为多层次、多样性的城市生活和人的不同行为提供了发生的场所与环境，积极地诱导和容纳各种文化交流行为，设计中应强调人的重要地位，提高建筑综合体公共空间的使用素质，通过各种联系手段促进使用者和综合体公共空间之间的动态协调，从而活跃城市公共空间网络，蓬勃城市生机。

由于建筑综合体公共空间具有一定程度的城市开放性，因此它对城市中心区面貌也同样有着举足轻重的作用。它以多样化的空间形式延伸、穿插、渗透，形成变化丰富而又有序的空间体系，并与城市外部空间体系相结合，成为城市空间体系的高潮之一。

建筑综合体公共空间系统包括了交通干线空间、广场空间、步行街空间以及中庭空间和庭院空间，在空间处理上，应该在保证空间系统完整性的前提下，使空间形态变化丰富，形成内聚型广场、中庭空间、步行街等。同时，通过适当的衔接使空间系统显得自然而生动。

（1）三个层面的空间系统

建筑综合体公共空间作为联系城市空间与功能空间的媒介，具有相对稳定的性质和较清晰的空间层面。[①]可以从三个层面理解建筑综合体的公共空间系统。

---

① 梁海岫. 建筑综合体公共空间构成初探 [J]. 南方建筑，2000（2）：14-16.

内部导向型空间系统：内部导向型空间是使进入综合体空间的人们能够较明显地感受到空间所指向的核——空间的基本功能区，建筑综合体公共空间所承载的基本功能的入口处就是公共空间的中心，如最终合理组织车流人流的入口、电梯、扶梯以及酒店大堂、办公楼门厅所处的交通核心。内部导向型空间具有明确的功能性和目的性，即功能分区明确，互不干扰，导向标志十分明确，并且空间体现一种吸引人流的向心力。

内外联系型空间系统：内外联系型空间系统是一个线性空间，通过天桥、步行道（地上或地下）与城市空间融为一体。而且在这个层面，空间特性还表现出一种入口的性质，目的是形成较明确的空间边缘，为人进入综合体公共空间提供了一种"仪式"，以便在一定程度上将城市空间体系与综合体空间体系区别开来。

城市共享型空间系统：建筑综合体公共空间作为城市空间内化的那部分内容可视为城市共享型空间，它具备了公共性倾向，而且指向中心核——基本功能区。建筑综合体共享型公共空间表现为广场、中庭、步行街、庭院等，进入这些空间前需要经过联系型空间，研究共享型空间可以从行为心理与城市环境设计方面进行。共享型空间具有连续性与指向性，空间形态处理上显示出方向的改变，如设置广场标志物；同时也必须具备通达性，空间处理变化不宜过多，完整、通达和宁静的共享型空间为各种共享行为提供了发生的环境。

事实上，将建筑综合体公共空间划分成为这样几个层面是为了分析上更好入手，在城市空间意象的形成中，这些层面也不一定是泾渭分明，综合功能与共享环境的特点在一定程度上导致各空间系统的模糊性，人们对空间的感受也同样是多种多样的，这样建筑综合体公共空间才能良好地起到一个类似城市广场的作用，同时也能合理地组织各功能区的人流、车流的聚散。

（2）空间一体化

建筑综合体公共空间通过各种联系形成一个整体，成为城市公共空间有机体中不可分割的一部分，它具备城市空间的性质，同时也应与其他综合体的空间建立紧密的发展性联系，这样才能形成一个完善的建筑综合体公共空间，这是建筑综合体公共空间的特性所要求的。

首先，建筑综合体公共空间是一个共享环境，其开放性和易接近性使得它可能与其他城市空间融为一体；其次，综合多功能的使用必须通过城市空间一体化以求得更佳的功能增益，这是把功能综合推广到城市领域所得出的必然途径。

城市空间的一体化可以通过交通的整体化和环境的立体化来实现，交通的整体化在于人车分流，各种交通工具换乘衔接方便通畅。重要的建筑物之间以及城市空间之间通过地下、地面、地上的交通联系成一体，并且应着力建设完整的步行体系和良好的步行环境，环境的立体化可以通过环境的统一设计，从地下、地面、地上三向度立体布置环境景观。

以上几个系统的构成实际上是互相影响的，它们是从不同的角度对建筑综合体公共空间进行分析，它们统一在城市空间一体化的整体设计中，综合地考虑这些系统和层面，加以完善和协调，才能形成建筑综合体公共空间系统化的层次。

3) 交通组织

建筑综合体的有效使用与城市交通有着密切的联系，建筑与交通的关系处理是否得当直接影响到建筑的使用效果。交通系统包括人流系统、车行系统以及停车三个部分。车行系统主要是保持建筑综合体公共空间与城市干道的联系，保证客流和货流的通畅，以及解决综合体内部一部分车行交通的要求，车行系统承载的大部分功能均在联系型公共空间完成，或小部分进入共享型空间层面。

步行系统是建筑综合体公共空间的主要系统，因为各功能区间的联系基本都是步行空间，步行系统是贯穿步行空间的主线，首先是要人车分流，互不干扰，其次要形成完整的步行网络，并与城市步行系统相连接。步行系统基本上在共享型空间层面以及导向型空间层面上完成，步行者通过步行来体会共享型空间的指向性，也是通过步行来到中心功能区的入口——导向型空间。

停车场也是重要的组成部分，在我国，除考虑机动车外，自行车以及摩托车等轻便交通工具的存放也必须给予充分的重视和考虑，必须具有长远的、发展的眼光，满足未来的停车需求。

建筑综合体联系型公共空间层面交通系统有如下特性[①]：

(1) 有秩序地连接城市现有的交通网络；

(2) 缓冲空间应当考虑到未来交通发展的规模；

(3) 注意协调各种交通工具到达综合体外部空间时人流聚集与疏散的不同模式；

(4) 各种导引的标志和方式完备。

这一层面的交通包含了货运和客运两种交通要求的车行系统，客运质量的好坏直接影响到建筑综合体的可达性和速达性。

共享型公共空间作为综合体空间的过渡层次，一般包含全部步行系统，它的交通有如下特性：

(1) 系统化、综合化的步行系统；

(2) 步行空间的混合性功能的使用（蕴涵交通的功能以及城市广场功能）；

(3) 交通系统的指向性；

(4) 若有机动车的引入应当充分表现出对步行者的尊重。

导向型公共空间所完成的作用是将人流从水平面转换到各层内部空间去，它承载共享型空间转来的部分人流，还有一部分人流由于不与综合体功能发生关系而滞留在共享型公共空间，这也是建筑综合体公共空间具有城市空间内化功能的一种表现。导向型公共空间的交通体现如下特性：

---

① 梁海岫. 建筑综合体公共空间构成初探 [J]. 南方建筑，2000（2）：14-16.

（1）缩短步行者的流线，使得趋向不同功能区的人流不干扰；

（2）在与共享型公共空间的交通流线组合中合大于分，体现一体化的交通组织；

（3）简明的步行交通指示设备以及与中心功能区简洁的联系。

4）建筑形态

建筑综合体的突出特征是"大型"和"复合"，当这种开发大到占据一个乃至几个街区时，将会打破城市环境在街面上的连续性和一贯性，采取实墙面对大街、建筑开口和活动朝向内部的城堡布置方式是此类开发中最不好的模式。因此，使这种大型的建设开发能够和谐地融入城市环境便是城市设计关注的焦点之一。根据美国城市设计实践积累的经验，建筑综合体设计有以下几点需要考虑：

（1）利用开窗设计、建筑细部、后退和屋顶线的变化界定出一系列的立面模式，将连续水平长条立面分为若干具有人性尺度的单元；

（2）将建筑物超大的体量打散、分割成为一群较小体量造型的组合，减少大型结构所造成的压迫感；

（3）提供一系列与现有市街道路相连接的公共空间和人行步道；

（4）建筑的后退要能加强沿街建筑立面的延续性，并将内部活动带到沿街人行道边缘；

（5）主要建筑立面和进口应朝向重要的行人步行大街；

（6）在建筑的地面层，利用透明的立面和零售商业活动，将超大结构的开发在功能上与沿街其他的使用融合在一起；

（7）设计新、旧、大、小建筑物之间在高度和体量上的过渡。

上述要点清楚地说明了在城市设计层面上，建筑综合体的社区建设目标是要塑造一个连贯、和谐的开发模式和更具吸引力的环境。

6.7.3 城市交通枢纽与城市一体化

城市客运交通枢纽通常有两种类型：一种是大型城市对外交通枢纽，如城市铁路旅客站；另一种是城市轨道交通枢纽站，一般是两条以上轨道交通线路的交会站，或者是位于城市中心区和城市外围大型居住社区的站点。随着我国大城市轨道交通建设的发展，城市交通枢纽地区已经成为城市开发和空间拓展的重要地区。

城市交通枢纽设计已经脱离建筑单体设计的范畴，必须从城市设计的角度统一考虑。为提高换乘效率和空间利用率，交通枢纽进一步与城市融合，使其成为结合商业、服务业的复合式城市综合体，其城市职能转向对已有交通中心环境的优化、整合。

城市交通枢纽综合体的设计要点有以下几个方面。[①]

---

① 盛晖，李传成.交通枢纽与城市一体化趋势 [J]. 长江建设，2003（5）：38-40.

1）城市交通地段空间整合

城市交通枢纽一般是其所处的城市区段的中心，地段与其相互契合，不可分离。交通枢纽与地段的整合突出表现为如下要素：

（1）发挥交通枢纽的媒介作用。交通枢纽能带动其周围地段的发展，与之共同形成城市结构的中心。交通枢纽的改造或新建，以一项开发引起更多的开发，成为城市连锁开发的催化剂，刺激了周边地段的整体发展，成为城市发展策略的一部分。如有近百年历史的沈阳火车南站，为配合哈大电气化改造，进行站房改造及站区规划设计，结合地铁1号线设计，地铁3号线规划，以多层次、多功能、多元化的立体交通体系，整合了城市内部交通、广场的长途汽车南站和铁路割裂城市、布局混乱的局面。

（2）发展城市综合体模式。大型轨道交通枢纽真正成为其所处的地区中的一个关键性空间，除了完成自身特定的功能外，还引入或接受城市职能并进行综合处理，转向城市综合单体或群体。在用地方式上表现为联合开发；在功能组织上表现为高度聚集的功能群组，包括商业、服务、办公、居住等城市职能；在空间组织上表现为城市空间最大限度的立体综合开发利用；在交通组织上表现为内部交通与城市地上、地面、地下立体交通流线及步行系统联结成网；在外形上表现为庞大的、超人的尺度。

（3）地段一体化设计。一是整体设计，车站设计应上升到地段、区域、城市的高度来考虑。交通枢纽地段是轨道交通系统和城市双方的关键，是交通和城市双方的结合点，成功的设计将产生双赢的效果。城市结构中基地、周边环境、生态景观等多重元素，既是交通枢纽设计的制约因素，也是一种可利用的资源条件。交通枢纽成为城市区段的关键节点并与城市整体结构形成有机的流动、渗透、交叠等延展性关系。二是标志性设计，轨道交通枢纽建筑与城市的特殊关系，使得对城市景观产生重大影响，成为城市设计的重点。车站作为标志性环节，除了在外部形态上具有突出的形体特征外，更注重外部和内部空间的整体设计，车站与其他商业建筑及其围合的广场有机结合。车站的标志性概念，注重的不再只是一幢单个建筑的造型，而是扩大到区域环境，追求整体设计，追求地段群体景观的地标性。如上海南站实施方案，以"车轮滚滚、与时俱进"的寓意，圆形火车站塑造了上海21世纪标志性建筑。以车站、商场的单一功能，大面积的南北广场，体现了"绿色城市"的城市目标，同时疏解了高架道路、地铁、长途汽车紧张的换乘关系（图6-7-7、图6-7-8）。

2）城市内外交通网络整合

在注重效率的今天，对外交通枢纽成为集多种交通工具的分配平台，是城市内、外部交通网络的换乘节点。车站直接引进各种不同的交通方式，通过现代化引导设施使旅客不出站换乘。同时，对铁路系统进行技术革新，提高速度、车辆编组密度，相应地建立以对外交通枢纽为中心、向四周辐射的城市交通网络，使旅客快捷换乘。

（1）城市内部交通网络。将城市对外交通枢纽融入城市交通网络，与城市轨道交通、高架干线、公交、出租车、地下步行通道等形成联运体系，疏解地面街道压力。为克服对外交通广场与市内干道交接处的"瓶颈"现象，常在地下或地面二层直接与地铁站和高架轻轨站相接，地面层架空形成公交换乘站点，实现车站的车行、人行系统与城市一体化接驳。

（2）城市对外交通网络。传统的概念是将各种对外交通站分布在城市的不同地段，而今旅客多样化选择和一体化换乘的需求，迫使站房转变为多种对外交通方式有机组合的综合换乘中心，航空港、火车站、汽车站，三大主要对外交通枢纽之间应该有便利的联系，以实现城市对外交通网络一体化。

（3）换乘系统。第一是系统化。城市内外交通一体化组织的关键是系统化换乘，步行系统是各种交通换乘点之间的主要联系媒介，既是城市交通换乘系统的有机组成部分，也是车站公共空间体系能否成功运作的重要制约条件。第二是立体化。城市内外交通一体化的表现形式是立体化。换乘系统向立体化发展，通过地上、地面、地下三个层次，车站内外各种垂直交通设施相互扣结，彼此补充，形成一体化的城市公共空间体系。如南京站，站区并置了主、次站房，地铁 1 号线，规划的地铁 4、5 号线，长途汽车站和城市各种交通工具。站房实施方案地下为地铁、停车库、出站和换乘通道；地面为公交等大型车辆停车场、站场等；高架层为步行交通和景观广场（图 6-7-9、图 6-7-10）。

3）交通功能、空间与城市一体化

（1）功能组织一体化。车站和城市一体化的功能互动机制，使车站功能组织打破了以街道和广场等交通要素为纽带的封闭状态，功能组织由传统的单元联结模式趋于综合化。

第一，功能组织集约化。由于车站土地资源紧张，要求车站形成紧凑、高效、有序的功能组织模式。

第二，功能的复合化。车站多种功能间相互串接、渗透，延续了城市空间的便利，满足现代城市生活的多元化和便捷性的需求。

第三，功能的网络化。功能的网络化是对集约化、复合化功能组织方式的综合运用，以地面为基准对车站空间进行水平面和垂直面的综合开发，形成协调有序、立体复合的网络型功能群组。

（2）空间一体化。车站空间打破了条块划分的桎梏，回归了城市公共空间的属性，注重交往场所气氛的塑造和公共空间魅力的发挥，空间呈一体化和多元化趋势。车站中不同性质的空间相互穿插，促进交通和多种功能的双重整合，使车站既充分利用土地资源又获取最大的经济效益。过去集中于地面层以公共性为主的功能元素、环境元素向地面上下两方向延伸和扩展，下沉广场、高架广场、地下步道、架空步道等建筑元素层出不穷，从而实现车站地面的再造和增值，如南京站设置高架斜坡广场，保持了玄武湖畔城市景观与站前广场的连续性（图6-7-11、图6-7-12）。

车站立体化空间构成分为以下几个层面：①地上：近地面层（2～3层）公共性较强，为高架广场、高架车道、高架进站设施、高架天桥、商业、联系商业廊道；远地面层（3层以上）为旅馆、办公等商业开发。②地面层：公共性较强，主要为站前活动区、与城市衔接的步行区、上下层衔接口、车道、车辆上客区、停车场地。③地下：主要为换乘功能，由车站地下出站通道、地铁、停车场、商业开发、联系通道等要素组成的换乘系统。

图6-7-11　城市公共环境中的南京站
资料来源：作者摄.

图6-7-12　站前广场与玄武湖的关系
资料来源：作者摄.

6.7.4 案例分析

1) 悉尼维多利亚女王大厦

"维多利亚女王大厦"位于悉尼最重要的历史地段，建筑占据了一个完整的街区。它最初由麦克利设计，1898年竣工建成，并取代了原址上的悉尼市场。当时，悉尼正处在经济萧条时期，政府为了使大批已经失业的工匠、石匠、泥水匠、彩绘玻璃艺术家等能够在这项经费比较充足的建筑中获得工作，建筑设计选用了拜占庭风格。该建筑包括了一个音乐厅、一组展示空间、咖啡店、办公室、仓库以及一些供个体裁缝、花匠、理发师等业主承租的商业空间，即使从今天的眼光看，这已经是一个名副其实的建筑综合体。

经历多年的风风雨雨，承租业主变化非常大。音乐厅变成了悉尼城市图书馆，咖啡店变成了办公室。建筑虽曾在1930年代由悉尼市政府改造过一次，但到了1950年代末，该建筑还是已经濒临毁塌的边缘，且一度有人想拆除它。为了以一种能动的方式来保护这座建筑，有关部门及设计人员先后提出了55项改造建议和设想，其中包括将它改造成赌场、酒店和会议中心等，经过多次的论证和听证会讨论，最后由马来西亚的伯哈德（Ipoh Garden Berhad）提出的一项将其改造为零售商业中心的设想中标入选，因此，他获得了1999年的建筑承租权，但建筑房产仍归悉尼市政府。

女王大厦的改造开始于1984年，历时2年，总投资7500万澳元，内设200多家商铺、展览馆、快餐厅、咖啡店等。今天的女王大厦又重新焕发出迷人的魅力，再现了历史和文化的场所意义，这座19世纪经济、技术和艺术的产物，真正创造出了像著名时装设计师皮尔·卡丹所说的"世界上最美丽的商业中心"，并成为人们到悉尼观光旅行的必到之处。1987年，女王大厦获得萨尔曼（Sulman）建筑奖和澳大利亚历史遗产奖（图6-7-13～图6-7-15）。

2) 日本福冈博多水城

日本福冈的博多水城是另一个优秀案例。博多水城是日本历史上最大的私营地产开发项目，合作开发的还有两座宾馆、两个大型商场、一幢商务中心和一个剧院。据介绍，这种把零售商业和休闲娱乐结合起来的综合开发方式源自1984年建成的美国加利福尼亚州圣迭戈霍

图6-7-13 城市环境中的女王大厦
资料来源：王建国. 城市设计[M]. 南京：东南大学出版社，1999：183-185.

图6-7-14 女王大厦沿街立面
资料来源：王建国. 城市设计[M]. 南京：东南大学出版社，1999：183-185.

图6-7-15 女王大厦室内中庭
资料来源：王建国. 城市设计[M]. 南京：东南大学出版社，1999：183-185.

顿广场（Horton Plaza）。

　　该建筑综合体包括购物、休闲娱乐、文化、办公和宾馆等内容，因这些不同功能的建筑设施之间贯穿了一条人工河道，故取名为"水城"（Canal City）。该设施试图把福冈市的三块步行街区融合为一个整体，同时体现出周围环境的细小尺度和传统肌理，在弯曲的人工河道中部是一个半露天的中庭，以该中庭为中心，从地下一层到四层共有120多家各种各样的餐馆和专卖店，中庭中还设有一个水上舞台，经常举行演唱、杂技及展示活动。该建筑由美国建筑师设计，设计者认为，城市的未来及商业设施设计的挑战基于一条简单原则：即提高人们在场所中体验生活的品质。这一原则贯穿在博多水城设计的各个方面，首先为人，然后才是商业，与便利和直接商业目的的规划设计相比，其结果可使商业和开发商的经济利益得到更为成功的实现。

　　在造型上，该建筑群以鲜艳大胆的用色、布局新颖奇特的中庭、水上舞台和音乐喷泉为特点，空间组合虽极丰富，但整体性并未受到影响。在设计过程中，业主与建筑师密切合作，共同制订项目的市场、规划、运营、出租策略，并很好地协调了景观、环境、造型、水景、照明等专业的设计工作。所以，该建筑建成后深受人们的喜爱。在开业的最初8个月内，博多水城就接待了1.2亿的来访者（图6-7-16～图6-7-19）。

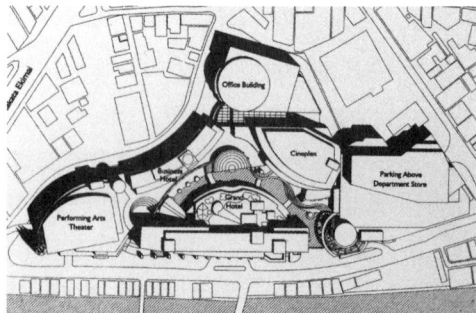

图6-7-16　博多水城平面

资料来源：王建国. 城市设计 [M]. 南京：东南大学出版社，1999：185-187.

　　3）美国纽约花旗联合中心（Citicorp Center）

　　位于纽约曼哈顿区的花旗联合中心是美国纽约新一代摩天楼代表作之一，它引起了各界人士的关注。

　　该建筑包括第一花旗银行使用的高层办公大楼、教堂、带中庭的多层零售商店、餐馆和一个绿化庭园广场。尽管对大楼顶部处理看法不一，但富于创造性的大楼基座部分，由于成功地结合了城市设计的处理手法，形成了一个富有人情味和亲切感的空间，普遍受到人们的赞赏。这里，为人们提供了日常生活中购物、就餐、社交、消遣、休憩等方面活动的方便，同时，还可尽情享受中庭的"共享空间"。

　　花旗联合办公大楼共65层，高278.6m，建筑容积率高达18，是纽约第五高楼。其基座部分没有沿用以墙面封闭内部空间的手法，而是用四根截面为7.3m见方、高度27.45m的抗风结构柱体高高架起，使建筑凌驾于街道平面之上，形成了一个高大的开敞流动的城市型空间。集中的电梯群则设置在中央，柱内的楼梯和管井，分别设置在每一片墙面下部的中心处。7层带有玻璃顶棚中庭大厅的零售商店、餐馆和一个很大

图6-7-17　博多水城鸟瞰

资料来源：王建国. 城市设计 [M]. 南京：东南大学出版社，1999：185-187.

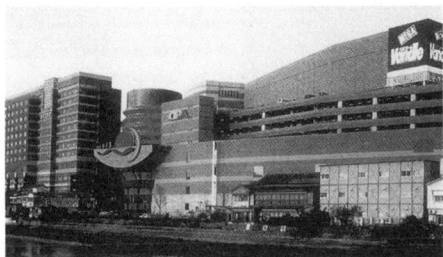

图 6-7-18　博多水城外观
资料来源：王建国. 城市设计 [M]. 南京：东南大学出版社，1999：185-187.

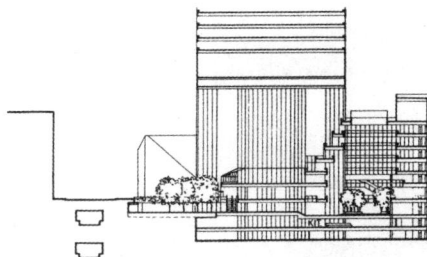

花旗银行联合中心下部局部剖面

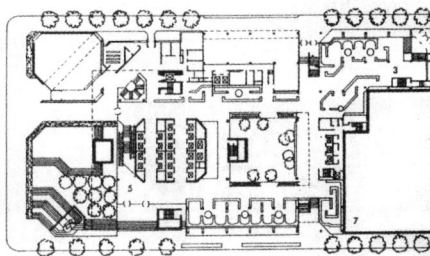

中心街道层平面

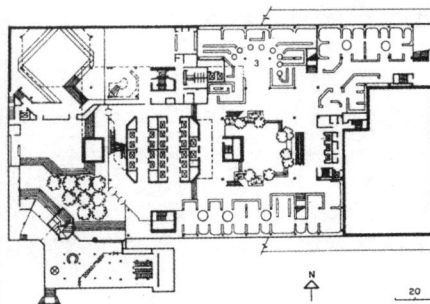

中心街下层平面

图 6-7-19　博多水城中庭
资料来源：王建国. 城市设计 [M]. 南京：东南大学出版社，1999：185-187.

图 6-7-20　花旗联合中心平面
资料来源：王建国. 城市设计 [M]. 南京：东南大学出版社，1999：188-189.

的地下层庭园广场连在一起，广场在街道首层下 3.6m，可直接通向地铁车站。地下层中庭布置着奇花异草、池水滴泉和休息桌椅，邻近设有食品商店，在高楼林立的闹市区中，开辟了一个较为清静的休息环境（图6-7-20）。

教堂设计也是别具一格的。教堂讲坛层设在广场地坪以下，屋面窗设于广场地坪的上方。行人可在大街人行道旁透过窗户向下俯视，观察教堂内部活动。教堂除用作宗教活动外，还举行音乐演奏和游艺活动。

花旗联合中心建设是城市设计取得的一次新成就。建筑师斯塔宾（Hugh Stubbins）和他的同事们在酝酿设计时曾指出："矗立在纽约或美国其他城市街旁平淡的、光板式的建筑物是机械的象征，它们没有个性，冷漠而且缺乏人情味。我们必须以社会的概念，去开创办公大楼的一个新时代。务使城市开发成

图 6-7-21 花旗联合中心街道层休憩餐饮空间（左上）
资料来源：王建国. 城市设计 [M]. 南京：东南大学出版社，1999：188-189.

图 6-7-22 花旗联合中心远眺（右）
资料来源：王建国. 城市设计 [M]. 南京：东南大学出版社，1999：188-189.

图 6-7-23 花旗联合中心支柱层（左下）
资料来源：王建国. 城市设计 [M]. 南京：东南大学出版社，1999：188-189.

为充满活力、吸引人的公共生活和工作场所。同时，这样一组新建筑群，将成为其他城市设计灵感的源泉"（图 6-7-21 ～图 6-7-23）。

值得注意的是，设计中政府部门聘请的城市设计小组也参与了工作。他们注意到这里原是一个繁华的商业地区——曼哈顿区，不可由于摩天大楼的升起而影响原有的购物环境。1930 年代的纽约洛克菲勒中心，虽已为城市留出了公众活动空间，但花旗联合中心进一步发展了这一城市设计的概念。同时，它的外观形象轻盈、淡雅而明快，与纽约其他的摩天楼多呈深色外观的做法有所区别。

4）香港九龙交通城

九龙站是机场铁路沿线规模最大的车站，连接着香港的心脏地带和赤鱲角新机场，是铁路和其他交通工具之间的交会点，同时作为机场在市中心的延伸部分，它将是西九龙新市镇的核心枢纽。为适应未来的城市密度及交通系统规模，设计者从人行、公路、铁路交通系统，公共空间系统，建筑布局及其未来发展的连接系统等方面，对九龙站进行三维的立体化城市设计。①人行系统。各类建筑建在交通枢纽核心之上，分类布局。住宅、写字楼、酒店、社区服务设施等与同楼层的商业购物街、公共空间、平台公园、广场、汽车站以及人行步道系统连为一体。该人行步道系统由车站可延伸至整个西九龙地区。②车行系统。汽车分为三个主要公共楼层行驶，地面层为环绕基地和车站的公共交通系统，二层为通往建于车站平台之上的各个大厦的车道，三层是平台层，18m 高，作为第二个地面层为工程本身及未来周围建筑的开发建造提供交通网络。③铁路系统。拥有三条铁路干线：一条长途干线，一条设有检查设备的机场专线和一条新的地铁线。

各类交通元素均通过车站中央大厅连接，并由中央大厅与车站平台层上及周围商业房地产开发区连成一片，中央大厅是整个建设计划的焦点，因此，九龙站既是一个超大规模的交通换乘枢纽和中转中心，又是西九龙地区开发的起点与核心。它的建成成为香港进入新世纪的标志，是香港建设史上的一个里程碑（图6-7-24～图6-7-27）。

5）香港机场快线港岛站

作为机场铁路的终端站，联系着香港最繁华的高楼密集地区——中环区。同九龙站一样，填海造地扩展了约500m宽的基地，并在此兴建新的码头和避

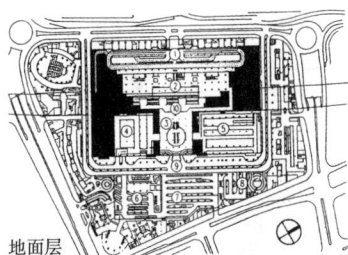

地面层

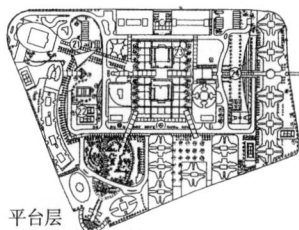

平台层

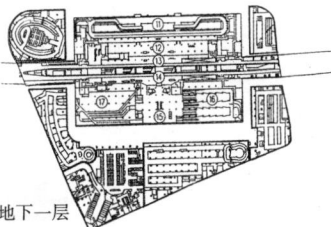

地下一层

图6-7-24　香港九龙交通城平面图
资料来源：韩冬青，冯金龙. 城市建筑一体化设计[M].
南京：东南大学出版社，1999：153-155.

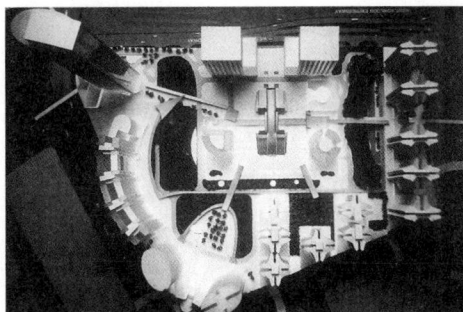

图6-7-26　香港九龙交通城总体设计模型
资料来源：韩冬青，冯金龙. 城市建筑一体化设计[M].
南京：东南大学出版社，1999：153-155.

图6-7-27　香港九龙交通城计算机剖示模型
资料来源：韩冬青，冯金龙. 城市建筑一体化设计[M].
南京：东南大学出版社，1999：153-155.

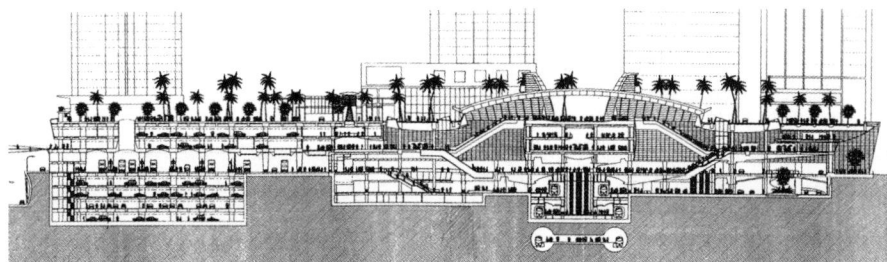

图6-7-25　香港九龙交通城剖面图
资料来源：韩冬青，冯金龙. 城市建筑一体化设计[M]. 南京：东南大学出版社，1999：153-155.

图 6-7-28　香港机场快线港岛站
资料来源：韩冬青，冯金龙. 城市建筑一体化设计 [M]. 南京：东南大学出版社，1999：156-157.

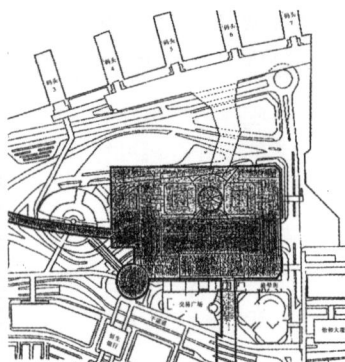

图 6-7-29　香港坐落于中环地区的机场快线港岛站总平面
资料来源：韩冬青，冯金龙. 城市建筑一体化设计 [M]. 南京：东南大学出版社，1999：156-157.

图 6-7-30　香港机场快线港岛站候车大厅
资料来源：韩冬青，冯金龙. 城市建筑一体化设计 [M]. 南京：东南大学出版社，1999：156-157.

图 6-7-31　香港机场快线港岛站商业街内景
资料来源：韩冬青，冯金龙. 城市建筑一体化设计 [M]. 南京：东南大学出版社，1999：156-157.

风港，车站位于现在的交易广场前面，与中环的街市相接。中环地区的空中人行步道系统成为车站交通流线网络中的重要组成部分，与此同时，在中环高楼林立的商业大厦下面，建造了一条地下人行隧道，穿越该区最拥挤的地段，将城市地铁与之有机串接。港岛站不仅仅是一个单纯的交通设施，它的整体交通规划和建筑与城市一体化策划观念及其设计方法堪称城市建设的典范，它已经成为机场与城市联系的纽带，是真正意义上的机场客运大楼，是给中环地区发展带来活力的催化剂（图 6-7-28 ～图 6-7-31）。

6.8　城市滨水区

6.8.1　城市滨水区的概念与历史发展

城市滨水是"城市中陆域与水域相连的一定区域的总称"，一般由水域、水际线、陆域三部分组成。

滨水区在人类几千年的城市生活空间中占据着重要的地位。肥沃的土地、便利的灌溉、丰富的物产和适宜的气候条件，构成了人类祖先休养生息的天堂。进入文明社会以后，许多滨水区域人类聚居的地方逐渐形成了城、镇的雏形（图6-8-1）。

工业革命以后，工业规模、世界贸易规模的急速扩大以及河运的改造与海运的发展，促使港口和码头得到空前的繁荣，滨水区迅速成长为城市核心的交通运输枢纽与转运中心，西方发达国家的港口工业发展模式开始形成。20世纪中叶，随着世界性的产业结构调整，发达国家城市滨水地区经历了一场严重的逆工业化过程，滨水地区作为城市主要交通运输地带的功能逐步削弱，大量的滨水工业、交通用地出现闲置待用，甚至沦为垃圾堆放场与高犯罪发生区域。

图6-8-1　滨水城市卑尔根
资料来源：作者摄.

20世纪60～70年代，在城市建设、生态、历史、社会、政治多重因素综合作用之下，滨水区的清理整治与历史性建筑的适应性修葺改造逐渐成为人们的共识。结合全球范围内呈现出的旅游休憩热潮，以及经济转型时期滨水区开发带来的城市经济增长优势，全球掀起了一场大规模的有关滨水区改造的研究与实践热潮：华盛顿滨水区研究中心、日本滨水更新研究中心、威尼斯滨水城市研究中心等研究机构相继成立；"滨水区发展规划""全球化对滨水区的影响"等国际会议陆续召开；各种滨水区建设实例，如巴尔的摩内港、伦敦道克兰码头区、悉尼达令港、横滨MM21地区等，据不完全统计也已超过100项。正如一位日本学者写道："城市再次回到水滨，是一场全球性的运动……21世纪是超地球的时代，水滨在这一时刻具有与宇宙相联系的特殊地位"。

6.8.2　中国城市滨水区开发建设

20世纪的最后十年，虽然世界范围内的滨水区开发建设依然活跃，但是重心已从欧美转到亚洲。尤其在中国境内，城市滨水区开发正在成为一个城市建设新的热点。

由于社会、经济和技术发展时段等因素的不同，国内外城市滨水区开发建设存在着显著的差异。大多数西方发达国家经历了比较彻底的产业革命，滨水区开发往往与城市的复兴计划紧密相连。相较之下，我国大部分滨水区往往没有经历工业革命时期充分发展的阶段，但是在空间急需拓展的快速城市化时期，滨水地区由于良好的区位、优美的景观等原因而成为开发建设的热点地区；另一方面，政府机构"彰显政绩""景观整治"的目的，以及世界领域范围内对于滨水地区建设的关注也对我国城市的滨水区建设起到了一定的推波助澜作用。

分析国内近年来城市滨水区规划建设存在的问题，主要有以下几点[①]：

---

① 参考：钱欣.城市滨水区设计控制要素体系研究[J].中国园林，2004（11）：28-33.

(1) 由于历史的原因，我国滨水区的土地权属构成往往非常复杂。不仅许多滨水地区的土地仍被传统工业、仓储和运输业占据，而且一些国家、地方、部队及一些企业单位也与城市滨水区相关，土地置换代价高，任务艰巨。因而造成长时期内滨水区开发新建项目与原单位、企业并存混杂的局面，较少能够体现为相对纯粹的城市公共功能，同时土地的使用方式和强度也不尽合理。

(2) 缺乏相对整体的滨水区规划与设计，导致各地块之间独立开发，配套设施自成体系，降低了滨水区的整体价值，增加了开发成本。另一方面，城市滨水区与建成区之间缺乏有机的联系，滨水区难以借助建成区的现有设施增强自身吸引力，两者间优势互补的目的难以达成，这一情况在地理位置位于城市边缘的滨水地区尤其突出。

(3) 随着城市建设的发展与房地产业的升温，滨水地区成为开发商争夺的热门地块。然而，掠夺性的瓜分与获得土地后尽可能将水岸纳入私有领域的做法，致使滨水区的土地资源十分紧张，可以留出作为城市公共空间的土地越来越少。同时，用地稀缺又带来开发强度过高的后果，空间轮廓平淡、高楼大厦阻碍视线景观的现象屡见不鲜。

(4) 重视陆地上的建设开发而忽视水体的保护。如采用大量石块、混凝土材质铺砌驳岸，阻碍了河道与植被的水、气循环，滨水区生物资源生态失衡，同时固化的河岸加快了水流速度，导致下游大量泥沙沉积堵塞。另一方面，许多城市河道亦担负水运功能，而货运装卸与生活生产污水的直接排放严重影响城市水质，水流自净功能下降，洪涝灾害频繁。

尽管存在上述问题，近年我国仍然开展了一系列卓有成效的城市滨水区城市规划设计。总的说，"让水滨重新回归城市"这一世界性的趋势，正成为我国一些城市建设中新的发展契机。人们认识到，当今的城市滨水区建设是一项巨大的产业，涉及范围广泛，惠及众多社区并为人们所共享。

6.8.3 城市滨水区城市设计的要求与原则

1）整体性原则

必须把滨水区作为城市整体的一个有机组成部分，在功能安排、公共活动组织、交通系统等方面与城市主体协调一致。应通过有效手段加强滨水区与城市腹地、滨水区各开放空间之间的连接，将水域和陆域的城市公共空间和人的活动有机结合，并为滨水区留下必要的景观视觉走廊。

2）生态优先原则

城市滨水区对于整个城市生态环境具有重要的作用，设计应该注意加强其自然环境建设与人工环境开发之间的平衡，确保滨水廊道生态功能的正常发挥，并促使其与城市其他开放空间联为一体，形成更大规模的生态网络。同时，合理设计风道，将清新润湿的水陆风引入城市，缓解日益严重的城市热岛效应。此外，还应保护水体资源不受污染，并通过生态驳岸的建设维护水质与水量。

3）滚动渐进原则

由于滨水区建设往往规模大，实施周期长，其设计应采用动态渐进且具有一定弹性的规划设计方法，并合理选取开发"触媒"。经济对城市滨水区开发建设具有先决性的制约作用，具体项目实施必须考虑可操作性，通常做法是选取局部地块先期启动，营造环境，先易后难，促进周边土地经济升值，并为后期建设的综合目标实现打下基础。有时，还可利用类似世界博览会和商贸文化节庆等活动，作为滨水区开发的前奏。如蒙特利尔城市滨水和横滨MM21滨水区都是通过先期举办博览会而取得后来开发成功的。

4）岸线资源共享与社会公正原则

滨水区往往是城市中景色最优美的地段，让全体市民得以共享不仅是从社会公正角度的考虑，同时也是获取经济效益的必然要求。世界成功的滨水开放项目显示，滨水地带的公共步道是吸引游客与顾客的最基本要素。然而，实践中却有大规模分隔岸线土地并出让给投资商的短视行为，这种做法虽然短期内收获了一定的经济费用，但在长远利益上却损失了滨水地区的社会、文化、历史和生态价值。因此，编制总体上的城市设计政策、导则并进行相关立法，对于滨水区建设非常重要。如美国芝加哥早在1909年就以立法形式将密歇根湖滨长32km、宽1km的滨水区域保护起来，严禁除公共建筑以外的私人建筑开发。百年来，这一规定得到严格的遵循，并促成了今天优美、广阔的芝加哥湖滨公园景观。

6.8.4 城市滨水区城市设计的相关要素

1）位置与功能

滨水区在整体上仍是从属于城市的一个部分，其开发建设必然会带动周边地区功能与品质的变动，因此滨水区开发的功能定位首先必须满足城市各级规划的要求，对周边地区的发展起到积极的促进作用。

在具体的功能类型上，滨水用地的选择非常广泛，如工业、商业、服务业、金融、居住、办公、旅游等，具体可根据各种功能项目与相关水环境的兼容性与关联度，同时结合项目开发的实际情况与需要进行安排。通常而言，商业与服务业是滨水区开发的常见功能，而各种事件公园、主题公园、会展、博览则成为近年来滨水区开发的新功能。这类公共项目的开发通常占地范围广，交通吞吐量大，安置在水边有利于控制建筑容量，体现社会公平原则，同时也可以利用轮渡、水运等方式解决陆地交通的不足（表6-8-1）。

值得一提的是，在当今滨水区功能中有一个明显的倾向，就是新的水族馆等娱乐科普设施日益增多。这些建筑设施对于全世界新建水族馆的风格和内容都有重要的影响。蒙特利尔滨水区则将世界博览会留下的法国馆、魁北克馆改造成赌场，将美国馆建设改造成为"水生态馆"；与此同时，私人投资运作的娱乐设施也在悉尼和巴塞罗那得到实现。

滨水区用地功能与水环境的兼容度及关联度 [①]   表 6-8-1

主要功能	与水环境的兼容性
重工业	低
轻工业（制造业）	中
化工业、纺织业	低
服务业	高
地产业	中
公共事业	高
（重大）事件（纪念）公园	高
展览业	中
金融业	中
旅游业	高

与水环境的关联度	居住区域	工作区域	休闲区域	特殊区域
高	主要依赖于水而选择区位的特性，如滨河景观或利用水的便利	主要依靠水运作为主要交通方式的工业依赖于水的工艺	自然的休闲区域 与码头、台阶、游船等海洋活动相关的休闲区	自然生态区
中	利用滨水景观但没有实质性的对水体的依赖性	可以利用水运以及其他运输方式的工业	生态湿地或滨水公园，视觉上与水面有联系但无功能上的关联	与水面景观相关联的开发
低	发展几乎与水岸无关	与水岸无功能上的必然联系	需要在与水面交接处设置屏障的休闲场所	—

由于滨水区用地功能的选择范围宽泛，设计过程中需要注意以下三方面问题。其一，尽可能多地安排公共性强的功能，如商业、服务业、旅游业等，确保城市公共空间更好地为全体市民服务；在必须设置一些公共性不强的私营性项目，如办公、居住、金融功能时，应使得这些项目后退滨水岸线足够的距离，以利形成连续的城市滨水开放空间。

其二，强调功能构成的混合性。简·雅各布斯提出，城市的特色来自于丰富的混合使用，滨水地区亦是如此，只有合理的多样化开发才能更好地满足各种人群的需求，建立起均衡的利益关系。如在世界知名的波士顿罗尔码头建设中，SOM 事务所和波士顿城市设计组织共同制定的设计导则就明确规定——强调罗尔码头项目功能的混合使用，从而有意识地将商业办公、餐饮娱乐、酒店居住等功能组织在一起，成功保障了 24h 的城市滨水区活力（图 6-8-2、图 6-8-3）。

其三，设定项目功能时注意对历史建筑的保护。1970 年代以来，城市滨

---

① 李蕾，李红 . 重返城市生态边界——论当代城市滨水区开发的机制转型 [J]. 建筑师，2006（4）：14-22.

水区的历史保存和旧建筑的适应性再利用在许多国家受到重视。许多案例中，人们开始以一种新的方式去看待废弃的滨水区建构筑物，尽管这些建筑并非都具有积极意义。这种以文化旅游为导向的趋势，使越来越多的城市重新审视历史建筑和景观保护改造的内在经济潜力，通过合理的历史建筑功能置换，赋予其新的活力，并有效地促进旅游业的发展。

图 6-8-2　波士顿罗尔码头景观之一（左）
资料来源：张庭伟，等.城市滨水区设计与开发 [M].上海：同济大学出版社，2002：51.

图 6-8-3　波士顿罗尔码头景观之二（右）
资料来源：张庭伟，等.城市滨水区设计与开发 [M].上海：同济大学出版社，2002：53.

2）交通组织

作为通往城市陆路边缘的尽端以及某些情况下城市水运交通的起点与水陆交通的换乘中心，城市滨水地区的交通体系是比较复杂的，在整体上可以划分为外部交通与内部交通两个层面。

外部交通指将市民从滨水区以外的城市主要区域引入滨水地区的交通路径。滨水地区不是孤立于城市以外的独立部分，所以规划设计时必须通过顺畅便捷的交通线路将城市中心区或人口密集区与滨水地区之间很好地联系起来，并在进入滨水区的入口位置设置足够规模的停车空间，以增强滨水地区外部交通的可达性与便捷性。同时，为减少外部道路的交通压力，滨水区开发鼓励合理发展城市公交系统代替私家车出行方式，如设置滨水专用公交线，或是轻轨、地铁等立体公交线路。

由于地理位置、拆迁量较少等客观原因，许多城市常常在滨水区附近开辟城市快速道路，这样的做法对于滨水区今后的发展是极为不利的。因为快速道路的存在常常成为横亘于城市中心区与滨水区之间的障碍而造成彼此间的分离，美国波士顿就曾经历过建设滨水高速路，再将其拆除改为地下以打通市区与滨水区之间联系的过程。对于一些特殊原因必须设置城市快速路的情况，设计建议采用立体交通的形式，将城市快速路与通往城市滨水区的道路设置在不同的标高平面上，避免快速路对滨水区外部交通的过多干扰。

滨水地区的内部交通是指进入滨水区内部以后的交通路径。使用这些路径的交通形式通常包括车行与步行两种，所以对于较大规模，尤其是腹地距离较大的滨水用地，应组织起车行、步行两套内部交通系统。一般情况下，车行道路宜靠近远离水岸一侧，并与步行道路尽可能不发生交叉。在有条件的情况下，步行道路还可以进一步划分为单纯的步行线路与跑步、自行车、滑板等健身运动线路，以满足多种人群户外活动的需要。对于规模较小的滨水用地也可以只提供内部步行道路，所有机动车辆均在由外部交通引入滨水区入口处时进入停车场地。此外，游览性质的船只、快艇与水上巴士也可以作为滨水区内部独具特色的水上交通工具（图6-8-4）。

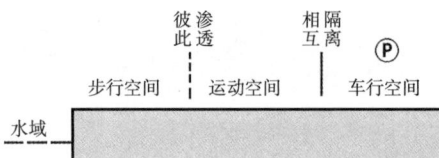

图6-8-4　滨水地区内部交通示意
资料来源：钱欣.城市滨水区设计控制要素体系研究 [J]. 中国园林，2004（11）：26-33.

3）建筑景观

滨水水面属城市开阔地带，由众多滨水建筑构成的天际线成为展现滨水区景观风貌的重要因素之一。鉴于天际线景观所呈现的是迎水面的建筑全景，设计中必须有一个基于总体层面的通盘考虑。近年来我国杭州西湖等城市滨水区建设开发就是因为缺乏这种整体层面的建筑形态控制，而造成高层随意排放、天际线杂乱无序的后果。

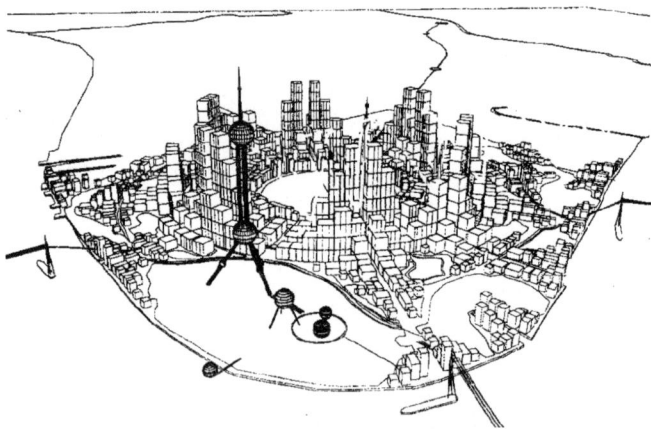

图6-8-5　罗杰斯方案中提出的陆家嘴景观构想
资料来源：李麟学.城市滨水区空间形态的整合 [J]. 时代建筑，1999（3）：83-87.

一般而言，滨水建筑轮廓线不宜过于平直，而强调连续的起伏变化，适当位置处可以设置一些标志性建筑，形成轮廓线中的视觉统领（图6-8-5）。同时，在垂直于滨水岸线的方向上，建筑高度可以随着后退岸线距离的增加逐步加大，以加强建筑景观的层次感，同时创造出更多的临水景观面。例如，在横滨MM21地区城市设计中，相关导则规定滨水建筑高度必须由远离岸线的商贸建筑100m、中央地带文化建筑45m，渐次跌落到近海地带的国际交流建筑30m，直至滨海地带的20m。

为增强城市腹地与滨水区之间的联系，同时让市民在日常生活中更多地感受到滨水区的景观氛围，城市腹地与滨水区之间宜设置一定数量垂直于岸线方向的视线通廊。为此，滨水用地的建筑密度不宜过大，以利形成一定的空地率；同时，建筑形式以塔式、点式为主，反对大规模采用板式、条式建筑而在滨水岸线上树立起一道由建筑构成的人工墙体，将水面与城市用地割裂开去。为确保实施过程中视线通廊的形成，建议预先制定相应的视线通廊设计导则，将必须留作通廊的用地以法规的形式固定下来，以免实施过程中由于设计师、开发商等相关人员的不连续而造成视线通廊的破坏（图6-8-6～图6-8-8）。

此外，为与滨水空间的氛围相协调，临水建筑的色彩宜清新明快，建筑造型不宜敦实厚重，而宜纤巧轻盈。并且，公共建筑立面宜注意室内外滨水景观的渗透，削弱建筑实体的体积感。

4）生态设计

河流是城市重要的生态廊道，承载着贮水调洪、净化空气、吸尘减噪、促进城市持续健康发展的作用，因而滨水区建设开发不能实施过度的人工化操

图6-8-6 下曼哈顿城市设计视线通廊
平面示意
资料来源：Barnett J. 开放的都市设计程序 [M]. 舒达恩，译. 台北：尚林出版社，1982：62.

图6-8-7 下曼哈顿城市设计视线通廊轴测示意
资料来源：Barnett J. 开放的都市设计程序 [M]. 舒达恩，译. 台北：尚林出版社，1982：62.

图6-8-8 下曼哈顿通向东河的景观视廊
资料来源：Halpern K. S. Downtown USA：Urban Design in Nine American Cities[M]. London：The Architectural Press Ltd，1978：50.

作，而必须建构起一个完整的河流绿色廊道，即沿河两岸根据实际情况需要留出足够宽度的绿带，确保河流生态廊道功能的正常发挥。并且，河流廊道绿地还应向城市内部渗透，与其他的城市绿地、水系、广场等联系起来，形成更大规模的城市开放空间生态网络。

滨河绿地的设计主要遵循"适应场地"的原则。植被选择以地方性、耐水性植物或水生植物为宜；植株的搭配应该符合临水地区自然植物群落的结构组成；局部生态敏感区域可视实际情况进行自然林地、湿地、野生生物栖息地等具有较高环境、社会与美学效益的自然群落项目开发。

由于水陆地区下垫面的不同，滨水区上空形成的"水陆风"具有凉爽、清新、润湿的特征，其有利于缓解城市空气污染与热岛效应，对于改善城市小气候具有积极的作用，因此如何将这种"水陆风"引入城市腹地是滨水区生态设计着力解决的问题之一。为此，设计需要合理进行滨水建筑布局，调整通往滨水区的道路与视线通廊的方向，以形成与滨水盛行风方向一致的风道，促使水陆风向城市纵深方向延伸。同时，作为风道的道路两侧建筑上部宜逐渐后退，进一步增加风量。此外，滨水建筑的一、二两层也可采用架空处理，既有利于水陆风的空气环流，腾出大量地面空间作为公共场所与庭园用地，也有利于应对突发性的洪水侵袭（图6-8-9）。

在挖掘利用滨水区生态功能的同时，也需要对滨水地区的生态资源进行保护，其中关键的因素即是保护水体的水质与水量。一方面需要保护水体不受污染，禁止城市生产、生活污水未经处理直接排入水体，另一方面针对我国目前大量采用石块、混凝土等人工驳岸的做法，提出建立"生态驳岸"的理念。生态驳岸的特性在于具有类似于自然河岸可渗透性的特点，其除了具有护堤抗洪的基本功能外，还可以实现河岸与水体之间的水分交换与调节（图6-8-10）。

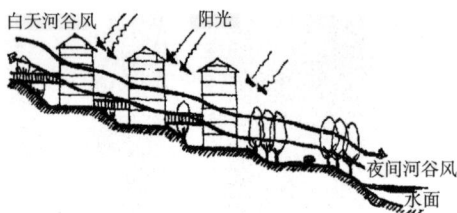

图 6-8-9　滨水地区河谷风的引导
资料来源：孙鹏，等 . 遵从自然过程的城市河流 [J]. 城市规划，2000（9）：19-22.

图 6-8-10　滨水地区生态驳岸示意
资料来源：翁奕城 . 论城市滨水区的可持续性城市设计 [J]. 新建筑，2000（4）：30-32.

6.8.5　案例分析

1）巴尔的摩内港区改建开发 [1]

1959 年，由巴尔的摩市政府和商界共同资助的查尔斯中心（Charles Center）城市更新计划在市议会通过，成为内港区第一个确定的开发项目。1960 年，成立查尔斯中心开发管理办公室。这个办公室是一个跨部门的协调机构，由规划部门牵头，包括交通、公用设施、房地产等行业的代表，负责进行规划、设计、开发、建造、招租直至物业管理。同时，通过这个办公室开发方案的策划和宣传，政府可取得私人公司的投资以及社会各界的捐赠用以对该滨水地区进行改造。

巴尔的摩内港区更新开发的构思为：

以商业、旅游业为磁心，吸引游客和本地顾客，在商业中心周围布置住宅、旅馆和办公楼。在项目布置上，最接近水面的是商业（大型购物中心）、休憩（绿地、广场）和旅游设施（海洋馆、战舰展览、游艇中心、音乐厅）。

离市中心较远的水边是高层公寓，主要对象是单身的专业人士，他们的收入较高，对生活多元化的要求也高，近水的高层公寓能提供私人游艇码头、水上运动俱乐部等别处无法提供的设施，因而吸引了他们前来居住。另一方面，这些专业人士大多没有小孩，所以在公寓区不必建造幼托、小学等设施，从而节约了投资。借助于专业人士的良好社会声誉，这里的住宅区已成为中产阶级认可的 "高尚住宅区"。

开发区的主干工程是大型购物中心（如港湾市场），它设在市中心和滨水地区相切的切点上，将二者连接起来，相互促进。在交通组织上，把通往滨水地区的帕特街（Pratt Street）改为封闭的准高速公路，连接停车场，而以高架人行系统将市中心和购物中心相连。为吸引游客，在两栋购物中心之间的广场上经常组织各种表演活动（图 6-8-11 ～图 6-8-13）。

2）香港西九龙文化区设计 [2]

为配合西九龙填海区发展项目的需求，香港特区政府于 1998 年提出开发西九龙文化区的构想。2011 年英国设计师诺曼·福斯特主导的方案 "城市中

---

[1] 张庭伟，冯晖，彭治权 . 城市滨水区设计与开发 [M]. 上海：同济大学出版社，2002：54-58.

[2] 参考：朱涛 . 规划三剑客决战西九龙西九文化区概念规划方案点评 [J]. 城市·环境·设计，2013（8）：170-175.

的公园（City Park）"在新一轮竞赛中获胜，这一方案的特点可以总结为"公园、街区、建筑"三方面。

设计将大部分建筑紧凑到一个带状区域，腾出一大半滨海的基地，规划了一个面积达 19hm²、内有 5000 棵树的壮丽海滨公园。规划布局上一紧一松的手法———一边是与现有九龙老区相连的紧凑街区，另一边是宽阔的滨海公园，令高度的城市性和舒适的自然性相辅相成。

基地南北方向除连接高铁站站前广场和城市干道外，街区被有意留设出很多空隙，促进海风和海景的渗透。东西方向设有三条平行道路：北边为现有的柯士甸道（规划有高架轻轨电车，辅助东西交通）；南侧是海滨长廊，向东与九龙公园相连，向西引向巨型海滨公园；两者之间是步行化的"中央大街"，将两侧众多的文化、商业设施组织起来，强调与东部九龙老区的衔接，同时也在街区内部营造出悠闲、舒适的气氛。

三栋地标建筑的设计充分体现了整体优先的城市设计概念。卵形歌剧院位于基地中央大街和海滨公园的交界处，是中央大街的结束，也是海滨公园的起点。环绕西区海底隧道口的"U"形酒店呈线性特点，设计一边利用它阻挡隧道口的交通噪声，另一边为该酒店争取到海滨公园、维多利亚港和港岛的景观。规模最大的卵形大型表演场地及展览中心位于面海的基地西北角，以足够的场地解决人车流集散，并减少对东部城区的冲击（图 6-8-14 ～ 图 6-8-16）。

3）杭州钱江新城城市主阳台及波浪文化城设计[①]

城市主阳台及波浪文化城坐落于杭州市钱江新城核心区的主轴线上，与钱塘江垂直，东西两侧分别为杭州大剧院、杭州国际会议中心两座重要的城市级地标，是一方具有休闲、景观、交通、服务等多重功能的城市重要滨水地段。

城市阳台作为轴线上的重要节点，以一种全

图 6-8-11　巴尔的摩内港及城市平面示意
资料来源：http：//www.baltimorecity.gov/，2007-10-1.

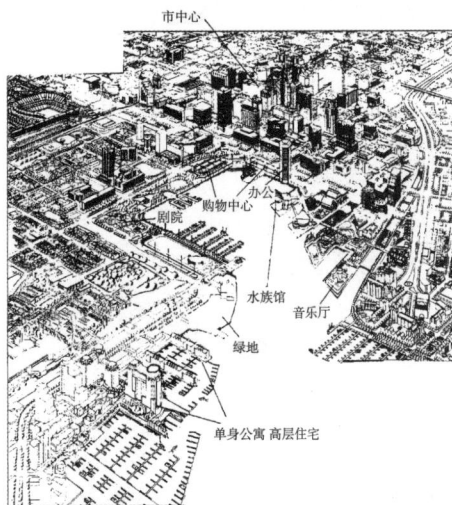

图 6-8-12　巴尔的摩内港及城市鸟瞰
资料来源：张庭伟.滨水地区的规划和开发[J].城市规划，1999（2）：50-55.

图 6-8-13　巴尔的摩内港星座号
资料来源：http：//blog.tianya.cn，2007-10-1.

---

① 参考：金瓯，金澜.杭州钱江新城核心区城市主阳台及波浪文化城设计[J].建筑创作，2010（9）：116-129.

图 6-8-14 西九龙文化区福斯特方案模型

资料来源：朱涛. 规划三剑客决战西九龙西九文化区概念规划方案点评 [J]. 城市·环境·设计，2013（8）：170-175.

图 6-8-15 西九龙文化区目前规划平面（福斯特方案基础上深化调整）

资料来源：西九文化区管理局官方网站（www.westkowloon.hk），2014-5-27.

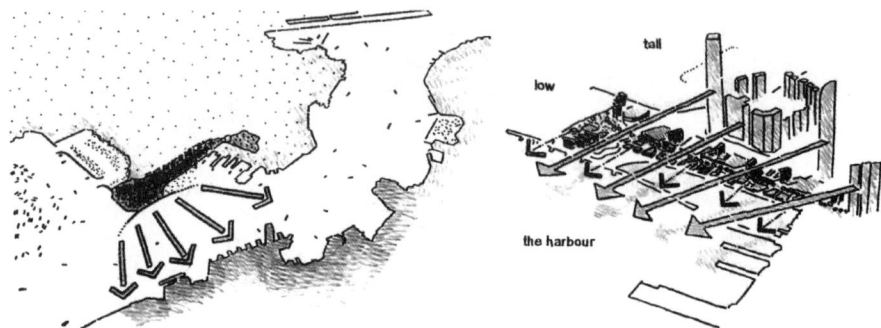

图 6-8-16 西九龙文化区滨水视线及其与港岛视线联系

资料来源：设计事务所，世界建筑导报，2013（10）：86-87.

新的方式将城市与钱塘江连接，标志着杭州从西湖时代到钱塘江时代的转变，同时还兼有"桥"的象征意义，将核心区与对岸的新城区连接起来。主阳台南部区域大多架于水中，中部悬空在之江路上，北部区域则与波浪文化城联为一体。主阳台分为地面层和屋顶层，地面层设有多个标高，彼此间通过台阶、坡道连接。屋顶层则是一个高低起伏的观景大平台。公交车站与设计项目直接连接，游客可以从文化城方向进入或是直接到达，城市车辆在下穿的之江路通过，轻型消防车可以直接驶上屋面进行扑救。

波浪文化城全部位于地下，地面上几乎看不到形体，只有一些开敞的楼梯、台阶、庭院、玻璃廊等，形成一个开放的景观广场。建筑体量分地下两层布置，自南向北呈"T"字形，两个方向分别与钱江新城的商业轴与文化轴呼应。地下一层主要设置休闲、商业、餐饮等文化服务功能，大剧院和会议中心也被巧妙地组合在这一层中，地下二层主要为停车场与物流中心。文化城在地下与周边建筑实现交通无缝对接，游客从周边道路、建筑与地铁站点均可直接进入，公共部分设有电梯、自动扶梯和自动人行道，高低起伏处设置有无障碍设施（图 6-8-17 ~ 图 6-8-19）。

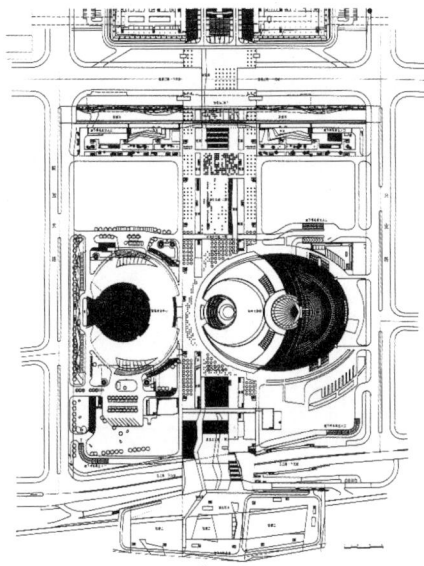

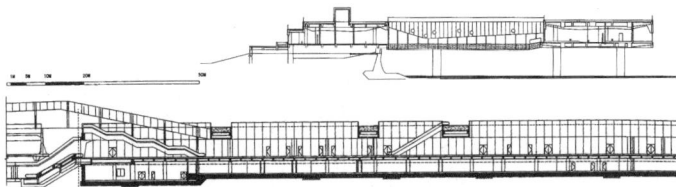

图 6-8-18　主阳台及波浪文化城相关剖面

资料来源：金瓯，金澜. 杭州钱江新城核心区城市主阳台及波浪文化城设计 [J].
建筑创作，2010（9）：116-129.

图 6-8-17　主阳台及波浪文化城总平面

资料来源：金瓯，金澜. 杭州钱江新城核心区
城市主阳台及波浪文化城设计 [J]. 建筑创作，
2010（9）：116-129.

图 6-8-19　主阳台鸟瞰

资料来源：金瓯，金澜. 杭州钱江新城核心区城市主阳台及波浪文化城设计 [J]. 建筑创作，2010（9）：116-129.

思考题

1. 城市设计各典型空间类型设计的历史演变如何？

2. 城市设计各典型空间类型设计的基本原则是什么？

3. 结合课程设计与案例分析，如何理解城市设计各典型空间设计的相关
要素？

主要参考书目

[1] 周年兴，俞孔坚，黄震．绿道及其研究进展 [J]．生态学报，2006（9）：3108－3116．

[2] 何镜堂．理念·实践·展望——当代大学校园规划与设计 [J]．中国科技论文在线，2010（7）：489－493．

[3] 李蕾，李红．重返城市生态边界——论当代城市滨水区开发的机制转型 [J]．建筑师，2006（4）：14－22．

[4] 钱欣．城市滨水区设计控制要素体系研究 [J]．中国园林，2004（11）：26－33．

[5] 朱涛．规划三剑客决战西九龙西九文化区概念规划方案点评 [J]．城市·环境·设计，2013（8）：170－175．

[6] 杨俊宴，阳建强，周慧．国际方案征集后的设计整合——以南京浦口中心地区为例 [J]．现代城市研究，2010（10）：33－39．

[7] 校园规划（专题）．城市规划，2002（5）．

[8] 中国高校校园规划（专辑）．理想空间，2005（2）、（4）．

[9] 培根，等．城市设计 [M]．黄富厢，等，编译．北京：中国建筑工业出版社，1989．

[10] 克利夫·芒福汀．街道与广场 [M]．张永刚，陆卫东，译．北京：中国建筑工业出版社，2004．

[11] 扬·盖尔，拉尔斯·吉姆松．新城市空间 [M]．2 版．何人可，张卫，丘灿红，译．北京：中国建筑工业出版社，2003．

[12] 扬·盖尔，拉尔斯·吉姆松．公共空间·公共生活 [M]．汤羽扬，王兵，戚军，译．北京：中国建筑工业出版社，2003．

[13] 约翰·O·西蒙兹．景观设计学 [M]．俞孔坚，等译．北京：中国建筑工业出版社，2000．

[14] 李敏．城市绿地系统与人居环境规划 [M]．北京：中国建筑工业出版社，2000．

[15] 封云，林磊．公园绿地规划设计 [M]．北京：中国林业出版社，2004．

[16] 朱家瑾．居住区规划设计 [M]．北京：中国建筑工业出版社，2000．

[17] 韩冬青，冯金龙．城市建筑一体化设计 [M]．南京：东南大学出版社，1999．

[18] 张庭伟，冯晖，彭治权．城市滨水区设计与开发 [M]．上海：同济大学出版社，2002．

[19] 城市规划学刊、建筑设计、世界建筑、城市规划汇刊、新建筑、规划师、华中建筑、建筑师等相关期刊．

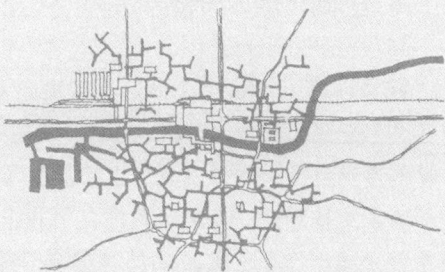

【导读】当面对具体的城市设计任务时，逐步确立适宜的方法和分析技术是至关重要的。这些方法必须既适应于城市设计项目本身的属性和要求，又适应于实际的工作条件，同时还必须能够高效解决所要应对的特定问题。城市设计的方法和技术丰富多元，但任何城市设计方法都应以关于空间环境的问题作为基点，并最终回归空间的设计。

城市设计方法应当有助于我们完成以下任务：第一，全面了解设计项目的情况，充分认识和辨别设计的重要问题，明确设计的主要目标；第二，深入分析空间环境设计相关的社会、文化、经济、工程技术等多种要素之间的关系和作用机制；第三，激发设计灵感，引发富有特质的设计构思；第四，推进设计构思的发展深化，对设计成果进行持续的验证、评价、反馈和决策，促使整个城市设计过程顺利展开。

为此，在研习城市设计方法的过程中，我们应当重点关注和逐步明晰的问题包括：各种方法的适用对象和基本思路是什么？每种方法包括哪些操作步骤、实施要点，需要运用哪些工具和设备？为了解决综合性的设计问题，哪些方法可以相互结合，以及各种方法相互结合的前提和关键是什么？为了应对新的设计问题，如何通过适当的修正和改进，发掘已有方法路径和技术手段蕴藏的潜力，或是创造性地发现新的方法？在认识和操作层面，城市设计的方法体系对于城市设计理论与实践的发展具有怎样的作用和影响？

第7章　城市设计的分析方法

7.1 城市设计的空间分析方法

针对城市物质空间环境及其相关要素的分析研究是城市设计的本质内容，也是进行具体项目实践和设计研究的必要基础。随着城市设计领域本身的发展演变，逐渐形成了各种具有代表性的现代城市设计空间分析方法和分析技艺，为城市设计研究工作的开展提供了有效的技术手段。

7.1.1 空间—形体分析方法

1）视觉秩序分析

视觉秩序（Visual Order）是对城市环境进行美学评价的重要内容。自西方在文艺复兴时期发明透视术以来，对视觉秩序的追求和崇尚历来就是城市设计师的自觉意识。例如，教皇主持的罗马更新改造设计，就基本上建立在城市空间美学的基础上。我国元大都以后的北京城建设，朗方的华盛顿规划设计更是将整个城市作为艺术品来加以塑造。在巴黎的城市改造及 20 世纪实施完成的堪培拉和巴西利亚的规划设计等项目中，对城市空间环境的视觉秩序分析得到了广泛运用。

视觉秩序分析是从视觉角度来探讨城市空间的艺术组织原则。在此方面最具代表性的人物当推卡米洛·西特。西特认为，城市设计和规划师可以直接驾驭和创造城市环境里的公共建筑、广场与街道之间的视觉关系。通过运用视觉秩序分析方法,他总结出欧洲中世纪城市街道和广场的一系列艺术设计原则：

- 围合：围合感是公共广场的基本要求。
- 独立的雕塑群：建筑不是独立的雕塑体，为了创造更好的围合感，建筑应当彼此相连而不是各自独立。在广场中，人们可以将主要建筑的正面作为一个整体来欣赏。
- 形状：依据主体建筑的形态，西特区分了深度型和宽度型两种类型的广场，而且强调广场应该和主体建筑成一定的比例。
- 纪念碑：广场的基本原则是中心保持空旷，可以在偏离中心或边缘的位置设置一个焦点。

西特的分析方法着重于城市物质空间形态中各实体要素之间的视觉组合关系，但也并未忽略其他因素。他认为城市设计是地形、方位和人的活动的结合,应对自然予以充分尊重。在其影响下，这一城市分析方法成为现代城市设计发展的重要思想基础（图 7-1-1）。

而在实践中，视觉分析方法通常是由政治家、建筑师或规划师等少数精英人物和专业人士来驾驭贯彻的，必然受到社会政治形势变革的影响，体现特定的美学标准和价值取向。比如希特

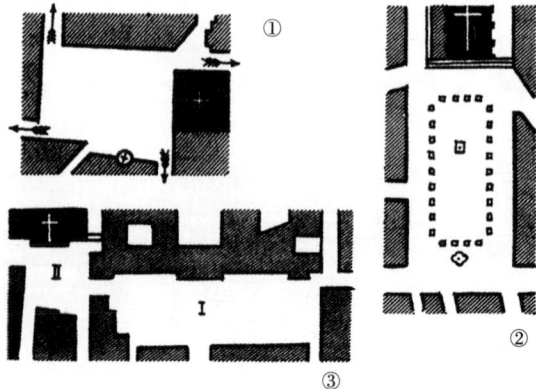

图 7-1-1 西特的广场分析及设计原则：①围合型广场，②深度型广场，③宽度型广场

资料来源：（英）Matthew Carmona, Tim Heath, Taner Oc, Steven Tiesdell. 城市设计的维度公共场所——城市空间 [M]. 冯江，袁粤，万谦，等译. 南京：江苏科学技术出版社，2005：139.

勒就曾在慕尼黑从火车站到帕辛规划了一条宽 105m、长约 10000m（比该市最宽的路德维希大街宽 3 倍、长 7 倍）的壮观大街，另一条规划连接柏林火车站并穿过凯旋门的南北轴线，也体现出毫无人性尺度的纪念感（图 7-1-2）。而某些社会主义国家建设则以城市空间的视觉美学秩序来反映新的社会制度和人民精神状态的统一。

　　总体上，视觉秩序分析以三维空间的静态的视觉感受和美学价值为角度，注重对图形的感觉、对韵律和节奏的理解、对均衡的识别、对比例等和谐关系的敏感和透视效果上的形体感观，强调空间形体在视觉上的协调性、一致性、清晰性和易识别性。当然，任何一个城市的设计和建设都必须认真研究城市空间和体验的艺术质量，但不应只看到视觉和形体的空间秩序，而忽视城市空间结构的丰富内涵和活力。在当代，视觉秩序分析往往与其他分析途径结合运用。

　　2）图形—背景分析

　　图形—背景分析基于格式塔心理学中"图形与背景"（Figure and Ground）的基本原理，从二维平面（地图）来分析公共空间及建筑实体的形式和分布，研究城市环境中的虚空间与实体之间的存在规律。从物质层面看，城市系由建（构）筑物实体和空间所构成，若将建筑物看作图形，空间则为背景。通过把建筑部分涂黑，把虚空间部分留白，则形成图底关系图；反之，把空间部分涂黑，建筑部分留白，则形成图底关系反转图，这更利于使研究者将注意力集中于建筑之间的空间之上。图底关系图和图底关系反转图均为简化城市空间结构和秩序的二维平面抽象，以此为基础对城市空间结构进行的分析即为"图底分析"。这一分析途径始于诺利（G.Nolli）在 1748 年绘制的罗马地图，人称诺利地图（Nolli Map）（图 7-1-3）。在图中，建筑物用黑色标出，街道、广场等主要的公

图 7-1-2　纳粹德国 1938 年规划的连接火车站并穿过凯旋门的柏林南北城市轴线

资料来源：S. Kostof. The City Shaped：Urban Pattern and Meanings Through History[M]. London：Thames and Hudson Ltd.，1991：274.

图 7-1-3　罗马城市的诺利地图

资料来源：Morris, A. E. J. History of Urban Form：Before the Industrial Revolutions[M]. 3nd Edition. Harlow：Addison Wesley Longman Limited，1994：182.

共空间和建筑物之间的半公共空间用空白表示。读图时，眼睛会对图上建筑物之间的空白空间和建筑物的黑色实体产生适应，自觉辨析"图"和"底"，于是当时罗马城市建筑物与外部空间的关系得以突显。而且还可以发现，由于建筑物覆盖密度明显大于外部空间，公共开敞空间易于获得"完形"（Configuration），创造出一种"积极的空间"或"物化的空间"（Space-as-object）。由此推论，罗马当时的开放空间是作为组织内外空间的连续建筑实体群而塑造的，没有它们，空间的连续性就不可能存在。

在城市设计中，借助图形—背景分析方法，可以明确城市空间的界定范围、形态结构、层次等级，发现公共空间围合与连接的弱点和不足，继而通过增加、减少或变更格局的形体几何学来驾驭空间的种种联系。同时，"图底分析"还反映出特定城市空间格局在一定时间跨度内所形成的"肌理"特征。通过比较不同时期图底关系的变化，可以分析城市空间发展的基本方向和演进过程；而在不同城市之间比较图底关系，可以发现其在空间组织上的特征差异（图7-1-4）。例如，诺利地图反映的城市空间概念与现代空间概念就存在明显差异。前者的外部空间是图像化的，与周围环境实体构成整体，沿水平方向构成主导空间形态，建筑覆盖率通常大于外部空间覆盖率，空间形态较为完整；而在现代建筑概念中，建筑物多为独立的图像，空间则是"非包容性的空"（Uncontained Void），主导空间形态由垂直方向构成，形成大量难以使用和定义的隙地（Lost Space），加之建筑覆盖率较低，外部空间难以形成整体连贯性（图7-1-5）。因此，在现代城市空间中，利用空间阴角、壁龛、回廊等要素，通过将空间和实体边界相结合，可以使外部空间得到完形，重新建立外部空间的形式秩序。

作为处理城市空间结构的基本方法之一，"图底分析"在现代城市设计的众多成功案例中广为运用。在1983年法国巴黎歌剧院设计竞赛中，加拿大建筑师卡·奥托的中选方案就运用"图底分析"方法，明确和尊重原有巴黎城市格局的设计原则。美国学者罗杰·特兰西克在《找寻失落的空间：城市设计的理论》一书中则运用图底关系分析了华盛顿、波士顿、哥德堡的城市空间（图7-1-6、图7-1-7），总结出其形态差异和基本规律。

（1）罗马　　　　　　　　　（2）伦敦

（3）哥本哈根　　　　　　　（4）京都

图7-1-4　同一比例尺下不同城市街区的图底关系比较
资料来源：（英）Matthew Carmona，Tim Heath，Taner Oc，Steven Tiesdell. 城市设计的维度 公共场所——城市空间[M]. 冯江，袁粤，万谦，等译. 南京：江苏科学技术出版社，2005：133.

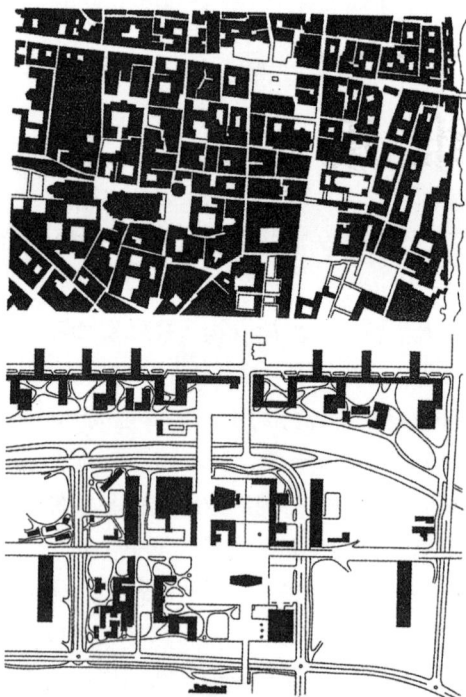

图7-1-5　传统的和现代的城市空间形态比较
注：上、下两图分别为意大利帕尔马（Parma）和法国圣迪耶方案（Saint-Die）的图底关系图，二者显示了城市空间的传统模式和现代模式的差异
资料来源：（美）柯林·罗，弗瑞德·科特. 拼贴城市[M]. 童明，译. 北京：中国建筑工业出版社，2003：62-63.

图形—背景分析对于城市设计具有重要的启示意义。空间作为城市体验的中介,其方位由形成区段和邻里的城市街区轮廓来限定,而实与空的互异构成了特有的城市空间结构,建立了场所之间不同的形体序列和视觉秩序。也就是说,城市中"空"的本质取决于其四周实体的配置和组织,而城市的实体则包括各种公共建筑,如西方城市中的市政厅、教堂,中国古城中的钟鼓楼、皇宫官署、庙宇等。在城市设计中,必须将"实"的建(构)筑物和"虚"的空间统一考虑。

3)芦原义信的外部空间分析

视觉感受是人们对城市空间环境认知的主要途径,而空间形态构成不仅具有视觉审美意义,也直接影响着人对空间环境的心理感受和在空间中的活动。日本学者芦原义信在其代表著作《外部空间设计》和《街道的美学》之中,立足于"人"的因素,将城市空间的视觉因素、形态特征与人的心理感知和活动相联系,从知觉心理学的角度分析和探讨城市外部空间的设计问题,对城市空间的分析和设计具有重要影响,其主要方法和研究重点大致表现在以下几个方面:

• 分析外部空间的限定要素的数量、类型、尺寸和构成方式对空间围合感及空间领域性的影响。比如,阴角的平面形态比阳角更利于形成空间围合感,墙体高度与人视线高度的关系决定着空间分隔与渗透的感觉差异,地面标高的变化和墙体等垂直界面的配置及造型直接作用于空间的领域性。

• 从人对空间的视觉和知觉心理的具体感受出发,解析墙体、地面等空间围合要素及其形态对人感知空间和进行穿越、停留、交谈、休憩等行为活动的影响,形成创造"积极空间"的基本原则。

• 从视觉和运动的基本特征出发,研究外部空间中建筑和空间界面的形体、质感与人的感知距离的关系,探讨空间宽度和空间界面高度之间的比例关系,以及相应的空间尺度问题。比如,他认为外部空间可以采用内部空间尺寸 8 ~ 10 倍的尺度,即 20 ~ 25m 的模数。

• 从空间用途和功能的角度分析外部空间的层次性,将外部空间分为外部→半外部(或半内部)→内部、公共→半公共(半私密)→私密的空间层次,并强调通过结合空间形态和视线安排,创造逐层展开、富于变化

图 7-1-6 基于图底关系的美国丹佛城市空间结构分析
资料来源:Denver Planning Office. Downtown Area Plan[Z]. 1986: 5.

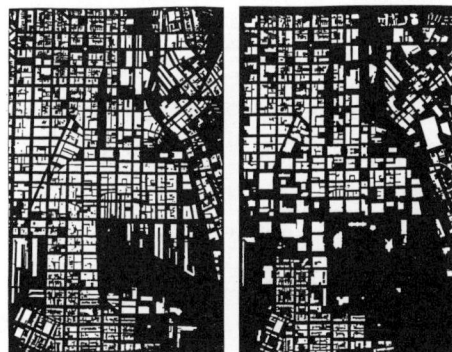

（a）

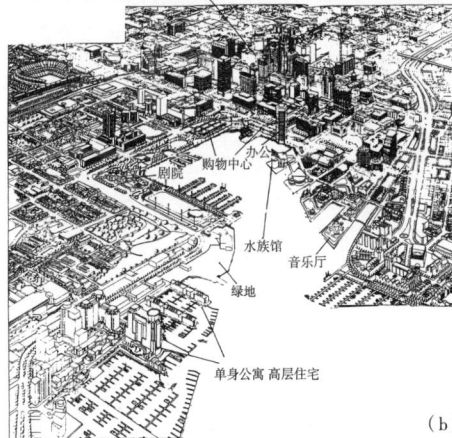

（b）

图 7-1-7 美国巴尔的摩内港区及市中心区 1958 年与 1992 年图底关系比较和规划设计
资料来源:张庭伟. 滨水地区的规划和开发 [J]. 城市规划, 1999（2）: 55.

的空间序列（图7-1-8）。

总之，芦原义信的分析方法是从视觉及知觉心理角度来探讨空间要素的设计手法及其组织构成的相关原则，不论在基本原理还是方法论层面，对于面向具体的"人"的城市设计都具有较高的借鉴价值。

7.1.2 场所—文脉分析方法

为人们创造成功的场所是城市设计的重要目标。场所理论认为，只有当物质性的空间从社会文化、历史事件、人的活动及地域特定条件中获得文脉意义时方可称为场所（Place）。每一个场所都具有各自的特征，这种特征既包括各种物质属性，也包括在漫长时间跨度内形成的特定的环境氛围和社会文化意义。场所—文脉分析的理论和方法恰恰是将人的需要、文化、历史、社会和自然等外部条件引入城市空间的设计研究之中，主张强化城市设计与特定地域的背景条件的相互匹配和协调发展，比空间—形体分析前进了一步。这不仅要求场所能够满足视觉艺术和行为活动的多种需求，还应富有特色和吸引力（强化当地独特的发展模式、地景和文化）、易识别性（具有清晰的意象并便于理解）、适应性（易于转变、能够回应于社会生活和自然环境的持续变化）和多样性（具有多种变化可能和选择），而在具体的设计研究中，也多针对上述方面展开分析。

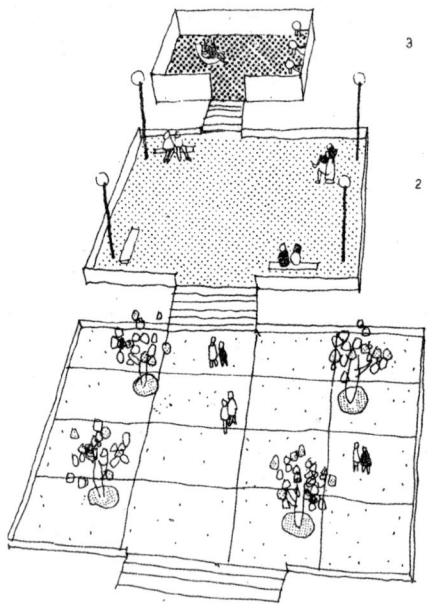

图7-1-8 芦原义信的外部空间层次分析
资料来源：（日）芦原义信. 外部空间设计[M]. 尹培桐，译. 北京：中国建筑工业出版社，1985：60.

1）场所结构分析

场所不仅是物质性的空间，还包括使其成为场所的所有活动和事件。空间形态从生活本身发展而来，随着时间的流逝，城市空间在不断变化，同时其基本特征得以保留，也记录并反映了与之相关的"社会记忆"，其相对永恒性促使自身成为有意义的场所。活动、事件与空间的结合构成了空间场所中人与环境、空间与时间的某种相对稳定的关系，这种稳定的关系在物质空间上的映射即体现了场所的深层结构，场所结构分析就是针对这一"以关系为中心"的深层结构展开的研究。

场所结构分析开拓了城市空间分析的崭新视野，众多学者从不同侧面阐述了其重要意义，并形成了富有创见的城市设计理念。现代建筑发展史上著名的"小组10"（Team 10）成员凡·艾克强调物质性的空间与时间性的场合的共同作用及结构表现；赫兹伯格注重对"原型"的阐释；史密森夫妇提出的"簇集城市"（Cluster City）的理想形态将城市空间分为主干和枝丫两部分，各枝丫必须经由簇集过程才具有整体结构的完整性（图7-1-9）；而"小组10"提出"可改变美学"（Aesthetic of Expendability）的思想，倡导保持相对固定的结构性特征与循环变换的统一。日本著名建筑师丹下健三认为："不引入结构这个概念，就不能理解一座建筑、一组建筑群，尤其不能理解城市空间"，而且，"结构可能是结构主义作用于我们思想所产生的语言概念，它直接有助于检验建筑和城市空间"。槙文彦的"奥"
空间论强调发掘城市形态表层背后
的深层结构，也是一种典型的场所
结构分析方法。此外，1960 年代
初在美国康奈尔大学兴起的"文脉
主义"城市分析方法、黑川纪章等
倡导的"新陈代谢"思想、亚历山

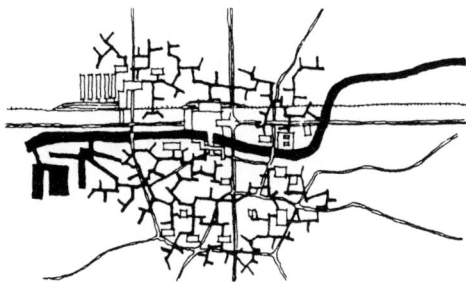

图 7-1-9 "簇集城
市"设想
资料来源：Lüchinger
Arnulf. Structuralism in
Architecture and Urban
Planning[J]. Karl Krämer
Verlag Stuttgart, 1981.

大的树形理论以及莱·马丁"格网作为发动机"的城市分析思路，都体现了从
场所结构入手处理城市整体空间形态的分析逻辑。

从方法论意义上讲，场所结构分析理论的贡献主要有四方面：

● 明确了单凭创造美的环境并不能直接带来一个完善的社会，向"美导致
善"的传统概念提出了挑战。

● 强调城市设计的文化多元论。

● 主张城市设计是一个连续动态的渐进过程，而不是传统的、静态的激进
改造过程，城市是生成的，而不是造成的。

● 强调过去一现在一未来是一个时间连续系统，提倡在尊重人的精神沉淀
和深层结构的相对稳定性的前提下，积极处理好城市环境中的时空梯度问题。

作为一种城市空间分析方法，场所结构分析往往通过探寻城市空间在时
间演化过程中相对不变的基本特征和结构关系而展开。例如，布坎南 (Buchanan)
通过研究发现，城市内部和周边的交通网络、纪念碑、市民建筑是城市相对永
恒的组成部分。在这个持久的城市结构中，单体建筑不断改变，而正是那些历
时久远的组成部分，创造出所在场所的历史延续感和时间感。而阿尔多·罗西
认为，城市依其形象而存在，是在时间、场所中与人类特定生活紧密相关的现
实形态，其中包含着历史，它是人类社会文化观念在形式上的表现。同时，场
所不仅由空间决定，而且由这些空间中持续发生的事件决定。所谓的"城市精
神"就存在于它的历史中，城市建筑必须在集体记忆的心理学构造中被理解。
而城市结构由两个要素组成：一是街道建筑和广场形成的普遍的城市肌理，它
随时间而改变；二是"纪念碑"和大尺度建筑物，它们的存在赋予每个城市独
特的个性，并塑造了城市的"记忆"。具有"集体记忆"的城市形态源自于过去，
并为未来发生的变化提供框架。[①]

通过场所结构分析，设计者可以了解物质空间在其形成过程中与活动、
历史、记忆等相关要素的关联，深层次地把握场所的形态延续性和社会文化内
涵。在具体的设计实践中，场所结构分析具有深远的世界性影响。比如，法国
巴黎城市形态研究室（TAV Group）在其设计研究中，致力于探索新古典意象
的开发和创造连续性，通过运用能交融于现存空间的几何形态的、成角度的建

---

① （英）Matthew Carmona，Tim Heath，Taner Oc，Steven Tiesdell. 城市设计的维度 公共场所——
城市空间 [M]. 冯江，袁粤，万谦，等译. 南京：江苏科学技术出版社，2005：195.

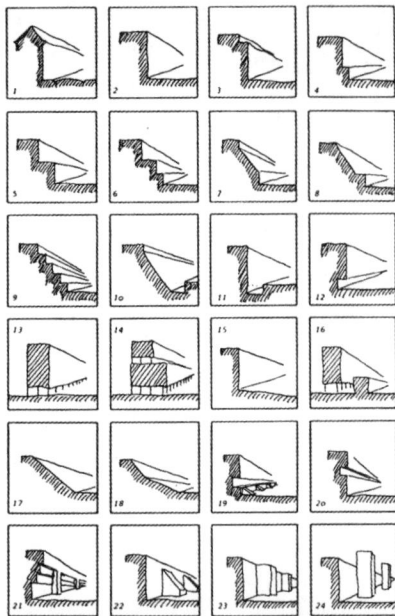

图 7-1-10　对城市空间围合度的分析
资料来源：Donald Watson，Alan Plattus，Robert Shibley. Time-Saver Standard for Urban Design[J]. McGraw-Hill Professional，2001（3）.

图 7-1-11　对城市空间断面的分析
资料来源：Donald Watson，Alan Plattus，Robert Shibley. Time-Saver Standard for Urban Design[J]. McGraw-Hill Professional，2001（3）.

筑物和空间，找到了处理不同时期空间形态的分层积淀和不同的形态格局融合并置的有效手段。而以欧斯金、克里尔兄弟、罗西、霍莱因为代表的学者则主张从外部空间向建筑物内部逐渐过渡的设计次序。当然，这里的"外"包含的内容绝不止于形体层面（图 7-1-10、图 7-1-11）。美国学者索兹沃斯曾收集了1972 年以后的 70 项城市设计案例资料，统计结果表明，包括英国纽卡斯尔郊区的贝克居住区和意大利"类似性城市"方案在内的大约 40% 的案例都运用了这种方法。现在，场所结构分析已经成为城市设计人员常用的分析方法之一。

2）城市活力分析

城市公共空间容纳交往、休憩、娱乐、学习、购物、运动甚至游行、表演等多种生活功能，为创造生机勃勃的城市生活方式提供物质性保障。1960年代，西方某些国家的城市建设导致城市中人的活动受到严重困扰，城市活力下降。针对这一现象，众多学者展开了深入剖析，探索解决问题的方法途径，使城市活力分析开始受到城市规划和设计者的关注。其中，美国学者简·雅各布斯的研究工作具有广泛的影响。她以城市街道为主要研究对象，从土地使用性质、街道形态、周边建筑情况、人流频率、密度与拥挤的关系等方面，阐述了城市公共空间的"多样性"特征和规划设计对街区社会、经济活力的重要影响。

城市活力分析的基本途径是通过仔细观察城市空间环境中的日常生活场景和事件，从空间是如何被人们利用的；空间环境是否使人感到舒适（这不仅指环境因素造成的生理舒适感，还有社会与心理层面的舒适感）；空间环境的形态构成是否提供了令人满意的私密性和领域感；空间的气氛和特征是否能够为人们参与社会活动和人际交往提供机会和可能，并激发新的活动等几方面，分析城市空间的设计和组织对城市生活的影响和作用，总结空间规划设计的相关原则。比如，怀特（W.H.Whyte）在1980年代通过对纽约一系列公共空间进行拍照和分析，总结出最具社交化的场所通常具有的共性特征：地点多位于在物理上和视觉上可达的繁忙路线；成为社会性空间的整体构成的一部分；高度与人行道齐平和基本齐平（被显著抬高和降低的空间更少被人利用）；具有可以供人坐憩的踏步、矮墙、座椅等设施；具有多种选择的可能。他还强调，在这一分析中，阳光的渗透、空间的美学，以及空间的形状与大小成为次要的因素，真正重要的是人们如何使用空间。

城市活力分析将空间设计与人的心理、行为和具有社会意义的活动相联系，关注空间中"人"的活动及其凝聚的城市社会、经济价值。其对城市设计的启示意义在于，城市设计必须为"人"创造适应于多样化活动和使用方式的空间，满足市民多方面的需要（包括生理需要、安全需要、尊严需要、自我实现需要等），提升和促进城市的社会和经济活力。在当今倡导"以人为本"设计理念的背景下，城市规划专业人员更应在实践中自觉注意城市活力问题。

3）认知意象分析

环境认知是城市设计的重要维度，而对于场所和环境意象的认识与评价是城市设计中环境认知研究的核心内容。

"意象"（Image）一词原是一个心理学术语，是一种经由体验而认识的外部现实的心智内化，是个人凭借经验和价值观对环境因素进行过滤和认知的结果。环境意象则是一个双向过程的结果，在这一过程中，环境表达区别和联系，而观察者则对自身的所见进行选择、组织，并赋予其意义。意象的心理合成与"认知地图"（Cognitive Map）密切相关。认知意象分析是一种借助于认知心理学和格式塔心理学方法的城市分析理论，其分析结果直接建立在居民对城市空间形态和认知图式综合的基础上。

凯文·林奇的《城市意象》一书是关于认知意象理论和分析方法的重要成果。他以波士顿等相关城市为对象，将认知地图和意象概念运用于城市空间形态的分析。在具体的调研方法上，由于意象和认知地图是一种心理现象，难以直接观察，所以林奇采用请人默画城市意象和简略地图、会谈或书面描述、做简单模型等途径获取相关信息，继而对问卷及回馈资料进行甄别和整理，得出共性结论。他归纳出城市认知意象的五大要素——路径、边界、区域、节点和标志，并且强调可识别性（Legibility）和意象性（Imaginability）是人们对城市空间环境的基本要求，而前者是后者的保证，但并非所有易识别的环境都可导致意象性。

运用认知意象分析方法研究城市空间形态，必须注意三个方面的问题。

首先，意象性是林奇首创的空间形态评价值标准，它不但要求城市环境结构脉络清晰、个性突出，而且应为不同层次、不同个性的人所共同接受。在实际调研分析过程中，应当充分关注个体差异对分析结论可信度的影响，还必须使接受调研对象的人数达到一定水平，以便从中归纳、概括出具有代表性的共性规律，找出心理意象与物质环境之间的真正联系。这一工作一般应在训练有素的调查人员组织指导下进行。

其次，认知意象分析可在不同空间类型和尺度层面上展开，但在要素选取、调查人数以及调查结论等方面均存在一定差异。比如我国学者林玉莲通过对武汉市、东湖风景区和大学校园的研究，发现不同环境下认知意象的基本要素有所不同。城市认知地图中突出的是道路、标志和节点，区域和边界只有在与地理特征相联系时才引人注意。风景区内则标志和区域比较引人注意，道路、节点、边界都显得模糊。大学校园由于范围尺度较小，使用者群体单一和使用频繁，因而五种要素的重要性不相上下。[①]

第三，通常情况下，由于人的认知能力受到体验范围、表述能力、文化背景、职业、年龄、性别、空间熟悉度和使用频率等因素的影响，随着研究尺度的扩大，五点要素就愈发显得单薄，因而认知意象分析更适用于小城市或大城市中某一地段的空间结构研究。

认知意象分析重视研究城市居民个人或群体对城市环境的感知，开拓了城市设计中认知心理学运用的新领域，展示了一个新的评价城市形态的方法，其综合的公众意象评价为城市建设提供了必需的分析基础（图7-1-12、图7-1-13）。继林奇之后，以爱坡雅为代表的许多学者分别对欧美的众多城市进行了城市意象研究。认知意象分析已经成为城市规划设计中的常用方法之一，其从市民环境体验出发的基本取向体现了"人本主义"的城市设计价值观。

4）文化生态分析

文化生态学的概念由美国文化人类学家斯图尔德（J.H.Steward）于1955年首次提出，主要探究具有地域性差异的特殊文化特征及文化模式的来源。文化生态学理论认为，人类文化和生物环境存在一种共生关系。这种共生关系不仅影响人类一般的生存和发展，而且也影响文化的产生和形成，并发展为不同的文化类型和文化模式。文化生态分析正是通过研究人

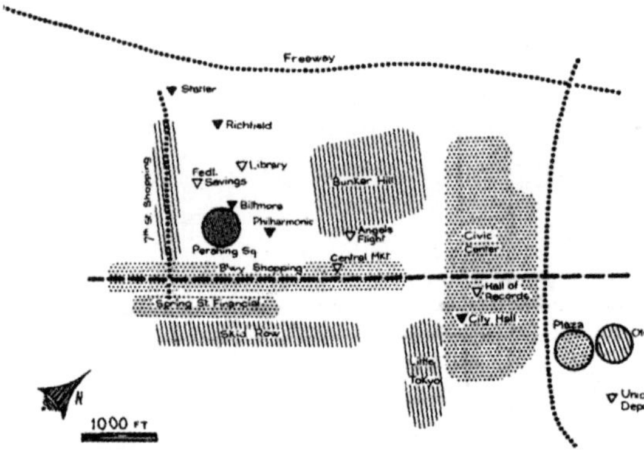

图7-1-12　洛杉矶的区别性元素分析
资料来源：（美）凯文·林奇.城市意象[M].方益萍，何晓军，译.北京：华夏出版社，2001：116.

Representing the form of a city with representational symbols.

图7-1-13　用五要素符号分析城市空间形态
资料来源：Donald Watson, Alan Plattus, Robert Shibley. Time-Saver Standard for Urban Design[J]. McGraw-Hill Professional, 2001（4）.

---

① 林玉莲，胡正凡.环境心理学[M].北京：中国建筑工业出版社，2000：45-63.

类文化形成过程与自然环境、人工环境的相互关系，阐释文化与环境的适应过程。文化生态分析涉及多种因素，不仅包括地形地貌、山水形胜等自然环境要素，还包括科学技术、经济体制、社会组织关系及社会价值观念（即风俗、道德、宗教、哲学、艺术等观念形态的文化要素）对人的聚落形态、生活方式的影响，强调综合各种因素的整体研究视角。

将文化生态学理论和分析方法应用于城市设计，就是在特定的文化背景下，探寻城市中的人、社会文化与城市空间环境之间的相互影响和发展方向，从而理解、认识和组织城市空间环境的形态结构所蕴涵的文化内涵。其基本内容主要包括城市空间结构、景观形态特征与特定文化背景下的社会风俗习惯、审美要求、审美标准、空间环境评价和使用模式差异等方面。而在实践中，多通过实地观察、问卷、访谈等社会学调研途径展开。

将文化生态分析运用于城市空间环境研究的代表人物是拉波波特。他通过研究非洲、欧洲、伊斯兰、日本等不同文化背景下的相关案例，探讨了不同地域条件下，城市物质环境的变化与社会、心理、宗教、习俗等文化要素的关联，为城市空间分析提供了新的视角。

与其他场所—文脉分析方法相比较，文化生态分析的视野更为广阔，内涵更为丰富，对于城市设计中的场所塑造具有重要意义，主要体现在：

● 应在不同的文化背景下审视和理解城市空间环境，任何脱离具体环境文脉的解读和设计都是片面的和歪曲的。

● 应通过城市空间形体环境的塑造保护和延续具有地域性文化特征的场所文脉。

● 城市空间环境应与具体的文化模式和文化类型相适应，才能确保城市空间的持久活力。

● 应创造多样性的城市空间景观，以满足不同文化群及亚文化群的基本要求。

近年来，面对我国城市发展建设中的城市文化环境保护等问题，我国城市规划设计和建筑学界的许多学者也先后在设计实践中引进和运用了文化生态理论和分析方法。比如在旧城更新和历史街区改造中对传统城市空间形态要素的文化价值的认识和评定，以及对城市文化、空间景观资源和居住模式相互关系的探讨等，但其具体的分析方法及操作程序还有待进一步完善。

7.1.3 相关线—域面分析方法

城市具有多元复合的本质特征，城市空间环境是社会、经济、文化、历史等多种因素在物质空间上的"投影"。在这一意义上，城市设计可以被理解为将上述诸多因素和艺术、美学、工程、技术等多方面要求进行整体平衡的过程。因此，对城市空间结构和形态构成中的各种相关空间"线"和空间"域面"进行提取、分析和整合，可以形成一种综合和整体的城市设计分析方法。[①]

---

① 王建国. 现代城市设计理论和方法 [M]. 2 版. 南京：东南大学出版社，2001：105–107.

概括起来，城市空间结构中的相关"线"主要有以下几种类型：

• "物质线"。通常是指城市空间在物质层面上所反映出来的各种实存的"线"。在具体的空间环境中，"物质线"是清晰可辨的，比如现状工程线、道路线、建筑线、单元区划线等。

• "心理线"。它以人的认知为前提，是指人们对城市域面上物质形体的心理体验和感受所形成的感知"力线"，包括标志性建筑物、空间景观节点的空间影响线域、空间界面的导向线和空间景观的序列轴线等。

• "行为线"。它主要由人们周期性的节律运动及其所占据的相对稳定的城市空间所构成。通常包括发生在城市道路、广场等开放空间中的运动所留下的空间轨迹线等。

• "人为控制线"。它具有主观能动性和积极意义，是设计干预的结果，是由设计者和建设管理者进行城市建设实践活动而形成的各种控制线。如现代城市设计中为分析描述空间结构、形体构成、容积率、高度控制而形成的各种辅助线，以及规划设计红线、视线通廊等空间控制线。

事实上，"物质线"和"心理线"包括了"图底分析""关联耦合分析"等形体层面的研究成果，"行为线"则与"场所—文脉"分析有关，而"人为控制线"既是设计的成果，又是次一级设计的限制性前提条件。

具体运用相关线—域面分析方法的基本程序大致可以概括为提取、分析和叠加，大致采取以下几个步骤：

首先，确立研究对象。根据项目自身的特点及要求确立所需研究的城市空间域面的范围，通常研究范围应大于设计范围。

然后，进行"物质线"的分析，探寻该域面的空间结构、形态特征和问题所在。具体内容包括主要交通运输网络、人工物（建筑及公共空间）与自然物（山、水、植被等自然要素）布局及二者的结合情况、基础设施分布及其服务范围、街巷网络以及各单位的区划范围等。

进而，着手分析"心理线"，即城市空间中节点、标志物、历史建筑或高大建筑物在城市开敞空间中形成的各种关于空间导向、序列的影响力线，它们是人们在心理上体验、认知空间的抽象表达，也是构成场所感和文化意义上的归属感的重要组成部分。

之后，对"行为线"的分析可以使城市物质形体空间、人的行为空间和社会空间相互交织，帮助设计者理解空间中"人"的因素和具有社会文化意义的场所属性。通过将人的行为活动及其特定场景在城市物质空间中的分布情况、变化特征和运动轨迹记录建档，并将其与"道路线""建筑线"等"物质线"及"心理线"平行比较，可以从中理解和探寻研究范围内的物质空间结构与人的行为活动之间的相互关系，并可直接发现空间占有率、空间结构、空间形状及比例尺度是否恰当等问题。

同时，城市设计者还应进一步介入对若干规划设计辅助线、控制红线等"人为控制线"的分析探讨（图7-1-14～图7-1-19）。

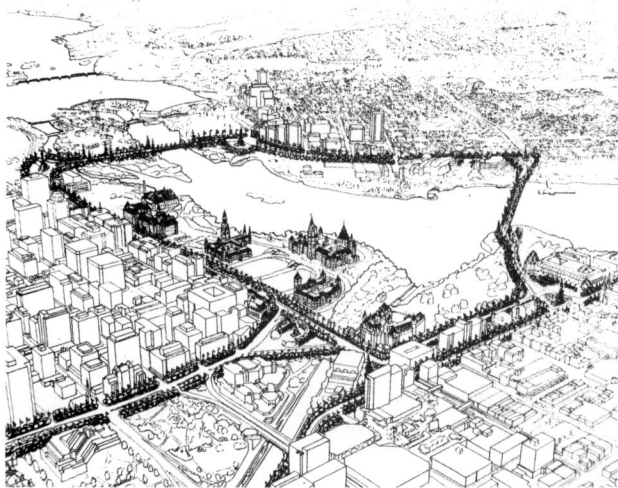

图 7-1-14　加拿大渥太华议会区鸟瞰
资料来源：Parliamentary Precinct：Urban Form Option[Z]. 1985：19.

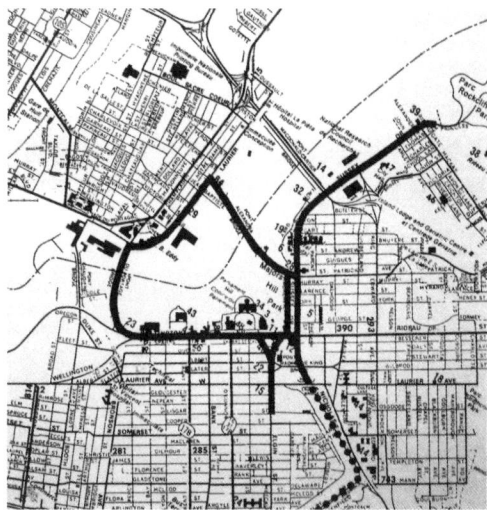

图 7-1-15　加拿大渥太华议会单元区划线和建筑线
资料来源：Parliamentary Precinct：Planning Context[Z]. 1985：18.

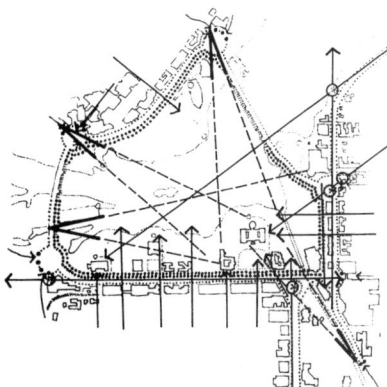

图 7-1-16　加拿大渥太华议会区空间视廊分析
资料来源：Parliamentary Precinct：Planning Context[Z]. 1985：26.

渥太华议会区庆典活动流线

图 7-1-17　加拿大渥太华议会节庆典礼活动流线
资料来源：Parliamentary Precinct：Planning Context[Z]. 1985：26.

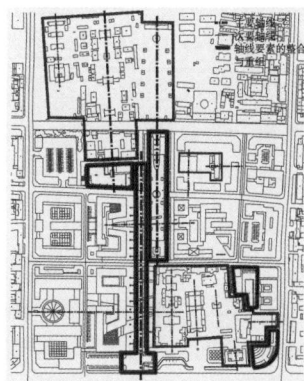

图 7-1-18　城市空间轴线分析示例
资料来源：东南大学王建国、陈薇教授主持完成的沈阳方城旅游文化区城市设计文本.

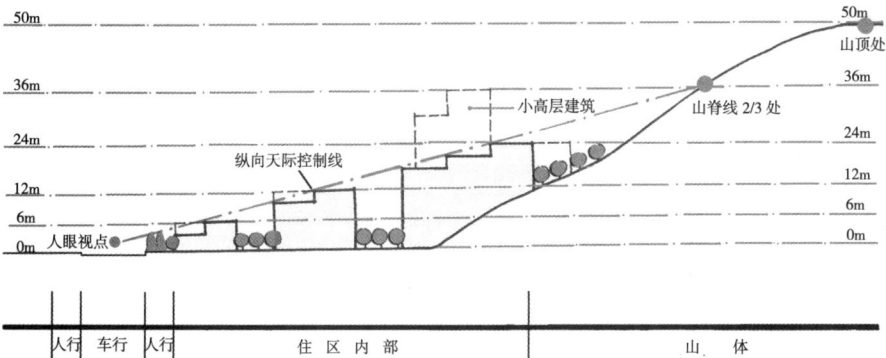

图 7-1-19　建筑高度控制线及视线分析示例
资料来源：东南大学王建国、阳建强教授主持完成的重庆大学城总体城市设计文本.

综合以上分析结果,将上述诸"线"叠加和复合,就形成城市空间的各种"相关线"网络,比如道路结构网络、开敞空间体系及其分布结构等,对该网络进行综合分析和研究,设计者能够对给定的城市分析域面的种种特质和内涵形成整体而全面的认识,为下一步微观层次的空间分析奠定坚实基础。这一叠加和复合工作主要通过"叠图"来进行。例如,在针对某一城市地段(域面)的设计中,先准备一套该地段完整的城市现状图(比例最好用1∶1000),然后用若干张透明纸在现状图上分别绘制"建筑线"图、"道路线"图、自然用地分布及其与建成区的界线、基础设施和管线图、重要空间节点位置及其所产生的空间影响线、不同时间中人流活动轨迹及其分布图等。综合上述各单项分析结果,以现状图为原型,采用叠加法和局部拼贴法,完成若干设计驾驭的建筑红线、体形控制线、高度控制线、视景景观线以及各种设计相关辅助线。最后,经由这些相关辅助线"由线到面"的拓展,便可形成对该域面的本质认识,并绘制高度分区图、容积率分区图、机动车系统及容量分区图、步行系统分布图、空间标志及景观影响范围图等,为设计决策和建设实施提供切实帮助。

总体而言,相关线—域面分析方法较为抽象,对基本变量的概括及其"由线到面"的分析思路应致力于概括那些相对比较重要的特征。就方法论特点而言,这种分析途径比较接近系统方法,基本上是一种同时态的横向分析。相关线—域面分析综合了空间、形体、交通、市政工程、社会、行为和心理等变量,利于设计者理解和把握多重复合的城市空间环境中的各种要素及其相互关系,具有较高的可操作性。

7.1.4 城市空间分析的技艺

优秀的城市设计必须以对研究对象的全面系统分析和正确的评价方法为基础。城市空间分析方法和相关理论有助于设计者从宏观上把握研究对象,而面对现实具体的城市设计问题,还需要依靠有效的城市空间分析调研技艺,在这一意义上,空间分析的技艺构成了现代城市设计方法微观层面的内容。为了确保研究成果和设计方案的整体质量,设计者必须进行完备的资料收集和有效的综合分析,这就需要熟练运用各种具有实效性的空间分析技艺。

1)基地分析

基地分析是城市设计的先导,是对设计地段相关外部条件的综合分析。基地分析的内容不仅涉及地形、地貌、景观资源等自然环境要素,以及空间格局、道路网络等建成环境要素,还包括社会、心理等广泛的场所文脉要素,具有景观、经济、生态和文化等多重价值。基地分析理论和方法是城市设计和景观建筑学的重要内容之一。

就城市设计而言,基地分析的作用主要体现在以下几方面:

● 确定合理的功能用途。基地与用途之间存在着一种互相限制的关系。一方面,基地分析要求以一定的用途为出发点,分析基地的特征及对这一用途的适应程度;另一方面,只有充分认识和把握基地的限制条件,才能够确定合理的功能用途。正是在对用途与基地二者的不断分析研究、比较选择的过程中，才能对某些相互冲突的功能要求进行权衡与取舍，确定合理化、最优化的功能用途。

● 充分认识原有基地使用和空间组织方式。由于受到人的主观认识水平和客观技术条件等因素的限制，在历史上的城市设计中，设计与基地之间往往存在较高的匹配和适应程度。通过基地分析途径，可以深层把握基地使用和空间组织方式与自然环境之间的和谐关系，并从中吸取经验，采取适宜的技术路线，最大限度地表现与优化地方特征和空间结构，探索基于美学、生态、文化价值的环境、建筑的改造与优化途径。这不仅利于场所文脉的延续与发展，而且在当今强调环境协调、生态优先的设计背景下，更具有其积极意义（图7-1-20）。

作为一种有效的分析途径，基地分析多被用于分区及地段层次的城市设计实践中，而其分析的内容及重点随着空间范围的变化也有所不同。比如，在加拿大首都渥太华议会区更新设计中，城市设计专家组从几个方面对所开发基地进行了广泛的调查分析和设计探索：①从国家及国际的视野，分析作为首都的渥太华所应当具有的形象及地位；②从地区的视角，分析政治、经济、文化、交通、气候、景观等各项条件，认为渥太华既是一个兼具英、法双重文化和语言的特殊地区，又是区域性跨省的交通枢纽和旅游中心，议会区不仅是首都，而且是地区性的焦点；③分析城市设计相关部门和建筑师的职责范围及责任；④在前三项分析基础上，对各种设计方案的可行性进行综合决策。可以发现，在这一城市设计项目中，基地分析的内容十分广泛，城市规划、城市设计的管理程序、部门系统等制度性因素也被纳入了分析范围之内。

而在地段层次，基地分析技术多运用于局部的城市更新改造，其重点往往在于具体的物质性环境要素，有时还结合评分和统计分析手段展开。比如在苏州平江旧城保护改造项目中，设计人员以 100m×100m 的方格网，对设计地段及毗邻区域进行划分，然后对现状人口密度、建筑环境质量、设施环境质量等指标进行逐块评分，再用加权分析统计方法，确定需要解决的主要问题（图7-1-21）。[①]

值得注意的是，随着计算机技术和数据统计分析方法的逐步推广，诸如生态影响评价、基础设施容量、建筑相关数据等基地要素的分析日益呈现理性化的趋势。但在许多情况下，基地的某些条件还需经过设计者的直觉感性来认识把握，比如基地的情感特征、艺术内涵和乡土韵味等因素，相比较而言，这种直觉感性分析具有随机性，甚至有时几乎是下意识的，但其对于全面分析和认识基地条件同样是十分重要的。

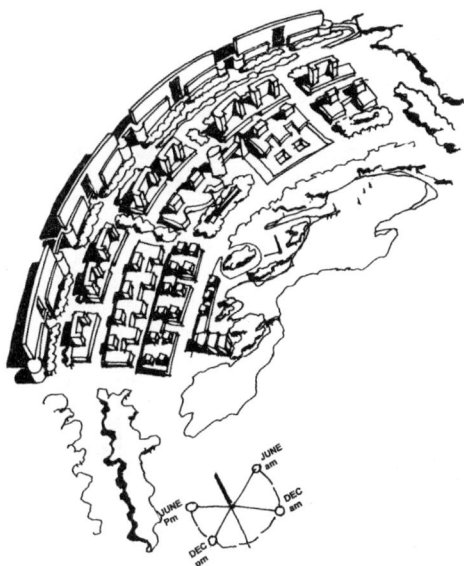

图7-1-20 基于气候日照、通风和防风考虑的城市建筑布局
资料来源：Donald Watson, Alan Plattus, Robert Shibley. Time-Saver Standard for Urban Design[J]. McGraw-Hill Professional, 2001（4）.

---

① 张庭伟. 苏州平江旧城保护区详细规划介绍 [J]. 建筑师，1983（14）：83-95.

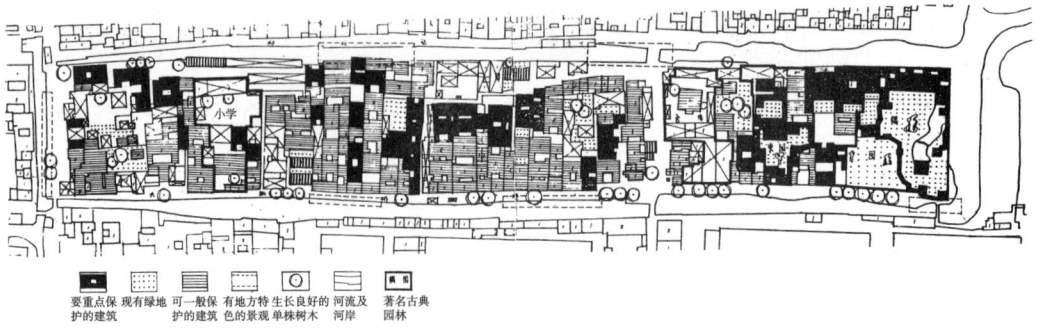

要重点保　现有绿地　可一般保　有地方特　生长良好　河流及　著名古典
护的建筑　　　　　护的建筑　色的景观　单株树木　河岸　　园林

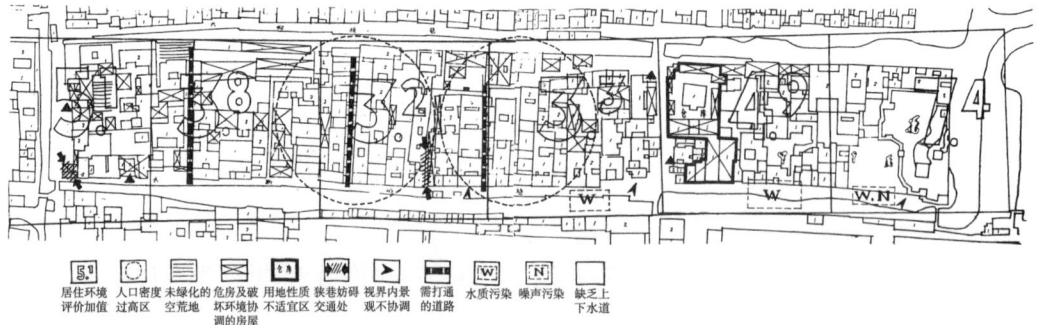

居住环境　人口密度　未绿化及　危房及破　用地性质　狭巷妨碍　视界内景　需打通　水质污染　噪声污染　缺乏上
评价加值　过高区　空荒地　坏环境协　不适宜区　交通处　观不协调　的道路　　　　　　　　　下水道
　　　　　　　　　　　　调的房屋

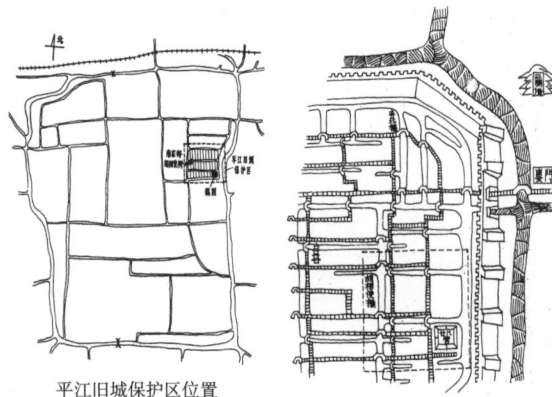

平江旧城保护区位置

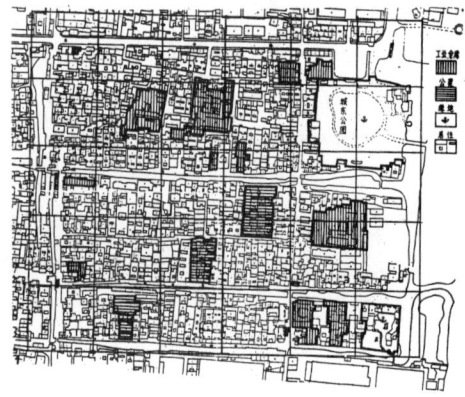

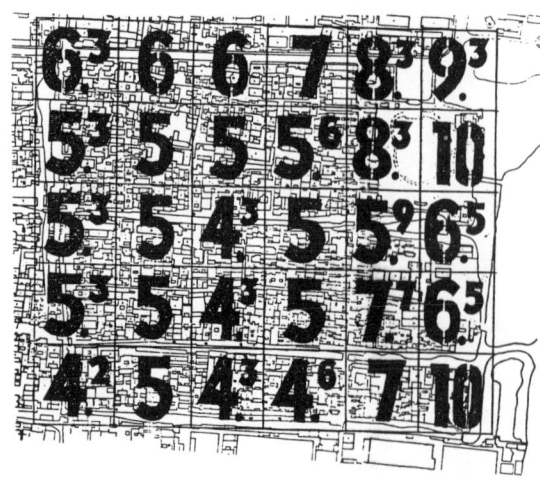

(1) 结构质量

6	6	6	7	8	9
5	5	5	5	8	10
5	5	4	5	5	6
5	5	4	5	7	6
3	5	4	4	7	10	×0.7

(2) 建筑容废

7	6	6	7	9	10
6	5	5	5	9	10
6	5	5	5	8	10
6	5	5	6	7	6
7	5	5	6	7	10	×0.3

图 7-1-21　苏州平江旧城保护规划基地分析一组

资料来源: 张庭伟. 苏州平江旧城保护区详细规划介绍 [J]. 建筑师, 1983 (14): 83-95.

2) 心智地图分析

心智地图是一种表达思维的图像式工具，它体现了人们对物质空间环境的联想和认知的整体架构。心智地图分析是从认知心理学领域中吸取的一种空间环境分析技术。

心智地图分析的基本观点认为，居民是当地环境的真正使用者和体验者，他们对城市空间具有深刻的理解。在实际运用中，心智地图分析的目的主要在于收集居民对城市空间形态结构的心理感受及印象，多借鉴社会学调查方法展开。一般通过访谈、询问和问卷等书面形式获取相关信息，再由设计者分析整理，并翻译成图；也可以请被调查者本人直接绘制认知草图，也就是所谓的"心智地图"（Mental Map）。通过这一分析方法，设计者可以理解和识别影响居民环境认知的重要和显著的空间特征及结构关系，从而作为进一步设计研究的基本出发点（图7-1-22）。

作为一种面向大众的调查研究，心智地图分析技术的优点在于其调查对象是外行或儿童的环境体验，利于鼓励、发展和吸取普通居民对城市空间的评价意见，较为客观和真实，信息的可信度和有效度也较高，既可以避免设计者主观地将自身的空间评价标准强加于空间的使用者，也有利于设计者作出科学判断和决策。同时，其图式表达具有形象、直观的特点，便于被调查者的清晰表达和设计者的分析研究。在具体的设计过程中，对于设计者（尤其是来自于外地的专家学者）迅速理解当地空间结构和环境特色具有重要的应用价值（图7-1-23）。

另一方面，这一分析方法也具有一定的缺陷和不足，在具体的运用中应当加以关注。相对而言，心智地图在形式上可能较为粗糙、逻辑性较差，研究者应当注重

图7-1-22 日本东京隅田川周边环境心智地图分析
资料来源：王建国. 城市设计 [M]. 2版. 南京：东南大学出版社，2004：221.

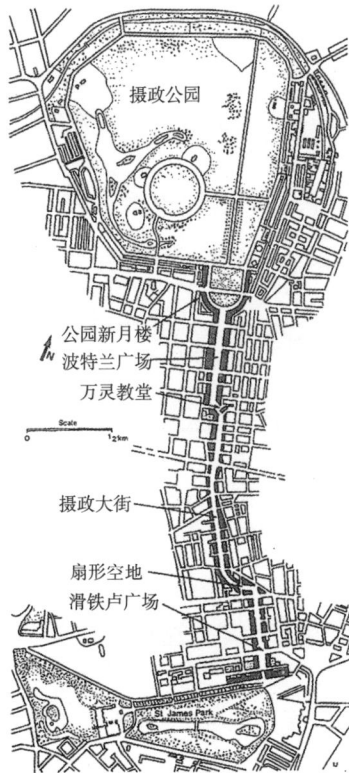

图7-1-23 伦敦心智地图分析结果示例
资料来源：（英）Matthew Carmona，Tim Heath，Taner Oc，Steven Tiesdell. 城市设计的维度公共场所——城市空间 [M]. 冯江，袁粤，万谦，等译. 南京：江苏科学技术出版社，2005：85.

对心智地图所反映的信息进行全面的比较分析,从中发现具有代表性和共性的规律及关系。此外,"心智地图"是一种根据记忆和意象感受而绘制的城市地图,需要被调查者尽可能准确、全面地反映相关信息,访谈方式、调查气氛和被调查者的文化层次、表达能力都会影响最终的分析结果,因此应当根据不同的调查对象采取适宜的调查方式,营造轻松的调查氛围,使调查对象处于松弛状态,最大限度地激发受试者潜在的城市空间结构意象和认知能力。众多实践表明,选取文化水准较高的居民或相关专业人员作为调研对象,一般可以简化最后的分析综合工作。此外,还应注意选取适当的调研范围,若城市规模较大,则可将范围缩小到分区乃至街区(Block)层次。

凯文·林奇在《城市意象》一书中最早地系统阐述和成功运用了这一分析方法。之后,作为一种城市景观和场所意象的有效分析方法和驾驭途径,心智地图分析在城市设计及城市环境美学教育中都得到了推广和深化。

3)标志性节点空间影响分析

这一调查分析途径将"心智地图"技术运用于相对局部而具体的空间分析之中。心智地图技术一般侧重于空间形态的整体架构,而标志性节点空间影响分析的对象是对空间形态具有战略性影响的标志物,是针对局部空间的分析。

城市标志性节点不仅包括自然形成的山峰、河湖,也包括塔、教堂、庙宇等历史建筑,以及高层建筑、建筑群、纪念碑、电视塔、悬索大桥等现代建筑和构筑物,还有城市主要广场等开放空间。这些标志性节点一般在空间中比较突出,具有较强的可识别性,是城市空间的战略性控制要点,同时也具有相当的空间影响范围,在城镇景观、居民生活和交通组织方面具有一定的集聚功能。比如竖向的标志物由于与周围环境的对比,在各个方向均具有可见性,从而有助于道路的导向性,其高耸的体量和鲜明的造型特点显然具有驾驭城市空间的力量(图7-1-24)。

在具体运用中,标志性节点空间影响分析多针对建(构)筑物等实体性节点及其空间的主观感受展开,大致过程如下:

- 选定有待分析的标志性节点。
- 通过询问受试者及调查者自身的判断来确定能够观察到标志性节点的地点。
- 让受试者绘制意象草图或进行拍照,必要时还可附加文字详细说明观察地点与标志性节点的关系。
- 让受试者对各个观察点的感受进行评价,确定各个观察点的优劣。
- 收集调查成果,并进行分析比较,归纳具有共性的结论。

在实施过程中,设计者尤其应注重当地普通居民的参与程度和整体感受。吉伯德在对意大利比萨广场的空间分析中和苏联学者拉夫洛夫在《大城市改建》一书中都具体运用了这一技术,但二者均因居民参与程度较低而有欠全面,而针对英国

图7-1-24 标志性空间分析图解

资料来源:王建国.现代城市设计理论和方法[M].南京:东南大学出版社,2001:116.

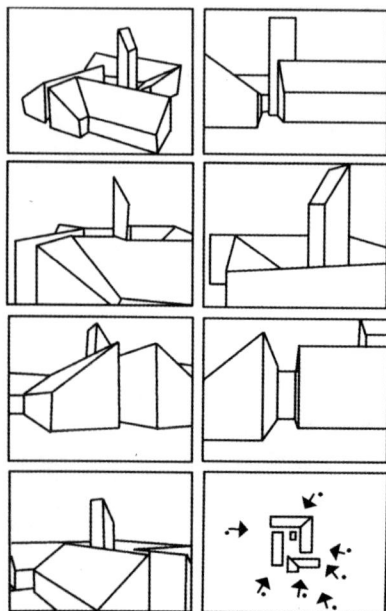

坎布雷城（Combray）中央的教堂的空间影响分析则得到了受试者们的积极合作，因而也较为成功。此外，设计者还应注意专业视角和普通大众之间的差异，通过实地踏勘和亲身体验，用自己的专业表达手段表现真实感受，并与普通大众的调查结果进行比较评析和相应的校正，为空间感受的评价、预期、设计提供基本尺度和群众性平台（图 7-1-25）。

图 7-1-25　南京鸡鸣寺塔空间影响分析一组
资料来源：王建国.城市设计 [M].2版.南京：东南大学出版社，2004：223.

总体上，标志性节点空间影响分析较适用于城市门户节点、城市中心区、历史保护街区等具有社会、历史、文化整合意义的地段及街区，对于城市高层建筑的分布格局及其空间影响的分析也十分有效。通过分析，设计者可以着重把握具有标志性的建（构）筑物与周围环境在视觉、形态及场所文脉上的联系，发现设计地段在含义表达和空间质量等方面的优缺点，是一种较为实用的空间分析技艺。

4）序列视景分析

对于城市环境的体验是包含运动和时间因素的动态活动，穿越空间的动感体验是空间分析的重要内容。人们以不同的速度、不同的参与程度观看和感受着丰富多变的城市空间，这些多视点景观印象的复合就成为城市空间的整体体验，而人们主要通过视觉来感知信息。戈登·卡伦首创的序列视景分析技术就是从视觉角度对包括时间维度在内的整体空间体验而展开的，通过这种分析，环境以一种动态的、外显的方式随着时间而逐步展现。因此，序列视景分析是一种行之有效的城市景观分析和评价途径（图 7-1-26）。

在实际调研中，这种分析由设计者本人进行，具体步骤如下：

• 选择适当的运动路线，通常是人群活动相对集中的路线。

• 结合步行运动的节奏间隔，确定关键性的视点及固定的观察点，通常为空间环境的战略性要点，比如不同空间转换的节点、同一类型空间中的起点或终点、某一具有特殊意义的地点等。

• 在一张事先准备好的平面图上标上箭头，注明视点位置、方向和视距，并按照行进顺序进行编号排序。

• 对空间视觉特点和性质进行观察，通过勾画透视草图、拍照、摄像等手段记录实况视景。

序列视景分析就像"连环画"那样展现随着时间流逝的空间感知，从一个运动着的人的视角来分析空间，有助于设计者理解和判断空间在整体上的真实体验和视觉质量，发现城市空间景观序列中的薄弱环节和问题所在，不仅为广大城市设计者所熟悉和运用，还得到了一定程度的改进和拓展。比如博塞尔曼（Bosselmann）等人将序列视景技术用于分析实际的行进距离、感觉上的距离、时间、空间视景之间的关系。而以往的研究多针对步行运动方式展开，在速度较快的车行视景分析中，应适当扩大节点之间的间隔。[①]

这一分析主要记录和分析研究者本人的视觉感受，易受到专业背景的影响，客观性和普遍性较弱，而且其主要内容集中于视觉品质，忽略了社会和人的活动因素。现代城市设计致力于更为完整、全面的方法途径，因而对这一方法进行了新的修正和充实。

5）空间注记分析

空间注记分析吸取了基地分析、序列视景、心理学、环境行为学等环境分析手法，借助图示、照片和文字等手段，将在体验城市空间时的各种感受（包括重要建筑、相关形态要素和人的活动、心理等）加以记录并进行分析。

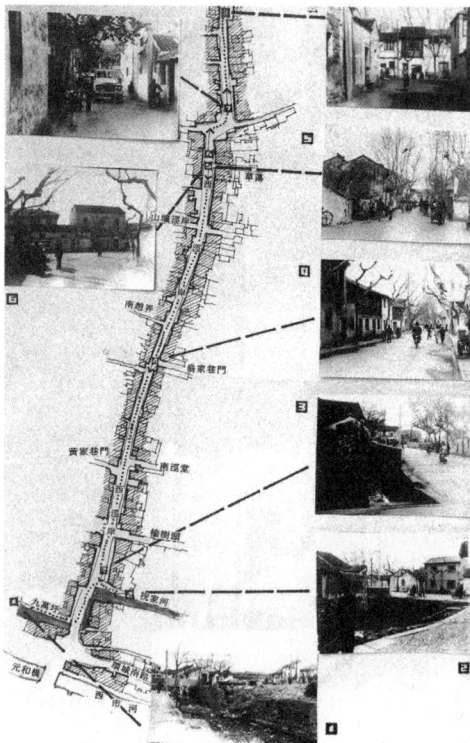

图 7-1-26　常熟古城序列视景之一　——西泾岸沿线

资料来源：王建国. 城市设计 [M]. 2 版. 南京：东南大学出版社，2004：223.

对于空间环境的分析不仅涉及数量性要素，还包括评价和感受等质量性要素。在实际工作中，无论是数量性的，还是质量性的，所有关于人的心理和行为、环境与建筑实体、空间与时间的要素均是空间注记分析的客体对象。因此，不论是在内容上，还是在表达媒介上，空间注记分析都是一种较为系统的空间特征表达和分析途径，同时也具有强烈的行为主义色彩，在战后许多城镇设计和环境改造实践中得到广泛应用，成为现代城市设计最为有效的空间分析途径之一。

空间注记分析要求由设计研究者本人完成，根据调查方式的不同，一般表现为无控制的注记观察、有控制的注记观察和部分控制的注记观察三种类型，分别具有不同的特征（表 7-1-1）。

空间注记分析通常将直观分析和语义表达相结合。直观分析主要包括照片、影片、草图等图示记述，而语义表达则是以文字记述空间的尺度大小、开敞程度、居留性和空间之间的关系比较等图示方式难以精确表达的内容。一般情况下以直观分析为基础，语义表达则作为辅助和补充（图 7-1-27、图 7-1-28）。

在实际应用中，为了减小工作量和提高工作效率，设计者常常构建或借助特定的符号注记体系，提取重要调查要素和项目，形成分析图，从而简化记录和分析工作。这些符号体系主要用于评价与表达环境特征，也可作为进行设计分析和沟通交流的工具。一般地，用于交流沟通的分析图注重符号使用的约

---

① （英）Matthew Carmona，Tim Heath，Taner Oc，Steven Tiesdell. 城市设计的维度公共场所——城市空间 [M]. 冯江，袁粤，万谦，等译. 南京：江苏科学技术出版社，2005：131-133.

空间注记观察类型及特征

表 7-1-1

类型	特 征
无控制的注记观察	• 系统性较差，不预定视点、目标、观察参项，采用较为随意的现场漫步方式，一旦发现富有意味的空间、视景、活动等，即时记录 • 注记手段和形式亦可任意选择 • 注重即时感受和"第一印象"，但有时会受到无用信息的干扰，多应用于调研初期
有控制的注记观察	• 对地点、参项、目标及时间均明确规定，逐项进行，系统性、针对性和目的性较强 • 可以通过一定频度的周期的重复和抽样分析，增加针对某些项目的调查分析的可信度和有效性。比如，观察建筑物、植物、空间及其使用活动随时间而产生的变化（一天之间和季节之间的变化） • 多应用于对调查对象和调查内容具有一定程度了解的调研中后期
部分控制的注记观察	• 介于上述两者之间，对调研的内容和过程进行部分的控制，比如规定调查参项，而不确定具体地点和时间等

资料来源：作者整理.

定性和规范性，而设计者用来进行分析和设计构思的注记符号则相对自由。比如戈登·卡伦较早用于表现城镇景观的"符号注记法"包括表示环境的各种类型与感知的分类符号。其中划定了四个基本类别：人性（对人的研究）、人工环境（建筑与其他实体）、基调（场地的基本特征）、空间（物质空间）。而且，各种"指示符号"标示出场地的各项特征，例如标高、边界、空间类型、联系、景观及视线通廊等（图 7-1-29）。[①]戈登·卡伦的符号体系形成了初步的框架。而在随后的设计实践中，设计者往往根据设计项目的不同，添加和修改符号类别。例如，在 1988 年波特兰城市中心区规划中，为了与总体设计框架相适应，设计者建立了一种富有逻辑关系的符号体系（图 7-1-30）。而爱坡雅等学者对人们在城市空间中的活动特征和行为模式的研究中也运用了富有特色的符号注记方法。

图 7-1-27 突出某一主题的空间注记

资料来源：王建国 . 现代城市设计理论和方法 [M]. 南京：东南大学出版社，2001：119.

---

① （英）Matthew Carmona，Tim Heath，Taner Oc，Steven Tiesdell. 城市设计的维度 公共场所——城市空间 [M]. 冯江，袁粤，万谦，等译 . 南京：江苏科学技术出版社，2005：268.

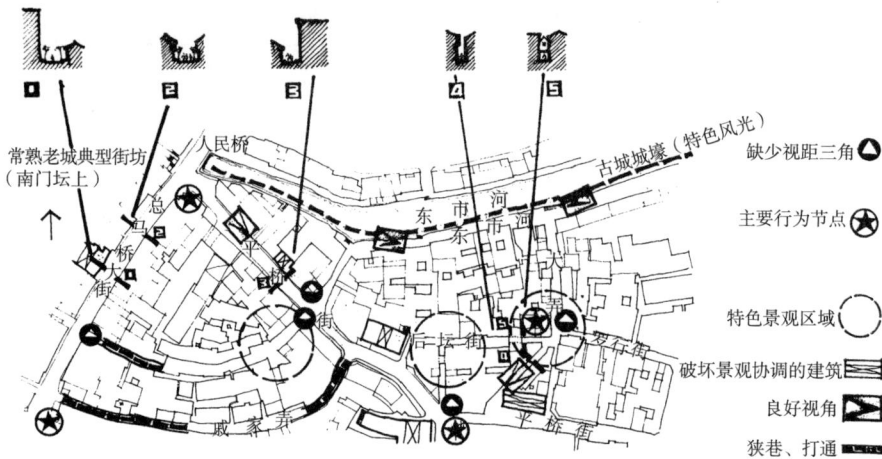

常熟老城典型街坊
（南门坛上）

人民桥

古城城壕（特色风光）

东市河

缺少视距三角 ◤

主要行为节点 ✪

特色景观区域 ◯

破坏景观协调的建筑 ▨

良好视角 ◈

狭巷、打通 ▭

图 7-1-28 常熟南门外坛上空间注记分析
资料来源：王建国.城市设计 [M]. 2版.南京：东南大学出版社，2004：229.

此外，在对空间品质及评价进行分析的过程中，还常用打分法和语义辨析法等分析技术。对城市环境质量打分的方法由美国环境艺术大师哈普林所倡导，通过让使用者打分和评级，可以记录观察者在"停、看和聆听"时的感觉和对环境的评价。有时打分法与语义辨析法结合运用。语义辨析法也称 SD 法（Semantic Differential），是由美国心理学家奥斯古德（C.E.Osgood）首创的一种心理测定方法，通过言语尺度测定人们的心理感受，最早用于心理学研究，后被应用于城市规划和设计中的视觉景观评价之中。这一方法首先根据环境场所的特征，选择具有一定数量和涵盖范围的相关形容词对，拟出环境评价的词汇表；然后确定评定尺度（评定尺度应为"奇数"，通常有五段和七段两种模式）；继而通过让被测者亲身体验或观察照片等图像资料，在调查表上选择对环境体验的评价，以备进一步的整理分析（表 7-1-2）。

而在了解人们使用和评价城市环境方面，社会性行为和心理分析较为有效，其对象包括地方性行为（Localized

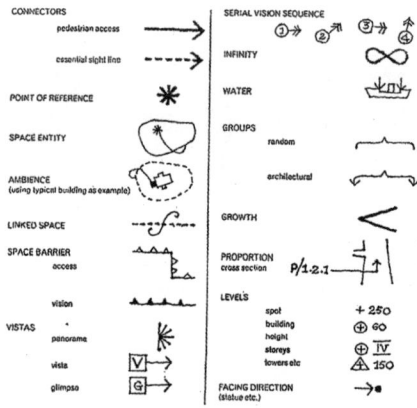

图 7-1-29 戈登·卡伦的符号注记体系
资料来源：（英）Matthew Carmona, Tim Heath, Taner Oc, Steven Tiesdell. 城市设计的维度 公共场所——城市空间 [M]. 冯江，袁粤，万谦，等译.南京：江苏科学技术出版社，2005：268.

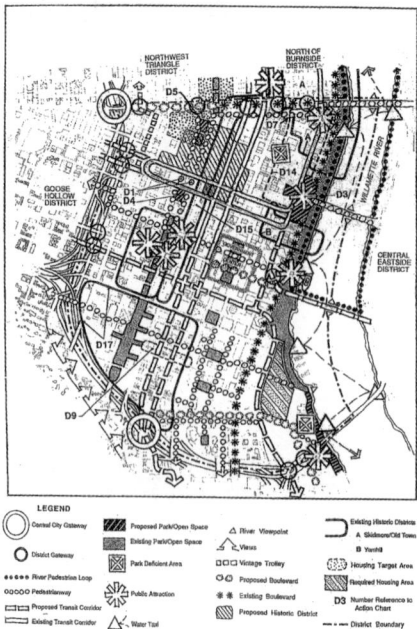

图 7-1-30 波特兰城市中心区规划中的符号注记示例
资料来源：（英）Matthew Carmona, Tim Heath, Taner Oc, Steven Tiesdell. 城市设计的维度 公共场所——城市空间 [M]. 冯江，袁粤，万谦，等译.南京：江苏科学技术出版社，2005：269.

	很	一般	中等	一般	很	
01 空间开敞的						空间封闭的
02 体量巨大的						体量渺小的
03 层次分明的						层次模糊的
04 雄伟的						俊秀的
05 韵律感强的						韵律感弱的
06 环境幽静的						环境喧闹的
07 熟悉的						新奇的
08 色彩丰富的						色彩单调的
09 呼应有致的						没有关联的
10 变化丰富的						缺少变化的
11 富有动感的						不具动感的
12 连续的						不连续的
13 一致的						凌乱的
14 有吸引力的						无吸引力的
15 明亮的						阴暗的
16 有气氛的						无气氛的
17 山水关系良好的						山水关系不好的
18 植被覆盖率高的						植被覆盖率低的
19 有生命力的						无生命力的
20 富有美感的						不美的
21 愉悦的						不快的

资料来源：章俊华．规划设计学中的调查分析法与实践 [M]．北京：中国建筑工业出版社，2005：240.

Behavior）和"特殊行为"（Special Behavior）两大类。前者是人与环境的一般性关系和相互作用；后者则关注与环境直接有关的特定行为（比如人跌跤、踌躇停滞、碰撞、走回头路、休憩、交谈等行为）与环境的联系。这种分析在实验室的模拟环境和现实世界中均可进行，研究对象既可以针对特定人群，也可针对普通大众，也可从旁观者和参与者的不同角度展开，调查中可以借助跟踪观察、照相和摄影等多种手段，并具有照片、分析图、表格和文字注记等多种表达形式，是较为完整、详细和准确的分析途径（图 7-1-31）。

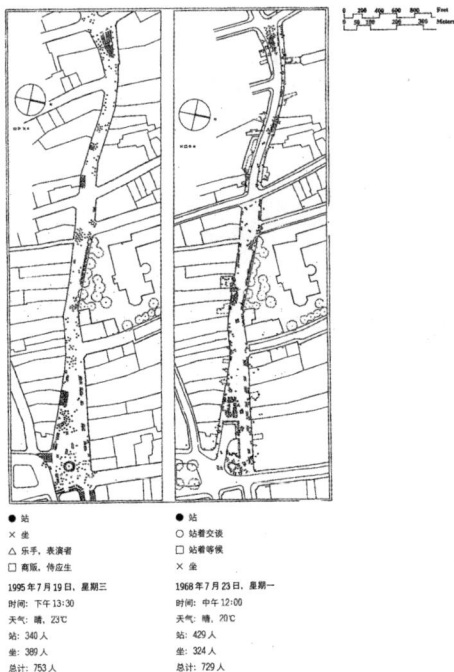

图 7-1-31 哥本哈根某街道不同时间的步行活动注记

资料来源：（英）Matthew Carmona，Tim Heath，Taner Oc，Steven Tiesdell．城市设计的维度 公共场所——城市空间 [M]．冯江，袁粤，万谦，等译．南京：江苏科学技术出版社，2005：270.

7.2 城市设计的社会调查方法

社会调查是人们有计划、有目的地运用一定的手段和方法，对有关社会事实进行资料收集整理和分析研究，进而作出描述、解释和提出对策的社会实践活动和认识活动。城市设计的对象是包括政治、经济、文化、社会因素在内的城市空间环境。在城市设计活动中运用社会调查方法，不仅有利于设计者和决策者获取城市居民对于空间环境的评价、态度和意愿等相关社会信息，而且通过与城市空间分析及调研技艺相结合，可以帮助设计者全面认识和探究城市物质空间环境的本质特征、发展规律及其与人的关系，为城市设计提供必要的依据和保证。

7.2.1 城市设计社会调查的一般程序

在城市设计中运用社会调查方法，必须严格遵守科学的程序。社会调查研究一般分为四个阶段，包括准备阶段、调查阶段、分析研究阶段与总结阶段。在准备阶段，调查者应根据设计的具体任务，从现实可行性和研究目的出发，制定调查研究的总体方案，确定研究的课题、目的、调查对象、调查内容、调查方式和分析方法，并进行分工、分组，以及人、财、物方面的准备工作。而调查阶段是调查研究方案的执行阶段，应贯彻已经确定的调查思路和调查计划，客观、科学、系统地收集相关资料。最后，还必须在分析阶段与总结阶段对调查所得的资料信息进行整理和统计，通过定性和定量分析，发现现象的本质和发展的客观规律。

7.2.2 城市设计社会调查的基本类型

根据调查目的、时序、范围、性质等要素的不同，社会调查研究可以分为不同的类型。根据目的划分，可分为描述型研究和解释型研究；根据时序划分，可分为横剖研究与纵贯研究；根据调查性质的不同，可分为定性研究和定量研究；而根据调查对象的不同，又可分为普遍调查、个案调查、重点调查、抽样调查等基本类型。在城市设计中，多种类型的社会调查往往共同展开。

7.2.3 城市设计社会学调查方法

在城市设计的调查研究工作中，经常使用的社会学调查方法有文献调查法、观察法、访谈法和问卷调查法，其中访谈法、观察法属于直接调查方法，而文献法、问卷法则属于间接调查方法。

1）文献调查法

（1）含义

文献调查法是指根据一定的调查目的，对有关书面或声像资料进行搜集整理和分析研究，从中提炼、获取城市设计相关信息的方法。

（2）优点及缺点

文献调查法获得的是间接性的二手资料，受时空限制较小，往往利于城市设计相关历史背景资料的获取。而且，文献资料是稳定存在的客观实在，易于避免直接接触研究对象和研究者的主观因素所产生的干扰，具有较强的稳定性。一般情况下也易于获取相关资料，比较方便和高效。

文献调查法也具有滞后性和原真性缺失的局限性。城市空间环境和社会环境总是处于持续演变过程之中，文献资料多是对过去曾经发生的情况进行记述，往往滞后于现实情况。而且文献资料总是会受到一定时期社会环境条件及调查者个人因素的影响，因而总是与客观真实情况存在一定程度的距离和偏差，这都需要调查者对资料的可靠性进行判定和全面校核。

（3）实施要点

城市设计相关文献主要包括原版书刊、地方志书、发展年鉴、相关上位规划、城市设计及建筑设计成果、政府文件、批文，以及更广泛的社会、经济、历史、文化方面的文字资料和相应的图纸资料。

文献调查法的基本步骤包括文献搜集、摘录信息、文献分析三个环节。文献搜集包括文献的检索和收集，这是文献调查法的基础。调查者应通过利用信息室、资料档案室、图书馆、书店及网络查询，向相关政府管理部门借阅，或求助于同学、师友等途径，查找有关文献及其所包含的有价值的信息。调查者可以按照时间顺序采用由远及近的顺查法和由近而远的倒查法，也可以按照文献资料篇末所列的参考文献逐步向前追溯查找。在实际调查过程中，二者往往交替运用，以提高检索效率及准确度。当今，随着计算机和网络信息技术的迅猛发展，网络信息技术平台及数字化图书馆已经日益成为城市设计人员进行文献资料搜集的重要途径。调查者利用国际互联网搜索平台（比如 Google）、基于卫星遥感技术的全球地图信息系统软件（比如GoogleEarth）、网络信息文献资源数据库（如 CNKI 期刊数据库和万方数据库）和数字化图书馆（如超星数字化图书馆），可以按照文献题名、分类、著者、主题、序号、关键词等分项查询，并遵循快速浏览、筛选、精读、记录的步骤，从各种文字及声像资料中摘取与调查课题有关的信息，并对文献中的某些特定信息进行分析研究。

在城市设计的调研过程中，文献调研往往是城市设计工作的先导。比如，通过对上位规划、相关设计成果的解读，分析其优点和不足，有助于设计者明确设计的前提和背景，确定设计研究的课题、重点和目标，寻求解决问题的建议和改进策略；通过对相关案例文献资料的整理，可以为设计者提供必要的经验和依据；而对历史文献的阅读有助于梳理和分析城市空间环境发展演变的基本脉络和主导方向。比如在南京市江宁区百家湖—九龙湖轴线地区城市设计项目中，通过运用文献调查法，设计小组总结出江宁区在不同历史时期的空间形态演变的总体脉络，并对未来的空间发展走向作出预测，从而明确了设计范围在江宁区空间发展中的总体定位及相应的设计策略（图 7-2-1、表 7-2-1）。

对东山新市区总体规划（2003～2010）的文献解读

功能定位

（1）江宁区的功能定位：长江三角洲重要的教育产业和知识创新基地；南京都市圈重要的都市农业、休闲度假和空港物流基地；南京市新型工业化和高科技产业化基地；南京城市重要的生态调节圈层。

（2）东山新市区的主要职能：南京市南部地区次区域级综合服务中心；南部地区综合交通枢纽；重要的教育科研和知识创新基地；重要的高新技术产业基地；山水城林融为一体的花园式新城区。

分析：

百家湖—九龙湖片区应作为规划确定的花园式新城区描述的最佳实现地，成为生态绿心和城市休闲度假活动中心，因此，部分地块的功能置换与完善势在必行

资料来源：东南大学王建国教授主持完成的南京市江宁区百家湖—九龙湖轴线地区城市设计文本。

图 7-2-1　通过文献调查法总结得出的江宁区发展轴线演变示意图
资料来源：东南大学王建国教授主持完成的南京市江宁区百家湖—九龙湖轴线地区城市设计文本．

2）观察法

（1）含义

观察法是调查者运用自己的感觉器官，或借助特定观察工具和技术，对研究对象进行考察，能动地了解处于自然状态下的客观现象的方法。观察法是城市设计调研中最重要的方法之一，不论是对于城市空间环境及人群使用活动的观察，还是对设计地段范围的实地踏勘，都是这一调查方法的自觉运用。

（2）类型

根据观察场所的不同，观察法可分为实验室观察和实地观察。而根据观察对象的不同，观察法可分为直接观察和间接观察。直接观察是凭借观察者自身的眼睛、耳朵等感觉器官直接感知外界事物，是对正在发生的现象及空间特性所进行的观察；间接观察法多借助照相机、摄像机等工具。根据观察程序和要求的不同，观察法可分为结构性观察和非结构性观察两大类。其中，结构性观察具有预定的、严格而详细的观察项目和要求，根据统一的观察记录表或记录卡逐项展开，而非结构性观察则没有这些要求。根据观察者是否参与观察对象的活动，观察法可分为非参与观察和参与观察两大类，其中非参与观察以旁观者身份对调查对象进行观察，受观察对象的影响较少，观察结果较为客观公允。

（3）优点及缺点

观察法是由设计者本人进行的调查工作，设计者可以亲身体验实际的空间环境，因而具有真实、直观的优点。然而严格意义上，任何观察都会产生一定的误差，进而对调查结果产生不同程度的影响。观察者的思想状态、态度倾向、工作作风、认识水平、生理因素往往会影响观察者对观察对象的主观感受，而由观察活动所引起的被观察者的反应性心理和行为、工具手段的客观限制，也是导致误差的因素，在调查中必须对这些问题予以重视。

（4）实施要点

通过综合运用多种类型的观察方法，城市设计者可以考察城市空间环境的实体形态及客观存在的社会现象。在调查活动最初往往对设计现场进行粗略浏览，从而获得总体的初步印象，这是一种非结构性的观察。随后，在现场踏勘之前往往制定具体的调查项目和记录表格，则表现为结构性观察。而在具体调研过程中主要运用实地观察法。设计者往往三两个人一组，在自然状态下，凭借自身感觉器官和现代化观察工具进行现场踏勘，且一般采用非参与观察方式。

实地观察法的调查成果应当力求全面完整、客观真实、目的明确，调查过程应力求深入细致和合理合法。这不仅要求观察者具有高度负责的责任心，认真细致的工作作风，精通各种观察辅助工具的操作技巧，还必须熟练运用各种观察记录技术。常用的观察记录技术主要有观察记录图表、观察卡片、调查图示和拍照摄像等（表7-2-2、表7-2-3）。调查图示是城市设计及规划活动中经常运用的调查记录方式。在实地观察之前，调查人员往往应制作观察记录图（比如地形图和用地分界图等）。在现场踏勘中，往往在调查记录图上以符

建筑普查表示例　　　　　　　　　表 7-2-2

建筑编号	A01	A02	A03	A04	A05	A06
建筑名称						
建设年代						
建筑规模						
建筑高度						
建筑功能						
建筑风格						
结构类型						
屋面形式						
屋面材质						
外墙材质						
基地地形						

资料来源：作者整理.

地块现状调查表示例　　　　　　　　　表 7-2-3

用地性质	1. 居住 (R)　　2. 行政办公 (C1)　　3. 商业服务业 (C2)　　4. 文化娱乐 (C3)　　5. 医疗 (C5) 6. 体育 (C4)　　7. 科教 (C6)　　8. 文物古迹 (C4)　　9. 工业 (M)　　10. 仓储 (W) 11. 交通 (T)　　12. 广场 (S)　　13. 市政设施 (V)　　14. 绿地 (G)　　15. 在建工地 16. 特殊 (D)　　17. 其他				
建筑属性	平均高度	屋顶形式	建筑质量	建筑风貌	平均建造年代
	1. 3 层以下 2. 4～6 层 3. 7～9 层 4. 10 层以上	1. 坡屋顶 2. 平屋顶 3. 其他	1. 较好 2. 一般 3. 较差 4. 危旧	1. 传统 2. 现代 3. 其他	1. 古代 2. 民国 3. 1950～1970 年代 4. 1980～1990 年代 5. 2000 年后
开放空间	地块内开放空间形式	1. 公园　　2. 道路绿地　　3. 滨水绿地　　4. 居住区绿地　　5. 广场　　6. 其他			
	地块重要景观界面位置		地块重要景观界面类型		
	景观界面特征		1. 建筑　　2. 围墙　　3. 绿化　　4. 其他		
基础设施	停车设施	公交车站	其他大型基础设施		
	1. 大型地面停车场 2. 地下停车场 3. 地面道路停车 4. 零星停车	1. 普通停靠站 2. 总站 3. 无	1. 垃圾中转站　　2. 高压线走廊 3. 变电所　　4. 污水处理设施　　5. 高架道路或铁路 6. 其他		
存在问题					

资料来源：东南大学建筑学院、无锡市规划院完成的无锡总体城市设计.

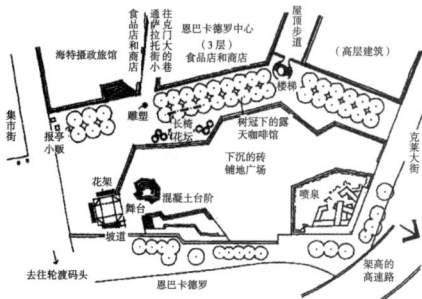

图 7-2-2 旧金山市贾斯廷赫曼广场场地平面调查图

资料来源:(美)克莱尔·库珀·马库斯,等.人性场所——城市开放空间设计导则[M].俞孔坚,等译.北京:中国建筑工业出版社,2001:69.

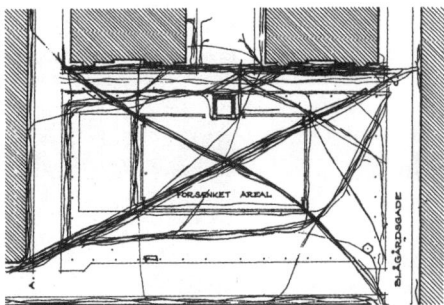

图 7-2-3 哥本哈根某广场的步行线路调查图(从图中可以发现几乎每一个人都沿最短线路穿过广场,只有推自行车和婴儿车的人绕过下沉区)

资料来源:(丹)扬·盖尔.交往与空间[M].4版.何人可,译.北京:中国建筑工业出版社,2002:142.

号标注记录土地利用、权属分界、建筑高度及层数、绿化水体分布等特征,并采用绘图、速写等图示方法进一步记录现场地形、地貌、建筑与空间环境的形态关系、人群的活动状况等。此外,还经常使用照相机、摄像机等工具进行拍照、摄像,忠实记录和再现现场空间环境现状及人群的活动情况。在实际工作中,多将针对微观环境或特定要素的局部特写与总体情况的全景拍摄相结合,并按照时间顺序及行进路线进行实景记录(图 7-2-2 ~ 图 7-2-6)。

图 7-2-4 意大利阿斯科利皮切诺省(Ascoh Piceno)城市广场调查图(从图中可以发现驻足停留的人倾向于沿广场边缘聚集。主要在靠门面处、门廊之下、建筑物的凹处和紧靠柱子的地方)

资料来源:(丹)扬·盖尔著.交往与空间[M].4版.何人可,译.北京:中国建筑工业出版社,2002:152.

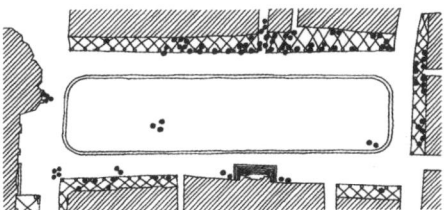

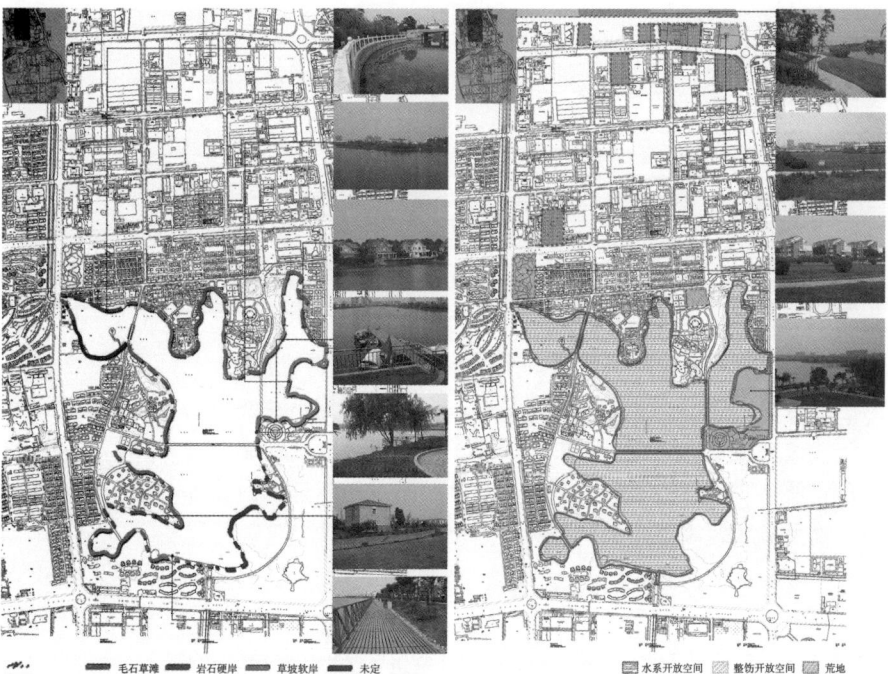

毛石草滩　岩石硬岸　草坡软岸　未定

水系开放空间　整饬开放空间　荒地

图 7-2-5 实地观察调查后整理的分析图示例

资料来源:东南大学王建国教授主持完成的南京市江宁区百家湖—九龙湖轴线地区城市设计文本.

图 7-2-6 实地拍摄照片拼接示例
资料来源：东南大学王建国教授主持完成的南京市江宁区百家湖—九龙湖轴线地区城市设计文本．

3) 访谈调查法

(1) 含义

访谈法是由访谈者根据调查研究的要求与目的，通过口头交谈的方式，了解城市设计相关问题及访问对象的观点态度，系统收集实际情况资料的调查方法。

(2) 类型

依据不同的分类标准，访谈法主要可以分为标准化访谈和非标准化访谈、直接访谈和间接访谈、个别访谈和集体访谈等类型（表7-2-4）。

访谈调查法的主要类型   表 7-2-4

依据	分类	说明
按照内容的不同	标准化访谈（结构性访谈）	可以看作面访式的问卷调查，往往按照统一设计的调查表或问卷表进行。调查者逐项提问，当场填写。回答率和回收率较高，便于统计汇总
	非标准化访谈（非结构性访谈）	按照一个粗略的提纲，在较为宽泛的范围内开展调查。具有较大的灵活性和弹性，但其访谈结果往往比较分散，不利于进行定量分析
按照操作方式的不同	直接访谈	访问者与被访者之间进行面对面的交谈
	间接访谈	访问者借助于电话、互联网等工具对被访问者的访问

资料来源：作者整理．

(3) 优点及缺点

与其他社会调查方法相比，访谈法具有较强的灵活性，适用范围较广，调查者能够较好地控制调查过程，可以保证必需的回复率，因而具有较高的成功率和可靠性。但是，访谈过程中受调查者主观影响较大，被调查者匿名程度较低，某些敏感问题回答率低，对答案的真实性具有一定负面影响。而且，访谈调查所需时间、人力、物力成本较高，还常常因环境因素的影响而导致出现偏差，这些都是访谈调查中应当注意的问题。

(4) 实施要点

多数情况下，城市设计者应深入到被访者生活的环境中进行实地访问，有时也可请被访者到事先安排的场所进行交谈，谈话的对象既包括城市空间的使用者、当地的普通居民、外来人员等特定人群，也包括开发商、运营商等利益相关部门和政府官员等行政管理者。

访谈调查法的程序步骤和注意事项大致包括：[①]

①访谈准备

准备工作首先应根据调查目的，科学选择访问对象，确保访问对象对于所提问题有能力提供全面、合理的答案，调查对象的数量应能够满足信度和效度要求。其次应采用适当的访谈方法，设计完善的访问提纲，明确问题、询问方式、顺序安排，并对可能出现的不利情况进行预测及准备相应对策。调查者要尽可能了解被访问者的性别、年龄、职业、文化程度、经历、性格、习惯等基本情况，还应恰当选取访谈的时间、地点和场合。

②进入访谈现场

在开始访谈时，调查者应当采用正面接近（开门见山）、求同接近、友好接近、自然接近、隐蔽接近等谈话技巧，逐渐熟悉、接近被访问者，以表明来意、消除疑虑，增进双方的沟通了解，求得被访问者的理解和支持。

③谈话与记录

在对调查对象进行提问时，访谈者应当熟练运用各种访谈技巧，应明确、具体地提出问题，做到礼貌待人、平等交谈、耐心倾听，并尽量杜绝对被访问者的暗示和诱导。在访谈过程中，要注意通过观察调查对象的行为、动作、姿态、表情获得被调查者的真实看法和态度。此外，当调查对象的回答前后矛盾、残缺不全或含糊不清的时候，应当场或事后进行集中追问。在调查过程中，调查者应注意捕捉信息，及时记录谈话内容，可以采用速记、详记、简记等方式亲自记录，有时也可以由专人记录、录音、录像或进行事后补记，而且应尽量记录原话，并及时进行分类排列、编号归档等整理工作。

④结束访谈

调查者应当注意掌握好访谈时间，在访谈结束时应向调查对象真诚致谢，并为再次访谈进行铺垫。

在城市设计实践中，访谈法是一种行之有效的调查研究方法。通过访谈，可以把握使用者对空间环境质量的满意程度，明晰空间环境的历史变迁，广泛收集公众意愿，全面了解社会、行为与空间环境的相互影响等城市设计关注的内容。在城市设计中运用访谈法的典型案例当属凯文·林奇对波士顿中心区的意象性调查。凯文·林奇和助手采用市民随机抽样访谈和办公室访谈相结合的方式，要求调查对象徒手绘制城市地图，详细描述城市中的行进路线，列举最为生动的城市景观，从中获取人们对城市空间的总体认识，并与实地观察的结果进行比较，从而总结和验证其可意象性的理论（图7-2-7、图7-2-8、表7-2-5）。

---

① 参考：吴增基，吴鹏森，苏振芳. 现代社会调查方法 [M]. 2 版. 上海：上海人民出版社，2003：140–151.

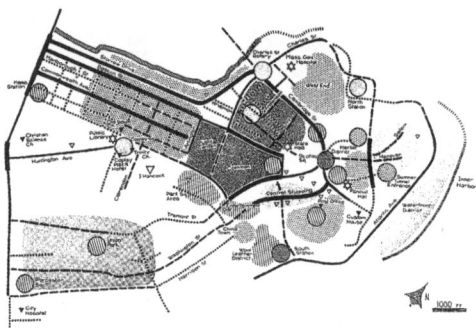

图 7-2-7　从访谈中得出的波士顿意象

资料来源:(美)凯文·林奇.城市意象 [M].方益萍，何晓军，译.北京：华夏出版社，2001：111.

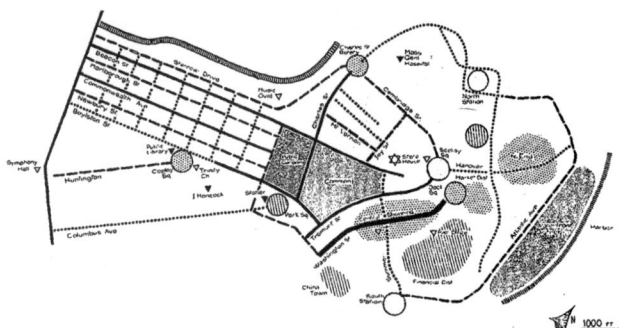

图 7-2-8　从草图中得出的波士顿意象

资料来源:(美)凯文·林奇.城市意象 [M].方益萍，何晓军，译.北京：华夏出版社，2001：111.

访谈提纲示例　　　　　　　　表 7-2-5

办公室的访谈包含以下问题：

1. 当提到"波士顿"时，你首先想到的是什么？对你来说，什么可以象征这三个字？从实际意义上，你将怎样概括地描述波士顿？

2. 我们希望你能快速地画出波士顿中心地区的地图，从马萨诸塞大街向里，向市中心方向的那部分。就假设你正在向一个从没来过这里的人快速描绘这个城市，要争取尽量包括所有的主要特征。

我们并不需要一张准确的地图，一张大致的草图就够了（采访者需要同时记录地图绘制的次序）。

3. (a) 请告诉我你通常从家到办公室所走的路线的完整的、明确的方向。想象你正在走这条路线，按顺序描述你将沿路看到、听到和闻到的东西，包括那些对你来说十分重要的路标，对外地人可能是非常必要的线索。我们感兴趣的是街道和场所的物质形象，假如想不起来它们的名字也不要紧。（在叙述行程时，采访者应仔细查问，必要时可以要求被访者作更详细的描述。）

(b) 在行程中的不同部分，你是否有特别的感觉？这一段会持续多长时间？在行程中是否有些部分让你感到位置无法确定？

（问题 3 还将针对其他一条或多条标准化的行程，向被访者重复提问，诸如"步行从马萨诸塞综合医院到南站"或者"乘车从范纽尔大厅到交响音乐厅"。）

4. 现在我们想知道，你认为什么是波士顿中心最有特色的元素，它们可大可小，不过要告诉我那些对你来说最容易辨认和记忆的东西。

（对于被访者回答问题 4 所列出的每个元素，分别要求他们回答下面的问题 5）

5. (a) 你能为我描述一下 _____ 吗？如果你被蒙住眼睛带到那里，当取下蒙布时，你将运用什么线索来正确识别你的位置？

(b) 关于 _____，你是否有什么特别的情感体验？

(c) 你能在你画的地图中指出 _____ 在哪儿？（如果准确，）哪里是它的边界？

6. 你能在你的地图上标出正北的方向吗？

7. 访谈到此结束，不过最好还能有几分钟自由交谈的时间。余下的问题将随意在谈话中插入：

(a) 你认为我们在试图寻找什么？

(b) 对人们来说，城市元素的方位和识别它的重要性在哪里？

(c) 如果知道所处的位置或是要去的目的地，你会感到快乐吗？反之，会感到不快乐吗？

(d) 你认为波士顿是一座方便穿行、各部分容易识别的城市吗？

(e) 你了解的城市中哪一座有良好的方位感？为什么？

资料来源:(美)凯文·林奇.城市意象 [M].方益萍，何晓军，译.北京：华夏出版社，2001：107-108.

4) 问卷调查法

(1) 含义

问卷调查法是指调查者运用统一设计的问卷来向调查对象了解情况、征询意见，以测量人们的行为和态度，获取有关社会信息的资料收集方法，在城市设计中应用十分广泛。

(2) 类型

按照问卷填写方式的不同，问卷调查可以分为代填问卷和自填问卷两类。代填问卷是调查者根据被调查者的口头回答来填写问卷，实际上是一种结构性访问，因此又称访问问卷。自填问卷则是由被调查者填写后再返回调查者手中。按照问卷传递方式的不同，问卷调查又可以分为邮寄问卷、报刊问卷、送发问卷和网络问卷，其中网络问卷是近年来发展迅猛的调查方式，调查者与调查对象通过互联网相关页面完成调查过程。在城市设计的调研中一般采用送发问卷的方式。

(3) 优点及缺点

采用问卷调查法，可以对不同地点的众多被调查者同时展开调查，范围广，容量大，突破了空间限制，节省时间、人力和物力，调查成本较为低廉；而问卷调查大多采用封闭型回答方式，问卷结构、表达、答案类型基本相同，答案指向性较强，便于对调查资料进行定量分析和研究；调查对象往往以匿名状态独立完成答案，利于对某些敏感问题的调查，可以最大限度地避免人为因素和主观因素的干扰，提高调查结果的真实性和准确性。但是，调查问卷一般经过统一设计，答案的伸缩余地较小，因此其范围覆盖面较小，弹性和灵活性较差；问卷调查法要求被调查者必须能看懂问卷、理解问题的含义、掌握填写问卷的方法，对调查对象的文化程度具有较高要求；而且，问卷调查是一种间接调查方法，调查者对调查对象的合作态度控制较弱，问卷回收数量、问题答复率和答复水平有时难以保证，这都会影响调查资料的代表性和真实性。

(4) 实施要点

①设计调查问卷

• 问卷的结构

调查问卷一般由卷首语、指导语、问题、答案、编码等部分构成。卷首语是调查者的自我介绍，一般在问卷表的开端部分，文字长短以二三百字为宜，语气应谦逊诚恳。卷首语中应说明调查的主办单位、调查者的身份、调查内容、调查目的、调查对象的选取方法和对调查结果的保密措施。指导语是对填表方法、要求及注意事项的说明。问题和答案则是问卷的主体。此外，还应对问卷中的每一个问题和答案进行编码。在问卷结尾处，则要对调查者的合作与帮助表示真诚感谢，并署上主办单位的名称及调查日期（表 7-2-6、表 7-2-7）。

• 问卷设计的基本要求

问卷设计必须简明易懂、准确客观，应紧密围绕调查目的展开，并适应

问卷指导语示例	表 7-2-6

请在您认为正确的"□"中打"√",如果您所希望的答案没有列出的话,请在其他: (空栏处) 填上适当名词或简要说明。

资料来源: 作者整理.

问卷结尾示例	表 7-2-7

非常感谢您参与本次调查活动,真心希望 ×× 片区成为一个具有优美城市景观、富有诗意的人类宜居地,让我们共同努力!

×× 市 ×× 区规划分局
×× 大学建筑学院 ×× 城市设计研究课题组
×××× 年 × 月

资料来源: 作者整理.

于被调查者心理上和思想上的要求。问卷设计一般经历摸底探索、设计问卷初稿和问卷的试用与修改三个步骤,而问题和答案的设计至关重要。

● 问题的设计

问题包括针对被调查者的个人基本情况的背景性问题,针对已经或正在发生的各种事实或行为的客观性问题,针对人们的思想、情感、态度和愿望等方面内容的主观性问题,以及用于检验被调查者的回答是否真实、准确而特别设计的检验性问题等几种类型。

问题的形式主要有开放式问题和封闭式问题。开放式问题由被调查者自由填写,调查者不提供任何具体的答案,而封闭式问题的答案由调查者全部列出,被调查者只需从中选择一个或多个答案即可。开放式问题灵活性大,适应性强,特别适合于潜在答案较多、答案比较复杂的问题,有利于被调查者充分自由地表达意见,但答案的标准化、准确性较低,易于导致问卷回收率和有效率的降低。封闭式问题一般按照标准答案进行,答案易于编码,便于定量分析,而且比较节省时间,容易取得被调查者的配合,但标准化的答案缺乏弹性和选择性,容易造成强迫性回答和随意乱填答案。在城市设计问卷调查中,往往针对不同的要求,同时运用开放式问题和封闭式问题,有时还将二者结合在一起形成混合式问题 (表 7-2-8、表 7-2-9)。

开放式问题示例	表 7-2-8

您认为 ×× 片区的标志性建筑物有哪些?

资料来源: 作者整理.

不论是采用开放式问题还是封闭式问题,在设计时都应满足一定要求:

——都应具有明确的针对性,围绕具体的调查项目展开。

——问题不能过于抽象和笼统;避免同时针对两个或两个以上的方面的复合性问题。

混合式问题示例　　　　　　　　　　　　　　　　　　表 7-2-9

问题二：您认为 ×× 片区的城市发展方向应该是什么？
(1) 成为江宁区的核心···□
(2) 优美宜人的滨水之地···□
(3) 住宅密集区···□
(4) 商业中心区···□
(5) 城市休闲区···□
其他：

资料来源：作者整理.

——问题应通俗易懂，适合被调查者的特点；应避免带有倾向性和诱导性。

——应尽量注意不要直接提敏感性或威胁性的问题，对于某些无法避免的敏感性问题，应采用适当方式降低问题的敏感度，消除被调查者的疑虑。

——应当注意确定合适的问题数目和排列顺序。一般说来，问卷的长短以限制在 20min 内完成为宜。而问题的排列顺序一般应先易后难，先事实方面的问题，后观念、态度方面的问题；先封闭式问题，后开放式问题；同类性质的问题应相邻排列；而可以互相检验的问题应当保证一定的距离。[①]

● 答案的设计

回答类型具有开放式回答、封闭式回答和混合式回答三种类型。其中，开放式回答即简答题；封闭式回答包括填空式、单项选择、多项选择、顺序式（等级式）、矩阵式（表格式）和后续式（追问式）；将开放式回答与封闭式回答相结合的即为混合式回答。

问卷答案的设计必须使答案符合客观实际情况，满足客观性要求；还要囊括所有一切可能的答案；答案相互间不能重叠和包含；答案的设计只能按照一个标准进行分类；答案应具有相同的层次或等级关系；而且，程度式答案应按照一定的顺序排列，前后应当具有对称性（表 7-2-10）。

程度式答案示例　　　　　　　　　　　　　　　　　　表 7-2-10

您对 ×× 城市景观特色与市容的总体满意程度是什么？
(1) 非常满意··□
(2) 满意　　···□
(3) 比较满意··□
(4) 一般　　···□
(5) 不太满意··□
(6) 不满意···□
(7) 很不满意··□

资料来源：作者整理.

②选择调查对象

完成问卷设计之后，调查者应根据具体要求选取适当的调查对象，可以

---

① 吴增基，吴鹏森，苏振芳.现代社会调查方法 [M].2 版.上海：上海人民出版社，2003：167-168.

进行抽样选取，也可以将某个有限范围内的全部成员等当作调查对象。

③分发问卷

问卷发放的方式应利于提高问卷的填答质量和回收率，必要时也可以采用赠送小礼品等奖励方法来刺激调查对象的兴趣和积极性。在城市设计调查中，一般情况下由调查者本人亲自到现场发放问卷，同时亲自进行解释和指导，有时在征得有关组织和部门的支持和配合下，也会委托特定的组织或个人发放问卷。

④回收问卷和审查整理

回收问卷时，调查者应注意提高问卷有效性和回收率。一般情况下，调查者应当当场检查问卷的填写质量，检查并及时纠正空缺、漏填和错误。在问卷回收后，应及时对其进行整理和收录。

⑤统计分析和理论研究

在审查问卷调查资料和查漏补缺的基础上，调查者可以对调查获取的信息进行统计分析，并根据统计分析结果进一步展开理论研究。

问卷调查法现在已经逐步成为城市设计者常用的调查方法。东南大学在进行南京江宁区百家湖—九龙湖空间轴线地区城市设计项目时，为了解当地居民对该地区未来远景的设想及相关需求，明确设计地段的整体定位，对当地居民进行了一定规模的问卷抽样调查。该调查在当地规划局的大力配合下，在设计范围所属的新城区内和原有老城区内，分别选取一所学校，各发放 50 份问卷，请在校学生带回由家长填写，调查对象多为 30 ~ 50 岁的本地居民。总计发放问卷 100 份，回收 88 份，回收率为 88%。经过对回收问卷资料的整理和统计分析，进一步明确了设计对象的总体定位、发展前景、主要问题和相应的设计策略（表 7-2-11）。

问卷调查法运用示例　　　　　　　　　　　　　　表 7-2-11

问题：南京江宁区未来的城市景观面貌应该是什么？
现代化都市……………………………………………………………□
历史文化古城风韵………………………………………………………□
舒适的生活型城市………………………………………………………□
滨水特色城市……………………………………………………………□
其他………………………………………………………………………□

主题：未来城市风貌定位

统计分析：通过问卷统计发现，将近半数人认为舒适的生活型城市是江宁未来的理想状态，同时有近三成人选择现代化都市。可见，江宁在人们眼中未来的核心风貌定位并非产业型与都市型而需要加强居住功能的建设，优化人居环境，建构以生活性特征为主的城市风貌。

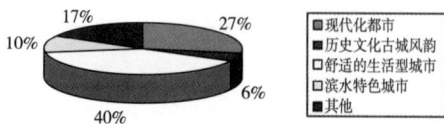

资料来源：东南大学王建国教授主持完成的南京市江宁区百家湖—九龙湖轴线地区城市设计文本。

7.2.4 调查资料整理与分析

调查资料的信度和效度是衡量调查研究工作成功与否的重要指标。信度主要是指调查中所运用的手段和取得资料的可靠性或真实性。效度是指调查方法及其所取得资料的正确程度和准确性。为了提高调查研究的信度与效度，调查者应在调查的准备阶段明确概念、课题及调查目的，恰当选择调查对象；在调查实施过程中，应根据调查目的和特点使用恰当的调查方法及手段；在搜集资料过程中注意调查者个人的特点、调查者与被调查者的互动及研究手段的不足，以减少主观及客观因素的不利影响；而在整理资料过程中，应认真进行检验、校核及甄别，力求真实、可靠、准确、完整、系统。此外，在资料分析阶段，还应注重采用科学的分析方法。

1）调查资料整理

资料整理是资料保存以及进一步分析研究的基础，也是城市设计社会调查过程中研究阶段的开始。在资料整理工作中，调查者应遵循真实性、准确性、完整性、简明性的原则，将调查所得的文字、图像等资料进行审查、分类、汇总，使其系统化和条理化。

2）调查资料统计分析

运用统计原理和方法来处理资料，解释变量之间的统计学意义和关系，是调查研究过程中必不可少的关键环节。随着城市设计内涵和对象的拓展和深化，传统的定性分析往往难以满足现实的要求，而统计分析是对调查所得资料信息的定量分析，是调查研究科学性的有力保证。

按照统计分析的性质，统计分析可分为两类。其中，运用样本统计量描述样本统计特征的方法称为描述统计；而以概率理论为基础，运用样本统计量推断总体情况的方法称为推断统计。而按照统计分析涉及变量的多少，又可以分为单变量统计分析、双变量统计分析和多变量统计分析。

（1）单变量统计分析

单变量统计分析主要包括频数分布与频率分布分析、集中趋势分析、离散趋势分析和单变量推论统计；频数分布是指在统计分组和汇总的基础上形成的各组次数的分布情况。通常以频数分布表的形式表达。集中趋势分析和离散趋势分析分别代表着一组数据的集中和离散的程度。只有既了解数据的集中趋势，又了解其离散趋势，才能全面认识数据分布的异同。集中趋势分析的主要测度值有平均数（$\overline{X}$）、中位数（M_d）、众数（M_o）。离散趋势分析的主要测度值有异众数比（V_R）、全距（R）、四分位法、标准差、离散系数等。单变量推论统计就是利用样本的统计值对与之对应的总体参数值进行估计。包括区间估计和假设检验两个方面。[①]

（2）双变量与多变量统计分析

城市设计调查研究的对象众多，各种因素和变量彼此相互依存、相互影响，

---

① 参考：吴增基，吴鹏森，苏振芳.现代社会调查方法 [M]. 2 版 . 上海：上海人民出版社，2003：225–249.

其相互关系比较复杂。变量间的关系大致可分为相关关系和因果关系两大类。相关关系是指在双变量或多变量之间存在的不确定的依存关系。因果关系是一种特殊的相关关系，两个变量（自变量 X 和因变量 Y）之间具有单向性、不对称性和在发生时间或逻辑顺序上的先后关系。为了把握变量之间的复杂关系，必须对数据资料进行双变量和多变量的统计分析。常用的双变量统计分析工具包括列联表、x^2（读作"卡方"）检验、ϕ 系数、回归分析等。而多变量统计涉及两个以上的变量，常用方法主要有多变量相关分析、多元回归分析、多元方差分析、因子分析等，其分析统计的原理与双变量统计分析基本相似，只是对象更为繁多，内容更为丰富，程序更为复杂，现在多利用计算机统计软件进行（表 7-2-12）。

列联表示意			表 7-2-12
	X_1	X_2	行合计
Y_1	a	b	a+b
Y_2	c	d	c+d
列合计	a+c	b+d	

资料来源：吴增基，吴鹏森，苏振芳.现代社会调查方法 [M]. 2 版.上海：上海人民出版社，2003：259.

注：列联表是复合分组表的一种，将两个（及两个以上的）定类或定序变量进行交互分配的统计表，也称为交互分类表。它用于描述两个定类（或定序）变量间关系的资料分布，显示其内在结构，计算两个变量间关系强度等方面。编制列联表，先要分别确定自变量 X 和因变量 Y；通常情况下，表的上方放置自变量，表的左边放置因变量，按横向排列自变量的次数分配，按纵向排列因变量的次数分配；然后计算自变量和因变量各组相应的分布次数，并设置两个合计栏，分别表明各个变量分组次数分布情况。

（3）统计分析计算机软件的应用

近年来，以计算机技术为基础的统计分析软件应用广泛，使城市设计及规划调查研究的数据分析及处理能力得到了极大提高。常规的社会调查统计分析软件主要有 SPSS、SAS、URPMS、BMPD、Excel 等，其中 SPSS 是公认的应用最广的统计分析软件。而广大城市规划及设计专业人员处理统计数据时，最为简便、实用的软件是 Excel。

Excel（Microsoft Office Excel）是美国微软公司开发的 Windows 环境下的电子表格系统，是目前应用最为广泛的办公室表格处理软件之一。随着升级换代，Excel 软件的数据处理功能和智能化程度也不断提高，现在已具有较强的数据库管理功能、丰富的宏命令和函数处理能力。在使用 Excel 进行统计分析时，要经常使用 Excel 中的函数和数据分析工具。函数是 Excel 预定义的内置公式，它可以接受输入的参数，并计算出特定的函数运算结果。此外，Excel 的"分析工具库"提供了多种进行描述统计和推断统计的工具，可用于进行更为复杂的统计分析。其中，描述统计分析工具主要有描述分析工具、直方图工具、绘制散点图、数据透视表工具、排位与百分比工具，推断统计工具主要有二项分布分析工具、其他分布函数分析、随机抽样分析、由样本推断总体、列联表分析、双样本等均值假设检验、正态性的 X^2 检验、单因素方差分析、线性回归分析、相关系数分析工具、协方差分析工具、自回归模型的识别与估计、季节变动时间序列的分解分析等。

在使用中应当注意的是，在一般默认状态下，Excel（以 Microsoft Office Excel 2003 为例）并未安装"分析工具库"，菜单栏中的"工具"菜单中并不显示"数据分析"功能。此时，需要点击"工具"菜单中的"加载宏"命令，选择"分析工具库"来完成加载安装。使用"分析工具库"时，只需为每一个分析工具提供必要的数据和参数，该工具就会使用适宜的统计或数学函数，在输出表格中显示相应的结果，某些工具在生成输出表格时还能同时产生图表（图 7-2-9 ～ 图 7-2-11）。

Excel 软件提供了 14 种标准类型统计图：柱形图、条形图、折线图、饼图、XY 散点图、面积图、圆环图、雷达图、曲面图、气泡图、股价图、圆柱图、圆锥图和棱锥图。每一种图形又可分为数个副图。其中，在城市设计调查研究的统计分析中，常用的统计图包括柱形图、条形图、折线图、饼图、XY 散点图、面积图和圆柱图。而且，Excel 还提供了 20 种统计图自定义类型，在实际运用中，使用者根据数据特点和分析目标的不同可以选择适当的表达方式（图 7-2-12 ～ 图 7-2-17）。

3) 调查资料理论研究

理论分析是城市设计社会调查研究过程的最后一个步骤。通过理论分析，调查者运用科学思维方法和知识，按照逻辑程序和规则，对整理和统计分析后的资料进行研究，透过事物的表面和外部联系来揭示事物的本质和规律，由具体的、个别的经验现象上升到抽象的、普遍的理论认识，从而得出调查研究的结论。理论分析的主要方法有比较法、因果关系分析法、结构—功能分析法等，其中比较法在城市设计中应用较为普遍。

比较法通过对各种事物或现象的对比，发现其共性和差异，由此揭示其相互联系和相互区

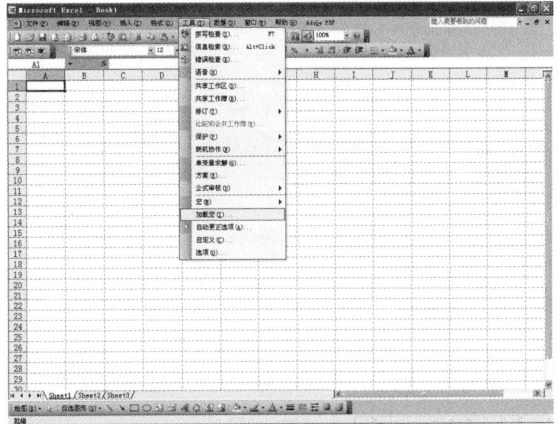

图 7-2-9 Excel 软件中"工具"菜单内无"数据分析"命令界面
资料来源：Microsoft Office Excel 2003 相关界面.

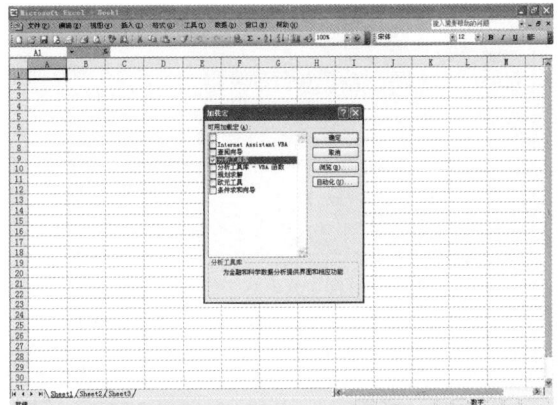

图 7-2-10 Excel 软件中点击"加载宏"命令安装"分析工具库"界面
资料来源：Microsoft Office Excel 2003 相关界面.

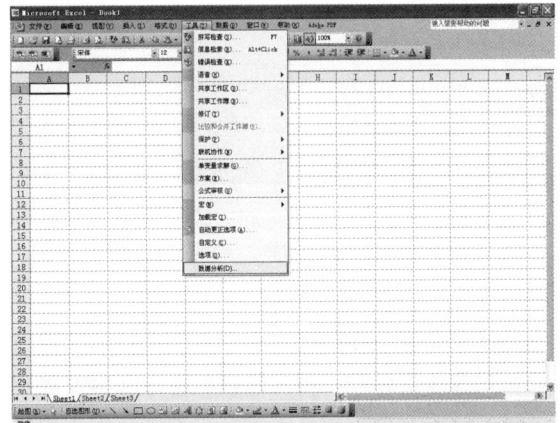

图 7-2-11 Excel 软件中安装"分析工具库"成功后出现"数据分析"功能界面
资料来源：Microsoft Office Excel 2003 相关界面.

图 7-2-12　Excel 统计图主要类型——
柱形图
资料来源：Microsoft Office Excel 2003 相关
界面.

图 7-2-13　Excel 统计图主要类型——
条形图
资料来源：Microsoft Office Excel 2003 相关
界面.

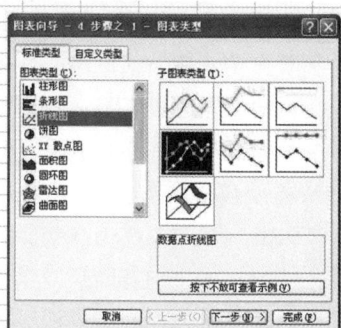

图 7-2-14　Excel 统计图主要类型——
折线图
资料来源：Microsoft Office Excel 2003 相关
界面.

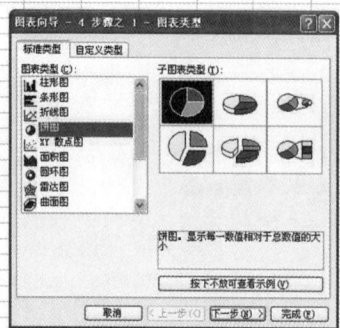

图 7-2-15　Excel 统计图主要类型——
饼图
资料来源：Microsoft Office Excel 2003 相关
界面.

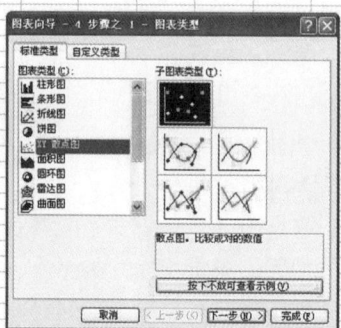

图 7-2-16　Excel 统计图主要类型——
XY 散点图
资料来源：Microsoft Office Excel 2003 相关
界面.

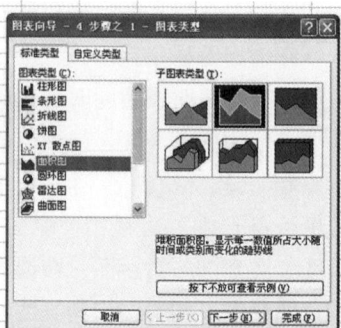

图 7-2-17　Excel 统计图主要类型——
面积图
资料来源：Microsoft Office Excel 2003 相关
界面.

别的本质特征，是最常用、最基本的分析方法之一。进行比较研究，应当注重
选择恰当的比较角度，建立合适的比较标准，保证事物或现象具有可比性。而
且，必须根据事物的同一标准，按照一定的层次，将认识对象区分为彼此互不
相同、互不相容的类别，才能在各种类型之间进行比较。

　　比较方法主要有横向比较、纵向比较、类型比较、数量比较、质量比较、
形式比较、内容比较、结构比较、功能比较等类型，而常用的比较方法则是横
向比较法、纵向比较法。横向比较法是根据地区、国家等空间方面的差异对调
查资料进行的比较，被广泛运用于城市设计的调查研究中。比如对国内外城市
中心区发展状况和对北京、上海、广州等地公共绿地空间的使用情况进行的比
较，以及城市设计的前期阶段经常进行的对不同地区相关案例的比较研究，都
属于横向比较。纵向比较法则对同一认识对象，根据时间顺序进行比较，揭示
认识对象不同时期、不同阶段的特点及其发展变化趋势，又叫历史比较法。在
城市设计中，往往对一定范围内的城市空间结构和功能布局在不同历史时期的
情况进行比较，从中发现其演变历程和发展脉络，多运用于具有历史文化意义
的街区保护及改造更新等设计项目之中。

4）其他分析方法

社会学调查方法在城市设计中的应用是城市学科与社会学科相互融合的结果，而数学、统计学、心理学、计算机技术等多学科及分析技术的交叉发展，也促使了多重比较法、线性规划法、频率分布法、排列法、主成分分析法、多项目综合评价模型法、AHP法、预测模型法、因子分析法、SD法等调查分析方法在城市规划和设计领域中的应用。如将SD法用于城市空间视觉景观的评价，将线性规划法、因子分析法、AHP法用于评价空间系统诸要素关系、城市空间整体评价和最优化选择。总体上，当代城市设计社会调查研究的分析方法和手段较为丰富，城市设计人员应加强学习，深入了解和熟练掌握各种分析技术，在调查研究中综合运用。

7.3 城市设计数字化辅助技术

以计算机应用为基础的数字化技术在发达国家的城市规划和城市设计中已得到广泛应用。数字化技术利用多种数学模型、定量分析和智能分析手段，具有大容量的数据存储能力、高速化的信息传输能力和高效智能的分析能力；而采用可视化手段建立的仿真空间效果使规划成果的表现更为动态和形象化，逐渐使设计者从繁琐庞杂的事务性工作中解放出来，并大大提高规划设计的科学化。比较而言，日本和美国理论与实践的结合起步较早，技术上处于领先地位，我国近年也开始了相关的探索，主要集中于历史研究、城市形态和建筑形式模拟、数字景观研究等方面。比如，日本学者通过文献考证与计算机建模相结合的方式将历史上一些著名的城市规划设计复原出来，如中国的元大都、嘎耶的"工业城市"、柯布西耶的"光辉城市"等，使人们能够更加直观地来研究这些城市整体及局部的空间环境。①

当前，在城市设计中，主要运用的数字化技术有CAD技术、图形图像处理技术、虚拟现实技术和GIS辅助设计技术。同时，这些技术与多媒体技术、网络技术相结合，极大地丰富了城市设计分析、决策、实施、管理的手段和方法（表7-3-1）。

城市设计过程的新的计算机技术 表 7-3-1

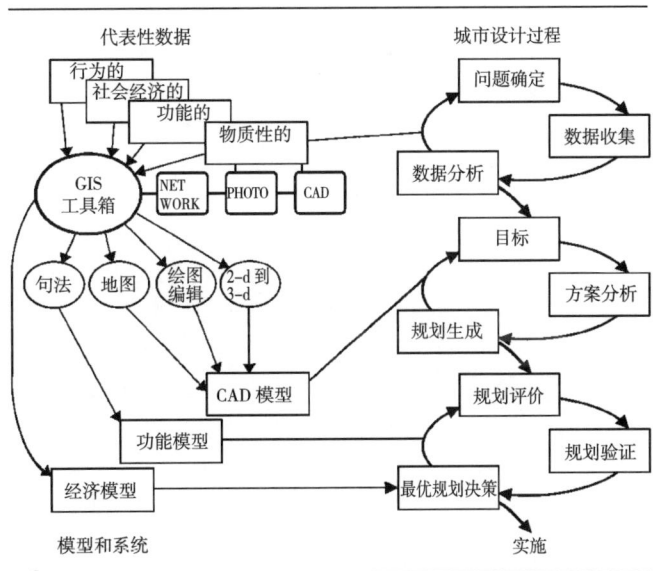

资料来源：根据 Michael Batty，Martin Dodge，Bin Jiang，Andy Smith. GIS and Urban Design [EB/OL]. http://www.casa.ucl.ac.uk/urbandesifinal.pdf. 整理.

---

① 参见：http://www.arch.oite-u.ac.jp/a-kei/urban.

7.3.1 CAD 技术和图形图像处理技术

CAD 辅助设计技术、图形图像处理技术及其相关计算机软件已经被普遍应用于建筑设计、城市设计和城市规划的日常实践之中，广大设计人员对其操作技能和方法也已熟练掌握，已经成为常用的技术手段。其中，以 Auto CAD 为代表性软件的 CAD 辅助设计技术以电脑绘图取代传统的手工绘图技艺，以数字化方式存储设计的相关信息及文件，使制图精确度、信息储存量、设计成果修改及复制效率都得到了极大提高，主要应用于平面、立面等二维视图的绘制。而利用软件附带的三维建模功能，设计人员可以建立城市空间模型，进而生成透视图和轴测图等三维视图，并以此进行视觉景观的初步分析。比如，贝聿铭建筑设计事务所设计的巴黎卢佛尔宫扩建方案、SOM设计的休斯敦协和银行大厦、加拿大渥太华议会区城市设计等项目中都运用了这一技术，较大程度地改变了设计方式和设计成果的表达（图 7-3-1）。

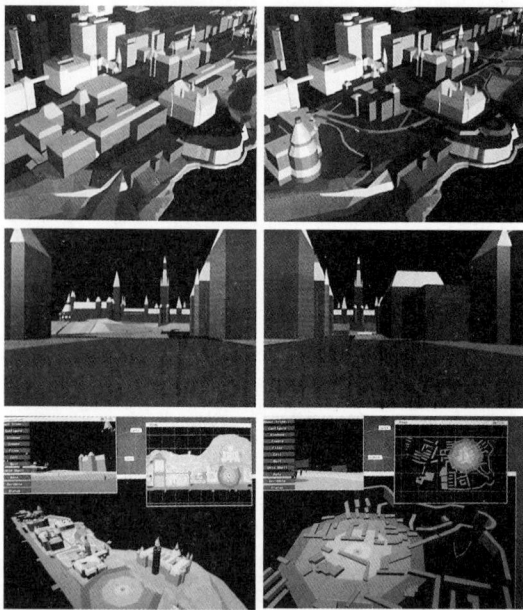

图 7-3-1　加拿大渥太华议会区城市设计计算机分析一组

资料来源：Contemporary Landscape in the World[Z]. Process. Arch. Co. Ltd., 1997.

图形图像处理技术的代表软件有 Photoshop、3D Studio 及其换代软件 3D Max 等，通过使用计算机、图形图像输入输出设备和图形图像处理软件对静态或动态图形图像进行处理，具有较强的建模能力和渲染能力，既可以用二维的渲染效果图模拟城市空间的三维静态效果，也可以通过制作动画，模拟在城市空间中运动时的动态视觉景观（图 7-3-2 ～图 7-3-4）。

美国著名建筑设计软件开发商 @LastSoftware 公司推出一种建筑草图设计工具软件——SketchUp。SketchUp 直接面向设计方案创作过程，可以迅速建构、显示、编辑三维建筑模型，导出具有精确尺寸的透视图等平面

图 7-3-2　CAD、Photoshop、3D Max 软件分析模型及渲染示例一
资料来源：东南大学王建国教授主持完成的南京市江宁区百家湖—九龙湖轴线地区城市设计文本.

图 7-3-3　CAD、Photoshop、3D Max 软件分析模型及渲染示例二
资料来源：东南大学王建国教授主持完成的南京市江宁区双龙大道地铁沿线城市节点形态研究文本.

图形，还可以在软件内设置照相机、光线和漫游路线，为模型表面赋予材质和贴图，插入 2D、3D 配景，进行模拟渲染及动画展示，能够快速反映设计构思及效果，是一种高效的设计辅助工具。与传统的图形图像处理技术相比，SketchUp 软件具有文件小、运算快、即时性强的优点。以往的设计辅助软件一般都需要较长的运算时间，大大滞后于设计师的思维速度，而 SketchUp 生成的模型为多边形建模类型，全部是单面，非常精简，便于向其他具备较高渲染能力的渲染软件导出，也便于制作大型场景。SketchUp 的动画演示功能操作简便，通过漫游控制，只需确定关键帧页面，即可获得动画自动实时演示，运算时间短，设计人员可以即时观察直观的三维模型，大大提高了工作效率。此外，SketchUp 还可以便捷地生成任何方向的剖面和剖面动画演示，并通过设定空间环境所处的不同季节和时间，进行光线阴影的准确定位，实时分析阴影，生成阴影的演示动画。而 SketchUp 的渲染功能着重于三维模型的表达，较为抽象和概略，虽然欠缺细部表达，但更利于把握城市空间形态的整体效果。相比之下，SketchUp 软件界面简洁，易学易用，并可以与 CAD、3D Max 等软件相互连接，具有良好的交互性。因此，对于城市设计而言，SketchUp 是一种较为实用的数字化辅助技术，被越来越多的设计人员所采用（图 7-3-5）。

C 视点

D 视点

E 视点

F 视点

G 视点

图 7-3-4　CAD、Photoshop、3D Max 软件分析模型及渲染示例三
资料来源：东南大学王建国教授主持完成的南京市江宁区百家湖—九龙湖轴线地区城市设计文本.

图 7-3-5 城市设计中 SketchUp 应用示例
资料来源：东南大学王建国教授主持完成的南京市江宁区某地段城市设计文本.

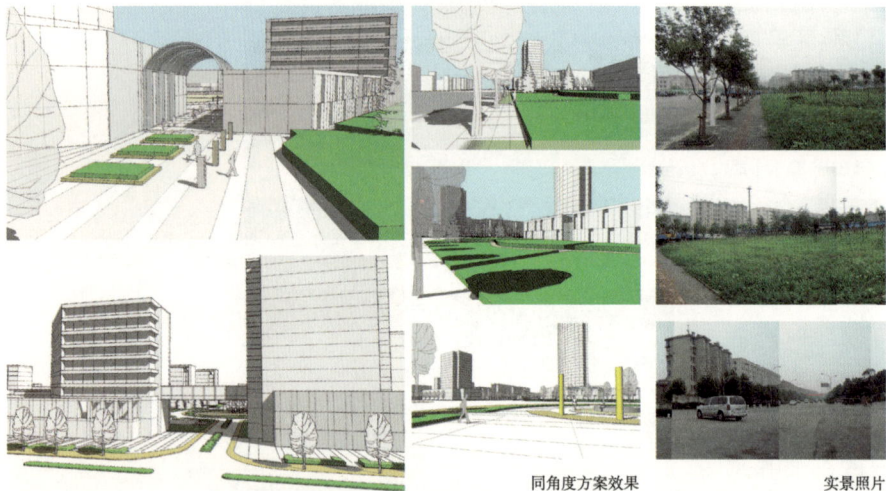

同角度方案效果　　　　　　实景照片

7.3.2　虚拟现实技术

　　虚拟现实（Virtual Reality，简称 VR）是集成了计算机图形学、多媒体人工智能、多传感器等技术的一项综合性计算机技术。它利用计算机生成模拟环境和逼真的三维视、听、嗅觉等感觉，通过传感设备使用户与该环境直接进行自然交互式体验，主要代表性计算机软件有 MULTIGEN 和 VRML 等。

　　在传统的城市设计表现方法中，缩小比例的微缩模型只能提供设计的鸟瞰形象，人们无法以正常视角获得在空间中的真正感受；效果图表现也只能提供静态局部的视觉体验，三维动画虽然有一定的动态表现能力，但不具备实时交互性。虚拟现实技术大大弥补了这些不足。在城市设计中运用虚拟现实技术，可以建立起一种动态的、直观的城市环境仿真模型，使用者能够将自身植入其中，通过对视点和游览路线的控制，以动态交互的方式，从任意角度、距离、速度和尺度观察仿真环境中的目标对象，记录仿真体验的全过程。而且，在漫游过程中，还能够对建筑等环境要素进行替换和修改，实现多方案、多效果的实时切换，具有良好的实时交互性。其优点和作用具体表现在以下几方面。

1）全角度、多层次地观察城市空间

城市空间视觉景观效果是城市设计研究的重点。虚拟现实技术可以对观察视点进行设定，预定多种观察角度，不仅可以获取设计中重点控制的主要入口、空间轴线、景观视线通廊等地点的空间视觉形象，还可以从任一角度全方位观察空间，其层次涵盖了从局部到整体的全部空间范围。

2）以多种运动方式感受城市空间

传统的设计方法只能提供静态的片断性感受，而在虚拟现实技术的支持下，通过对运动速度、运动路径和观察高度进行设定，模拟人们以步行、车行甚至飞行等方式运动时的空间感受，从而建立对城市空间序列的连续不断的整体感受。

3）城市设计元素实时编辑及控制

通过对虚拟现实技术的进一步编程开发，在运动漫游中对建筑、绿化等城市设计元素的模型对象进行整体拾取和局部拾取，对建筑等三维模型进行移位、缩放、复制、镜像、拉伸、旋转等编辑，并结合建筑材料、绿化树种、道路广场铺地、街道家具和景观小品的选择、布置、更替、变换，就可以对城市空间环境中的几乎所有要素进行实时编辑和调整，使设计人员能够实时观察空间要素的高度、体量、位移等方面的变化对城市空间环境的影响。

4）辅助决策及公众参与

在城市设计的方案研究阶段，运用虚拟现实技术，设计者对各种不同的方案进行实时切换，进行相互比较、评判优劣，从而作出最优选择。而且，运用虚拟现实技术建立的城市三维空间虚拟环境，可以让公众和管理者更为直观和全面地把握城市空间环境的现状情况，充分理解设计者的设计意图和建成后的实际效果，大大提高了公众参与及决策的可行性和精确性。[①]

国内外许多城市设计实践都不同程度地运用了虚拟现实技术。1996年，美国 Bentley 公司以费城中心区 35 个街区为起点，利用虚拟现实技术，逐步建立费城城市模型（Model City Philadelphia），将整个费城的空间模型以 VRML 数据格式完整存储。通过 Internet 浏览器，城市设计人员和建筑师不仅可以获得实时空间体验，还可以获得土地利用、空间形态、建筑构成，甚至三维地下管线系统等方面的信息，对虚拟的城市实景进行分析，获得美国建筑师学会（AIA）高度评价。而且，虚拟现实技术不再局限于对城市空间环境的建筑形式、视线关系等视觉分析，还进一步拓展到阳光日照、风向强弱等物理环境的模拟。例如，美国 SOM 事务所在芝加哥湖滨三幢塔楼设计中，用电脑分析了该地域的环境现状、土地使用、日照及经济等因素，并提出了参考方案，以不同角度显示出建筑群建成前后对环境的影响。美国波特兰和克利夫兰规划则用这种方法分析了各种新建筑对天际线的可能影响。而柏林波茨坦广场改建和旧金山都分析了新建筑对公共空间小气候的影响，并参考日照模拟分析的结果确定了建筑的高度序列（图 7-3-6）。

① 参考：迟伟. 虚拟现实技术在城市设计中的实践 [J]. 世界建筑，2000（10）：56-60.

我国的北京、广州、上海、南京、徐州、杭州和深圳等很多城市的城建部门也把虚拟现实技术与其他电脑技术综合运用到城市设计的工作中，并已取得一定成效。如杭州市城建部门对西湖湖滨地区的城市设计的分析。其基本过程是：第一，将地形图输入；第二，建立建筑、构筑物模型（空线框）；第三，自然景色模型化（线条）；最后再进行城市空间的三维合成，全部转换成 CGA 城市坐标，这样便可进行空间分析。该分析技术有很多优点：首先，它具有连续运动、任意位置、任意角度的特点。其次，全面准确地表现出城市形体空间，同时它又可与录像、摄影结合，且可在电视节目中播出与市民交流。此外，它还可用叠加法，显示改建更新后的城市景观效果。而深圳市中心区城市仿真系统（USSCD）则应用以虚拟现实技术为支持的三维实时漫游系统，通过地形地貌建模、建筑建模、特效处理等步骤，进行了市民中心尺度和位置比较研究、建筑色彩分析、中心广场设计研究、街区设计的比较研究，以及局部地段的仿真实录，成为规划、设计、决策和管理的重要手段之一（图 7-3-7）。①

7.3.3 GIS 辅助设计技术

地理信息系统（Geographic Information System）简称 GIS，由计算机系统、地理数据和用户组成，是通过采集、存储、管理、检索、表达地理空间数据，进而分析和处理海量地理信息的通用技术。

1960 年代中后期，加拿大和美国学者提出建立地理信息系统的思想。进入 1970 年代，地理信息系统在美国、加拿大、英国、瑞典和日本等国家得到了大力发展，主要用于存储和处理测量数据、航空像片、行政区划、

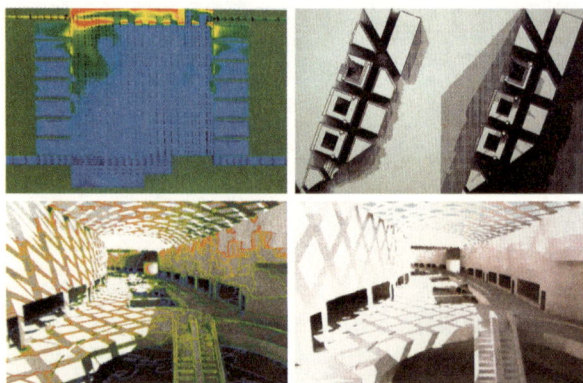

图 7-3-6　柏林波茨坦广场城市设计用电脑模拟方案的生态特性
资料来源：Sophia，S. Behling. Sol Power[M]. Prestel，1996：229.

原方案与屋顶提高 10m 后的体量和比例以及与莲花山关系之比较

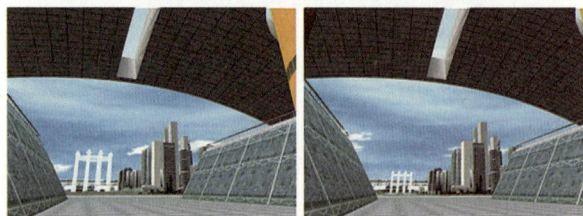

左：原概念 88m 高的中心广场标志建筑；右：仿真分析建议将其缩小到一半的高度

图 7-3-7　深圳市中心区城市仿真一组
资料来源：计算机仿真技术在深圳市中心区城市规划与设计中的探索和应用 [EB/OL]. [2004-11-29]. http:// www.86vr.com/case/cityplanning/ 200411/ 4524.html.

---

① 计算机仿真技术在深圳市中心区城市规划与设计中的探索和应用 [EB/OL]. [2004-11-29].http:// www.86vr.com/case/cityplanning/200411/4524.html.

土地利用、地形地质等信息。进入 1980 年代，随着计算机技术的飞速发展以及 GIS 与卫星遥感技术相结合，GIS 的应用逐渐扩大到城市规划、环境与资源评价、工程选址和紧急事件响应等领域，为解决工程问题提供数字化辅助功能，并开始用于全球性问题的研究。1990 年代，随着数字化信息产品在全世界的普及，GIS 的发展进入用户时代，从单机、二维、封闭逐步向开放、网络化、多维的方向发展。我国地理信息系统的发展始于 1980 年代初。

城市空间环境是城市设计的对象，GIS 将计算机图形和数据库融于一体，使地理位置和相关属性有机结合，准确真实、图文并茂，凭借其空间分析功能和可视化表达，为城市设计提供了新型空间分析工具和决策辅助工具。

1）基本应用

在城市设计的实践活动中，GIS 软件系统主要具有数据输入、数据编辑、数据存储与管理、空间查询与空间分析、可视化表达与输出等基本应用，具体体现为以下方面。

（1）空间数据的收集整理及空间数据库的建立

GIS 不仅为城市设计者提供了数字化地图及其关联数据，还可以将通过现场踏勘、社会调查所得的各种数据及资料与数字化地图数据进行系统化整合，并对相关信息进行存储、编辑、管理及可视化处理，建立城市设计所需的空间、社会、历史数据资料库，主要包括：

• 物质性空间数据：主要是指城市空间环境系统的数据集成，包括建筑系统数据库、开放空间系统数据库、景观系统数据库、道路交通系统数据库等，其内容涵盖建筑物的平面、高度、面积、年代、材质、色彩，开放空间的几何特征、界面形态，景观系统中绿化及树木的类型、高度、树冠尺寸、林相、郁闭度，道路交通的层级构成、空间分布、形态结构等实体与空间环境的特征数据。

• 社会—经济数据：主要包括与作为设计对象的空间环境相关的社会、经济、环境及历史信息，比如建筑及土地权属、税收、收入及产权变更等经济信息，交通流量等行为活动信息，使用者及居民的文化水平、阶层分布等人口统计信息，气候、水文等环境信息的相关数据资料。

建立数据库一般要经过三个步骤。首先，将运用空间数据采集技术和调查所得的地图数据、统计数据和文字说明等资料信息以多种方式进行数据输入，转换成可以通过计算机处理的数字形式。然后，通过数据编辑和处理，完成图形编辑和属性编辑。最后，必须确定空间与属性数据的连接结构，采用空间分区、专题分层的数据组织方法管理空间数据，用关系数据库管理属性数据。

（2）空间查询与分析

对于城市设计而言，空间查询和分析功能是 GIS 系统最重要的功能。GIS 数据库建立完成后，既可按照横向系统类型进行分项查询、逐层叠加，把握空间系统及各个空间要素的构成关系，也可以按照发展历程的时间维度进行纵向检索，全面认识空间形态演变过程。而且，GIS 技术平台通过与其他分析工具相结合，有效整合了城市空间的物质形态、尺度和时间多种维度的相关信息，从而为城市设计者系统分析海量城市空间数据信息提供了有力保障，这主要表现在以下三个层次。

- 空间要素及属性检索

凭借 GIS 的基础数据输入和管理功能，可以便捷地查询相关资料信息。根据城市设计的具体要求，可以从空间位置检索建筑、地块及景观要素等及其相关属性，也可以用属性作为限制条件检索符合要求的空间物体，并生成相应的图像信息，从而为相应的空间分析提供全面而直观的基础资料（图 7-3-8）。

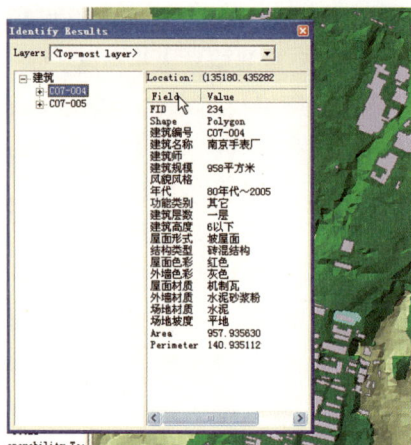

图 7-3-8 GIS 建筑要素及属性查询示例

资料来源：东南大学建筑学院和建筑设计研究院完成的南京钟山风景名胜区博爱园与天地科学园景区详细规划设计文本.

- 空间特征及拓扑叠加分析

通过 GIS，还可以按照空间特征的不同属性进行分类，并通过相互叠加和拓扑分析，使不同类型的空间要素及其形态特征（点、线、面或图像）相交、相减、合并，建立特征属性在空间上的连接，进而对空间构成、形态肌理、要素关系进行详尽分析，从而发现城市空间系统的优点与缺陷。

- 空间系统及模型分析

在对空间系统中的单个对象以及空间特征的信息资料进行逐项分析的基础上，利用 GIS 技术平台，设计者可以建立空间系统模型，并结合模型进行分析，比如三维模型分析、数字地形高程分析，以及针对不同专业取向的特殊模型分析等。通过多种模型分析与统计计算，即可完成针对空间系统的多要素综合分析，为城市空间环境整体优化提供可靠依据。

东南大学完成的重庆大学城总体城市设计项目中的用地适宜性评价及选择就集中体现了 GIS 技术的综合分析能力。研究小组以卫星图片、地形图和调研资料为基础，利用 GIS 技术平台建立基地数字三维模型，分别对基地地形的高程、坡度、坡向等方面进行分析，并叠加道路、水系、已建设用地、高压电线等现状要素，进行三维可视化分析，然后依据加权因子评价法，通过计算获得综合适宜度数值，以此为依据划分适宜建设、基本适宜建设和不适宜建设用地，为建设选址、生态资源保护、景观视线分析提供了科学依据（图 7-3-9）。

而在东南大学完成的南京老城高度控制城市设计研究中，则以经典城市景观分析研究为基础，选取历史、景观、人口密度、可达性、地价、可建设程度等六方面因子，综合运用 GIS 和 CAAD 技术，进行了一系列带有空间属性的数据分析，形成一套适应于我国城市建设管理的城市设计研究成果，为南京城市建设管理提供了有效的技术支持（图 7-3-10 ~ 图 7-3-12）。

（3）可视化表达与输出

在城市设计中，通过 GIS 处理空间数据，其中间过程和最终结果都能够以可视化方式表达和输出。而且，GIS 是人机交互的开放式系统，设计者可以主动选择显示的对象与形式，不仅可以输出包括全部信息在内的全要素地图，也可以分层输出各种专题图、各类统计图表等资料，相应的图形化空间数据还可放大或缩小显示，这就为城市设计者提供了全面、系统、直观的分析工具

基础地形单因子分级标准及权重

因子	属性分级	属性评价	评价值	权重
高程	280~300	适宜建设	5	0.35
	300~320	基本适宜建设	3	
	320~355	不适宜建设	1	
坡度	<5%	适宜建设	5	0.35
	5%~25%	基本适宜建设	3	
	>25%	不适宜建设	1	
坡向	南、东	适宜建设	5	0.3
	西、北	不适宜建设	3	

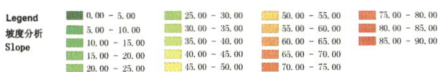

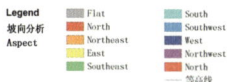

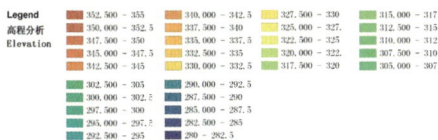

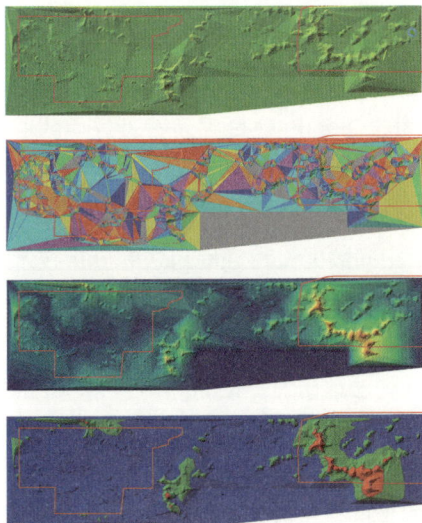

图7-3-9 重庆大学城总体城市设计中利用GIS技术进行的用地适宜性分析

资料来源:东南大学王建国、阳建强教授主持完成的重庆大学城总体城市设计文本.

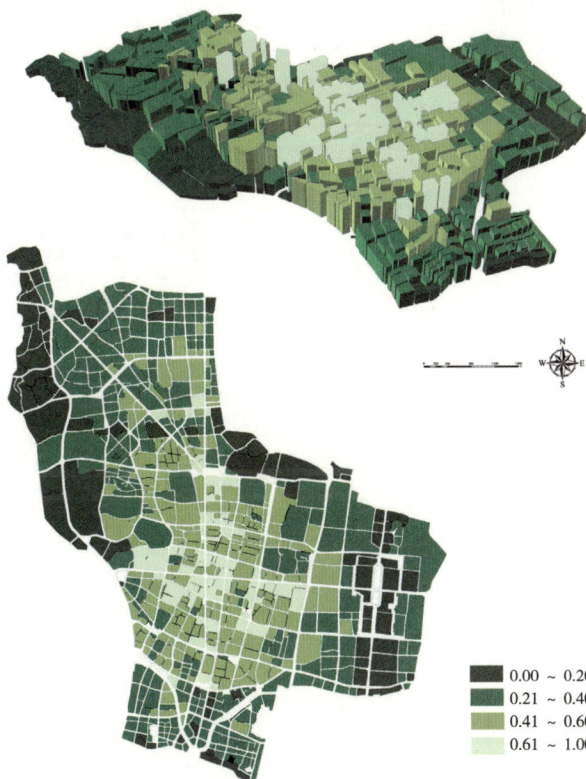

图7-3-10 南京老城高度空间形态研究成果

资料来源:东南大学王建国教授主持完成的南京老城高度控制城市设计研究文本.

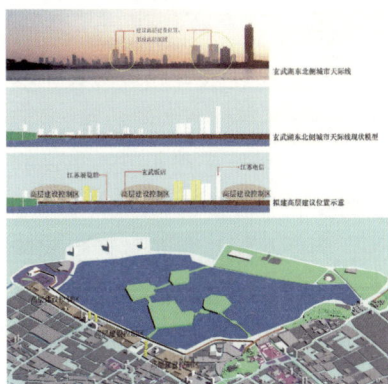

图7-3-11 南京鼓楼地区空间形态分析

资料来源:东南大学王建国教授主持完成的南京老城高度控制城市设计研究文本.

图7-3-12 南京玄武湖地区空间形态分析

资料来源:东南大学王建国教授主持完成的南京老城高度控制城市设计研究文本.

（图 7-3-13）。以往的 GIS 技术更多地关注于二维图像资料，近年来 3D - GIS 的迅速发展使 GIS 三维可视化表达达到了新的高度，而三维可视化对于城市设计分析、构思、评价都是至关重要的。

2）拓展功能

近年来，通过开发能够与 GIS 相连接的软件，将某些空间分析理论和工具植入 GIS 技术平台，以及与 CAD、虚拟现实等数字化技术的综合运用，GIS 在城市设计中的应用范围和作用得到了相应拓展。

(1) GIS 结合空间句法

GIS 能够集成大量空间数据，为空间句法等分析技术的发展应用提供了适合的技术平台。以巴蒂（M.Batty）为代表的学者利用 ArcView 软件系统，将空间句法和 GIS 相结合，形成了以空间句法理论为基础的 ArcView GIS 的拓展。通过使用 ArcView GIS，设计研究人员能够在 GIS 内的地图中绘制轴线地图，以此为依据计算联系度、整合度、深度等空间句法的量度，并与其他图形数据层进行比较，找寻连通性和整合度之间的关联，从不同的视角来探究空间的可达性，然后以图式方式显示。[①] 这为 GIS 增加了新的分析功能，也为城市设计提供了更为全面、便捷的空间形态定量分析工具。

(2) 3DGIS 仿真

3DGIS 仿真以 GIS 三维可视化功能为基础，通过诸如 ArcView、3-D Analyst 以及 ArcGlobe 等软件中的实用工具，运用虚拟现实等仿真技术对 GIS 进行进一步拓展，将 3D 城市模型与多种 GIS 数据相结合，不仅可以生成完全真实的 3-D 全景仿真场景，还提供 3D 物体属性数据的快速查询和分析。建立 3DGIS 一般需完成录入 GIS 数据库、3D 城市模型化和 3D 全景视觉仿真等步骤。

(3) WebGIS

WebGIS 是 GIS 技术与 Internet 技术相互融合形成的。WebGIS 的用户可以同时访问多个位于不同地方的服务器上的最新数据，更易于实现多数据源的数据管理和合成。WebGIS 使用通用的 Web 浏览器，操作更为简便，也降低了系统成本，同时摆脱了机器和 GIS 软件种类的限制，便于远程数据的共享、协同处理和分析。因此，WebGIS 能够通过网络建立联机共享参与系统，设计者、使用者和管理者可以通过网络登录服务器，载入网络 GIS 软件，运行地图展示、查询空间数据、审查构思草图等功能，通过相关网页与 CAD、虚拟现实系统

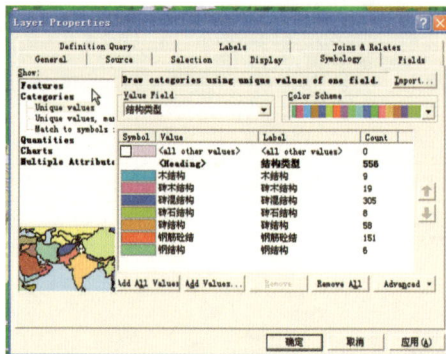

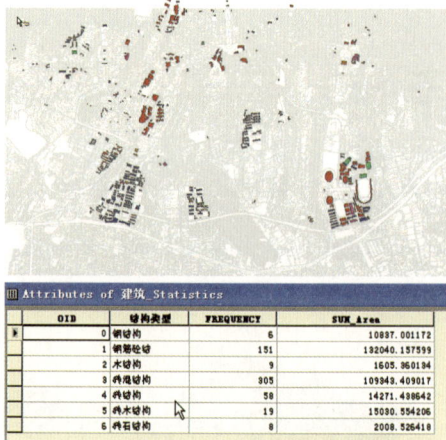

图 7-3-13 建筑结构专题图及统计表示例
资料来源：东南大学建筑学院和建筑设计研究院完成的南京钟山风景名胜区博爱园与天地科学园景区详细规划设计文本.

[①] Michael Batty，Martin Dodge，Bin Jiang，et al. GIS and Urban Design[EB/OL].[1998-06]. http：//www.casa.ucl.ac.uk/urbandesifinal.pdf.

和多媒体工具相连接，利用网络与他人进行对话、讨论、交流，协同完成设计工作，这也是 GIS 在城市设计运用方面的重要发展方向之一。[①]

对于城市设计而言，GIS 是集成化的数字化资料库，是高效的城市空间分析方法及设计辅助技术，也是公众参与和管理决策的平台。随着相关软件的升级换代，其数据集成能力、空间分析能力和三维表现处理能力日趋完善，GIS 也将成为城市设计的重要分析研究工具。

7.3.4 空间句法分析技术

空间句法（Space Syntax）的核心概念是"空间的社会逻辑"，强调空间与社会的联系。空间句法以计算机强大的模拟运算功能为基础，对城市空间环境进行拓扑学分析，量化描述和评价城市空间结构的性质及其对于人类活动的潜在作用，揭示社会性因素对空间形态生成、演变的影响及规律。

空间句法由英国伦敦大学学院的希列尔（B.Hillier）和汉森（J.Hanson）等人于 1970 年代首次提出。在其后的四十余年间，先后成立了伦敦大学学院巴特雷建筑环境学院的空间句法实验室和空间句法咨询公司等机构。在其主导下，各国学者的研究使空间句法理论和方法持续完善，Axman、Confeego、Depthmap、Axwoman 等相关软件相继开发。空间句法已成为建筑和城市规划设计中分析空间形态的代表性理论和方法之一。

空间句法将拓扑学、语言学、社会学的相关概念与空间研究相结合，具有较为明确的理论基础和较为成熟的操作方法。空间尺度划分是其认识层面的基础。空间句法理论认为，依据人对空间的感知方式及特点，空间可分为大尺度空间和小尺度空间。小尺度空间是人们可以从固定地点直接感知的空间。众多小尺度空间的感知加以联系整合，才能构成对大尺度空间的完整理解。在实际操作层面，主要包括空间分割、关系图解转化、句法测度、图示生成等步骤。

1）空间分割

如何将空间系统进行合理分割是应用空间句法的重要步骤。从视觉感知和运动状态的角度，空间句法确立凸状法、轴线法和视区法三种基本的空间分割方法，适用于不同的空间对象。

● 凸状法：连接空间中任意两点的直线都处于该空间中，则该空间为凸状空间。凸状空间中的所有人都能彼此互视和看到整个空间，因而能够充分互动和完全感知整个空间。凸状空间表达人们在局部小尺度空间中相对静止的使用和聚集状态，适用于界定明确的小尺度局部空间。具体操作中，凸状法要求将整个空间系统分割为最大且最少的凸状空间。

● 轴线法：从感知角度，轴线是空间中的一点所能看到的最远距离。从运动角度，沿轴线方向行进是最直接、便利的方式。空间句法中，每条轴线代表

① 钮心毅. 地理信息系统在城市设计中的应用 [J]. 城市规划汇刊，2002（4）：41-45.

一个按照线性方向展开的小尺度空间。轴线法多用于城市道路等线性要素的研究，操作中要求用最少且最长的轴线覆盖整个空间系统。

● 视区法：空间句法中的视区通常指某一点在所处水平面上的二维可见范围，代表某个空间在视觉感知方面对于其他空间的关联性和影响力。操作中，视区法要求选择具有战略性的空间特征点，比如道路交叉口、中心节点、空间转换节点等，进而求出各个特征点的视区。

为了进一步提升空间分割和图形绘制的客观性和代表性，空间句法研究探索形成了其他空间分割方法，比如交叠凸状、所有线和可见图解的穷尽式分割方法，以及表面分割（Surface Partition）、端点分割（endpoint partition）等方法。

2）关系图解

空间句法中，通过上述分割方法对整个空间系统进行分割，将每个凸状空间、轴线、视区作为一个节点，根据各个节点之间的相互连接关系，转化为用节点与连线来描述空间构形的关系图解，作为后续句法测度的基础。

3）句法测度

句法测度用于描述各个空间节点相互之间及其与整体之间的关系，空间句法为此发展了一组描述空间构形的量度，主要包括：

● 连接值（Connectivity Value）：表示某节点毗邻相接的节点个数，体现空间节点的渗透性。

● 控制值（Control Value）：表示节点之间相互控制的程度，数值上为连接值的倒数。

● 深度值（Depth Value）：表示两个节点间最短路程和某一空间到达其他空间所需经过的最小连接值，体现空间节点的可达性。

● 集成度（Integration Value）：表示节点与系统或某一个空间范围内其他所有节点联系的紧密程度，通常其值大于 1 时，空间之间具有较高的集聚性，反之则较弱。

● 可理解度（Intelligibility）：描述局部与整体之间感知等方面的相关度，体现局部空间对于构建整个空间系统的理解所具有的作用程度。

4）生成分析图示

以句法测度为基础，空间句法进而生成清晰可读的分析图示，用深浅不同的颜色表示每个凸状空间、轴线句法变量的高低，而视区法中不仅用深浅不同的颜色来表示每个特征点句法变量的大小，特征点之间的过渡区域还可用等值线描绘（图 7-3-14 ～图 7-3-16）。

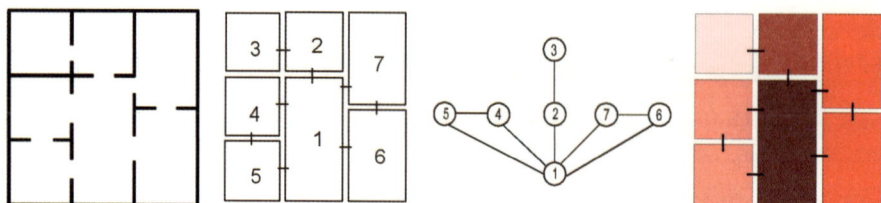

图 7-3-14 空间句法基本空间分割方法的绘制与计算示意图——凸状分割
资料来源：张愚，王建国．再论"空间句法"[J]．建筑师，2004（6）：33-44.

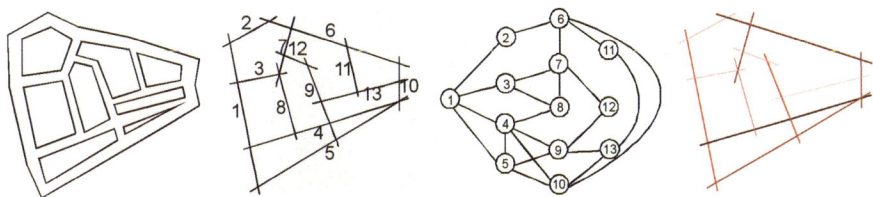

图 7-3-15 空间句法基本空间分割方法的绘制与计算示意图——轴线分割
资料来源：张愚，王建国.再论"空间句法"[J].建筑师，2004（6）：33-44.

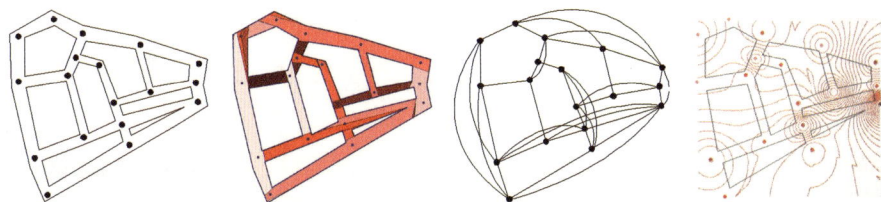

图 7-3-16 空间句法基本空间分割方法的绘制与计算示意图——视区分割
资料来源：张愚，王建国.再论"空间句法"[J].建筑师，2004（6）：33-44.

在城市规划设计研究中运用空间句法，通常首先确定研究的空间范围，借助计算机，运用空间分割方法分解整个空间系统，并转化为节点及其连接组成的基本关系图解，进而对连接值、控制值、深度值、集成度、可理解度等句法量度进行计算，自动完成量化分析和生成相应的分析图示，启发、评价设计构思及成果。

空间句法在实践应用层面的发展主要体现在两个方面。

一方面是建立基于空间句法的多因子综合分析模型，结合空间形态、建筑密度、运动（步行、机动车、自行车）、使用活动、人口分布、土地价值、社会影响、犯罪等多种因子，借助相关分析、回归分析等统计方法，对空间结构形态进行综合分析评价。这种方法往往与 GIS 等空间数据集成技术平台相结合。

另一方面，空间句法成功应用于城市规划设计的商业咨询，涵盖建成环境的多种尺度。希列尔等人主导的空间句法咨询公司近年来参与或主持了一系列设计项目。其中，包括微观尺度的公共空间项目设计，比如英国伦敦的特拉法尔加广场（Trafalgar Square）、千年桥（Millennium Bridge）和诺丁汉市场广场；中观尺度的分区规划设计项目，比如英国考彻斯特市的圣傅托夫区都市更新计划、中国北京的 CBD、阿联酋阿布扎比的玛斯达尔城新城；还有宏观尺度的城市总体层面规划设计项目，比如拉脱维亚的里加城、中国的长春和沙特阿拉伯吉达城空间规划框架研究。

诺丁汉市场广场设计项目通过运用空间句法，从空间形态、行为模式、空间通视等方面，分析广场与外部环境的空间及功能关系，发现中心空间的隔离、功能细分、穿越方式、停留空间、不同年龄群体的使用状况和分布等方面的不足，启示和推动了创设对角线穿越广场的运动通道、重新将广场中心开放、将步行活动较少的空间作为静态休闲活动场所、完善空间过渡等主要设计构思，并对设计方案和水体、街道家具等要素的详细设计进行评价，有力地支持了项目的成功。诺丁汉市场广场建成后成为广受欢迎的城市活动空间和整体环境中的适宜过渡，获得 2008 年英国皇家建筑师协会公共空间奖（First ever RIBA CABE Public Space Award，2008）等 5 项设计奖（图 7-3-17）。

空间句法还应用于阿联酋阿布扎比的玛斯达尔城新城城市设计的全过程之中。设计初期，基于空间句法创建的综合分析模型结合土地利用、密度和交通网络等要素，深入分析了总体规划设计方案整体空间布局的不足，比如缺少强有力的城市中心、交错的城市格网造成步行困难、住区邻里之间及其与中心之间的隔绝；空间结构、土地利用和密度分布之间的错配失调等，并以此提出总体规划层面的改善措施（图7-3-18）。设计发展阶段，空间句法用于在微观尺度上评估公共空间和邻里的表现性能。一方面运用可视图解分析（Visual Graph Analysis，VGA）方法分析空间可见性和通视强度，另一方面运用主体模型（Agent-based Model）模拟分析视域、步行、人流聚集和景观特征，辅助详细设计的调整和优化（图7-3-19）。

应当注意的是，空间句法具有一定的方法前提和适用范围，操作方法也存在某些不足，比如分析对象主要局限于二维平面、轴线等，空间分割结果并非客观唯一。空间句法以计算机技术为基础，综合空间构形、空间感知、行为活动、社会属性等空间要素，是一种有效的城市空间形态量化分析方法，能够为设计构思、修改和决策提供技术基础。

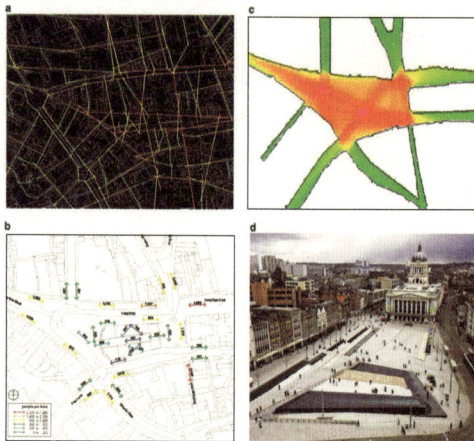

图7-3-17 英国诺丁汉市场广场设计空间句法应用示例

a. 空间构形分析；b. 人群行为分析；c. 设计构思效果模拟评估；d. 项目建成实景

资料来源：Kayvan Karimi. A Configurational Approach to Analytical Urban Design: "Space Syntax" Methodology[J]. Urban Design International, 2012（4）：297-318.

7.3.5 环境模拟分析技术

可持续发展和绿色环保业已成为全球城市建设发展与规划设计的主导思想。生态学理论方法和评价体系的全面引入是生态化城市规划设计的必然要求。运用计算机技术和相关软件，可以综合气象数据和外部环境数据，模拟光、热、

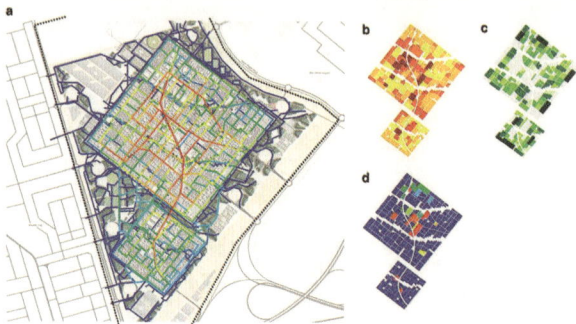

图7-3-18 阿布扎比玛斯达尔城新城城市设计中空间句法应用示例一——总体规划层面分析

a. 结合土地利用分配的空间句法分析模型；b. 居住密度分析；c. 就业中心场所分析；d. 交通节点分析

资料来源：Kayvan Karimi. A Configurational Approach to Analytical Urban Design: "Space Syntax" Methodology[J]. Urban Design International, 2012（4）：297-318.

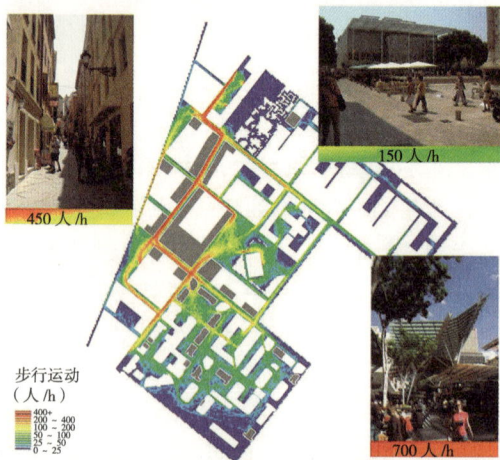

图7-3-19 阿布扎比玛斯达尔城新城城市设计中空间句法应用示例二——基于视觉的主体模拟分析

资料来源：Kayvan Karimi. A Configurational Approach to Analytical Urban Design: "Space Syntax" Methodology[J]. Urban Design International, 2012（4）：297-318.

风、声、水等环境要素的运动和分布，分析评价城市规划设计项目的环境影响，从而辅助城市空间环境的生态化设计、管理和决策。历经多年的实践探索，较为实用的数字化环境模拟分析技术日趋成熟。

1）CFD 模拟分析

CFD 是计算流体力学（Computational Fluid Dynamics）的简称，是流体力学、数值计算方法和计算机图形学相结合的产物，主要对流体力学中的问题进行数值实验、计算机模拟和分析研究，常用软件有 Fluent、Phoenics、CFX 等。CFD 模拟分析在实际应用中主要包括建立几何模型、划分计算网格、确定边界条件、数值求解计算、生成图示、分析结果等步骤。在城市规划设计中，CFD 模拟分析技术主要用于能耗分析、通风模拟、气流组织、采光分析、环境舒适度评价等方面。

由东南大学完成的宜兴市城东新区城市设计运用 CFD 技术，模拟设计地段的气温、湿度、通风、日照和噪声条件，对设计方案进行环境分析。其中，针对热环境的研究将太阳辐射、建筑类型、建筑材料、人口分布、外界排热等因素进行综合模拟，运算得出设计范围的温度场分布，进而结合风向、下垫面等条件模拟气流场分析图，经过反复调适，最终确定适宜通风散热的街区形态和建筑布局方案。而且，针对用地外围城市干道的噪声问题，CFD 技术还用来模拟不同建筑退让距离和隔声屏障的防噪效果和噪声强度分布，为局部空间的声环境设计提供技术支持（图 7-3-20、图 7-3-21）。

2）Ecotect 分析软件

Ecotect（源自 ecosystem+architecture）是由英国 Square One 公司开发的生态设计软件。自该公司 2008 年被 Autodesk 公司收购后，对 Ecotect 软件进行了全面完善，其代表性软件 Autodesk Ecotect Analysis 是目前主流的建筑物理环境模拟分析软件和教学软件，具有明显优点：

• 功能全面：将软件结合实用插件，可通过建立三维模型，根据设计范围所处的实际地理和气象条件，对建成环境中的热环境、光环境、声环境、风环境、经济与环境影响、可视度等诸多方面进行仿真模拟，进而具体分析太阳辐射、日照、遮阳、热工、声场、材料物理性质等建筑环境性能，还可通过网络

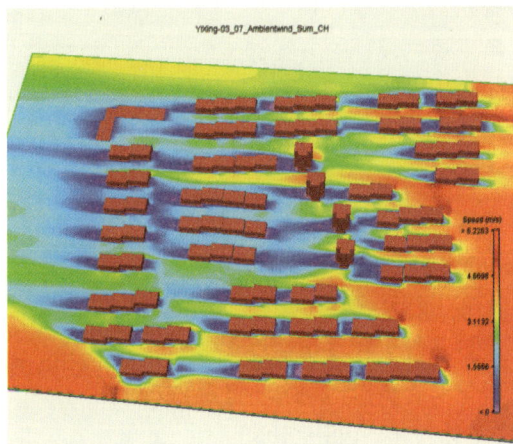

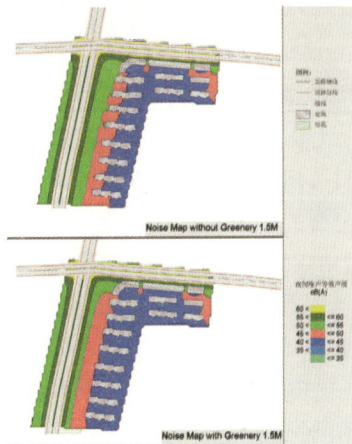

图 7-3-20 应用 CFD 模拟分析微观风环境示例（左）
资料来源：《江苏省城市设计生态策略研究》课题组.

图 7-3-21 应用 CFD 模拟分析微观声环境示例（右）
资料来源：《江苏省城市设计生态策略研究》课题组.

在线功能与桌面工具的集成，进行能效、水耗及碳排放分析。

● 使用便利：该软件能够兼容 SketchUp、AutoCAD、Revit Architecture、3D Max 等常用绘图和模拟软件，具有友好的三维建模和表现界面，便于使用者进行交互式分析。

● 结果易读：分析结果既可图示化表达，也可导出数据表格，简洁易读，便于理解。

Ecotect 软件对于建筑空间环境设计具有较强的支持作用。目前其应用从原先的建筑设计层面向外部空间和规划设计层面拓展，逐步用于居住小区、建筑群体的物理性能、人的舒适度感知等城市微观环境的环境模拟分析。比如利用 Ecotect 软件对街区范围内的建筑、广场等进行阴影叠合分析及热能舒适度分析，总结建筑及公共空间布局、朝向等要素对热环境指标的影响规律，从而促进街区形态的环境性能优化设计（图 7-3-22、图 7-3-23）。

3）BIM 分析平台

BIM 是建筑信息模型（Building Information Modeling）的简称，通过建立和利用数字化建筑模型，模拟建筑工程项目的各项相关信息。BIM 相关软件包括 Ecotect、Revit、SketchUp、3D Max 等多种类别，涵盖核心建模、方案设计、几何造型软件、可持续分析、机电分析、结构分析、可视化分析、造价管理、运营管理等诸多方面。BIM 结合了建筑及空间环境的各类数据信息，并具有强大的造型处理能力，可以创建三维模型，进行全方位的 3D 展示，还支持多种数据表达与信息传输方式，具有可视化、协调性、模拟性、优化性和可出图性的特点。

目前，BIM 主要应用于建筑项目的设计、施工和运营管理过程，通过创建数字化模型，为建筑工程项目全生命周期中的各个环节提供信息共享、科学协作平台。近年来我国学者和规划部门尝试将 3D-BIM 应用于规划设计的方案评审、火灾模拟、应急疏散及实施管理等方面。此外，通过建立可计算化的 BIM 三维模型，结合运用 CFD 等技术，可以模拟分析空间环境中的通风、采光、日照、气流组织、能效和材料可持续性等环境参数，进行微环境生态模拟与评估，为城市设计的优化提供全面的参数描述和性质分析。作为建筑信息及环境分析的集成化平台，BIM 在城市规划设计中的应用具有尚待挖掘的巨大空间。

数字化技术在当今的城市设计中日益发挥重要的作用，大大提高了设计成果及决策过程的准确性、科学性、可行性及适应性。而且，数字化技术在自身系统不断完善、技术水平逐步提高的同时，也表现出集成化的趋势。可以预见，CAD 辅助设计、图形图像处理技术、虚拟现实技术、多媒体技术、GIS、空间

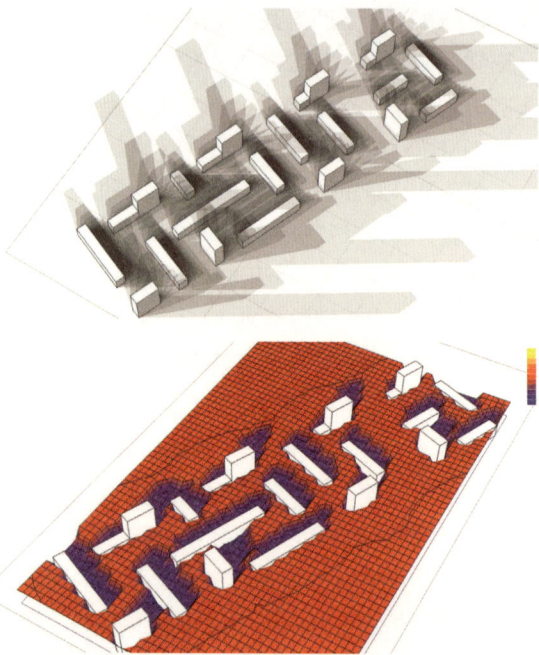

图 7-3-22 应用 Ecotect 软件模拟分析街区冬至日阴影分布示例（上）
资料来源：李京津. 基于"日照适应性单元"的城市形态优化 [D]. 南京：东南大学，2011：46.

图 7-3-23 应用 Ecotect 软件模拟分析街区冬至日太阳辐射示例（下）
资料来源：李京津. 基于"日照适应性单元"的城市形态优化 [D]. 南京：东南大学，2011：63.

句法分析技术、CFD 等环境模拟分析技术、统计分析工具、数学模型、网络技术乃至卫星遥感技术等多种技术的交叉融合，必将极大地拓展城市设计研究方法和分析手段，甚至可能促进新的城市设计理论的形成。

城市设计的各种分析方法和调研技艺为城市设计过程组织提供了有效的技术支持。其发展演变总体上具有两方面的趋势。一方面，现代城市设计的分析方法和调研技艺随着城市设计理论的发展、研究范围的拓展而不断完善；另一方面，城市设计学科与社会学、生态学、计算机技术等学科的广泛融合和相关技术手段的涌现促使新的设计分析方法的运用，跨学科的综合性技术平台正在逐渐形成，广大城市设计研究人员应对此予以积极关注，通过持续不断的学习钻研，熟练掌握各种分析方法、调研技艺和辅助技术，并在日常实践中加以综合运用，从而提高城市设计的总体水平。

思考题

1. 城市设计空间—形体分析方法主要有哪几种？其各自特点主要表现在哪些方面？

2. 城市设计场所—文脉分析方法主要有哪几种？并请分别阐述其研究取向和启示意义。

3. 请简述相关线—域面分析方法的基本思路、分析内容和实施步骤。

4. 城市空间分析的技艺主要包括哪几种？在实际运用中分别应注意哪些方面？

5. 城市设计社会调查共有哪四种常用方法？并简述其含义、类型、优缺点及实施要点。

6. 简述城市设计中数字化辅助技术的基本类型。并分别论述其应用于哪些方面？

7. 试述未来城市设计分析方法的发展方向及趋势。

主要参考书目

[1] 王建国 . 城市设计 [M]. 2 版 . 南京：东南大学出版社，2004.

[2] （英）Matthew Carmona，Tim Heath，Taner Oc，Steven Tiesdell. 城市设计的维度 公共场所——城市空间 [M]. 冯江，袁粤，万谦，等译 . 南京：江苏科学技术出版 社，2005.

[3] （美）凯文·林奇 . 城市意象 [M]. 方益萍，何晓军，译 . 北京：华夏出版社，2001.

[4] （加）简·雅各布斯 . 美国大城市的死与生 [M]. 金衡山，译 . 南京：译林出版社，2005.

[5] （奥）西特 . 城市建设艺术 [M]. 仲德崑，译 . 南京：东南大学出版社，1990.

[6] （日）芦原义信 . 外部空间设计 [M]. 尹培桐，译 . 北京：中国建筑工业出版社，1988.

[7] (美)柯林·罗,弗瑞德·科特．拼贴城市 [M]．童明,译．北京:中国建筑工业出版社,2003．

[8] 吴增基,吴鹏森,苏振芳．现代社会调查方法 [M]．2 版．上海:上海人民出版社,2003．

[9] 李和平,李浩．城市规划社会调查方法 [M]．北京:中国建筑工业出版社,2004．

[10] 章俊华．规划设计学中的调查分析法与实践 [M]．北京:中国建筑工业出版社,2005．

[11] G.Cullen．Townscape [M]．New York:Reinhold Publishing Corporation,1961．

[12] A.Rapoport．Human Aspects of Urban Form—Towards a Man-Environment Approach to Urban Form and Design [M].Oxford:Pergaman Press,1977．

[13] Kevin Lynch．Site Planning [M].Cambridge:MIT Press,1984．

[14] 王建国,高源,胡明星．基于高层建筑管控的南京老城空间形态优化 [J]．城市规划,2005(1):45-53．

[15] 迟伟．虚拟现实技术在城市设计中的实践 [J]．世界建筑,2000(10):56-60．

[16] 姚静,顾朝林,张晓祥,等．试析利用地理信息技术辅助城市设计 [J]．城市规划,2004(8):75-78．

[17] 钮心毅．地理信息系统在城市设计中的应用 [J]．城市规划汇刊,2002(4):41-45．

[18] 李江,郭庆胜．基于句法分析的城市空间形态定量研究 [J]．武汉大学学报（工学版）,2003(4):69-73．

[19] 张庭伟．苏州平江旧城保护区详细规划介绍 [J]．建筑师,1983(14):83-95．

[20] 计算机仿真技术在深圳市中心区城市规划与设计中的探索和应用 [EB/OL].[2004-11-29].http://www.86vr.com/case/cityplanning/200411/4524.html．

[21] Michael Batty,Martin Dodge,Bin Jiang,et al．GIS and Urban Design [EB/OL]．[1998-06]．http://www.casa.ucl.ac.uk/urbandesifinal.pdf．

[22] Martin Dodge,Dr Bin Jiang．Geographical Information Systems for Urban Design:Providing New Tools and Digital Data for Urban Designers [EB/OL].[1998-04].http://www.casa.ucl.ac.uk/publications/learning_spaces/．

[23] Vida Maliene,Vytautas Grigonis,et al．Geographic Information System:Old Principles with New Capabilities[J]．Urban Design International,2011(1):1-6．

[24] 张愚,王建国．再论"空间句法"[J]．建筑师,2004(6):33-44．

[25] Kayvan Karimi．A Configurational Approach to Analytical Urban Design:"Space Syntax" Methodology[J]．Urban Design International,2012(4):297-318．

[26] 余庄,张辉．城市规划 CFD 模拟设计的数字化研究 [J]．城市规划,2007(6):52-55．

[27] 柏慕培训．Autodest Ecotect Analysis 2011 绿色建筑分析实例详解 [M]．北京:中国建筑工业出版社,2011．

[28] 何关培．BIM 总论 [M]．北京:中国建筑工业出版社,2011．

[29] 李美华,夏海山,李晓贝．BIM 技术在城市规划微环境模拟中的应用 [A]// 多元与包容——2012 中国城市规划年会论文集,2012．

【导读】在城市设计的实践过程中，无论是城市设计的成果编制环节，还是成果编制完成后的实践转化环节，均要了解和把握城市设计实施和组织中可能会面临的各类问题，包括：全过程意义上的城市设计是什么？城市设计从编制到实施的过程中，公众参与的主体和方式有哪些？符合现代城市设计要求的机构组织模式是什么？城市设计编制的成果如何同我国现有的规划体系相衔接，又该如何同未来的管理要求和实施操作相接轨？……对于一个城市设计从编制到实施的整个程序而言，尤其需要认识到各项工作组织的关键点和难点在哪里？其原则和策略又是什么？

第8章　城市设计的实施组织

8.1 城市设计的过程属性

在当前城市设计发展呈现出日益科学化、开放化、多元化和综合化的趋势下,有关城市设计的操作实施成为国内外城市设计研究都在探索的重要课题。这一课题涉及设计过程的组织问题,同时也是现代城市设计中最具方法论意义的内容之一。

不同的专业经历影响了人们对客观事物的理解。事实上,城市建设中不同的角色,如政府官员、规划设计专业人员、普通大众和项目业主心目中的城市建设理想差别很大。因此,城市开发成功的关键在于,城市设计师要向决策者提供科学合理的建议,协调并保证来自各方面的知识被尽可能全面地吸纳与采用,从而形成综合的城市设计决策。而这些需要通过一个城市设计的整体协作过程来组织完成。

8.1.1 城市设计过程的特征意义

城市设计首先是一个复杂的过程。无论是城市设计的目标价值系统,抑或是城市设计的应用方法,对于任何具体的城市设计任务而言,都只是其中的子项构成。只有经过某种恰当合理的选择、并相互交织在一个整体过程中,才有可能使城市设计的实践活动直接受益。

其次,城市设计是一个连续决策的过程。城市环境的广延性,建设决策的分散性,使得城市设计即使与实施完成后的居民反馈有不匹配的地方,也不可能很快得到调整,而通过合适的设计过程组织,则有助于这种情况得到改善。

再次,城市设计还是一个求解内外适应的过程。如果将来自宏观外界、社会需要和文脉方面的内容看作城市设计的"外部环境",那么从方法上讲,城市设计即是通过自身"内部环境"的设计适应"外部环境"达到预期目标的过程;而对适应方式而言,最重要的就是城市设计过程的组织,可以说这是"方法的方法",在知识上它是硬性的、可分析的和可学习操作的。

所以,现代城市设计实施是一个双重复合的过程:它不但是一个由分析系统、操作系统、价值判断等组成的"专业驾驭过程",同时还是一个包含社会、经济、文化和法律等在内的"参与决策过程"。能否处理好这种"双重过程"及其相互关系,是成就一个优秀城市设计的前提与基础(图 8-1-1)。

其中,城市设计专业驾驭过程涉及的客体内容非常复杂。各种分析方法和技艺以一种历时性的组织方式展开,依

图 8-1-1 现代城市设计的双重复合过程

资料来源:王建国.城市设计 [M].2 版.南京:东南大学出版社,2004:234.

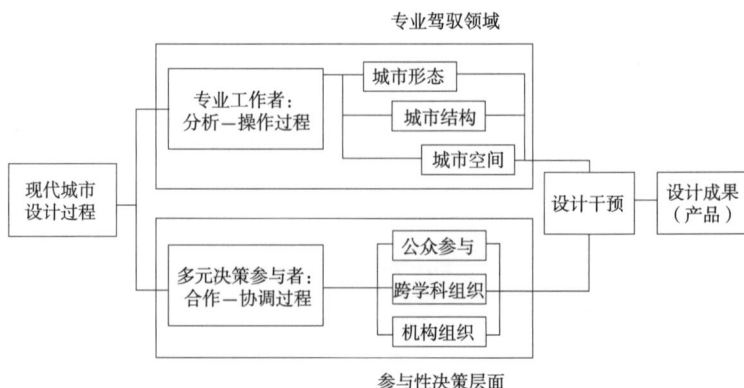

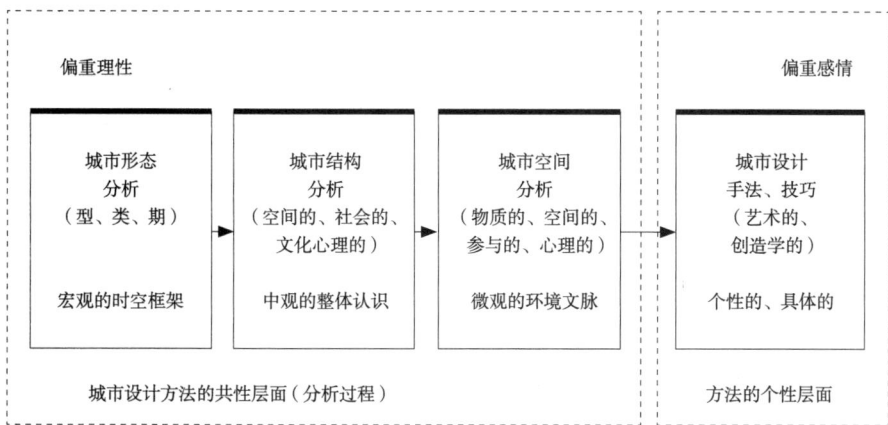

图 8-1-2　现代城市设计的专业驾驭过程
资料来源：王建国.城市设计 [M]. 2 版.南京：东南大学出版社，2004：234.

循着从整体到局部，从大到小的次序；而从城市形态和城市结构分析，再到城市空间分析，直到最后设计决策的历时性过程本身，又都具有内在的逻辑性（图 8-1-2）。

参与性决策过程的构建意义在于，现代城市设计在一定程度上是一种无终极目标的设计，其成果和产品具有阶段性意义。实践中，在一个项目的初期，投资业主或公共机构通常会编制一个长期规划，探讨了一些常规的行动步骤后，开发商又会让规划师、建筑师和工程师忙于项目各个要素的设计，之后再雇用建筑队来实施项目，直到最后用户使用建好的新环境。由于每个步骤中，不同的人员总是用各自的专长来处理他们面对的问题和机遇，从而导致传统城市设计终极目标决策方式的失败，现代城市设计呈现为一种长期修补的连续设计过程。事实上，如果在综合研究城市开发建设过程的初期就组织一个学科较全的工作组来协调工作，就有可能使一些错误在最终成果设计和建设实施之前得以认识和更正，而这其中的关键就是需要有实施这一做法的参与决策过程。

同时，过程的意义还在于，过程拥有分解、组合等构造特点，并具备反馈机制。因此，一旦设计出现问题，就有可能很快地在次一级的子项上找出症结所在，如此通过连续反映并调整实际状态与希望状态之间的差异，使过程具有自组织能力。无论内外环境向什么方向变化，反馈调节都能跟踪过程的微小变化，不必每次都从头重复整个设计过程。

8.1.2　现代城市设计的方法论特征

传统的城市设计方法是以明确的目标实现为特征的。即它在假定事件状态和最终目标状态均为已知的条件下，寻找一种逻辑上严格的、能产生满意甚至最佳结果的规则。"任务取向"是这种方法的认识论特征。

应用中，这种方法适用于解决充分限定的问题，尤其是与经济性有关的设计解答上，如新区开发中在给定单方造价范围和有关单元类型最小的情况下，根据对投资的偿还回答住宅的最佳组合问题。

但是，这种方法也有很大的局限性。在城市设计中，目标常常含混复杂。

城市是一个综合复杂的构成体，是由很多动机不同、甚至相互矛盾的建设行为长期营造的产物。因此，城市设计与某些建筑设计工作不同，它不是某一个设计师依靠直觉的产物，设计必须在一种社会协作条件下的探寻性过程中寻找答案。

必须指出，城市设计并非是显示设计师或决策者对于城市空间经营和开发政策的权利表现，设计者必须平衡来自政府各部门对城市公共环境建设的期望，同时还必须吸纳来自不同利益团体的各种看法。也就是说，这种过程应有利于包容社会和群众的价值取向，城市设计师所要做的就是尽其专业能力驾驭过程，凝聚共识并付诸行动（图8-1-3）。

8.2 城市设计的公众参与

从设计层面讲，城市设计具有一种职业技术的特征；从管理层面讲，城市设计具有一种政府行为的特征；从参与层面讲，城市设计则有一种社会实践的特征。

作为社会实践，城市设计中的公众参与是一个无法规避的重要问题，同时它也是城市设计制度建设的基本组成部分。但是另一方面，当不尽合理的体制顺利保障正当的参与时，同样会出现让人哭笑不得的结果。美国学者亚历山大教授在《俄勒冈实验》（*The Oregon Experiment*）中，便用一幅漫画描述了使用者与建筑师难于沟通的状况，导致最后的结果面目全非。这看似荒谬，但类似的曲解和谬误却不时发生（图8-2-1）。

8.2.1 参与性主题的缘起

在古代，城市设计大都取决于单一委托人的需要，如封建帝王、统治者或僧侣、贵族等；工业革命后，设计虽然

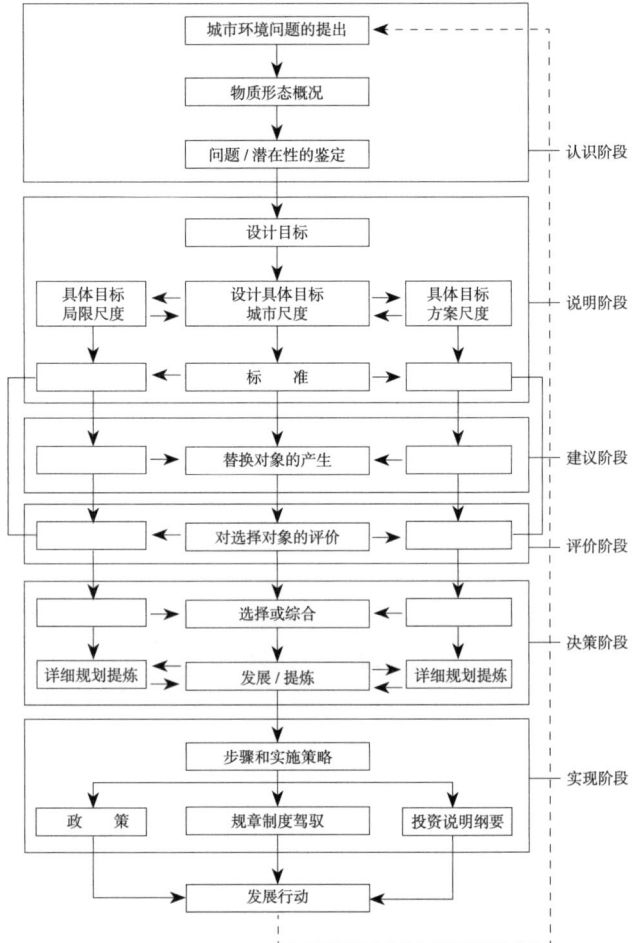

图8-1-3 约瑟夫等提出的美国城市设计过程组织框图
资料来源：Urban Planning and Design Criteria[M]. 2nd ed. New York：Van Nostrang Reinhold，1975.

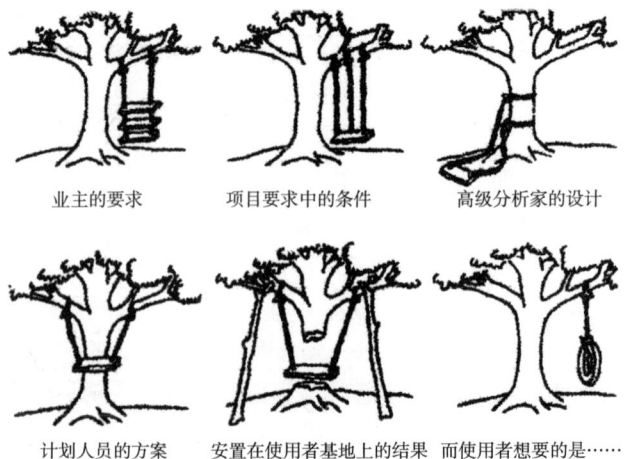

图8-2-1 C·亚历山大的讽刺漫画

有了一定的开放性，但是这种一对一的关系仍然延续到 20 世纪初。随着工业化发展和公共住宅的出现，一部分委托人逐渐变成了用户群体，这时设计者就面临着与设计对象最后用户的分离问题，以及随之带来的设计伦理问题和有效性问题。

现代建筑理论认为：建筑物乃至一座城市被看作一种抽象的艺术形式来处理；抑或恪守所谓的"社会变革设施中心理论"，即认为一旦为居民提供住房、道路、通信、电力等生活基础设施，便可建设起良好的城市社区。事实证明，这两种发展均不尽如人意。

与此并行的是，在古往今来的历史中，全世界许多地区的城镇居民都基于自身需要和价值取向自发建设了各自的城市社区。虽然没有专业人员的帮助，但是这些非设计产物却常常成就了一些伟大的城市设计。简·雅各布斯、鲁道夫斯基等一批专家学者以精辟的研究与翔实的案例，说明了这种市民自发建设行为的社会文化意义与驾驭环境创造的非凡能力，从而引发了西方专业界对社会文化影响的重新思考，要求专业设计人员必须学会理解他们正在影响的社区复杂性。

1965 年，荷兰建筑师哈布瑞根创造性地提出住宅建设支撑体系统 (SAR)，其后又扩展到城市设计 (1973 年)——把城市物质构成广义地命名为"组织体"，基础设施、道路、建筑物承重结构则命名为"骨架"(Support)，提出组织体才是决定该地区环境特色和人群组织模式的核心与关键。在进一步认识到社区文脉重要性的同时，专业人员也开始对设计过程中自身的角色与作用进行了重新的审视。身兼律师与规划师双职的达维多夫 (P. Davidoff) 提出，既然设计人员无法保证自己立场的客观、合理和全面，不能保证完全没有偏见，那么索性就回避其恒定和唯一的是非标准，剥除那种公众代言人和技术权威的形象，而把科学和技术作为工具，将设计作为一种社会服务提供给大众。

8.2.2 公众参与的目的与主体

1960 年代末兴起的"公众参与"(Public Participation) 设计，是一种让群众参与决策过程的设计——群众真正成为工程的用户，这里强调的是与公众一起设计，而不是为他们设计。

公众参与的过程是一个教育过程，不管是对用户，还是对设计者，不存在可替换的真实体验。设计者（规划者）从群众中学习社会文脉和价值观，而群众则从设计者身上学习技术和管理，设计者可以与群众一起发展方案。所以，公众参与的目的在于增加沟通，便于实践活动能更好地满足人民需求。设计过程既不能缺少公众参与，也不能因为过分强调每个步骤中的公众参与而造成众说纷纭、时间上的延迟以及参与制度贯彻可行性的降低。

具体地说，公众参与的作用与任务包括：①提供信息、教育和联络：帮助市民了解城市设计实践的目的、过程、参与工作的方法，及时公布研究进展与相关发现。②确定问题、需要及重要价值：确定公众需求及对本地段市民来说意义重大的影响因素和现存问题。③发掘思想和解决问题：进一步确定备选方案，弥补原有构思的不足，寻找更好的措施对策。④收集人们对建议的反应和反馈：获取人们对开发活动和生活各个层面的关系的认识。⑤各备选方案的评估：掌握与地段综合环境相关的价值信息，并在对备选方案作出选择时考虑这些信息。⑥解决冲突、协商意见：了解矛盾冲突的核心问题，设法协调矛盾、补偿不足，就最优方案达成一致意见，避免不必要的纠缠。

公众参与的主体通常可以划分为以下四类：

其一，以城市设计师为代表的专业设计团体，该类团体掌握设计的专业技能，是整个城市设计活动的技术支撑。其二，地方政府部门，该类团体作为经公选形成的国家管治机构，被赋予一定的行政权力，在城市设计决策中占据优势地位。其三，从产品服务的角度分析，城市设计是一种以社会为委托人的设计活动，其运作目的不在于满足个人或个人团体的需要，而在于创造为所有市民到达与使用的城市外部空间和形体环境，并通过由这些城市外部空间与形体环境构筑的城市形象，对城市居住者的行为、礼仪、价值观等文化属性造成影响。从这一意义上说，包括专业团体、政府团体在内的所有社会公众都将在生理或心理层面受到城市设计决策的影响，成为设计结果的接受与使用对象。其四，由于现阶段许多城市设计实施要借助民间资本的依托，从而导致相关地产商、投资商、券商等私人或私人集团从普通市民团体中划分出来，形成一支特殊的、以一定资本投入为特征的私人开发团体，他们主要通过对资本投入方向、时机以及量度的选择左右城市设计决策（表8-2-1）。

需要指出的是，虽然各种参与主体在城市设计的不同阶段有着各自的角色分工进而影响设计决策，但是社会结构的差异导致它们在决策制衡能力上存

城市设计实践中的参与主体分类与角色分工　　　　　表8-2-1

评价过程		参与主体			
		专业设计团体	地方政府部门	普通社会公众	私人开发团体
总体策划	基本目标决策	B	A	A	A
	可行性研究	A	B		B
	项目基本策划	B	A		A
	全面预测评估	A		B	
	拟定工作计划	A	B		
设计组织	调研收集资料	A		B	
	综合分析资料	A			
	多种构思方案	A			
	方案选择	B	A	A	A
	调整深入	A	A		A
实施执行	贯彻完成	A	A		A
运作维护	反馈	A	A	A	A

注：A——主要角色，B——促进支持的角色。

在着强弱差异。政府部门作为地方权力机构，无疑占据决策的优先权；私人开发团体由于政府部门必须依赖其资源完成建设项目，也间接成为影响决策的强势团体；而设计团体则主要通过各种专业途径左右设计结果。所以，狭义层面的参与理论认为，专业设计团体、地方政府部门与私人开发团体在严格意义上属于公众参与的当然团体，他们在城市设计运作过程中的介入属于自然行为，无须特别安排；公众参与的核心应该关注那些没有权力、资源支持的，作为城市设计产出使用者的普通公众。他们的介入，才是真正意义上的公众参与。

此外，值得补充的还有一类特殊的主体和角色——"社区规划师"。[①] 这类参与主体和上述公众参与的第一类主体还不尽相同，既可以是社区组织的一个组成部分，也可以是职业规划师、设计师及其组织以非营利组织成员或是志愿服务的身份等，参与大到居住社区宏观发展方向、营造策略的建构、社会网络的培养，小到社区环境的小品设置、空间结构的改善咨询等众多领域。

由此可见，社区规划师的角色实质上介于政府部门、使用对象和开发方等主体之间，具有中介性、自主性和专业价值观，以公共空间的改善议题为主；同时还兼有"地方化"特点，对其工作的社区环境具有相当深度的认知，可以协助社区居民就日常生活领域涉及的建筑设计、城市规划、公共环境等问题提供咨询，也可以协同社区向都市发展局提出地区环境发展建议、地区环境改造规划设想。像中国台湾地区在"社区总体营造"的实践过程中，就逐渐形成了专业规划人员参与社区营造的社区规划师制度（图8-2-2）。

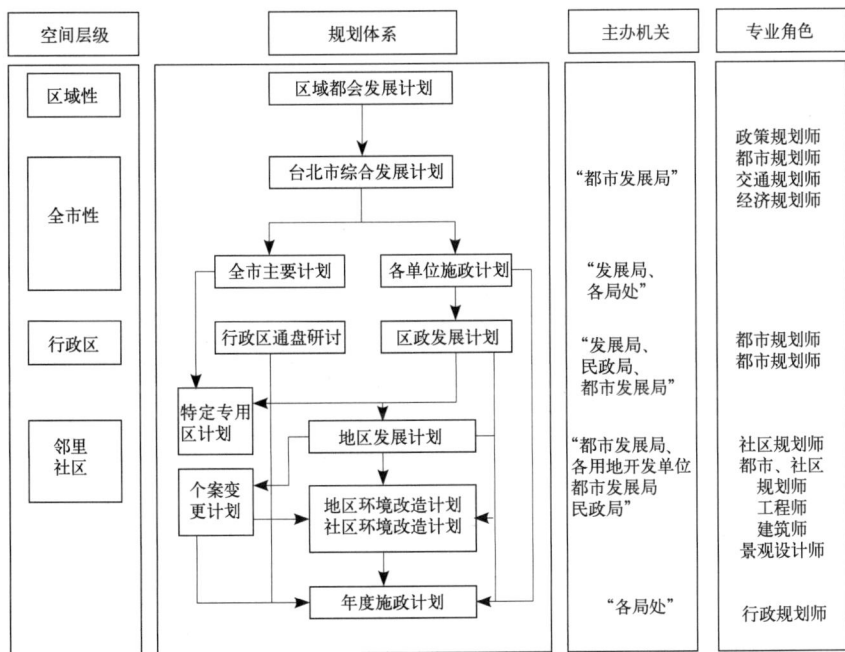

图 8-2-2 社区规划师在台湾规划体系中的角色和作用

资料来源：许志坚，宋宝麒.台北市"社区规划师制度"详解[J].上海城市管理职业技术学院学报，2003（2）：39.

---

① 所谓"社区规划师"制度，是指每一个城市居住社区均应有一个或一个以上相对固定的规划师或其群体组织参与到社区项目策划、规划设计、开发建造及以后的社区发展与维护乃至更新改造等居住社区营造、发展的全过程。

8.2.3 公众参与的层次与方法

实践过程中,公众参与城市设计的程度常常是不一样的,谢利·安斯廷(Sherry Arnstein)在《市民参与阶梯》一文中将其形象地划分为3个层次8种形式(表8-2-2)。

其中,最低层次的是"无参与",即决策机构早就制定好设计方案要求公众接受,或是在进行一番形式上的说教后要求接受设计结果。中等层次的参与划归为"象征"类别,分别为提供信息、征询意见和政府退让三种形式,即向公众提供设计信息,通过调查工作获得公众需求,进而对市民的某些要求予以退让。当然,并非所有的合理化要求都能得到满足,这就需要更高层次的"实质性参与",即通过合作、委任等方式直接赋予公众进行项目控制的权利,使其有能力根据自己的意愿对与自身利益相关的设计进行直接裁决。

城市设计实践中公众参与的层次 　　　　　　　　表8-2-2

	公众参与的等级	公众参与的层次
8	市民控制	
7	权利委任	实质性参与
6	合作	
5	政府退让	
4	征询意见	象征性参与
3	提供信息	
2	教育后执行	无参与
1	操纵	

资料来源:Sherry Arnstein. A Ladder of Citizen Participation[J]. Journal of American Institute of Planners,1969,35(4).

为充分发挥公众参与的效果,倡导者们主张,设计者应了解公众的需求和他们要解决的问题。这除了涉及相关学科的知识和特定的组织形式外,还需要更多更灵活的方法与手段。在美国,大约有超过75种的技术手段协助城市规划设计决策,为此美国政府曾出版过一份关于类似方法的综合目录(表8-2-3)。

其中,有些方法适用于规划设计过程的任一步骤,如专家研讨法(Charrette)、情况通报和邻里会议(Information and neighborhood meetings)、公众意见听证会(Public hearings)、公众通报(Public information programs)、特别工作组(Task force)等;有的适用于目标和价值的锁定,例如居民顾问委员会(Citizen advisory committees)、意愿调查(Attitude surveys)、邻里规划委员会(Neighborhood planning council)、公众代表在公共政策制定机构中的陈述(Citizen representation on public policy making bodies)、机动小组(Group dynamics)、政策德尔斐法(Policy Delphi)等;有的适用于方案的抉择,如公众投票复决(Citizen referendum)、社区专业协助(Community technical

传递的特征			促进公众参与的各种办法	对参与任务的影响评价					
和公众保持联系达到的程度	处理特定利害问题的能力	双向传递的程度		提供信息教育和联络	确定问题需要以及重要价值	发掘思想解决问题	收集反馈信息	评估备选方案	解决冲突协商意见
M	L	L	公众意见听证会		*		*		
M	L	M	公众会议	*	*		*		
L	M	H	非正式小组会议	*	*	*	*	*	*
M	L	M	一般公众信息会	*					
L	M	M	面向社团组织的报告会	*	*		*		
L	H	H	信息协调座谈会	*			*		
L	M	L	开设现场办公室		*	*	*		
L	H	H	访问当地规划部门		*		*	*	
L	H	L	规划手册和工作流程	*		*	*	*	
M	M	L	资料手册	*					
L	H	H	现场旅行和现场参观	*	*				
H	L	M	公开展览	*		*	*		
M	L	M	建设项目的模型说明	*			*	*	*
H	L	L	新闻宣传材料	*					
L	H	M	针对公众质询的回答	*					
M	L	L	发布新闻，征求评论	*			*		
L	H	L	发信征求评论		*		*		
L	H	H	专题讨论会		*		*	*	*
L	H	H	顾问委员会		*	*	*	*	
L	H	H	特别工作组		*		*		
L	H	H	雇佣城镇居民		*	*		*	
L	H	H	城镇利益代言人			*		*	*
L	H	H	召集意见人或代表		*	*	*	*	*

注：L——低，M——中，H——高。

资料来源：David Manmmen.Citizen Participation and Planning in Urban Planning in China's Transition to a Socialist Market Economy[Z]. 1997.

assistance)、直观设计 (Design-in)、公开性规划 (Fishbowl planning)、比赛模拟 (Game and simulations)、利用宣传媒介进行表决 (Media-based issue balloting)、目标达成模型 (Goals-achievement matrix) 等；有的适用于方案的组织实施，如市民雇员 (Citizen employment)、市民培训 (Citizen training) 等；还有的则适用于方案的反馈与修改，如巡访中心 (Drop-incenters)、热线 (Hotline)、远景设想 (Visioning) 等。

此外，为了帮助公众理解城市设计实践的公共过程，媒介也可以发挥相当重要的作用。报纸、收音机和电视，都是良好的公众参与工具。特别值得一提的是，在信息技术日益发达的今天，电子网络异军突起，逐步发展成为服务部门与公众之间交流联络最普遍、最便捷的手段，许多政府部门都将一些重要项目的设计实践过程以网页的形式公开，增强与公众之间的透明度与交换度。

8.2.4 我国的公众参与问题

以往，我国规划设计的制定基本上是一个"自上而下"的过程。在此过程中，公众被基本上排除在外，他们对于设计结果只有遵守和执行的义务。而今，社会主义市场体制的建立要求设计决策更多地采用"自下而上"的路径，我国很多城市举行的城市设计成果咨询展、项目建设告示牌、方案投票等举措都反映出我国在这一方面付出的努力与取得的进步。

但与发达国家相比，我国的公众参与活动还不够成熟。主要体现在：①成果型参与而非过程型参与。即参与形式主要为在城市设计成果完成以后进行公示，听取社会意见。这种方式固然可以在一定程度上采纳民意，但在成果即将定型以前听取公众意见，如果民意与方案构思出入较大，将给方案调整带来较大麻烦；另一方面，由于缺乏设计过程中与公众的思想交流，指望公众能够在短短几个小时的观展时间内了解全部设计情况并提出中肯意见，也不现实。②建议型参与而非决策型参与。前文已述，真正意义上的公众参与不能停留于请求公众意见，而应将决策权力赋予公众，使其有能力根据自己的意愿对与自身利益相关的政策进行直接的裁决。而我国城市设计的决策机构，通常为地方规划委员会及其相关部门，他们在人员构成上一般为清一色的政府官员，由其决定是否采纳公众意见与采纳深度。③未充分发挥社区与非政府组织的作用。发达国家的经验表明，通过社区引导公众活动，可以将个体层面的市民参与上升为社会层面的集体参与，迫使主管部门不得不认真对待公众意见；同时，作为专业技术力量的非政府机构的介入，可以促进相关部门与社区民众之间的有效沟通，使得参与的科学含量大大增强。而我国目前的社区组织体系尚不成熟，领导水平参差不齐，各种非政府组织更是缺乏，难以有效承担起相关工作。

随着社会主义市场体制的培育、发展和完善，我国的公众思维正在改变，自主意识与日俱增，公众亦必将更多地投入到规划设计的过程中来，并由此根本改变我国城市规划设计的思想、理念和内容；而城市设计公众参与则会在社会系统中确立一种"契约"关系，使更多的人与活动在顾及自身利益需求的基础上，预先进行协调，并通过"契约"（合法的设计文本）相互制约，提高城市设计的可行性和可实施性。

目前，需要进一步激发公众参与的意识与意愿，为参与行为的组织与形成奠定基础；同时，加强与完善有关公众参与的内容、阶段、形式、机构、程序、处罚等方面的制度建设，以法律的形式固定下来，为各种参与活动的有效开展创造条件与提供渠道；此外，还要顺应时代变革的形势需要，有意识地走进社区、了解市民，学会借助社区的力量与市民一起共同完成城市设计的宣传、设计与管理工作，同时针对我国非政府组织缺乏的不足，加强各大学、研究机构与社区组织间的联系，通过定点协作提高市民参与的技术水平。

8.3 城市设计的机构组织

城市设计广泛涉及政治、经济和法律等社会方面的要素。这些要素虽然都能对城市设计产生影响，但叠加在一起效果未必一定是积极的。因此，在城市赖以存在的社会基础中，城市组织机构之间如果缺乏协调和关联性，或者立法体制及建设准则只放到功能和经济理性一边，忽视文化理性和生态理性，就会阻碍城市整体目标的实现和城市设计的发展；综合改革传统垂直式的行政架构，理顺条块之间的关系，建立符合现代城市设计要求的机构组织模式是当务之急。

8.3.1 国外城市设计的机构组织

1) 国外城市设计与政府职能机构的结合

城市设计必须寻求一种能统一和均衡相关要素，同时又能包含参与性意见的行政机构组织，或者直接介入决策设计的全过程并和这种机构有机结合。如埃德蒙·N·培根就在城市设计与地方政府的结合方面取得了杰出成就；巴奈特与纽约市政府在城市设计中形成的机构组织与合作经验，也是这方面著名的成功案例（图8-3-1）；在亚洲，日本横滨、中国台湾、新加坡等地的经验则令人瞩目，他们与政府等部门机构的合作促使城市设计实践日益合法化，并运用各种途径推动了城市设计的开展，赢得了社会各界对城市设计的普遍关注和好感。

美国政府从1969年开始支持城市设计，起初把"城市环境设计程序"作为国家环境政策的一部分，后来通过了1974年的"住房和城市政策条令"。自从城市设计在美国作为公共政策实施以来，至今已有一千多个城市实施了城市设计制度与审查许可制度；在城市设计与行政机构的协调合作方面，英国的做法更具成效，并集中体现在战后新城的设计建设之中；而斯堪的纳维亚国家（如挪威、瑞典）

图 8-3-1　波士顿城市设计审议流程
资料来源：林钦荣.都市设计在台湾 [M]. 台北：创兴出版社，1995：166.

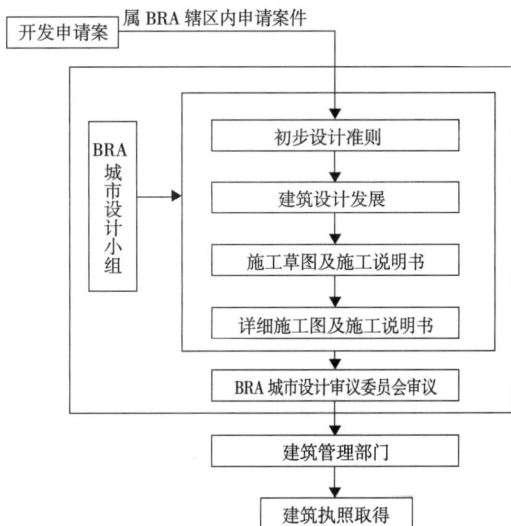

和社会主义国家的集权体制，则更易于将城市设计组织到政府职能机构中去。不过，在不同文化规范和体制的国家中，城市设计的介入形式是有一定区别的（图8-3-2）。

城市设计的机构如果组织得卓有成效，也会谋取自身进一步的发展空间。以日本横滨的城市设计发展为例：

——在城市设计最初实施的5年里（1970年代上半期），横滨城市设计小组的主要任务是：通过公共基础设施和公共建筑的建设、步行商业街区和绿化开放空间的复兴，向市民们传播普及城市设计信息；设想并发展一种能促进各行政机构之间以及政府与民间合作的工作体制；该小组除解决建设中的专项问题外，大多数问题都是与市民委员会共同协商解决的（图8-3-3）。

——随着形势的发展，横滨城市设计小组逐渐升格为城市设计室，其作用也开始有所改变，管理、引导和协调成为工作重点。由于同外界其他设计者之间的合作逐渐增多，城市设计的实施面也大大拓宽，甚至扩展到横滨市郊区。

——鉴于城市活动性质和范围的扩大，横滨城市设计室又增加了景观建筑师、市政工程师等新成员，并与外聘专家，如照明工程师、雕塑家、历史学家、行政官员及城市管理者等建立起良好的合作关系。此举一方面适应了城市设计活动数量增长的需求，另一方面又促进了城市设计组织和相关体制的改革和完善，工作亦更合乎规范。

——至1990年代，全日本的城市设计活动在横滨实践的带动下取得显著成效，社会各界及市民对城市设计有了更多的理解和支持，城市设计室这样的机构自身也得到了很大的发展。

2）国外城市设计的机构组织模式

历史上重要的城市设计都与行政机制有关。而在当今高度民主、开放的时代中，两者结合的方式和意义又有了新的特点。目前，城市设计与行政机构的结合，主要有以下三种模式。

（1）集中式

指将城市设计管理职能集中于某个特定的部门统

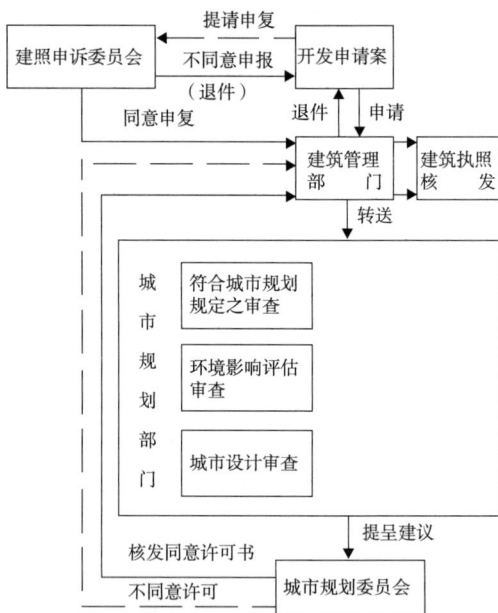

图8-3-2 旧金山城市设计审议过程
资料来源：林钦荣.都市设计在台湾[M].台北：创兴出版社，1995：166.

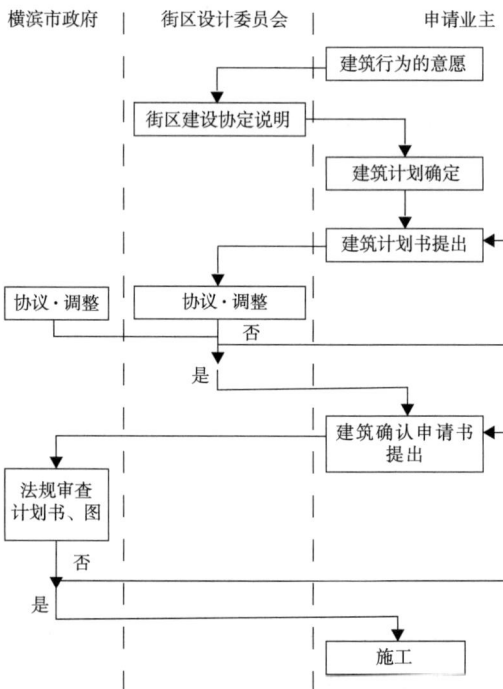

图8-3-3 横滨伊势佐木町的建设审议、管理程序
资料来源：林钦荣.都市设计在台湾[M].台北：创兴出版社，1995：180.

一领导和控制。这一部门常以城市规划设计专家为主，并吸收相关领域的专家和城建部门代表参加。该部门直接受市政府领导，经由市政府授权，具有决策干预权，是城市设计权智结合的最高执行机构，实际工作中主要负责以下三项任务：

①奠定城市设计宏观策略：就城市级空间设计和城市景观进行研究，并以研究成果影响次一级的城市设计（分区和地段范围），乃至重要的建筑设计；②咨询职能：就城市设计工作的开展提供实施可行性、设计准则等方面的咨询；③审查职能：对城市设计项目和重要建筑设计方案进行环境综合指标的审查、校核，并组织各项公众参与活动。

在美国，类似的集权模式主要由单一机构加以监控。该单一机构可能是政府机关，也可能是政府与第三部门之间的合作；而第三部门是一种非营利性与半官方的组织，其职责是进行设计服务或担任中介角色，如旧金山规划与都市研究协会、纽约都会开发局等。这种合作对复杂城市设计问题的解决起到了积极的促进作用。

而在日本，集权模式主要体现为"总协调建筑师"制度。总协调建筑师的职责主要在于针对某一特定地区，向设计各单体建筑的责任建筑师阐述该地区应有的环境景观形式、设计思想和实施原则；有意识地将各单体建筑师的设计构思，引导到营造良好的环境景观上来；向他们提供一些能被居民、政府部门、设计者及建设者共同认可的设计构想；此外，具体实施时，还要策划若干设计细则，以此为据进行设计运作的协调。

为保证环境建设的整体性，总协调建筑师的工作需要在特定的法规制度和总体规划下进行，同时其个人又能够不受既定法规、规划的束缚，保持自主的立场，更好地适应变化，妥善处理应急情况，确保设计的顺利进行。东京都多摩新城15住宅区和位于彦根市的滋贺县立大学是日本最早采用总协调建筑师方式的案例。其中，后者由内井昭藏主持并任总协调建筑师，建筑由长谷川逸子、大江匡、坂仓设计事务所、边浦设计事务所等中青年建筑家和事务所负责。[①]

（2）分散式

分散式意指城市设计职能由某些政府机构（如建设局、规划局和交通局等）分担，各机构分别处理各自日常职责范围内的专项设计问题。

这种方式以美国的部分城市较为典型。美国城市设计实施体制基本属于"自下而上"的地方自治型。公众高度关心城市环境，积极参与城市设计。城市设计审议委员会及主管官员的权利虽大却来自民间，因此其体制既具弹性又有效力，而各城市也依据自己的情况建立了不同的体制。例如，旧金山的城市设计准则涵盖全市，波士顿则无设计准则，而通过行政管理部门与民间开发商签订协议推行城市设计。此外，西雅图、波特兰、洛杉矶也基本采用这种方法。

但是，这种模式也有不少弊端。倘若法规不健全，总体城市设计策略和各机构承诺的义务就会常常彼此混淆，导致职能交叉、城市设计目标不确定等问题。

---

① 新建筑（日本），1996（9）：117–151.

(3) 组织临时性机构

城市设计临时性机构往往是在一段时期内，针对某一特定城市设计问题而组织的一套班子——这可以是一个设计委员会，也可以是政府以外的其他团体组织，一般以专家为主组成，为城市某一阶段和特定的工程任务服务，通常用于那些无力常设城市设计机构组织的城市。这一模式灵活方便，经济实用，应用广泛。

由此可见，城市设计从方案到实施，在很大程度上依赖于健全的组织机制和强有力的法律保障，以及建立在此基础上的弹性管理，这为城市设计方案转换为管理策略提供了有效的途径。

8.3.2 我国城市设计的机构组织

目前我国的城市建设领域，尤其是城市设计的管理主要采用"分散式"，但由于各部门之间缺乏协调，多头管理、各自为政的现象十分突出。具体而言，一个城建项目往往是规划部门做了详细规划后，再由设计部门完成规划中的具体建筑设计，但由于建设甲方只关心自己红线范围内的所属内容，导致大量城市外部空间设计（如绿化、街景、人行道、建筑小品等）游离于建筑设计之外，最后建筑审批由建筑管理部门审核发照。由于上述各部门之间互不通气，缺乏一种整合机制，致使一个本应完整的城市设计被生硬割裂。

近年来，深圳市率先认识到城市设计的重要性，并为此成立了专门的城市设计处。但由于深圳市的城市规划编制程序中缺少城市设计这一环节，造成城市设计处职责不全，且在某些职能上与规划处、建筑处存在交迭，影响了其职能的发挥。因此，就我国目前而言，除了尽快加强城市设计的编制工作外，宜针对不同的城市采用适宜的机构组织模式。

其中，对于那些专业设计力量较强的城市，如北京、南京、上海等，较为理想的机构组织模式是集中式为基础、专家组驾驭下的设计竞赛模式（图8-3-4）。

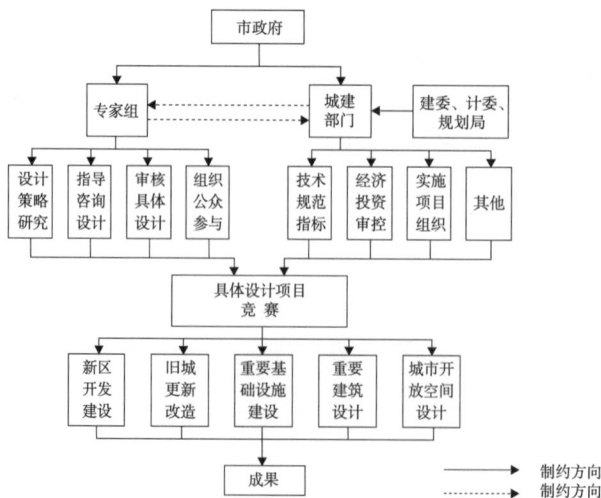

图 8-3-4　我国大城市的城市设计过程
资料来源：王建国.城市设计[M].2版.南京：东南大学出版社，2004：244.

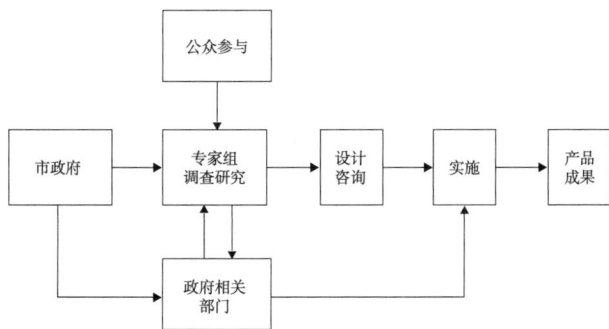

图 8-3-5 我国中小城市的城市设计过程

资料来源：王建国. 城市设计 [M]. 2 版. 南京：东南大学出版社，2004：244.

　　该模式的关键是专家组的组建。一般来说，它应由在城市规划设计领域和其他相关领域具有相当造诣的权威学者组成，人员不宜过多，而有高度的代表性；每一位专家需要具备较强的专业素养和综合组织能力。具体工作中，各专家可以根据专业有所分工，但必须定期讨论、商量问题和决策项目。专家组直接向市长负责，并由市长授权决策，另行组织班子协调行政管理、机构方面的问题。但是我国现行城建体制有严重的交叉重叠现象，专家的决策咨询和设计者的创造才能尚未在体制中给予必要的地位和重视，所以决策水平、效率和准确性不很理想。

　　而对我国大多数中小城市，由于普遍缺乏城市设计专业人才，较有实效的机构组织模式是临时性的专家咨询机构（图 8-3-5）。

　　目前许多城市的规划设计都同有关的大专院校或设计机构结合进行，采用的即是这种模式。其中有两点特别重要：

　　其一，我国中小城市的专业力量一般较为薄弱，因此咨询专家组或顾问对该市的城市设计的驾驭作用会受到该城市领导的特别重视，有些甚至能包揽所有重要的设计项目。这样专家组就有了很大的决策权力，有时甚至排除了当地城管部门的介入，这对设计方案实施的前后一致性和构思的完整性有益。不过，从城市设计的过程性来看，决策虽然可以在一时的政治舞台上作出，但整个实施和管理工作终究还须有当地城建部门的支持和协作，专家组工作的临时性质决定了它不可能具体负责设计实施的全过程，所以，咨询专家应注意与这些部门建立良好的互补关系，而不是全部取而代之。

　　其二，专家本身应具有一定的工作方式和合作艺术，恰当使用自己拥有的决策权力。一般来说，由于专家是外来的，所以必须对这个城市及设计项目的文脉背景和现实条件进行踏实的调查研究，同时组织公众参与，同政府、城建部门展开合作，而后才能提出科学的咨询建议。

　　最后，无论是采取上述何种组织模式，专家的工作内涵都并非是取代城市建设管理部门的职能，而只是在城市设计过程中对宏观驾驭城市景观艺术、空间形态、环境意象等方面的内容具有决策建议权。在这方面，城建部门应在市政府统一领导下给予合作；但涉及城市设计的具体规范和实施问题，城建部门则具有法定的监控权。

8.4 城市设计与现有规划体系的衔接

8.4.1 基于规划体系的城市设计层次划分

我国的城市规划工作经过长期的发展和完善，已逐渐形成了一套层次分明的规划体系：它主要由城镇体系规划、城市总体规划、城市分区规划、城市详细规划（控制性详细规划和修建性详细规划）等不同的层次构成。随着2008年1月1日正式实施的《城乡规划法》，现有的规划体系又将进一步拓展和延伸至村镇层次。

另一方面，从城市设计的本质内涵、目标内容和演化历史看，城市设计长期以来就是城市规划自身的有机构成之一，而非城市规划体系之外另增的阶段与层次。无论是城镇体系规划层次，还是总体规划和详细规划层次（甚至是日后的村镇规划层次），其实都包含着城市设计的内容；而城市设计的纵向体系构成，也必然同现有的城市规划层次保持着内在的对应性。

8.4.2 城市设计与规划体系衔接的基本思路

如何实现城市设计与规划体系的合理衔接？这是近年来我国学术界探讨和争论的焦点问题之一。综合扈万泰、刘涛、田宝江等一批学者的研究成果，我们大致可以形成以下三种思路。

1）基本思路一：一体化理念

（1）背景依据：城市规划与城市设计是同一行为的不同表述方式

从历史渊源上看，工业革命以前以及早期的很多城市规划理论与实践，用今天的眼光来看就是城市设计活动，城市规划与城市设计实际上就是同一行为的不同表述；即使是现代的城市设计行为也与城市规划密切相关、纠结难分。为有所区分和侧重，伊利尔·沙里宁就曾倡导"城市设计"的概念："……为避免在分析中引起误解，凡谈到城市的三维空间概念时，应免用'规划'而改用'设计'一词……但在不涉及上述问题时，同意采纳'规划'这个通称"。

（2）基本特征：城市设计贯穿渗透于城市规划的整体过程，并与之紧密结合

城市设计其实只是城市规划中某一领域（尤其是三维空间方面）或部分职能工作的承担者，是出于强调目的形成的专业用语。换言之，"城市设计"概念的提出，并不是为了创建一个全新独立的学科和领域，而是为了唤起人们对环境问题的关注，恢复城市规划本身具有却被长期忽视的、塑造改善城市空间环境质量的职能，其观念、思维和方法贯穿城市规划的全过程。

（3）运行模式：城市设计作为各层次规划的必要构成，系统地进入城市规划体系

与之对应的是，各层次的城市规划均需在现有《城市规划编制办法》所规定的内容成果基础上，进一步强调城市设计思想内容的体现，重视"设计"观念方法的贯穿和环境空间的安排，充实城市规划编制的内容体系，使二维平

面功能的布局工作与三维空间环境的塑造内容相互依托、彼此反馈、紧密结合。

2）基本思路二：专项化理念

（1）背景依据：与城市设计内容的不相匹配给城市规划的编制带来瓶颈

在现实的规划编制中，常常会因为城市设计内容的不相匹配而给城市规划的编制带来障碍：一方面，在现有的规划体系，尤其是宏观层面的规划编制中，由于普遍忽视和缺少城市设计的专项内容，给操作带来诸多不便；另一方面，鉴于城市设计本身系统的完整性和丰富性，即使在规划过程中进一步明确和加强城市设计的内容要求，也不免存在着城市设计深度受限的问题。

（2）基本特征：将城市设计内容单列为一类特殊的专项规划进行编制

基于突出城市设计具体要求和增强其专项内容可操作性的特定需要，我们完全有可能和需要将各规划层次中的城市设计内容单列为一类特殊的专项规划，从而在城市规划体系内部分离出一片专门性的工作领域和一个相对独立完整的系统内容，实现其内涵丰富的模式控制和规划引导过程。

（3）运行模式：参照专项规划的运行方式和审批办法单独开展编制工作

城市设计可以像人防工程、环境卫生、抗震防灾等一样被单列为专项规划，但作为该思路的前提条件，城市设计依然还是作为城市规划体系整体构成的一部分而存在的，只不过其相对独立的职能地位，已明显不同于基本思路一中两者的彼此渗透和密切难分。

3）基本思路三：双重性理念

（1）背景依据：将城市设计的思想渗透与专项规划的内容深度相结合

该思路是上述两种思路的综合和补充：一方面，城市设计的观念、思维和方法贯穿渗透于城市规划的编制过程之中，成为配合城市规划、统一考虑各系统规划的综合手段；另一方面，为了将城市风貌特色、空间形态和环境景观等内容深入细化，城市设计本身的内容也构成了一个特殊的专项系统，就像规划中的其他诸多专项规划一样，甚至比它们还要复杂。

（2）基本特征：城市设计兼具思想方法和专项规划的双重属性

该思路中的城市设计已然具有一种双重的职能地位。其中，作为思维方法贯穿于城市规划整体过程的城市设计内容，是城市设计与城市规划一体化理念（即基本思路一）的体现；而作为城市规划中一个相对独立的专项规划的城市设计内容，则是城市设计专项化理念（即基本思路二）的体现——这是一种建构于城市规划设计一体论基础之上的双重迭合。

（3）运行模式：城市设计参与基础性研究，并将其成果纳入城市规划进行编制和审批

这并非是更改现行法定的城市规划程序，而是保障研究工作深入开展和规划设计水平提升的有益补充。比如，美国旧金山市为了编制城市总体规划，预先编制了专门的城市设计研究报告；同样，深圳市在1985年总体规划以后，为了提高未来中心区的环境品质，也多次进行专门独立的城市设计研究，1996年年初更是邀请多家单位进行国际城市设计咨询，综合深化后形成实施

方案——可见，同上述"一体化"和"专项化"的理念相比，这一基本思路尤其适用于某些重要地段或有重大意义的城市设计项目。

8.4.3　城市设计在各层次城市规划中的具体运行

城市设计的层次构成虽然同现有的城市规划层次之间保持着内在的对应性，但如何进行合理的衔接在实践中仍然存在着不少问题。下面将针对城市设计和城市规划在对应层次的衔接，作一建议性的分类探讨。

1）区域城市设计——城镇体系规划

从表 8-4-1 中可以看出：其一，城镇体系规划和区域城市设计在编制内容上存在一定的相关性。城镇体系规划的内容相对宽泛，涉及面广。其中，有关城市体形和空间环境的内容虽然与区域城市设计不尽相同，但仍有一定的相通重叠之处，且两者的规定都是原则性的，属于总则与分则的关系。

区域城市设计与城镇体系规划的编制内容比较　　　　表 8-4-1

区域城市设计内容	城镇体系规划中有关城市体形和空间环境的内容
1. 确定区域各城镇的景观风貌特色 2. 确定区域交通走廊（公路、铁路）等沿线景观发展策略 3. 提出保护利用区域天然岸线、重要历史文化遗产等自然或人工景观资源的对策	确定生态环境、土地和水资源、能源、自然和历史文化遗产等方面的保护与利用的综合目标和要求，提出空间管制原则和措施

资料来源：中华人民共和国建设部. 城市规划编制办法 [S]. 2006.

其二，城镇体系规划和区域城市设计在编制深度上具有相似性。城镇体系规划是从宏观层面上大致规定了城市体形和空间环境的策略，深度要求不高；同样，区域城市设计的工作量也不繁重，成果要求也并非特别丰富和自成体系。故区域城市设计不必划出来单独编制，建议结合城镇体系规划同步编制，即遵循城市设计与城市规划的"一体化"理念（基本思路一）。

2）总体城市设计——城市总体规划

从表 8-4-2 中可以看出，在城市体形和空间环境方面，城市总体规划的编制内容同总体城市设计相比确有不少相同之处，后者可以看作是对总体规划的一种有机补充与深化表达（图 8-4-1）。

但具体到总体城市设计的运行方式，大致可分为两种情况。

其一，对于大中城市而言，由于规模庞大，功能复杂，往往会导致城市总体规划在整体空间环境构思与安排上不够深入与全面，而建议将城市设计的内容作为专项规划单列出来进行编制，形成一个相对独立完整的系统，针对城市体形和空间环境进行更加透彻和系统的研究，即遵循城市设计的"专项化"理念。其实早在民国时期编制《首都计划》时，就曾根据首都规划的功能结构，专门提供了包括中央政治区（中山门外紫金山南麓）、市级行政区（傅厚岗一带）、工业区（长江两岸及下关港口区）、文化区（鼓楼、五台山一带）等重点

总体城市设计与城市总体规划的编制内容比较   表 8-4-2

总体城市设计内容	城市总体规划中有关城市体形和空间环境的内容
1. 城市形态结构 (1) 城市总体形态（如山水）格局的保护和发展原则； (2) 城市传统空间形态的保护和发展原则； (3) 区域与城市交通的组织和发展原则。 确定城市主要的发展轴向和重要节点。 2. 城市建筑景观 (1) 提出城市建设艺术； (2) 确定城市建筑高度分区和城市天际轮廓线。 确定城市标志的发展方向及控制原则。 3. 城市开放空间 (1) 城市公园绿地系统的布局和功能体系； (2) 城市主要广场的位置、序列与层次； (3) 提出城市主要街道的发展原则。 确定城市滨水岸线的控制指引。 4. 城市特色分区 (1) 划分城市特色区段； (2) 各分区的生态环境特征、历史文化内涵、人文特色和建筑形体的控制原则。 5. 城市视觉景观系统 (1) 组织重要的景观点、观景点和视廊系统，提出视廊范围内建筑物位置、体量和体形的控制原则； (2) 确定城市眺望系统及其控制原则。 建立城市意象系统，如入口、路径、边界、标志、节点等。 6. 城市人文活动体系 研究城市人文活动的特征规律及空间分布，确定城市人文活动的领域、场所和路线。 7. 城市重点地段 确定城市重点地段的位置、开发控制原则和管理细则，包括建筑体量、建筑高度、建筑界面、容积率、公共开敞空间、建筑风格、街道色彩、绿化配置、树种选择等	1. 城市土地利用和空间布局 (1) 确定各类建设用地的空间布局，提出土地使用强度管制区划和相应的控制指标。 (2) 确定历史文化保护及地方传统特色保护的内容和要求。 (3) 确定旧区有机更新的原则和方法；用地结构调整及环境综合整治。 (4) 确定市级和区级中心的位置和规模及主要公共服务设施的布局。 2. 道路交通 确定交通发展战略和城市公共交通的总体布局，落实公交优先政策，确定主要对外交通设施和主要道路交通设施布局。 3. 划定河湖水面的保护范围（蓝线），确定岸线使用原则 4. 确定绿地系统的发展目标及总体布局

资料来源：中华人民共和国建设部. 城市规划编制办法 [S]. 2006.

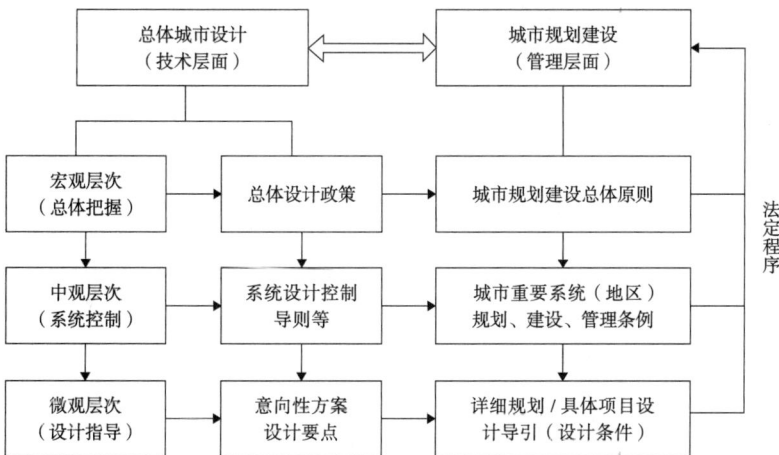

图 8-4-1 总体城市设计的工作框架

资料来源：范嗣斌，邓东，等. 总体城市设计方法初探 [A]// 中国城市规划学会 2004 年年会论文集，2004：432.

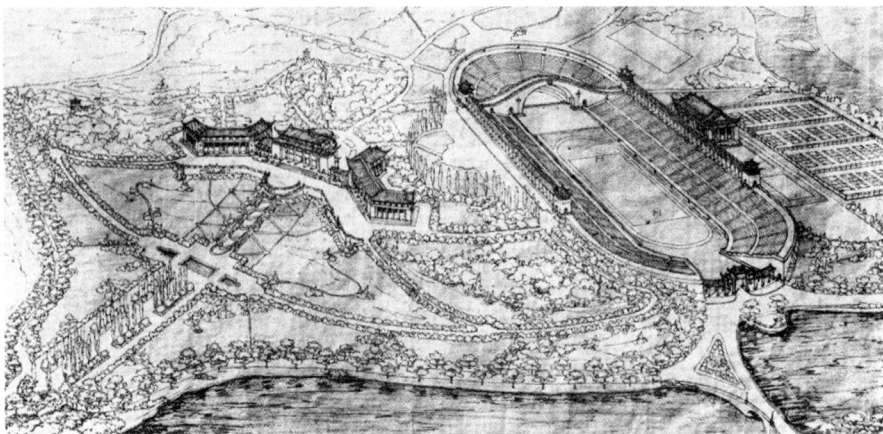

图 8-4-2 《首都计划》的五台山文化区设计
资料来源：首都计划 [Z].
1929.

功能区在内的城市设计专项内容（图 8-4-2）。^① 这是城市社会经济发展对城市空间环境质量提出的进一步要求，也是开展城市设计工作的主要动力所在。

其二，小城市往往规模不大，功能也相对简单，故城市总体规划在整体空间环境上的安排已能基本满足需求，一般无须再单独编制总体城市设计，而建议结合城市总体规划进行同步编制，即遵循城市设计与城市规划的"一体化"理念。

需要补充的是，大城市在城市总体规划的基础上往往还需编制分区规划。考虑到具体实践中，大城市分区规划的用地规模与编制深度同小城市总体规划相仿，故该阶段的分区城市设计建议参照小城市的总体城市设计执行。

3）详细城市设计——控制性详细规划

从表 8-4-3 中可以看出，控制性详细规划的编制内容同详细城市设计相比，有相当部分是彼此重叠、相辅相成的。两者的衔接处理，也包括两种情况。

其一，一般情况下，控制性详细规划不但要针对城市进行社会经济方面的分析，还要针对城市的空间环境展开分析。尤其是后者，往往要涉及地块划分、容积率、建筑高度、密度、体量、工程管线等内容，这实质上已经覆盖了详细城市设计的大部分内容。因此，详细城市设计通常不需要再单独编制，而建议结合控制性详细规划同步编制，即遵循城市设计与城市规划的"一体化"理念（基本思路一）。

其二，在特定情况下，如果涉及重要的城市设计项目（如中心区、机场、体育中心、世博会等技术标准复杂、环境要求高的项目），往往需要在编制详细规划前，通过编制专门的城市设计，将其作为控规中空间环境分析的研究成

---

① 1927 年 4 月 18 日，中华民国国民政府命令"办理国都设计事宜"，特聘美国著名建筑工程师墨菲和古力冶为建筑顾问，清华留美学生吕彦直（中山陵设计者）为墨菲助手。随后成立首都建设委员会，由孙科负责，并设立国都设计技术专员办公处，由墨菲主持制定南京首都规划。1929 年 12 月完成的《首都计划》也是近代南京历史上的第一个城市规划文件。

详细城市设计与控制性详细规划的编制内容比较	表 8-4-3

详细城市设计内容	控制性详细规划主要内容
1. 总体结构：确定规划范围内的总体结构、格局、功能分区。 2. 景观设计：确定规划范围内的景点、景区的用地范围，协调区的范围，确定主要轴线与节点（主要景点）、观景点和眺望系统。 3. 开放空间：确定规划范围内的公园绿地、主要街道、广场、步行系统、生活岸线、向公众开放建筑物的布局方式和设计要求。 4. 交通组织：确定规划范围内的道路网络、静态交通和公共交通的枢纽。 5. 建筑形态	1. 确定规划范围内不同性质用地的界线，确定各类用地内适建、不适建或者有条件地允许建设的建筑类型。 2. 确定各地块建筑高度、建筑密度、容积率、绿地率等控制指标；确定公共设施配套要求、交通出入口方位、停车泊位、建筑后退红线距离等要求。 3. 提出各地块的建筑体量、体形、色彩等城市设计指导原则。 4. 根据交通需求分析，确定地块出入口位置、停车泊位、公共交通场站用地范围和站点位置、步行交通以及其他交通设施。规定各级道路的红线、断面、交叉口形式及渠化措施、控制点坐标和标高。 5. 根据规划建设容量，确定市政工程管线位置、管径和工程设施的用地界线，进行管线综合，确定地下空间开发利用具体要求。 6. 制定相应的土地使用与建筑管理规定

资料来源：中华人民共和国建设部 . 城市规划编制办法 [S].2006.

果纳入到城市规划，使之具备法律效力，即建议遵循城市设计的"双重性"理念（基本思路三）。近年来，国内有影响的"中国 2010 年上海世博会规划设计""深圳市中心区城市设计国际咨询"等项目，均体现了这一思路。

此外，考虑到控制性详细规划与详细城市设计的密不可分和内容重叠，有必要对二者关系再作一比较。首先从差异上看，它可归为以下几点：

（1）就编制重点而言，控制性详细规划更偏重于用地性质、建筑、道路两侧的平面安排；而城市设计更侧重于建筑群体的空间格局、开放空间和环境的设计、建筑小品的空间布置和设计等。

（2）就内容构成而言，控制性详细规划强调的是"定性、定量、定位"，更多地涉及工程技术问题（如区划、道路、管线、竖向设计），体现的是规划实施的步骤和建设项目的安排，考虑的是局部与整体的关系、建筑与市政设施工程的配套、投资与建设量的配合，并要求相应的城市设计体现"可实施性"；而城市设计更多地涉及感性（尤其是视觉）认识及其在人们行为、心理上的影响，表现为法规控制下的具体空间环境设计。

（3）就评价标准而言，控制性详细规划较多地涉及各类技术经济指标，适用经济并与上一层次分区规划或总体规划的匹配是其评价的基本标准。作为城市建设管理的依据，控制性详细规划的内容较少考虑与人活动相关的环境和场所意义问题；城市设计则更多地与具体的城市生活环境以及人对实际空间体验的评价，如艺术性、可识别性、舒适性、心理满意程度等难以用定量形式表达的标准相关。

（4）就工作深度而言，控制性详细规划常用 1：1000 或 1：500 的图纸，以二维内容表现为主，成果偏重于法律性的条款、政策，方案和图纸居于次要地位；而城市设计多用 1∶500，甚至 1∶200 的图纸，成果图文并茂，既有三维直观效果的表现图纸，更有指导操作实施的文本、导则，内容较控制性详细规划更加细致、具体。

其次，从联系上看，城市设计与控制性详细规划之间又可归为以下几点：

(1) 控制性详细规划和城市设计都是在总体规划指导下对局部地段的物质要素进行的设计，具有"定形"的特点。一方面控制性详细规划决定着城市设计的内容和深度，另一方面城市设计研究的深度，也影响着控制性详细规划的科学性和合理性。

(2) 控制性详细规划上承总体规划，下启修建性详细规划，编制内容跨越两个层面，因此城市设计也要注重其"连续性"的特征——一要"承上"：遵循城市总体规划，并视具体情况对其进行合理的修正和补充，特别是在总体规划中没有具体构思的特定地段，城市设计仍然要从整体环境出发对其进行详尽设计。二要"启下"：城市设计要构思巧妙、匠心独运，为下一步设计留有伏笔，同时又要避免规定过多过死，束缚了后续工作的创作余地和弹性。

(3) 控制性详细规划的类型不同，其相应的城市设计在内容和深度上也应有所侧重。如旧区改造控制规划，其城市设计应致力于历史环境特色的发掘和社区邻里感的塑造；新区城市设计应注重自然环境的利用与保护，创造富有时代感的空间环境和建筑形象；而中心区的城市设计则需在景观的标志性、环境的认知性及创造富有魅力的步行空间方面形成重点（图 8-4-3）。

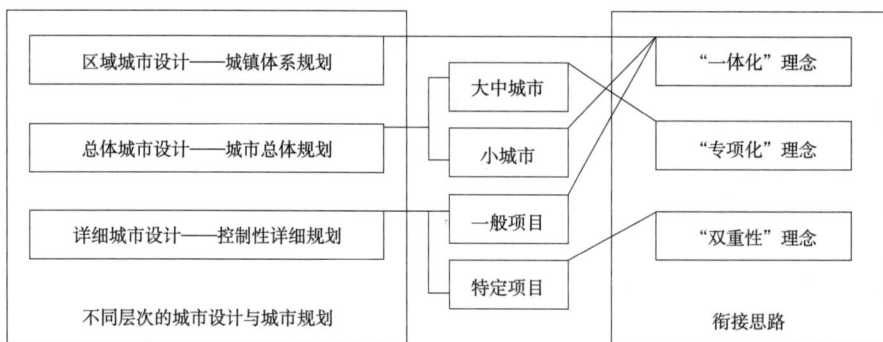

图 8-4-3　不同层次的城市设计与城市规划的衔接思路

8.5　城市设计与城市规划管理的接轨

当前随着市场化程度的不断提高，城市建设的运作将致力于发展由政府、设计师、开发商与公众四方利益团体共同参与的城市建设与实施管理模式，城市设计也不例外。而贯穿于城市设计全过程的规划管理，不仅仅是对城市空间建设活动的引导、控制和调节，从某种意义上说更是一个不同团体合作协调、各方利益彼此平衡的过程，它把城市设计意图与城市空间开发的各个步骤紧密结合了起来。

8.5.1 完善规划管理的需要

从城市规划的角度而言，城市设计管理的内容重点包括三方面：城市形象与空间形态管理、城市资源配置管理以及项目本身的管理。实质上，这种管理非常需要一种更贴近城市实体的思考和观察城市问题的手段，而城市设计作为城市规划的有机构成，恰好可以为规划成果的深化和具体化提供技术上的支撑。因此，城市设计决不仅仅意味着理论的探讨或是"理念"的抽象，它还可以有效填补以往规划成果（尤其是控制性详细规划）在管理依据提供方面既存的种种不足：

（1）城市规划（尤其是控制性详细规划）主要以二维图式和数字指标为成果表达，这一方面不足以为成果的进一步深化与具体化提供引导和控制（如建筑的组群关系、外部空间形体、交通系统的组织、绿化系统的详细设计以及有关景观与艺术形象的重点处理等），在城市景观、公共环境品质上很难得到保证；另一方面也让规划管理人员在感性上无从把握，造成空间形态、形象环境上的管理失控，对于不懂得专业知识和术语的市民来讲，更是难以评判、参与和监督。

（2）现有的总体规划和控制性详细规划作为管理的主要依据，常常通过"锁定"目标的方式控制土地功能性质、总体建设容量、开发强度、环境质量以及空间形态等相关技术指标，至于具体的项目管理策略（如开发建设或保护改造模式、操作步骤、项目经营等）却往往无法明确。

上述缺陷与疏漏其实在某种程度上，都可以通过城市设计方法来弥补与改善。换言之，城市设计技术的互补优势与规划管理依据的先天不足，使两者的接轨和规划管理的完善在理论上成为一种必要和可能。

8.5.2 城市设计在规划管理中的职能定位

针对我国规划管理中的现存不足，城市设计至少可以在三方面发挥积极效能（图8-5-1）。

1）总体目标的分解与细化

城市设计作为城市规划的有机构成，将现有总体规划或控制性详细规划所制定的总体目标和最终理想状态进行分目标、分阶段的细化，找寻每一分期和分目标可操作性的切入点，同时以城市形态、城市形象和城市空间形体环境的基本完整性（至少在局部范围内）以及城市基本功能发挥的有效性作为其工作的阶段性目标，不但可以改变以往城市规划重目标、轻过程的痼疾，还可为规划管理分阶段、分目标的落实提供引导和依据。

在1961年波士顿港埠区的再开发计划中，洛奇（E. Logue）领导的波士顿再开发局便是以城市的形态空间、形体环境和职能发挥为重点，在对其发展脉络进行研究的

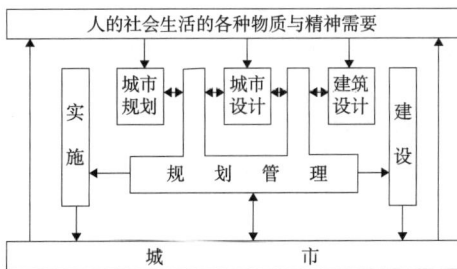

图8-5-1 城市设计的地位与作用示意
资料来源：马武定. 走向与管理接轨的城市设计[J]. 城市规划，2002（9）：65.

基础上，将地区复兴的总体目标具体拆分为下述子项分阶段完成的：①减轻快速交通干道造成的心理及实质障碍，强化市中心区同港埠区的联系；②容许土地的高度使用及相容使用，建立该地区生动的都市风格；③提供步行者到达海边的最大机会；④为步行者及驾驶者提供有秩序、有层次的开放空间及视觉体系；⑤确立建筑物、开放空间与公共通道的关系，且在不良气候条件下为步行者提供最大庇护；⑥谨慎处理新开发建筑的尺度与材料，结合具有历史意义的重要建筑物，使建筑和空间完美结合；⑦保持住宅社区、海滨同其他地区的尺度连续性；⑧维系呈指状分枝的码头形态；⑨创造并维护街道、重要历史建筑、码头及海滨之间不受阻隔的眺望景观；⑩开辟步行区，塑造人群聚集及眺望港口的场所等。波士顿再开发局经过 20 年的努力，逐步实现了这些子项目标，再现了具有活力的波士顿港口都市形象。

2）规划成果与管理语汇的转译

鉴于城市规划二维化表达图则和数量化控制指标，加强该成果与管理语汇的有效转译至关重要；而城市设计通过落实对构成城市实体的各个要素的具体设计和细化表达，恰好可以在具象化方面承载起"转译"职能，对规划形成有力的补偿，增强其可读性。这样不但可以为城市规划补充空间形态方面的基本要素，为成果的深化与具体化提供依据和控制，其三维化与视觉化的表达手段也利于规划管理的可操作性和市民的参与监督。由此形成的城市设计导则成果一般包括用途和目标、主要和次要的问题分类、应用可行性、范例等方面的内容（图 8-5-2）。

旧金山的城市设计计划曾被誉为最完美的城市设计之一。其实早在 1970年代，由于管理机构难于控制城市微观环境的建设质量，也遇到过一些实施困难。于是 1982 年该计划又被翻译成特殊的设计导则，它不仅涉及形体与空间，还引申出一套附录及相关解释，具体包括：建筑物尺度、设计与外观、零售服务、休憩与开放空间、交通与动线、住宅、重要建筑与工业保护等，并附图说明——这些导则切实弥补了以往旧金山城市设计的成果缺陷，便于规划管理者的操作和计划实施的引导（图 8-5-3、表 8-5-1）。

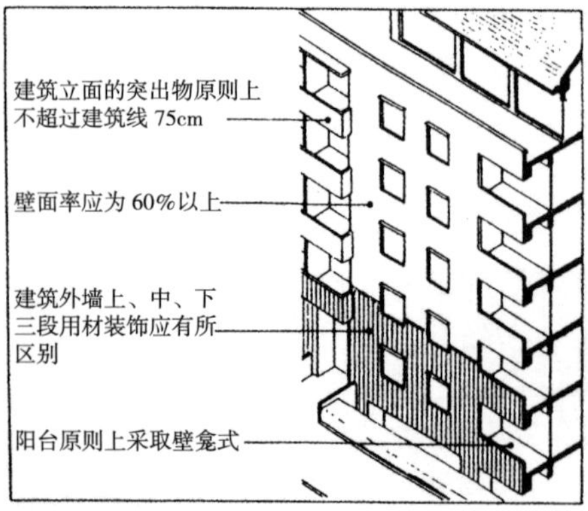

建筑立面的突出物原则上不超过建筑线 75cm

壁面率应为 60% 以上

建筑外墙上、中、下三段用材装饰应有所区别

阳台原则上采取壁龛式

沿街型住宅壁面构成设计准则

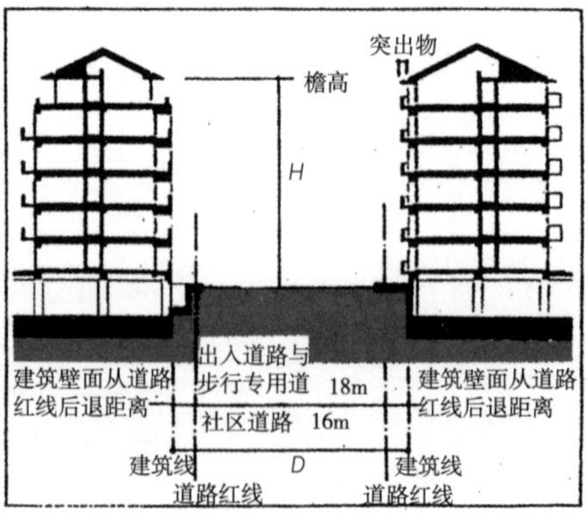

突出物

檐高

H

出入道路与步行专用道 18m
社区道路 16m

建筑壁面从道路红线后退距离

建筑壁面从道路红线后退距离

建筑线

建筑线

D

道路红线

道路红线

"城市设计准则"规定的建筑线与 D/H

图 8-5-2 城市设计导则驾驭下的建筑物设计（日本幕张）

资料来源：吕斌.日本幕张新都心"滨城住宅区"城市设计的实践 [J]. 国外城市规划，1998（4）：29.

尺度

　建筑物的尺度是一个建筑物自身元素的尺寸和其他建筑物元素的尺寸之间的相对关系给人们的感觉。新建或改建项目的建筑尺度应与相邻建筑物保持和谐。为了评价和谐程度，应当分析相邻建筑物的尺寸和比例。

尺寸

　尺寸是指建筑物的长度、宽度和高度。与相邻建筑物相比，一个建筑物是否显得尺寸过小或过大？有些建筑元素与其他建筑元素相比，是否显得尺寸不当？建筑尺寸是否可以调整，与相邻建筑物保持更好的关系？

尊重邻里的尺度

　如果一个建筑物实际上大于它的相邻建筑物，通常可以调整立面和退界，使其看上去小一些。如果这些手段都无效的话，就有必要减小建筑物的实际尺寸。

　建筑物的比例也许与相邻建筑物保持和谐，但尺度还是不当的。右上图中的 3 号建筑物就是太高和太宽了。

　在右下图中，3 号建筑物的尺寸仍然大于相邻建筑物，但在尺度上是保持和谐的，因为立面宽度已被分解，高度也被降低。

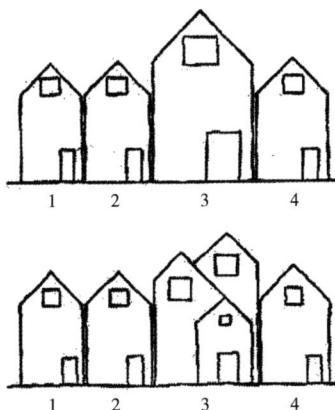

图 8-5-3　旧金山住宅设计导则（关于建筑比例）
资料来源：The Residential Design Guideline-2003，San Francisco[EB/OL]. http://www.sfgov.org/planning/Documents/resdesfinal.pdf.

城市设计导则驾驭下的公共开放空间设计（美国旧金山）　　表 8-5-1

项目	城市花园	城市公园	广场
面积	1000 ~ 1200ft²	不小于 10000ft²	不小于 7000ft²
位置	在地面层，同人行道、街坊内的步行通道或建筑物的门厅相连	—	建筑物的南侧，不应紧邻另一广场
可达性	至少从一侧可达	至少从一条街道上可达，从入口可以看到公园内部	通过一条城市道路可达，以平缓台阶来解决广场和街道之间的高差
桌椅等	每 25ft² 的花园面积设置一个座位，一半座位可移动，每 400ft² 的花园面积设置一个桌子	在修剪的草坪上提供正式或非正式的座位，最好是可移动的座椅	座位的总长度应等于广场的总边长，其中一半座位为长凳
景观设计	地面以高质量的铺装材料为主，配置各类植物，营造花园环境，最好引入水景	提供丰富的景观，以草坪和植物为主，以水景作为节点	景观应是建筑元素的陪衬，以树木来强化空间界定和塑造较为亲切尺度的空间边缘
商业设施	—	在公园内或附近，提供饮食设施，餐饮座位不超过公园总座位的 20%	在广场周围提供零售和餐饮设施，餐饮座位不超过公园总座位的 20%
小气候（阳光和风）	保证午餐时间内花园的大部分使用区域有日照和遮风条件	从上午中点到下午中点，保证大部分使用区域有日照和遮风条件	保证午餐时间内广场的大部分使用区域有日照和迎风条件
公共开放程度	从周一到周五为上午 8 点到下午 6 点	全天	全天
其他	如果设置安全门，应作为整体设计的组成部分	如果设置安全门，应作为整体设计的组成部分	—

资料来源：唐子来，付磊. 发达国家和地区的城市设计控制 [J]. 城市规划汇刊，2002（6）：3.

1ft²=0.093m²。

不过需要指出的是，在对控制性详细规划成果进行"转译"时，需对其提出的定性、定量规定及指标进行校核和验证，并借此提出合理的反馈修正意见。

3）项目管理策略的明确化与具体化

城市规划管理部门作为政府职能机构，既要维护城市公共利益和福利，又要考虑为政府当好管家，实现经营城市的利益目标，增加财政收入，提高城市综合实力；而城市设计作为城市规划的有机构成和深化工具，恰好可以针对每个地块明确项目类型的安排，面向土地和项目的经营策略、开发模式、组织操作方式等提供研究、策划及建议，确保方案成果能建立在有实施可能性的基础上，并在兼顾社会利益、环境利益和既定技术指标的前提下促生更好的经济效益。

鹭江道作为厦门市最具典型意义的滨水区域，由于改造投资主体是政府，投入资金有限且改造拆迁成本高，整个城市设计在项目管理上将房地产效益和标志性建筑巧妙结合，制定了适应市场规律、发挥土地商业价值的总体策略——首先，结合景观设计将部分地块建筑定位为滨海标志性建筑，以提高土地容积率和开发者的积极性；其次，管理运作以滚动开发为机制，采用土地拍卖手段回收较高的土地出让金，保证了建设资金和开发者的经济利益；同时，主要决策均向公众开放，注重市民参与，尊重被拆单位与相关团体的利益，多次召开各种协调会和意见征集会，确保了整个项目的顺利实施与良好实效。

8.5.3　城市设计与规划管理接轨的主要原则

城市设计与规划管理的有效接轨需要遵循以下原则。

1）连续性与相容性原则

作为城市规划的深化与具体化，城市设计首先需要注意同各层次规划的衔接，尤其是同规划内容和指标保持一种连续性与相容性。其中，所谓连续性指城市设计尽量沿用设计原则、用地布局、道路骨架等城市规划（尤其是已批准并执行了一段时间的规划）已明确的基本内容而不要轻易变更，否则会给规划管理带来极大的被动和困难。其结果往往不是规划成果的前功尽弃，便是城市设计的"虚拟化"——因丧失前提条件而难于采纳。

相容性原则体现在：城市设计中的项目安排宜同规划确定的用地性质、建设容量、开发强度等内容保持兼容，既控制在允许的范畴内，又具有一定的可调度、选择性以及变通的适应性裁量，以保障城市设计方案通过管理付诸实施。

2）刚性与弹性并举原则

虽然城市规划（尤其是控制性详细规划）在用地开发强度和城市资源的合理配置上有一个比较明确的量的规定，但在具体项目的审批流程和实施管理中却往往因为各种原因而不得不对这些"刚性"指标进行修正。

有鉴于此，城市设计应当充分考虑各种情况出现的可能性，在相关指标的量化上保留一定的浮动空间。例如，通过设计几种符合景观美学要求的不同城市轮廓线，明确有哪几个点可以作为重要的控制点而不许变更，又有哪些控制点允许有一个变动幅度，据此提出建筑高度最高值和最低值的限制规定以及最佳高度的建议；类似的情况还包括容积率的弹性幅度和允许转移的上下限值等。这样在规划管理的有效调控下，城市建设就可以始终在设计目标的合理范围内有序发展，而不至于完全失控，导致城市设计方案流于形式、失却价值。

3）理想与现实相结合原则

城市设计既要追求土地的经济效益，也要讲求社会效益和环境效益，通盘考虑经营城市、经营企业和经营家庭三者的利益关系。

城市设计不仅要对提交方案的各类建筑性质、建设总量、类型比，以及实施所需的投入产出情况等作个基本估算，对政府与开发商（或其他非政府投资者）的投入比例也需有个大体的估计。据此，政府或开发商方能对投资和融资的可能性进行准确的评估，并最终决定方案的取舍。而之所以许多城市设计方案会沦为纸上谈兵或被改得面目全非，主要还在于没找到理想与现实的结合点，更缺乏经营和管理城市的现实观念。

4）渐进性与统一性兼顾原则

一般来说，有一定用地规模的城市设计项目都面临分期实施的问题，这方面应尽量做到城市形态、空间环境质量与景观效果的分期完整、积累完整和最终完整的渐进与统一。有的城市设计方案因过于严整而无法一一拆解逐块开发，有的方案虽可分期实施却因为在局部空间景观的完整性上考虑不足，而出现每一分期的实施效果都不完整、形象混乱的状况。

因此，城市设计表达不仅要靠常规的形态和景观表现图、街景立面图及剖面图，也应当提供分期的渐进图示作为管理依据，以保障分期建设也能形成相对完整的城市形态和空间环境，营造良好的阶段性城市面貌与环境形象。

8.5.4 案例研究：美国分区管制——作为一种管理策略的城市设计工具

美国的分区管制（Zoning Ordinance）在传统上承担着规划的角色，其主导作用即是控制、引导土地的使用和开发，合理划分城市用地性质，科学拟定土地开发强度。但是由于现代城市设计思想理念的不断介入和融合，开始通过土地开发资源的配置积极引导城市形态和环境品质的有效创造，成为当前美国大多数城市实现建设管理和城市设计目标的重要工具之一。这一制度的演化大致经历了三个阶段（表 8-5-2）。

1）第一阶段：维护公众利益

19世纪末，随着美国经济的迅速复苏和城市环境的严重恶化，纽约市开始实施《综合性土地使用分区管制》（1916年），旨在维护当地公众利益，从而成为全美第一个实行分区管制制度的城市。

该阶段的分区管制合并了早先土地使用的三种管控方法：建筑物高度控制法（1909年）、建筑物退缩法（1912年）及使用控制法（1915年）；同时，为

美国分区管制（Zoning Ordinance）制度的阶段性特征一览表　　　　表 8-5-2

阶段	主题	工作重点	综合评价
第一阶段：19 世纪末以来	维护公众利益	合并运用建筑物高度控制法、建筑物退缩法及使用控制法； 倡导严格的城市功能分区； 管控侵害公众利益的开发建设行为等	保障公众利益的同时，却忽视了城市自然特性、人文特征及都市生活对环境品质的需求； 刚性规定多于弹性选择，消极控制多于积极引导； 尚缺少城市设计的真正参与
第二阶段：1960～1970 年代	促进宜人空间的创造	积极转变管理观念，更注重城市环境的建设和宜人空间的塑造； 逐步更新管理技术，如分区奖励、开发权转移与规划单元整体开发技术等	较以往体现出更多的灵活性和积极性，观念也逐步由被动控制转向积极引导； 城市设计开始局部引入用地管理，但仍缺乏城市设计的整体观念
第三阶段：1960 年代中期以来	追求城市特色环境品质	更新管理技术，制订管理计划； 将城市环境品质的提升同以往公众利益和物理环境质量的保障结合起来； 将城市设计作为一个整体融于分区管制之中等	旧金山、纽约等市制订的管理计划代表美国的分区管制跃上新台阶； 城市设计已真正成为城市形态环境管理的有力工具

配合土地使用计划，将城区划分为住宅区、商业区及未限制区，对建筑物也制定了不同的退缩规则；而且，它还首次提出分区管制是一种公共权力——即维护公共卫生、公共安全、公共道德与公共福利的权力。可见，该阶段的分区管制主要以公众利益的保障为出发点，针对侵害公众利益的开发建设行为展开管控，相关规定具体严格但缺乏弹性，且缺少城市设计过程的真正参与，管理观念是基于管制不该做的而非鼓励应该做的。

就效果而言，分区管制确实在扼制环境恶化方面发挥了良好效用，但同时也催生了大批单调乏味、缺乏生机的城市环境和规整划一的街景。究其原因，一是规则中的刚性规定多于弹性的替选可能，消极性控制多于积极性引导；二是传统的分区管制比较注重日照、采光、通风等物理环境因素，却忽视了城市的自然特性、人文特征及都市生活对环境品质的需求。

2) 第二阶段：促进宜人空间的创造

1960～1970 年代，针对传统分区管制的消极管理及其问题，管理层一方面积极转变管理观念，开始注重城市环境的建设要求，增加了容积率、天空曝光面、空地率、作业标准等控制要求，鼓励城市广场、绿地、柱廊以及一些历史性建筑物保护区的发展与维护，从而在一定程度上促进了城市宜人空间的塑造。另一方面则加强与私人团体之间的沟通合作，通过管理技术的更新，寻求公私双赢的结果。其中主要技术手段包括以下方面。

(1) 分区奖励 (Zoning Incentive)

1961 年纽约区划法调整中首度出现关于"广场奖励[①]"条例，在传统分区管制基础上融入替选方案的可能，以建筑面积的增加为奖励促使私人开发商提供城市公共开放空间。纽约广场奖励条例的成功有效促进了分区奖励技术在美

---

① 开发项目如果能够在用地范围内提供一定规模的公共广场空间，楼地板指数最多可从原来规定的 15 提高到 18，即增加 20% 的建筑总面积。

国的应用，同时该技术规定也逐步从城市公共开放空间扩展至以方便市民生活为目标的多种项目设施，如天桥、廊道、联系不同街区的人行步道、街头公园等，部分城市甚至将历史建筑、文化娱乐设施、公共艺术、托管中心、低收入住房等一大批公益事业的保护与兴建都划归到可以申请建筑面积奖励的范畴。

（2）开发权转移（Transfer of Development Right）

一种将限制性地带的项目开发转移至其他地区进行建设的综合技巧。即在城市规划范围内的任何土地上，为区划法规许可但是由于某些特殊原因（如历史建筑、独特地形、标志性建筑、公共设施用地等）无法获取的开发收益，可以转换为一定的建筑面积并定义为该地块的开发权①，转移至指定范围内的其他用地，并由该用地合并自身原有的开发权作较为密集的开发。该技术具有公平的市场观念，有助于稳定开发市场，同时也使得特殊价值用地在开发中得以保留，长期以来一直成为美国地方政府引导和控制特殊用地开发的重要工具。

（3）规划单元整体开发（Planned Unit Development）

在较大（多街区／多地块）的土地开发中，管理部门只需在人口密度、空地比、交通或公共设施水准上作出一定规定，其他则由开发商弹性安排。其优点是鼓励开发商在开发基地中保留特殊价值地段或建筑，集中利用自然地形，创造中心公园、绿地或儿童游戏场等宜人的开放空间，为公众提供休闲、游憩的场所。该技术多用于高密度开发的城市次要区域或边缘区。

可见，该阶段的分区管制较以往体现出更多的灵活性和积极性，观念也逐步由被动控制转向积极引导；而且城市设计观念在用地管理中的局部引入，也推动了宜人的城市空间环境的创造。然而就城市总体而言，它仍然缺乏城市设计的整体引导，导致上述空间的无序布点，建筑与环境的剥离，街道连续性的打破，从而也难以在形态环境上形成应有的整体特色。

3）第三阶段：追求城市特色环境品质

在 1960 年代以后的城市发展中，人们的认识较以往又有所转变和发展。他们认为：提高城市环境品质与维护公众利益是相辅相成的，宜人的城市空间也只是城市整体设计中的一部分，欲创造富有特色的城市形态环境，必须将城市设计整体地融于分区管制之中。

于是 1966 年，旧金山都市计划将两者有效结合并制订了一套完整的管理策略；1967 年，纽约建立了第一个分区管制特定区（Zoning Special District）来实施新的管理策略；1977 年，纽约中城区又实施整体管理政策——此三项管理计划的制订代表着美国的分区管制跃上一个新台阶：不但将城市设计的主要思想同早先的日照、采光、通风、安全等物理环境要求结合起来，还切实反映到对城市空间和形体环境的管理控制当中，引导着各类不动产和公共设施的开发建设。

该阶段的分区管制较以往又呈现出多方面的积极变化，一方面致力于将

---

① 如某面积为 s 的基地，区划法容积率标准为 a，则其可以进行开发的建筑总面积为 $s \times a = A m^2$。若该基地上因有保护性建筑（总建筑面积 $B m^2$）而无法开发，则数值 A 与数值 B 之间的差值即为该地块尚未使用的开发权，可转移至其他地区继续开发。

城市环境品质的提升同以往公众利益和物理环境质量的保障结合起来，另一方面则将城市设计作为一个整体融于分区管制之中，形成了一项项具有实效的管理政策。可见，城市设计已真正成为城市形态环境管理的一类有力工具。

纵观美国分区管制与城市设计的结合发展历程，可以得出以下启示：

（1）城市建设的管理既要重视公共利益的维护，保证基本环境的物理质量，也要注重保护和发展城市人文和生态环境，创造有特色的城市空间和形体环境。城市设计思想和内容的整体介入，既充实了传统规划和分区管制的管理内涵，也有效推动了城市空间和形体环境的创造。

（2）城市设计从局部介入到整体融于管理层，是一个循序渐进的过程。其间涉及方面众多，而健全的城市建设管理机制和有效的法律保障是最具影响力的两大要素。

（3）由于不同城市／地区的环境发展状况和要求不同，需要因地制宜地制订城市设计指导纲要与设计导则。但有一点共通的是：在城市总体环境和市场发展的要求下，可以将公共设施的建设与私人不动产的开发密切结合，平等共进，以促进城市的整体发展，这也是基于经济利益、环境利益和社会利益三者平衡的管理策略之一。

（4）城市设计成果可以通过管理手段加以实施，而管理手段的制订，不应仅停留于控制的层面，而应激发建筑师的创作意识以及开发商和公众的参与意识，使城市设计化作一种积极的社会行为和管理策略。

思考题

1. 如何理解现代城市设计过程的特征意义和方法论特征？
2. 城市设计实践中的公众参与包括哪些层次、方法和主体构成？
3. 国外城市设计的机构组织主要有几种模式？我国的城市设计在机构组织方面该如何选择？
4. 城市设计与规划体系的衔接主要有几种思路？这些思路在各层次的城市规划中可以如何体现？
5. 城市设计在规划管理中应如何进行职能定位？二者的接轨要注意什么基本原则？

主要参考书目

[1]　王建国. 城市设计 [M]. 2 版. 南京：东南大学出版社，2004.
[2]　林钦荣. 都市设计在台湾 [M]. 台北：创兴出版社，1995.
[3]　吴世民. 城市科学与管理 [M]. 北京：中国建筑工业出版社，2001.
[4]　扈万泰. 城市设计运行机制 [M]. 南京：东南大学出版社，2002.
[5]　胡健森. 十国行政法——比较研究 [M]. 北京：中国政法大学出版社，1993.

[6] 高源. 美国现代城市设计运作研究 [M]. 南京：东南大学出版社，2006.

[7] 中华人民共和国建设部. 城市规划编制办法 [S]. 2006.

[8] 伊利尔·沙里宁. 城市：它的发展、衰败与未来 [M]. 顾启源，译. 北京：中国建筑工业出版社，1986.

[9] （美）理查德·D·宾厄姆，等. 美国地方政府的管理：实践中的公共行政 [M]. 北京：北京大学出版社. 1996.

[10] 拉波波特. 建成环境的意义——言语表达方法 [M]. 黄兰谷，等译. 北京：中国建筑工业出版社，1992.

[11] 吴晓，魏羽力. 城市规划社会学 [M]. 南京：东南大学出版社，2010.

[12] 刘涛. 关于城市设计工作中几个问题的思考 [J]. 城市规划，2002（9）.

[13] 扈万泰. 论城市设计在城市规划编制实践中的关系 [J]. 重庆建筑大学学报，2004（4）.

[14] 田宝江. 城市设计城市规划一体论 [J]. 城市规划汇刊，1996（4）.

[15] 范凌云，郑皓. 城市设计与控制性详细规划 [J]. 苏州城市建设环境保护学院学报，2002（1）.

[16] 高文杰. 不同规划阶段的城市设计 [J]. 城市规划汇刊，1992（3）.

[17] 赵健，刘苏，宿一峰. 城市设计与控制规划 [J]. 山东建筑工程学院学报，1995（4）.

[18] 陈纲伦，李蓉. 块域设计——城市设计与建筑设计的中介 [J]. 新建筑，1999（1）.

[19] 马武定. 走向与管理接轨的城市设计 [J]. 城市规划，2002（9）.

[20] 庄宇. 作为一种管理策略的城市设计 [J]. 城市规划汇刊，1998（2）.

[21] 柳权. 试论城市设计的编制与实施——从美国经验看我国城市设计实施制度的建立 [J]. 城市规划，1999（11）.

[22] 林宝羡，干哲新. 浅谈城市设计的可操作性——以厦门近几年实践为例 [J]. 规划师，2001（5）.

[23] 唐子来，付磊. 发达国家和地区的城市设计控制 [J]. 城市规划汇刊，2002（6）.

[24] 刘宛. 公众参与城市设计 [J]. 建筑学报，2004（5）.

[25] 张庭伟. 从"向权力讲授真理"到"参与决策权力"——当前美国规划理论界的一个动向：联络性规划 [J]. 城市规划，1999（6）.

[26] 杨贵庆. 试析当今美国城市规划的公众参与 [J]. 国外城市规划，2002（2）.

[27] 于泓. Davidoff 的倡导性城市规划理论 [J]. 国外城市规划，2000（1）.

【导读】城市设计课程是城乡规划专业本科教学的主干课程，学生在对本书系统学习的基础上，通过城市设计课程的教学，将城市设计知识转化为综合设计实践能力。本章简述了我国城市设计本科教学概况，重点通过东南大学教学案例，详细讲述了城市设计教学的组织、层次、阶段、过程等内容，还可以看到全国主要城乡规划院校的城市设计课程作业案例。

第9章　城市设计课程教学分析作业案例精选

9.1 当前我国城市设计本科教学概况

我国高等院校城乡规划专业城市设计教学发端于 1990 年代。目前，城市设计课程已经成为城乡规划学科本科教学的主干课程，在形式和内容上呈现出多元的发展趋势。这种蓬勃发展的现象一方面是因为我国快速城市化过程对城市设计人才的大量需求，另一方面也与我国各高等院校的城市规划专业背景有关，不同类型院系的学科基础和学科特点直接影响了本科城市设计教学的发展方向，主要有以下三个方面：

● 以建筑学为背景的城市设计教学：此类院校学生具有较好的建筑学基础，擅长物质空间设计，在教学中注重中微观层面的城市空间和建筑群的组织，侧重于培养学生的空间和形体的把握与组织能力。

● 以地理学为背景的城市设计教学：此类院校城乡规划专业偏重于区域和城市总体尺度的规划教学，在城市设计教学中注重大尺度城市空间的布局和组织，侧重于城市整体空间的结构以及区域空间特征的把握与组织能力。

● 以景观学为背景的城市设计教学：此类院校以城市景观设计为基础，城市设计教学注重微观尺度的城市景观空间的组织和塑造，侧重于空间细节处理能力和景观特征的把握能力。

在教学类型上，根据不同的城市设计侧重点和城市设计对象，可以分为以下几种类型：

● 研究型城市设计教学：以某一主题作为城市设计中的主要研究对象，进行深入研究，一般是针对城市特定地段（如历史地段、滨水地区、老工业基地更新、大学城等）或者特殊社会对象（如城市弱势群体、低收入者等），培养学生发现问题、分析问题、解决问题的能力。

● 与控制性详细规划教学结合的城市设计教学：城市设计与控制性详细规划课程在教学上相互结合，以城市设计为核心，城市设计成果偏重于城市空间系统构建和城市特色区域的形态引导。城市设计贯穿于整个控制性详细规划教学过程，培养学生将城市设计研究融入法定规划、增强城市设计的引导性和实施性的能力。

● 与实际项目结合的城市设计教学：结合实际项目进行城市设计教学，让学生参与城市设计实际项目的全过程，这种城市设计通常规模较小，成果比较深入细致，城市设计过程中学生与城市设计的相关部门直接打交道，可以培养学生解决实际问题、与不同人群交流合作的能力，同时可以增强学生对城市设计重要性的认识。

● 中外联合城市设计教学：随着全球化时代的到来，中外城市规划教学领域的交流越来越频繁。中外联合城市设计教学通常有几种方式，一种是外国教师与中国教师一起指导中国学生，另一种是中外教师共同在同一地点集中指导中外学生，还有一种方式是中外教师和中外学生分别在各自的国家、就同一个题目按统一的时间表进行教学。中外联合教学具有方式灵活、跨文化、跨专业交流的特点，能够培养学生的国际视野，开拓学生的思路，增强交流表达的能力。

在教学方法上，城市设计教学越来越重视学生调研方法和综合分析能力的培养，鼓励学生通过现场考察、问卷调查、文献查阅、部门专家访问等方法进行城市设计前期的研究。同时各种辅助设计手段也越来越多地应用到城市设计教学中，比如手工模型贯穿于教学的全过程，数字技术（如数字模型软件、GIS 技术和网络技术等）有效地提高了城市设计研究的深度和效率。

9.2 城市设计课程教学纲要

9.2.1 教学整体组织

城市设计课程作为城市规划专业的一门必修专业课，通过前期研究、实地调研、策划分析、概念构思、方案优化和深度表达等一整套教学过程，帮助学生建立一套集综合性、系统性和开放性于一身的研究策略和技术路线，同时培养职业性与创造性、思维能力与操作能力、分析能力与综合能力、自主能力与合作能力协调统一的多维能力，以突出人才培养的多元复合化目标。

围绕城市设计核心课程，应该建构起相对成熟的"课程群"，其主线课程是专业设计课"城市设计"和基础理论课"城市设计概论""城市规划原理"，其支撑课程是专业设计课"控制性详细规划"和相关理论课"城市中心（区）的发展与规划""城市更新与历史文化保护"等。通过课程群的系统教学，帮助学生建构城市设计理论和实践的知识体系。

9.2.2 课程内容设置

（1）选择适宜的规划基地；

（2）规划基地现状、规划环境与背景调研；

（3）总平面规划与形体设计；

（4）专业系统规划；

（5）规划控制指标与相关概念的表述；

（6）规划方案的表现；

（7）规划成果绘编与规划说明的编写。

9.2.3 能力培养要求

（1）分析能力的培养：主要是对规划基地现状、规划环境与背景调研进行分析的能力培养。

（2）表达能力的培养：主要是通过总平面规划与形体设计，清晰表达自己解决问题的思路和步骤的能力。

（3）创新能力的培养：培养学生独立思考，深入研究，针对问题提出解决方法，以及在应用实践中的创新能力。

9.2.4 城市设计教学框架（图 9-2-1）

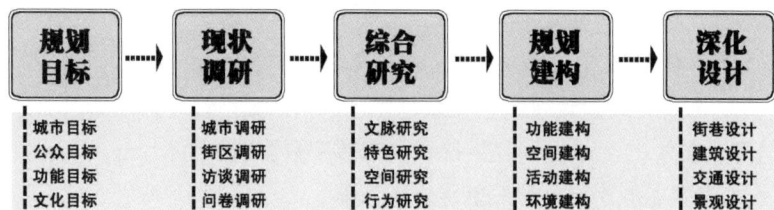

图 9-2-1 城市设计教学框架
资料来源：作者绘.

9.3 城市设计教学过程：东南大学建筑学院案例

9.3.1 教学组织

城市设计课程是东南大学城市规划专业本科"城市详细规划"大课程群的重要组成部分。课程安排在四年级的春季学期，教学周期是十六周，分为两个阶段。教学形式是以教师工作室为基本单位，辅以若干专题讲座。每个工作室包括一名指导教师、一名助教（通常是硕士研究生），以及五个学生设计小组（每组两位同学）。专题讲座依课程进度展开，与教学阶段的重点结合，内容涵盖城市设计理论、调研与分析方法、特色空间设计、交通组织、导则编制、案例分析等，逐步推进城市设计教学的深入。

9.3.2 教学目的与要求

（1）教学目的

• 培养学生了解和掌握城市设计的基本概念、理论及一般编制程序、内容和方法。

• 使学生掌握对场地土地利用、公共设施、开敞空间、综合交通等系统的建构。

• 培养学生对大尺度城市空间形态的综合把握能力。

• 提高学生对城市建筑群体空间的塑造和整体形态的把握能力。

• 培育学生对城市历史文脉、自然资源等问题的发掘、观察和分析能力，鼓励从人的活动角度入手提出解决方案。

（2）教学要求

• 注意把握整体与局部的关系，正确处理好城市公共空间设计以及城市公共空间体系、周边自然环境及城市原有空间结构之间的联系与整合。

• 在综合考虑基地现状利用状况、资源环境的基础上，合理安排基地土地利用的性质、布局、开发或更新方式。

• 结合土地利用性质、环境条件，以及其他开发和保护要求，合理控制土地开发的各项指标。

• 把握人的行为模式和活动规律，展现公共空间场所精神和安全保障，从历史、环境、文化等角度入手，确定清晰合理的功能结构，塑造富有特色的建筑群整体空间形态。

- 优化道路系统，组织基地内外有效的交通系统，尤其是慢行体系与机动车组织问题的解决。
- 建构安全宜人的开放空间与绿地系统，营造有序活跃的景观界面。

9.3.3 阶段安排与基地选择

城市设计教学过程分为两个相对独立的阶段，第一阶段是控制性规划层面的城市设计，主要对城市单元空间形态系统进行研究、引导与设计，属于整体城市设计。第二阶段是详规层面的城市设计，主要针对地块的开发建设，进行街区的详细城市设计。两个阶段有先后之序、各自之重。

第一阶段整体城市设计的设计周期为 8 ~ 10 周，基地面积通常在 2 ~ 3km^2。基地选择的原则为：

- 城市的一个规划管理单元；
- 相对完整的城市特色意图区；
- 城市开发或更新过程中的热点或难点地区；
- 其他相对独立完整的地区。

第二阶段详细城市设计的设计周期为 6 ~ 8 周，在第一阶段基地中选取若干街区，进行深化设计，面积通常在 10 ~ 30hm^2 之间。选取的基地应该是第一阶段城市设计成果中的节点地段、特色地段。

东南大学城市设计教学选择南京多个地段作为基地，包括历史城区中的门西地区、毗邻长江的下关码头地区、内外城结合部的中华门外地区、新城区中心的江宁凤凰港地区等。9.3.4 节就是以江宁凤凰港城市设计教学为案例。

9.3.4 城市设计框架与内容（表 9-3-1）

城市设计教学框架与能力培养表　　　　　表 9-3-1

能力培养模块	阶段一：整体设计	阶段二：详细设计
调查研究	田野调查 访谈（问卷） 挖掘凝练问题	
	上位规划研究 案例研究	空间专题研究
功能策划	城市－基地关系 总体定位 功能配置	项目策划 建筑功能 混合功能
空间系统	土地利用 空间结构 形态控制	空间布局 建筑群组织 空间复合利用
外部环境	生态保护 开敞空间系统	绿地、广场设计
人车活动	内外交通衔接与组织 场所塑造	人车流线组织 活动策划

1) 阶段一：控规层面的整体城市设计

(1) 基础研究

• 区域分析

从区域、城市、地区层面分别分析基地的区位特点、功能与空间关系、交通条件、历史文化演进等内容（图9-3-1、图9-3-2）。

• 现状研究

现状调研：地形地貌、用地性质、公共设施、人口分布、建筑状况、交通组织与设施、绿化植被、景观视线、自然与历史人文资源。必要时进行访谈和问卷调研（图9-3-3）。

现状建筑评价：建筑质量、建筑层数、建筑风貌、综合评价，提出拆建、保护、保留及改造建筑等（图9-3-4）。

现状问题分析（图9-3-5）。

现状用地评定。

• 规划解读

上位规划解读：提取设计依据；

相关规划解读：整合与优化（图9-3-6）。

(2) 规划研究

• 定位与功能

基于多角度多路径分析的总体定位、地区特色提取；

头脑风暴的城市设计概念凝练；

基于定位与特色的功能策划与功能空间分区（图9-3-7、图9-3-8）。

• 专题研究

根据定位和特色选择需要深入研究的专题内容。

• 规划系统建构

确定规划结构（图9-3-9）；

系统规划：土地利用、交通组织、开敞空间、社区规划等（图9-3-10）。

(3) 空间系统设计

• 总体空间布局：空间结构、总平面、空间分析等（图9-3-11、图9-3-12）。

• 空间形态控制：总体高度控制、强度控制、密度控制等（图9-3-13）。

• 开敞空间设计：开敞空间结构、绿地系统设计、广场布局等（图9-3-14）。

• 交通空间设计：道路系统、步行系统、自行车系统、停车系统等（图9-3-15）。

• 地下空间利用：地下空间结构与分区、地下空间开发控制等（图9-3-16）。

• 景观控制：景观视廊控制、天际线控制、界面控制等（图9-3-17、图9-3-18）。

2) 阶段二：详规层面的详细城市设计

• 深化调研

选取详细设计地段，根据上轮成果的设计要求，进行深化调研。

区位分析——地理位置优越，经济区位得天独厚

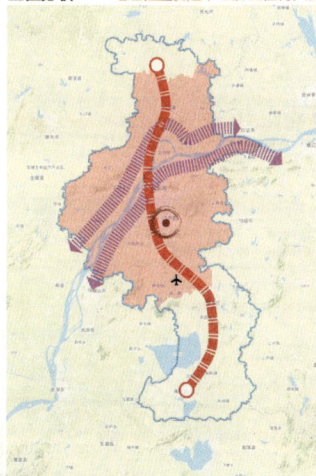

■ 区位

规划区位于江宁区。江宁区是南京主城南面的门户与通道，是南京南部通道上最重要的区域。

■ 功能结构

从城镇体系结构上来讲，基地位于南北城市发展主轴上，处于主城与机场中间，与两者直接串联，交通条件便利。

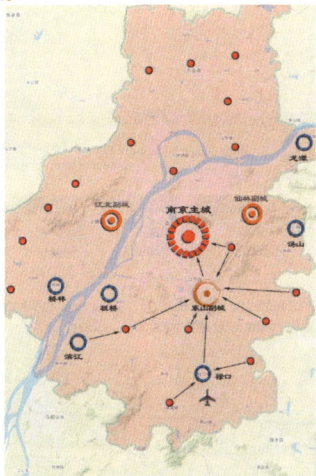

■ 区位

规划区位于南京东山副城。东山副城是南京三大副城之一。区位条件优越，发展潜力巨大。

■ 功能结构

规划区位于南京市南北方向城市发展主轴，地区建设对于提升南京东山副城面貌有着重要的意义。

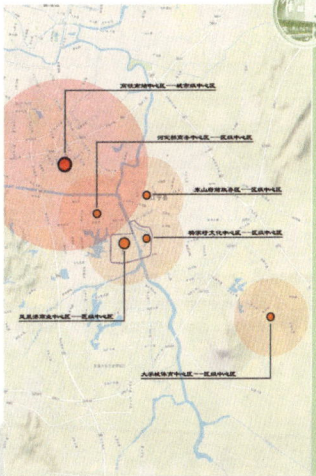

■ 区位

规划区位于东山副城中部，是东山副城最主要中心区。

■ 功能结构

东山副城中心由"一主两副"构成：

"一主"——凤凰港杨家圩商业中心（基地）
"两副"——河定桥商务区、东山府前政务区
同时，大学城中心为其起到功能补足作用。

图 9-3-1　区域功能分析

资料来源：顾祎敏、宁昱西城市设计作业.

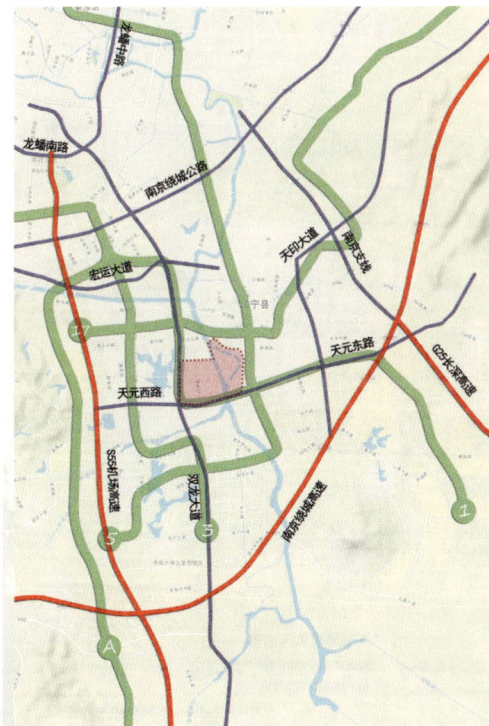

区域交通分析

	现状	规划（2030）	对基地影响
轨道交通	1号线南延线线	共5条（1、2、5、6、17）	1号、17号穿越基地内部
高速公路交通	已形成"一环两射"	"一环三射"	为基地带来过境人流
快速道路交通	已形成"三环四纵"	"三横五纵"	"TOD"发展模式

东山副城在大区域层面的交通地位重要；区域内部高速公路路网、快速道路路网密度大。规划区周边轨道交通条件便利，地铁网密集，可考虑TOD模式。

图 9-3-2　区域交通分析

资料来源：顾祎敏、宁昱西城市设计作业.

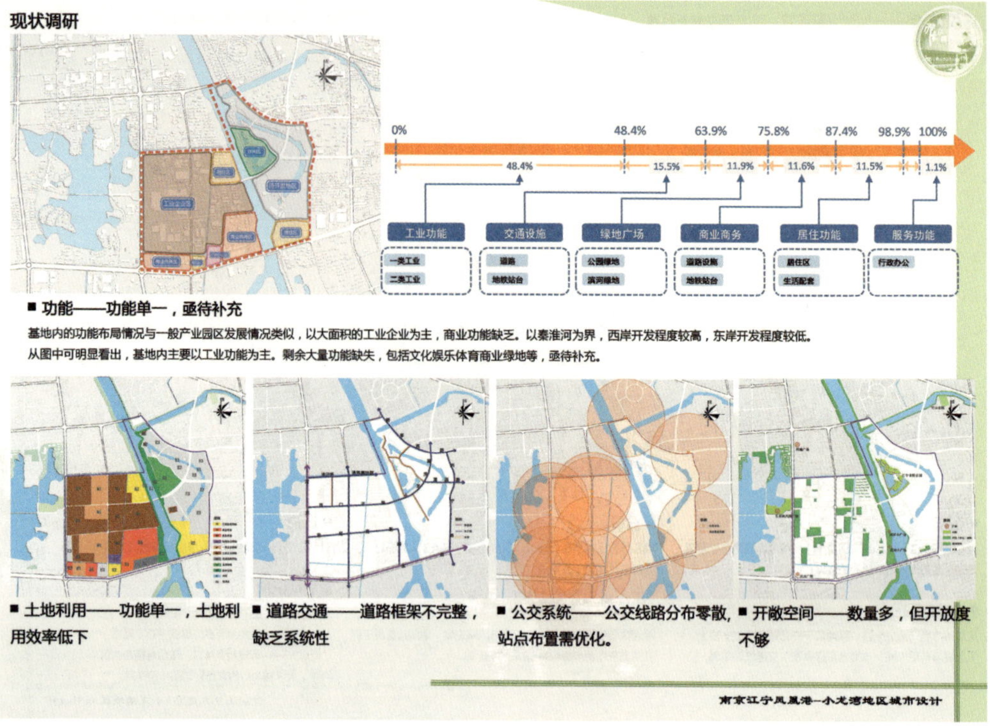
现状调研
0%
48.4%
63.9%
75.8%
87.4%
98.9%
100%
48.4%
15.5%
11.9%
11.6%
11.5%
1.1%
工业功能
交通设施
绿地广场
商业商务
居住功能
服务功能
一类工业
二类工业
道路
地铁站台
公园绿地
滨河绿地
道路设施
地铁站台
居住区
生活配套
行政办公
■ 功能——功能单一，亟待补充
基地内的功能布局情况与一般产业园区发展情况类似，以大面积的工业企业为主，商业功能缺乏。以秦淮河为界，西岸开发程度较高，东岸开发程度较低。
从图中可明显看出，基地内主要以工业功能为主。剩余大量功能缺失，包括文化娱乐体育商业绿地等，亟待补充。
■ 土地利用——功能单一，土地利用效率低下
■ 道路交通——道路框架不完整，缺乏系统性
■ 公交系统——公交线路分布零散，站点布置需优化。
■ 开敞空间——数量多，但开放度不够
南京江宁凤凰港-小龙湾地区城市设计

图 9–3–3　现状用地分析

资料来源：顾祎敏、宁昱西城市设计作业 .

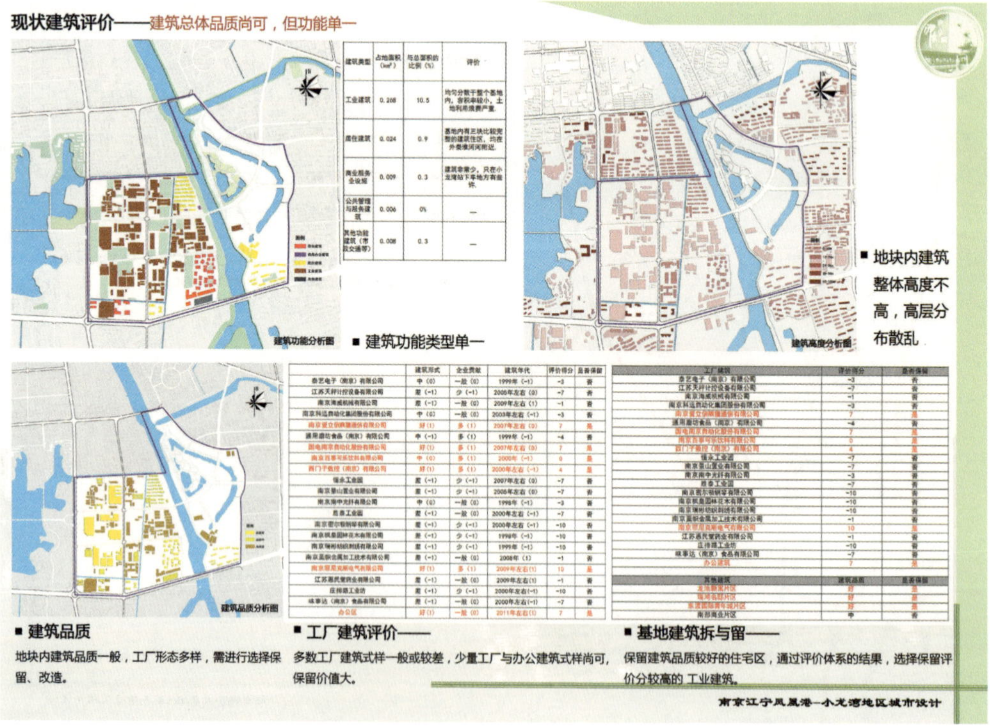
现状建筑评价——建筑总体品质尚可，但功能单一
建筑功能分析图
■ 建筑功能类型单一
建筑高度分析图
■ 地块内建筑整体高度不高，高层分布散乱
建筑品质分析图
■ 建筑品质
地块内建筑品质一般，工厂形态多样，需进行选择保留、改造。
■ 工厂建筑评价——
多数工厂建筑式样一般或较差，少量工厂与办公建筑式样尚可，保留价值大。
■ 基地建筑拆与留——
保留建筑品质较好的住宅区，通过评价体系的结果，选择保留评价分较高的工业建筑。
南京江宁凤凰港-小龙湾地区城市设计

图 9–3–4　现状建筑评价

资料来源：顾祎敏、宁昱西城市设计作业 .

现状小结

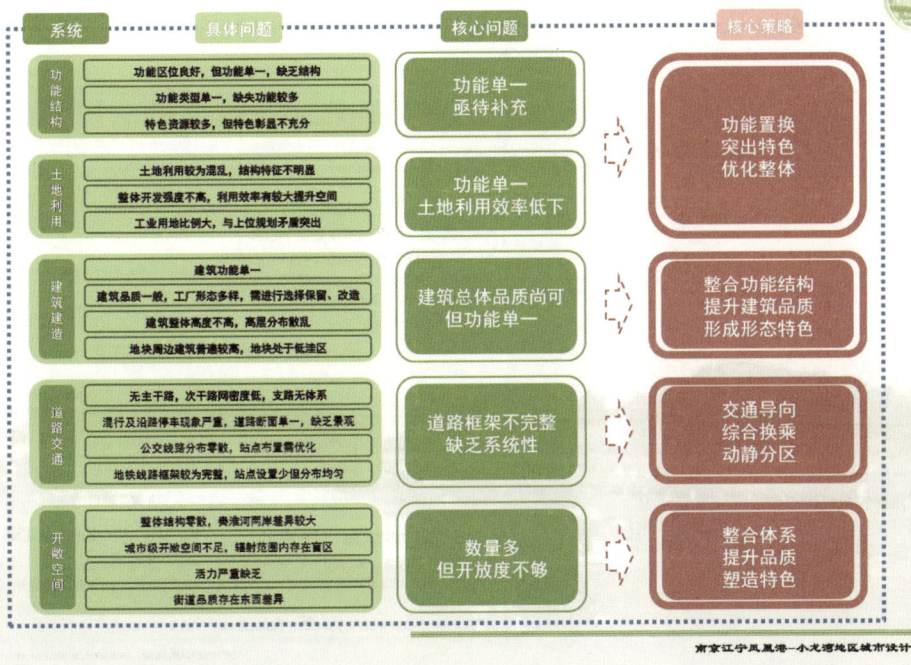

图 9-3-5　现状问题分析
资料来源：顾祎敏、宁昱西城市设计作业.

规划解读

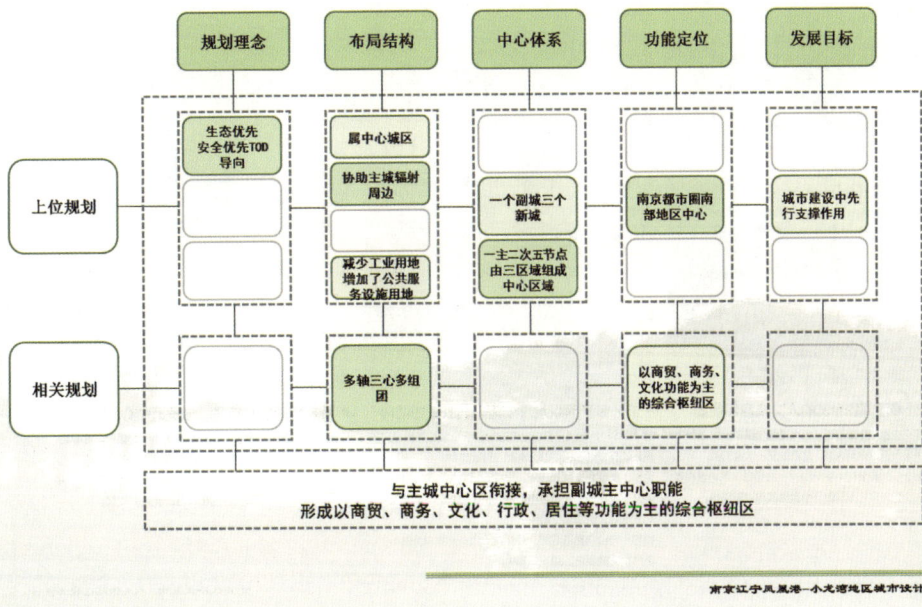

图 9-3-6　规划解读
资料来源：顾祎敏、宁昱西城市设计作业.

功能定位——"金线"——中山副城商业文化中心

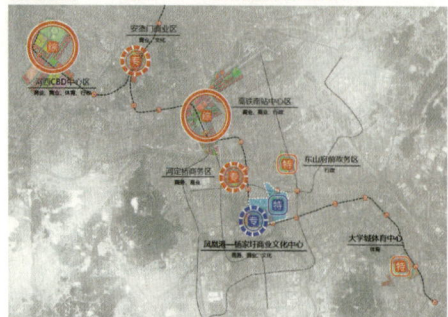

中心区级别	中心区名称
城市级	河西CBD中心区
	高铁南站中心区
区级	凤凰街——杨府对外商业文化中心
	闸定桥商务区
	大学城体育中心
	东山府街政务区
	安德门商业区

■ 宏观层面，地铁线串联重要中心区

基地周边地铁线网密集，其中地铁1号线作为主线对基地影响最大。地铁线的存在，为基地带来了大量人群，是基地未来发展的一大潜力点。

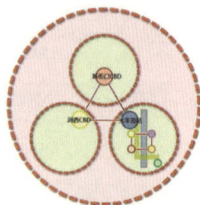

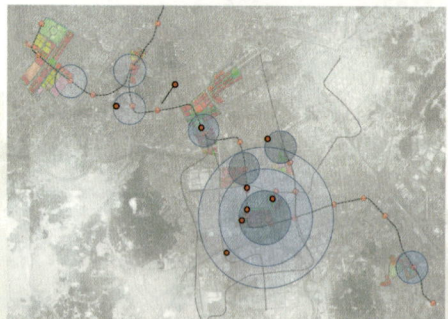

时间	步行可到达范围	地铁可到达范围
10分钟内	百家湖公园、1912街区、杨府对外公园	闸定桥商务区、东山府街政务区、红宁博物馆、竹山公园
20分钟内	胜太路商圈	高铁南站、南站中心区、大学城中心、南京科技馆
30分钟内	九龙湖公园	安德门商圈、菊花台公园、河西CBD

■ 地铁线拉近地块之间"时空距离"

基地周边地铁线网密集，基地将以轨道交通为主要对外交通方式；周边地铁线串联多处中心区域，拉近周边地块间"时空距离"。
"时空距离"概念的存在改变了基地的"相邻区域"。

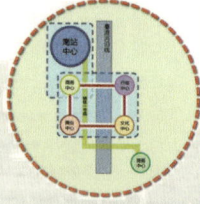

■ "相邻"中心区对基地主要功能产生影响

基地周边片区形成四级完整的城市中心体系：城市级——区级——片区级——社区级

南京江宁凤凰港一小龙湾地区城市设计

图 9-3-7　定位与功能之一
资料来源：顾祎敏、宁昱西城市设计作业．

特色定位——"蓝线"——秦淮文化风光带上的重要节点

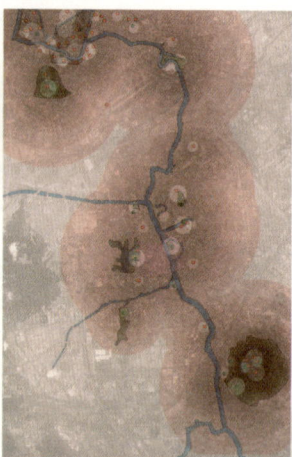

■ 沿外秦淮河的丰富的人文及自然景观

外秦淮河由基地中部穿过，可以基地创造良好的景观效果，带来大量的休闲人群，是基地又一大潜力点。
大范围上，外秦淮河（中华门——方山段）周边景观资源丰富。分为文化景观资源与自然景观资源两类。

■ 沿外秦淮河景观形成南中北三簇团结构

基于GIS对外秦淮河景观系统进行分析，发现外秦淮河景观系统呈现北部、中部、南部三簇团结构。
北部：老城南文化景观团。形成以城市文化为基础的历史文化居住组团，贴近市民生活、"接地气"的秦淮文化景观。密度大，集中式。
南部：方山自然景观团。形成以方山自然景观为基础的自然文化风景区。单一，集中。

■ 基地周边景观较多，但缺乏中心

基地所在区域形成零散、琐碎的景观团，文化、自然景观分布均匀，没有形成一个较大规模且具有特色的中心。
试图将此点区打造成为以商业为基础，形成集休闲、娱乐、休闲、观光和购物为一体的市民互动文化景观区。

南京江宁凤凰港一小龙湾地区城市设计

图 9-3-8　定位与功能之二
资料来源：顾祎敏、宁昱西城市设计作业．

规划结构

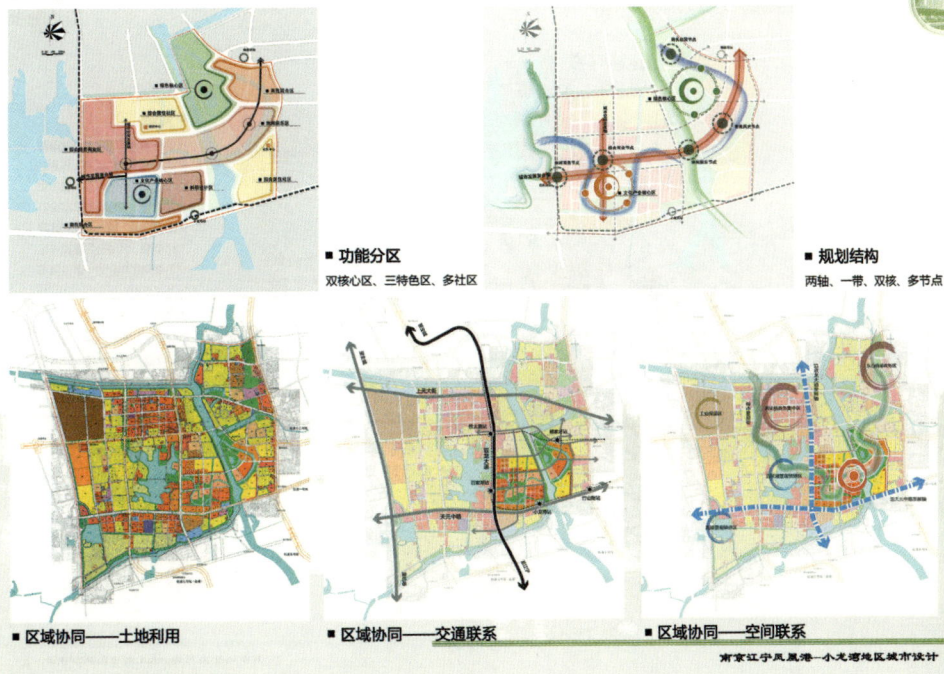

■ **功能分区**
双核心区、三特色区、多社区

■ **规划结构**
两轴、一带、双核、多节点

■ **区域协同——土地利用**　　　■ **区域协同——交通联系**　　　■ **区域协同——空间联系**

南京江宁凤凰港—小龙湾地区城市设计

图 9-3-9　规划结构分析

资料来源：顾祎敏、宁昱西城市设计作业.

系统规划

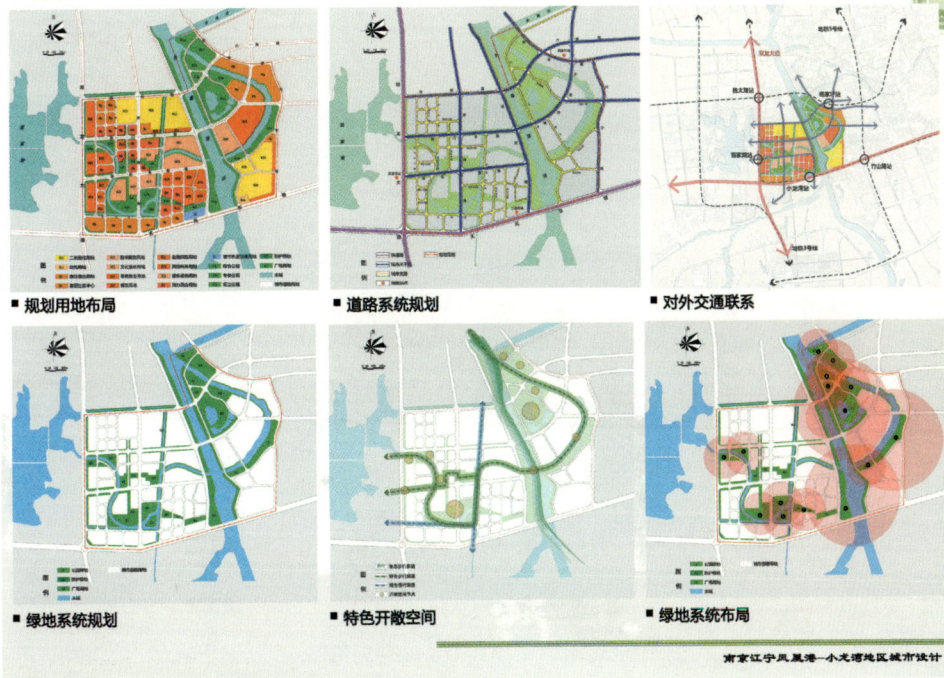

■ **规划用地布局**　　　■ **道路系统规划**　　　■ **对外交通联系**

■ **绿地系统规划**　　　■ **特色开敞空间**　　　■ **绿地系统布局**

南京江宁凤凰港—小龙湾地区城市设计

图 9-3-10　规划系统建构

资料来源：顾祎敏、宁昱西城市设计作业.

空间结构

图 9-3-11　空间结构分析
资料来源：顾祎敏、宁昱西城市设计作业．

■ **两轴**

贯通基地东西的百家湖地铁站与小龙湾连接的城市发展复合轴，以及商务区内部的城市空间发展轴。横轴集聚了综合商业商务功能、娱乐功能和休闲文化功能；纵轴是贯穿商务区，成为商务区内部的一条发展轴。

■ **慢行体系**

从外秦淮河引入水系，与小龙湾一起形成城市水廊，同时组织起整个地块的慢行体系空间，形成富有活力的滨水慢行空间。

■ **开放空间**

形成两个核心城市级开放空间，即东部的绿核和西部的文化核心，同时在商务区内部形成以硬质铺装为主的亲水空间；此外，各居住组团内部形成社区级开放空间。

图 9-3-11　空间结构分析
资料来源：顾祎敏、宁昱西城市设计作业．

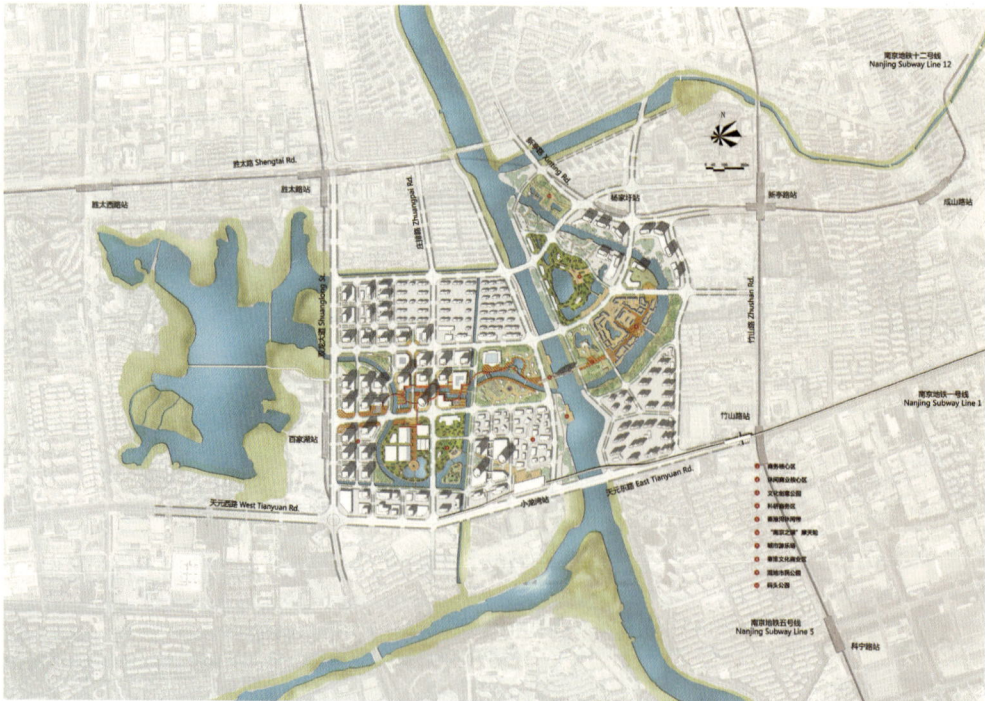

图 9-3-12　总平面图
资料来源：顾祎敏、宁昱西城市设计作业．

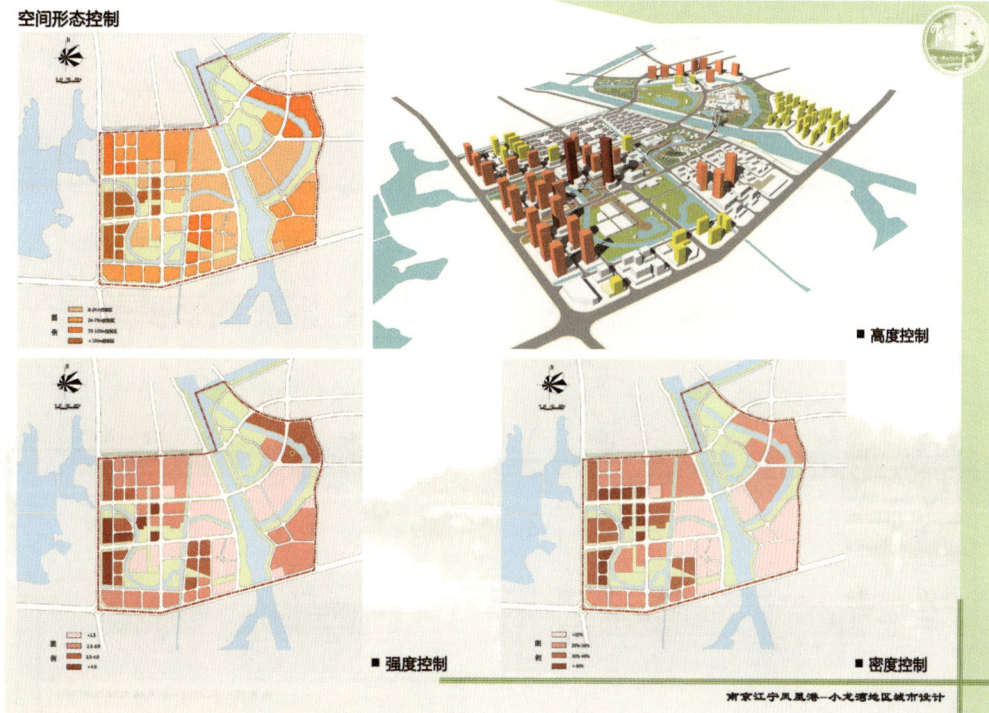

空间形态控制

■ 高度控制

■ 强度控制

■ 密度控制

南京江宁凤凰港—小龙塘地区城市设计

图 9-3-13　空间形态控制

资料来源：顾祎敏、宁昱西城市设计作业.

开敞空间设计

■ **开敞空间结构**

规划地块开敞空间系统由滨水开敞空间轴线、商业开敞空间廊道、沿街开敞空间网络、公共开敞空间节点构成，滨河开敞带组成，并依次形成"一带、两轴、多点、一网络"的开放空间结构。

一带——滨河开敞带

两轴——商业轴、滨水轴

多点——公共空间节点

一网络——沿街开敞空间网络

■ **开敞空间体系**

设计框架：该方案的公共开敞空间分为城市级开敞空间、社区级开敞空间、街头绿地。空间形态分为公园与广场。

点：社区级开敞空间——作为中观层次的开敞空间类型，为居民日常生活的休闲提供空间，大致应位于居民点附近。

线：道路景观绿地、带状滨水绿地。

面：城市级开敞空间——城市中的重要景观节点和门户空间节点，为人们提供集会、庆典、娱乐、休闲等开放性活动。

南京江宁凤凰港—小龙塘地区城市设计

图 9-3-14　开敞空间设计

资料来源：顾祎敏、宁昱西城市设计作业.

交通空间设计

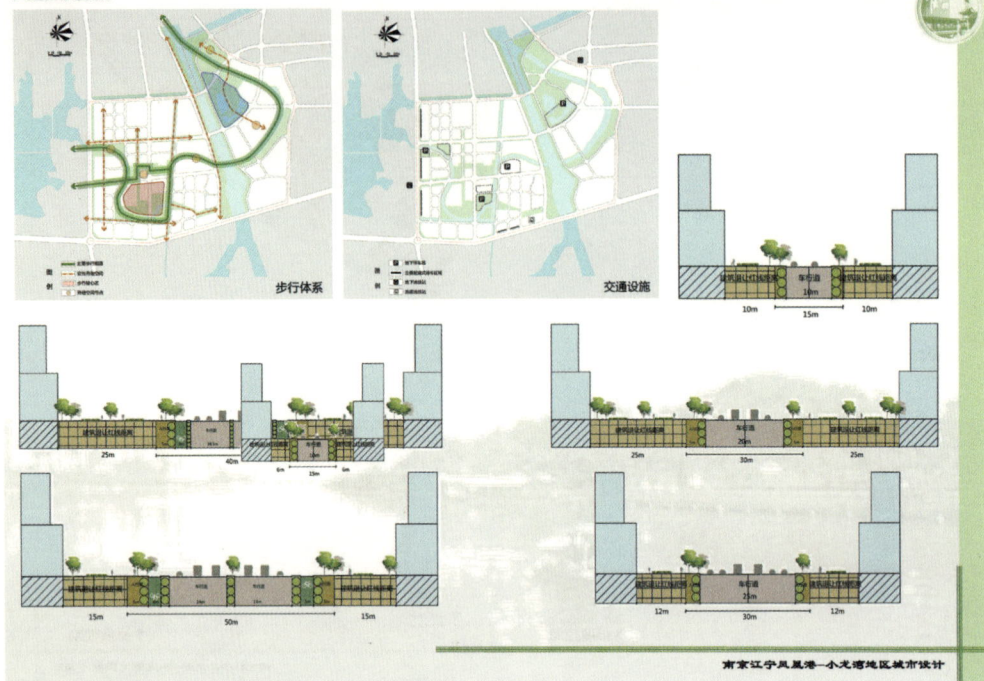

步行体系

交通设施

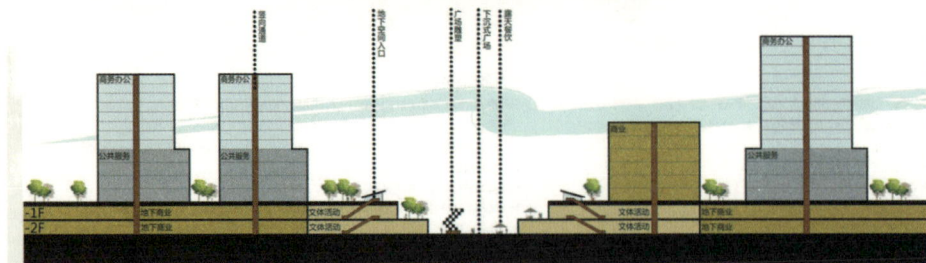

南京江宁凤凰港—小龙塘地区城市设计

图 9-3-15　交通空间设计

资料来源：顾祎敏、宁昱西城市设计作业．

地下空间利用

地下空间主要体现在地下商业空间。通过百家湖站经过一系列商业空间与下沉式广场将人流引入重点地段内。

规划在双龙大道东侧开放七处出站口，两处设置下沉式广场（3 号、7 号）。

南京江宁凤凰港—小龙塘地区城市设计

图 9-3-16　地下空间利用

资料来源：顾祎敏、宁昱西城市设计作业．

界面控制

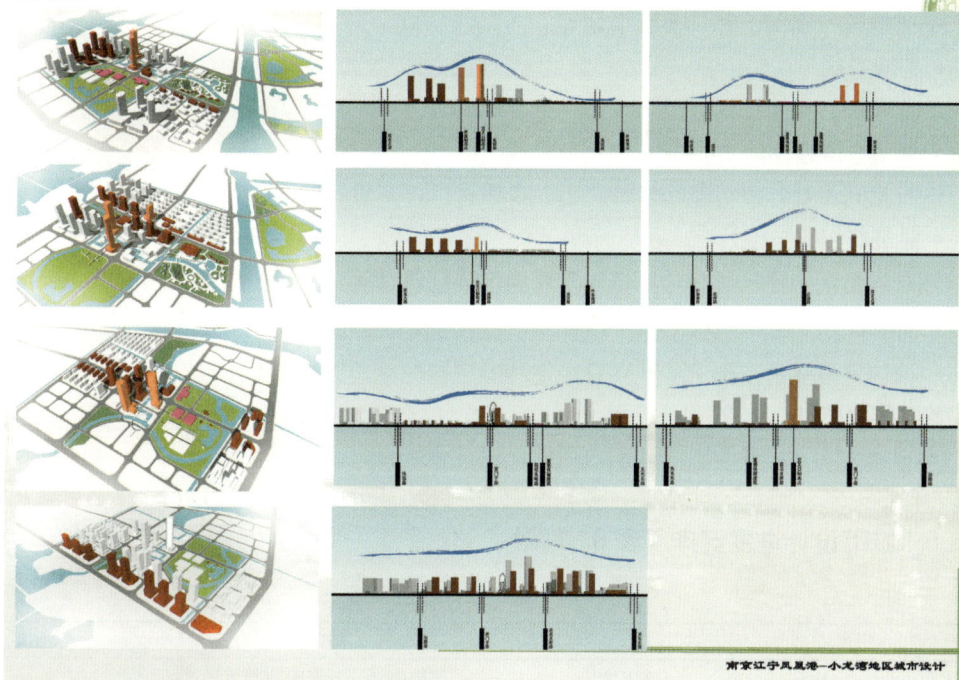

图 9-3-17　界面控制
资料来源：顾祎敏、宁昱西城市设计作业.

形态效果

图 9-3-18　景观效果
资料来源：顾祎敏、宁昱西城市设计作业.

- 城市设计策划

概念构思，案例研究，项目策划等。

- 空间布局

功能布局，空间结构，形态设计，高度控制等。

- 活动与流线设计

车行空间设计，慢行空间设计，出入口设计，停车设计等。

- 建筑群组织与设计

建筑群组合，建筑形态与风格，重点建筑详细设计等。

- 场地设计

广场与绿地设计，地下空间设计，公共交通站点空间设计等。

- 分析与表现

各项分析图，立面图，透视图，模型，设计指标等。

9.3.5 城市设计进度安排（表9-3-2）

城市设计进度安排   表 9-3-2

进度安排		课程内容	讲座	作业要求
STEP1： 基础研究	1 周	基地调研； 文献研究； 规划解读； 专题切入	课程概述，任务书讲解； 讲座：规划调研	调研报告； 基地模型 (1：1000～1：2000)
	2 周		讲座：城市设计概论	
STEP2： 定位与系统方案	3 周	总体定位； 土地利用； 交通规划； 生态与开敞空间规划； 形态初步方案	讲座：城市设计的专题研究 讲座：交通与土地利用	系统规划方案； 专题研究； 中期模型 (1：1000～1：2000)； 中期答辩（第五周周四）
	4 周		讲座：案例分析	
	5 周		讲座：详细规划的交通组织	
STEP3： 系统优化与形态控制	6 周	空间布局； 总体形态设计； 景观控制； 用地开发控制； 系统深化	讲座：详细规划概论	总平面； 高度、密度、强度控制； 空间形态设计； 模型 (1：1000～1：2000)
	7 周		讲座：详细规划的导则编制	
	8 周		—	
STEP4： 阶段成果	9 周	优化与汇总	周四：阶段一答辩	城市设计文本； 专题报告； 模型 (1：1000～1：2000)； 汇报 PPT
STEP1： 初步方案	10 周	补充调研； 项目策划； 初步方案	讲座：城市设计案例	概念深化； 策划报告； 基地模型 (1：500)
	11 周		—	
STEP2： 深入设计	12 周	建筑群组合 场地设计 流线设计 活动设计	讲座：城市设计获奖作品分析	总平面图； 重点地段平面； 表现图； 分析图； 模型 (1：500)
	13 周		讲座：城市设计导则	
	14 周		讲座：城市设计成果表现	
STEP3： 综合表现	15 周	设计优化； 排版	—	A1×4 图纸； 图则； 模型 (1：500)
	16 周		—	
	17 周	—	周一：阶段二答辩	—

阶段一：整体城市设计（对应 STEP1~STEP4，第1~9周）
阶段二：详细城市设计（对应 STEP1~STEP3，第10~17周）

9.3.6 城市设计作业评价

两个阶段的城市设计作业相对独立，成果分别由评委组负责答辩、评分。评委组的人员构成包括指导教师、校内详细规划课程群老师、校外城市设计专家等。设计组答辩后评委分别打分，然后按规则计算最终得分。最后校外评委对城市设计作业作点评。

9.4 城市设计作业选例

选例一：敞——南京市中山码头地段城市设计
选例二：孝·道——南京大报恩寺周边地段孝文化主题街区城市设计
选例三：收藏昨天——南京太平南路商业中心复兴改造与城市设计
选例四："阶"——山地城市历史街区的保护与复兴设计
选例五：工业遗址公园设计
选例六：寻脉·添新——南华西路步行街区空间及行为设计
选例七：24 小时
选例八：城市更新 再植入体：西安市幸福路地段公共环境规划设计

选例一：
敞——南京市中山码头地段城市设计
学生姓名：周梦蝶、刘盛超
指导教师：徐春宁、孙世界
完成时间：2010.03 ～ 2010.06
院校：东南大学建筑学院
基地概况
南京中山码头位于南京市老城区西北部，连接主城下关区与江北浦口区，曾是长江客运的重要港口，对城市格局与城区发展产生了很大影响。随着南京长江二桥、三桥和过江隧道的建设与通车，以及中山码头和浦口火车站停止客运，中山码头地段内部用地与建筑群逐渐衰退，尤其是规划范围内的中山码头以东地区，物质性整体老化与历史资源禀赋的丰富形成明显的矛盾综合体。总用地面积约 34.3hm²。
教学要求
（1）应注意把握整体与局部的关系，正确处理好基地与长江、城墙及城市原有结构的联系与整合，创造环境优美、结构清晰的城市空间。
（2）综合把握城市特色要素，展现地区场所精神，构筑富有特色的城市公共活动中心。
（3）合理进行功能布局，组织有序的空间结构，营造良好的开敞空间景观环境。

选例一

作业评述

设计在对现状详细调研的基础上,总结出"封闭"是基地面临的主要问题:城自闭、江自闭、江城分隔。基于问题分析,设计提出"敞"的设计理念:江对城敞、城对江敞、内对外敞。设计对原有码头、电厂进行改造与再利用,创造出尺度怡人、充满活力的滨江公共空间。该作业获得 2010 年全国高等院校城市规划本科生城市设计优秀作业一等奖(图 9-4-1 ~ 图 9-4-4)。

选例二:

孝·道——南京大报恩寺周边地段孝文化主题街区城市设计

学生姓名:郝凌佳、夏丝飔

指导教师:孙世界、阳建强

完成时间:2012.03 ~ 2012.06

院校:东南大学建筑学院

基地概况

基地位于南京老城中华门外的东西向狭长地段,北至护城河(外秦淮河),南至纬七路,东西分别至城东和城西干道,是城南老城区的一部分,现状功能混杂,更新潜力大。基地内以及周边地区存在丰富的历史文化资源。用地面积约 31.1hm²。

教学要求

(1)保护地段内相关的历史物质遗存与无形文化遗产,建设活动必须符合南京历史文化名城保护规划的要求。

(2)深入调研当地居民的生活、工作状态和需求,注重改善居民的生活和居住环境,确保其便利、安全与舒适。

(3)有效组织交通系统,确保交通顺畅,各种类型交通互不干扰,换乘方便,并加强慢行空间的营造。

(4)树立生态优先理念,合理利用自然要素,营造良好的滨河景观与公共开放空间。

作业评述

设计基地位于南京老城南地区,基地内现存报恩寺遗址、历史风貌区等资源,现状面临衰败。通过对基地历史发展的梳理、基地原住民的调查,提出孝文化的设计主题,并很好地落实到功能、形态、交通、景观等城市系统设计中,实现了以孝为主题的包含养老、旅游、休闲、展示等功能的综合城市特色街区的设计。该作业获得 2012 年全国高等院校城市规划本科生城市设计优秀作业二等奖(图 9-4-5 ~ 图 9-4-8)。

注:选例一图 9-4-1 ~ 图 9-4-4,选例二图 9-4-5 ~ 图 9-4-8,扫码阅读。

选例二

选例三：

收藏昨天——南京太平南路商业中心复兴改造与城市设计

学生姓名：肖扬、计灵骏

指导教师：阳建强

完成时间：2006.02 ~ 2006.07

院校：东南大学建筑学院

基地概况

南京市太平南路商业街兴起于清末，有着深厚的历史文化资源和商业氛围，近年来，由于服务设施陈旧落后、商业定位不合理、公共空间缺乏以及交通不畅等种种复杂原因逐步走向衰退，如何对其进行科学合理的复兴改造成为急需研究的重要课题。

规划研究范围北起中山东路，南至建康路，东临长白街，西至延龄巷、中华路等，总面积约为 126hm²，本次规划用地约为 25hm²。

教学要求

（1）进行土地利用状况、历史遗产保护状况、建筑状况、环境状况以及用地权属状况等方面的调查分析，找出更新保护面临的实际情况及存在的主要问题。

（2）对商业街内历史遗迹的历史文化价值进行综合分析、判断，确定其保护利用方式。

（3）注意把握整体与局部的关系，研究更新与保护的规划策略，协调好保护与发展的关系。

（4）梳理与老城及城市原有结构的联系，创造环境优美、结构清晰的城市空间。

（5）把握城市特色要素，展现地区场所精神，构筑富有特色的城市公共活动中心。

（6）合理进行功能布局，组织有序的空间结构，营造良好的景观环境。

（7）选取 2 ~ 3 个重要的节点进行意象性设计。

作业评述

太平南路为南京市重要的商业中心，有着深厚的历史文化资源和传统商业氛围，由于复杂的社会经济变迁和城市发展，出现严重的功能性和结构性衰退。设计对太平南路的历史资源和非物质文化遗产进行了全面的梳理和深入的调查，较为准确地对太平南路的功能进行了定位，因地制宜地对各类历史文化资源的保护提出了适宜的规划对策。在系统整合历史文化资源的基础上，针对不同的主题进行了精心的城市设计，较好地处理了太平南路商业中心传统特色延续和新活力注入的关系。该作业获得 2006 年全国高等院校城市规划本科生城市设计优秀作业一等奖（图 9-4-9 ~ 图 9-4-12）。

注：选例三图 9-4-9 ~ 图 9-4-12，扫码阅读。

选例三

选例四：

"阶"——山地城市历史街区的保护与复兴设计

学生姓名：王真真、覃文丽

指导教师：胡纹、魏皓严、许剑峰、黄瓴、赵强

完成时间：2007.03 ～ 2007.07

院校：重庆大学建筑城规学院

作业评述

基地位于重庆市渝中区长江边上，具有典型的山地城市特征。作业通过对现状特征的分析，提取"阶"作为山地城市空间组织的关键要素，通过不同类型和等级的"阶"的组织，将基地中的多种城市功能串联整合，延续了山地街区中"阶"的结构肌理，形成住、展、赏、玩、食一体的综合性历史街区，使历史街区重新获得新的活力。该作业思路清晰，表现淡雅、完整，获得 2007 年全国高等院校城市规划本科生城市设计优秀作业一等奖（图 9-4-13 ～ 图 9-4-16）。

选例四

选例五：

工业遗址公园设计

学生姓名：刘婷、李君

指导教师：陈天、曾坚、袁大昌、侯鑫

完成时间：2005.03 ～ 2005.06

院校：天津大学建筑学院

作业评述

工业遗址的改造与更新近年来成为城市更新的关注热点和重要内容。基地是天津第一热电厂旧址，位于海河东岸。方案通过对基地历史信息和城市发展的调研分析，合理利用原有工业建筑遗产，结合当代城市公共空间的需求，塑造一个具有历史文化气息、具有吸引力的城市公园，使之成为推动周边城市空间发展的关键性场所，达到方案设定的目标。该作业调研充分，考虑全面，表达严谨，获得 2005 年全国高等院校城市规划本科生城市设计优秀作业一等奖（图 9-4-17 ～ 图 9-4-20）。

注：选例四图 9-4-13 ～ 图 9-4-16，选例五图 9-4-17 ～ 图 9-4-20，扫码阅读。

选例五

选例六：

寻脉·添新——南华西路步行街区空间及行为设计

学生姓名：胡岚、林余铭

指导教师：王世福、王敏

完成时间：2007.03 ～ 2007.07

院校：华南理工大学建筑学院

作业评述

基地选址于广州老城中心区边缘的临江历史地段，定位为以明清传统民居为特色，休闲、商业、生活三位一体的步行街区。方案通过基地的 SWOT 分析，寻找其区位特征、历史文化特征和物质空间特征，作为方案生成的基础。方案通过梳理历史发展脉络，并植入当代生活要素，探索基于历史文化发展的步行空间设计方法。该作业思路条理清楚，研究层次分明，有效地将历史文化资源与当代城市空间整合起来，表达充分完整，获得 2007 年全国高等院校城市规划本科生城市设计优秀作业二等奖（图 9-4-21 ～图 9-4-24）。

选例六

选例七：

24 小时

学生姓名：俞秉懿、马春庆

指导教师：匡晓明

完成时间：2005.03 ～ 2005.07

院校：同济大学建筑与城市规划学院

作业评述

基地选取在上海黄浦综合开发区内，临近北外滩。作业的基本目标是恢复或者重新建构这一地段的活力，使之成为全天候的城市活动场所。设计分析了基地的各种优势，提出建构场所活力的要素和方法，以此为基础进行方案的推导。方案基于一天中不同时段人的活动空间安排，塑造具有历时性的活动场所，具有独特的视角和较强的分析策划能力，达到理念与设计的深入结合。该作业表现清晰充分，成果完善，获得 2005 年全国高等院校城市规划本科生城市设计优秀作业一等奖（图 9-4-25 ～图 9-4-28）。

注：选例六图 9-4-21 ～图 9-4-24，选例七图 9-4-25 ～图 9-4-28，扫码阅读。

选例七

选例八：

城市更新　再植入体：西安市幸福路地段公共环境规划设计

学生姓名：于佳、蔡征辉

指导教师：李昊、温建群

完成时间：2006.03 ～ 2006.07

院校：西安建筑科技大学建筑学院

作业评述

基地选择在西安老城东侧的新区兵工发展组团的幸福路地段，由于历史和现实的因素，这一地段急需产业结构升级，同时又是历史形式的城市绿化带。方案对基地进行深入的 SWOT 分析，引入"空间植入"的概念，试图将新的城市功能和活力重新植入该地段，使城市地段成为高品质的城市公共活动中心。设计通过保留、改建、新建、整合等多种手段，梳理城市空间和景观，植入活力空间要素，创造出一个具有历史文脉连续性的城市公共中心场所。该作业思路清晰，工作扎实，成果表达完整到位，获得 2006 年全国高等院校城市规划本科生城市设计优秀作业一等奖（图 9-4-29 ~ 图 9-4-32）。

选例八

注：选例八图 9-4-29 ~ 图 9-4-32，扫码阅读。

索　引

后 记

　　2009 至今《城市设计》教材面世已经多年。这中间恰恰是中国城市设计学科发展、专业进步和实践面广量大的"康乾盛世"。国际间一些城市设计的理论论著及实用性手册继续被翻译引入中国，中国本土的城市设计理论和方法的探索也持续不断；更加重要的是，这一时期中国的城市设计工程实践日益增多，并从先前的一线、二线城市普及到三线城市及更多的县市乡镇，在个别城市，城市设计甚至被要求"全覆盖"，并作为城市建设发展的"主要抓手"；由于这一历史机遇，我国众多建筑师和规划师有了自己的城市设计实践机会，也产生了更多得以真正实施的城市设计作品，中国建筑工业出版社组织的第三版《建筑设计资料集》第八分册中也第一次增加了城市设计专题。

　　在这些年我亲身的教学研究和实践参与过程中，最大的体会是：中国城市设计在吸收国际间城市设计的传统特点和实施成功经验基础上，已经发展出具有中国自身特点的城市设计专业内涵和社会实践方式。这就是城市设计与法定城市规划体系的多层次、多向度和多方式的结合和融贯。

　　因为，中国特有的体制决定了城市规划引领建设的龙头地位。城市建设往往是政府"自上而下"的驾驭，强调了规划在贯彻政府在社会保障民生、经济发展、和空间布局及形象等方面发展的政治意义。因此，中国城市设计必须充分考虑与城市规划的接驳关联和层级结构。城市设计在中国要能有效付诸实施，除满足项目业主委托要求外，必须依托政府协调、仲裁诸"社会业主群体"的利益和诉求，而依托政府的很重要的方面就是依托相关法定规划的编制才能发挥作用，于是，城市设计常常借壳城市规划获得法定实施许可。

　　面对面广量大的城市设计社会实践需求，城乡规划专业教育强化城市设计课程内容学习，能够适应社会职场需求变得十分紧要。早些年，我曾经出版过有关城市设计的论著，其他学者如邹德慈、卢济威、金广君、熊明、王世福、田宝江、李少云、洪亮平、刘宛等也出版过侧重各有不同的城市设计论著，但这些论著并不完全适合于高校专业教学使用。论著强调的是"著"和作者的学术观点，而教材侧重的是"编"，需要博采各家之长，我认为，用于城市设计专业授课的教材并不需要过多的学术探索和缜密论证，而是要提供共识性的、可教可学、学以致用的专业内容，同时还要考虑学生先修课程的知识基础和实际领会能力。蒙全国高校规划专指委信任，2009 年我们编写了城市设计第一版教材。该教材弥补了该领域全国统编教材的空白，较好回应了国内城乡规划行业的专业职场需求，经过 5 年的使用和用户意见反馈，我们感觉该教材在内容、体例和时效性等方面还有进一步修编和提升的空间，特别是对城市设计与城市规划编制和管理的关系的认识又有了一些新的认知，而这恰恰是中国城设计不完全相同于世界其他国家的特点。因此，在第一版教材责编杨虹女士的热情关心和督促下，我们对第一版教材开展了进一步的修编、增补和部分改写的工作，形成了大家今天所看到的第二版教材。

城市设计是一门正在不断完善和发展中的学科领域，世界各国目前许多著名院校虽已经开设城市设计课程，但至今仍然采用城市设计参考书抑或读本替代授课教材。考虑到目前中国高校教学课程中城市设计教学参考书的普遍性缺乏，以及各校城市设计专业教师的水平差异，本书编写仍然希望能够尽可能将相对系统和完备的城市设计知识加以介绍，部分内容或与城市规划原理等教材内容少量重合，编写时我们特别注意了城市设计的专业角度和表述特色。

本教材编写工作前后历时近两年，书稿结构、内容安排、全书统稿等均经反复讨论确定。